中国轻工业“十四五”规划立项教材

食品科学与工程学科研究生系列教材

食品物性学
理论与研究方法

刘海杰　薛文通　主编

中国轻工业出版社

图书在版编目（CIP）数据

食品物性学：理论与研究方法／刘海杰，薛文通主编．—北京：中国轻工业出版社，2024.4
ISBN 978-7-5184-4682-7

Ⅰ.①食… Ⅱ.①刘… ②薛… Ⅲ.①食品—物性学—高等学校—教材 Ⅳ.①TS201.7

中国国家版本馆 CIP 数据核字（2023）第 232983 号

责任编辑：伊双双　　责任终审：许春英
文字编辑：邹婉羽　　责任校对：朱　慧　朱燕春　　封面设计：锋尚设计
策划编辑：伊双双　　版式设计：砚祥志远　　责任监印：张京华

出版发行：中国轻工业出版社（北京鲁谷东街 5 号，邮编：100040）
印　　刷：三河市万龙印装有限公司
经　　销：各地新华书店
版　　次：2024 年 4 月第 1 版第 1 次印刷
开　　本：787×1092　1/16　印张：20.25
字　　数：479 千字　插页：1
书　　号：ISBN 978-7-5184-4682-7　定价：68.00 元
邮购电话：010-85119873
发行电话：010-85119832　　010-85119912
网　　址：http://www.chlip.com.cn
Email：club@chlip.com.cn
版权所有　侵权必究
如发现图书残缺请与我社邮购联系调换
221555J7X101ZBW

本书编写人员

主　编　刘海杰　薛文通

副主编　朱运平　孙剑锋　李文浩

参　编　栾广忠　王文秀　马倩云　陶　莎　郦金龙

前　言

“食品物性学”是关于食品物理性质的一门学科。通常，食品物性学和食品化学、食品工程原理、食品工艺学等被称为食品科学与工程研究领域的基础学科。随着农业生产和食品工业的发展，无论是从加工、流通领域，还是从人们的消费倾向来看，对食品及其原料品质的评价都已不再局限于组分和卫生方面，而是对于食品物理性质的研究和控制也越来越重视。例如，对于许多食品，它的“软硬”“酥脆”“柔嫩”“色”“香”“味”成了满足人们嗜好的重要因素。同时，食品机械的开发也越来越离不开对加工对象物性的把握。因此，从 20 世纪 70 年代开始，关于食品物性的研究在国外兴起，在 20 世纪 80 年代初步形成体系，并有为数不多的论著、教材问世。

关于食品物性学的教材，国际上影响力较大的有赛尔皮尔（Serpil）等于 2006 年编著出版的《食品物性学》(*Physical Properties of Foods*)，该教材整合了许多食品物性学研究进展。此外，还有一些有关食品流变学或者食品质构学的专著。在我国，1998 年李里特教授编著出版的《食品物性学》是我国第一部专门介绍食品物性学相关知识的专业图书。2010 年，著者对《食品物性学》进行改编，形成新版本科教材，并被列为普通高等教育“十一五”国家级规划教材。食品物性学相关研究生教材并不多见，目前主要有李里特教授主编的《食品物性学》，于 2001 年出版，在研究生教学中一直沿用至今。

近年来，我国食品工业发展迅速，综合生产能力大幅提升，成为国民经济的第一大制造业和支柱产业，居民对高品质美好生活的向往不断提高，食品消费方式由温饱型向安全、营养、健康型转变。食品国际贸易、作物育种和国内食品工业都急需解决包括农产品在内的食品品质鉴定标准化、国际化问题。食品物性学相关的一些教材、资料中的数据、方法和技术亟待更新，已不能满足日益发展的食品相关专业教学需要。因此，编写一本涵盖食品物性学领域最新研究成果的教材成为当务之急。

本书以食品物性学基本概念、理论为基础，结合食品加工和品质测定中的研究实例，列有分组讨论问题，融合案例式教学等现代教学理念，方便学生在分析讨论的过程中掌握研究方法。可作为食品科学与工程、食品质量与安全、食品营养与健康、农产品加工与贮藏、粮油加工及其他与食品相关专业的本科生、研究生教材或教学参考书。全书共分七章：第一章绪论、第二章食品基本力学性质及其研究方法、第三章食品的流变学性质及其研究方法、第四章食品的质构学性质及其研究方法、第五章食品的热学性质及其研究方法、第六章食品的光学性质及研究方法、第七章食品的电学性质及其研究方法。本书不仅系统地论述了食品的物理性质，而且也对其涉及的物理化学、胶体化学、高分子科学、电磁学、色彩学的相关内容进行了介绍。本书的出版不仅填补了我国在此领域论著的不足，而且对于促进食品物性学的研究发展，为广大食品科研、技术人员提供较为系统的食品物性学知识具有重要意义。

本书编者来自全国多所在食品科学领域具有影响力和雄厚教学基础的高等院校，是这些高校从事多年食品物性学教学和科研的知名教授或学术带头人，有着多年的教学经验和研究积累，在所在高校开设的食品物性学课程教学中，深受学生们喜爱。编者根据自己多年的研究经验，汇集国内外相关研究成果，编写了本书。本书第一章由刘海杰编写，第二章由李文浩编写，第三章由朱运平编写，第四章由朱运平、薛文通编写，第五章由李文浩、刘海杰编写，第六章由薛文通编写，第七章由孙剑锋编写，全书由刘海杰、薛文通最终审定。由于编者水平所限，书中错误、不妥之处在所难免，请广大读者批评和指正。

本书编写得到了中国农业大学研究生院教材项目的支持，中国农业大学研究生李翠、何亚南在书稿整理过程中做了大量工作，在此一并表示感谢！

编　者

目录

第一章

绪论

学习目标

1. 掌握食品物性学的定义及研究内容。
2. 了解食品物性学的发展历史及研究现状。
3. 明确食品物性学的研究意义。

第一节 食品物性学的定义和研究内容

一、食品物性学的定义及特点

(一) 食品物性学的定义

食品物性学 (physical properties of foods) 是以食品为研究对象，研究其物理性质的一门学科。由于食品本身的复杂性及物性在食品感官评价中的特殊地位，食品物性学包含了比物理学本身更广泛的内容。例如，在研究食品的力学性质时，不仅需要对一般的力学测定进行研究，往往还需要将食品的仪器力学测定和感官测定同时分析研究；而且还要研究食品的化学性质、感官变化等对力学性质的影响。即食品物性学不仅包括对食品本身理化性质的分析研究，也包括对食品物性对人的感官产生的感官品质的研究。这两者构成了食品物性学不同于其他学科的两大组成部分。

食品物性学的研究对象——食品是一个非常广泛的概念和复杂的物质系统。《中华人民共和国食品安全法》2021 年修订版第一百五十条对“食品”的定义为：“指各种供人食用或者饮用的成品和原料以及按照传统既是食品又是中药材的物品，但是不包括以治疗为目的的物品。”从食品加工的角度来看，食品包括初级农产品，如收获后的粮食谷物、水果、蔬菜、肉、蛋、乳、水产品等；也包括经过一次加工的食品原料，如各种食用油、糖类、乳粉、蛋粉、面粉等；还包括半成品以及成品食品，如面团、面包、馒头、糕点、豆腐、果汁、果酱、粥饭、面条等。从食品组成来看，大部分食品都属于复杂的混合物，不仅含有无机物、有机物，甚至还含有细胞结构的生物体。

食品的形态复杂多样，按照食品的流动状态可分为：液态食品（包括可流动的溶液、胶体、泡沫和气泡）和固态半固态食品（凝胶状食品、组织细胞、固体泡、粉体等)。食品的物性及相关参数如表 1-1 所示，按力学特性对食品物料的分类如表 1-2 所示。

表 1-1 食品的物性及相关参数

性质	物性	内容	参数
机械性质（mechanical properties）	流动性质	牛顿流体	黏度
		幂律流体	表观黏度
	质构	固体颗粒流动	静止角、内摩擦角、剪切指标（流动性指标）
		延伸性质	黏性、抗拉力、延伸与黏弹性
		压缩性质	切断力、压缩力、内聚力
		强度	硬度、脆度（易碎指标）、韧度、坚实度、柔软度
		凝胶	胶强度、刚度
		其他	多汁性、滑润
光学性质（optical properties）	颜色	可见光	吸收光谱、白度、黄度、彩度
	光泽	亮度	对比度、孟赛尔色度
	其他	浊度	透光度
		荧光	荧光度
		旋光性	旋光度
几何性质（geometrical properties）	固体几何	形态	大小、形状、孔隙度、缺陷程度
		面积	表面积、截面积
		体积	体积、比体积
		密度	密度、比重、表密度、比容
	其他	表面性质	表面张力、界面张力、黏着力、摩擦系数
热学性质（thermal properties）	热力学	热量	比热容、焓、熵
		热传导	传导、对流、辐射
		热扩散	热扩散系数
		热膨胀	热膨胀系数
		热穿透	热穿透速率
		润湿	润湿热
		溶解	溶解热
	其他	相的变化	显热、潜热
			熔点（熔融、凝固）、沸点（蒸发、凝结）、三相点（升华、超临界）
传质性质（mass transfer properties）	相之间的传质	溶解	溶解度
		吸附	复水性
		渗透	渗透压、逆渗透
		过滤	过滤、超滤、半透膜
	干燥特性	水分	水分含量、水分活度
		扩散	扩散系数

续表

性质	物性	内容	参数
传质性质（mass transfer properties）	其他	乳化	乳化能力、乳化稳定性
		泡沫	起泡性、泡沫稳定性
		分散	扩散阻力
电学性质（electrical properties）	导电性	电导	电导率
		电阻	电阻率
	介电性质	极化	介电常数
	电磁性质	电磁波	频率、波长
		电磁波特性	透光率、反射率、折射率
	其他	静电性质	静电引力
其他	感官评价	感官	视觉感官、触觉感官、听觉感官

表 1-2　按力学特性对食品物料的分类

食品物料	力学特性	基础理论
理想固体食品	在任何应力作用下，其应变为零	理论力学
弹性体食品	遵从胡克定律（即应力与应变成正比）	弹性力学
塑性体食品	存在屈服极限，即当剪切应力 $\sigma>[\sigma_0]$ 时，产生塑性流动	塑性力学
流变体食品	综合黏、弹、塑性各类组合，多为复杂的本构关系	流变力学
牛顿流体食品	应力与应变的速度梯度成正比	流体力学
散粒体食品	重在颗粒群体的物理表现，堆料中只有压应力与切应力，无拉应力	散体力学

总之，食品物性学涉及的领域虽然相当广泛，但主要以食品的物理性质为基本内容。这些物理性质包括食品的力学性质、热学性质、光学性质和电学性质等。

（二）食品物性学的特点

食品物性学作为一门学科，具有以下特点。

（1）食品物性学涉及多学科领域，应和物理学、物理化学、食品生物化学以及食品工程原理等学科联系起来，以便加深理解。

（2）食品物性学实践性较强，要求学习者对食品加工实践有较多的经验，同时需要进行一些实验或自己设计一些物性研究的试验方法，以便对这门学科真正掌握，并做到善于应用它去解决食品开发中的各种问题。

（3）食品物性学是一门新的、体系尚未形成的学科，有许多领域的研究还仅是一些初步的试验，要得到系统的结论还需今后长期的研究。

二、食品物性学的研究内容

（一）食品的力学性质

力学性质是食品的物理性质中十分重要的内容，它包括食品在力的作用下变形、振动、流动、断裂等各种变化规律，以及作用规律等。力学性质与食品生产的关系十分密切，主要表现在以下三个方面。

（1）食品的力学性质是食品感官评价的重要内容，对于一些食品，力学性质甚至是决定其品质好坏的主要指标。

（2）食品的力学性质与食品的生化变化、变质情况有着密切的联系，通过力学性质的测定可以把握食品在这两方面的变化。

（3）食品的力学性质与食品加工的关系也十分密切，在食品加工中，许多操作都直接与力学性质有关。例如，食品加工中的混合、搅拌、筛分、压榨、过滤、分离、粉碎、整形、搬运、输送、膨化、成型、喷雾等，都是给食品材料施加某种力，从而使其达到所需的形态。因此，研究和掌握加工对象的力学状态和性质，就成了这些工程设计和单元操作的基础。

（二）食品的热学性质

常见的食品热学性质指标和研究内容主要有：比热、潜热、相变规律、传热规律以及与温度有关的热膨胀规律等。除了在一些单元操作方面，如杀菌、干燥、蒸馏、熟化、冷冻、凝固、融化、烘烤、蒸煮等，热学性质有着十分重要的作用以外，对食品进行冷处理或热处理，改善其某种品质也是目前令人瞩目的研究领域。

由于物质分子结构的变化可以影响其热学性质（热吸收性质等）的变化，热分析装置目前被广泛用来测定食品品质及其成分变化，如差示扫描量热仪（DSC）和定量差示热分析装置（DTA）等。DSC 及 DTA 在加热或冷却过程中可以对试样产生的细微热量变化进行测定，早期用于高分子材料领域热韧性的研究，后来在食品高分子物质（蛋白质、淀粉、油脂等）、水及饮料的热分析方面的应用也越来越受到重视。

（三）食品的光学性质

食品的光学性质是指食品对光的吸收、反射及其感官反应的性质。食品光学性质的研究和应用主要涉及以下两个领域。

（1）通过食品的光学性质实现对食品成分的测定　食品的成分虽说可以通过化学分析的方法测定，但因为其成分的变化可以引起食品对光的吸收、反射、折射、衍射、辐射等性质的变化，而光的测定又具有快速、准确、简单、无损等特点，所以无论在仪器分析还是在生产线检测上，食品光学性质的研究都发挥着重要作用。

（2）通过食品的光学性质实现对食品色泽的研究 食品的色泽也是反映食品品质的重要物理性质，尤其是对于生鲜食品，色泽往往是判断其新鲜程度、成熟与否和其他品质的重要指标。食品的色泽可以由感官品评来评价，但它只是人的视觉反映。所以，在这一研究领域除了一般的光学性质外，还涉及色光理论、色光感觉以及色光生理方面的内容。一些国家已对食品的色泽品质规定了客观的测定标准，以往用语言表达食品色泽的方法，将被测定指标所代替。

（四）食品的电学性质

食品的电学性质主要是指食品及其原料的导电特性、介电特性，以及其他电磁和物理特性。对食品电学性质的研究起步较晚，可以说是一个新兴领域，有些知识还不太系统，但随着食品工业的发展，近年来对食品电学性质的研究越来越受到重视。对食品电学性质的研究主要包括以下三个方面。

（1）对食品品质状态的监控 食品的状态、成分变化往往反映在其电学性质的变化上。用电测传感器检测把握食品品质，目前已成为一些食品工厂自动化、效率化、规模化生产的重要手段。食品领域所谓“大数据背景下的通信技术、物联网技术、区块链技术以及人工智能、虚拟仿真等新兴技术”，其中许多测控部分都是利用了食品的电学性质，以实现食品产地溯源、存储食品认证、食品安全法规合规性等信息的可查。在食品的无损检测方面，电学性质尤为重要。

（2）食品的电磁物理加工 近年来，食品的电磁物理加工技术发展较快，这项技术不仅能满足食品加工中对食品资源充分利用的要求，同时也能减少食品在加工中的营养损失，并保持生物活性物质的活性。使用电场或电磁场还可以对构成食品的最小单位进行富有成效的加工处理，使其具有某种特性或功能。食品电磁物理加工方面的技术主要有：静电场处理技术、脉冲电场技术、电磁波加工（远红外、微波、重叠波等）技术、通电加热技术、电渗透脱水技术、射频技术等。

（3）电磁场的生物效应 生物体的萌发、生长、代谢活动，以及生物体内一些物质的合成、分解、转化等受电磁场的影响较大。在电磁场中水分迁移也会发生一定变化。因此，电磁场的生物效应在生鲜食品的贮藏保鲜、发酵食品的制造等方面有巨大的潜力。

以上所列的食品物性学主要研究内容虽然包括了非常广泛的领域，但作为学科系统，目前比较成熟的还只是力学性质研究领域。虽然其他几个领域的研究尚处在初始阶段，但其研究意义和应用前景却格外引人瞩目。总之，食品物性学是一个新兴的、涉及多学科的知识领域。学习食品物性学对开发食品加工的新工艺、新技术，以及提高食品品质都很有必要。食品物性学应是食品科技工作者和研究人员必备的基础知识之一。

第二节　食品物性学的发展历史和研究现状

一、食品物性学的发展历史

食品物性学是一门新兴的科学。它同许多其他的新兴学科一样，是随着现代科学技术的发展逐渐形成的。食品物性学发展的初始基础主要是黏弹性理论的建立和发展，之后随着热物理理论、电磁理论和色光理论等的渗入，逐步形成一门学科。食品工业的发展和需要推动了食品物性学的发展。在传统的食品加工中，人们往往靠感性经验来把握食品的各种性质。随着食品工业化生产的发展，单凭经验已经不能满足规格化、规模化、工业化食品生产的需要，于是对食品物性的研究才逐渐受到重视，尤其是近30年来取得了很大发展。

食品物性学最早起源于对食品黏弹性理论的研究。而黏弹性理论的发展，如果从胡克、牛顿等奠定的弹性理论和流体力学理论算起，距今已有300多年历史。然而，针对食品的黏弹性研究，却是20世纪初随着面包制作工业化的发展在欧美等国家和地区开始的。尤其是第二次世界大战后，西方国家劳动力短缺，之前属于家庭劳作的主食制作迅速走向工业化、社会化生产，这一巨大变革使食品物性学同其他食品科学一样，迅速建立并发展起来。

在食品物性学中，发展最早的领域是食品力学。食品力学的研究核心是食品流变学，而食品流变学的基础是流体力学和黏弹性理论。在这两大理论的基础上，美国化学家宾厄姆提出了“rheology”，即“流变学”的概念。“rheo”出自希腊语，是流动的意思。

最早将流变学引入食品加工研究的是荷兰人布莱尔（Blair）。1953年，他出版了著作《食品的可塑性、流动性和稠度》（*Foodstuffs：Their Plasticity，Fluidity and Consistency*），引起了科学家对食品物性研究的关注。20世纪60年代初，国外食品专业杂志刊登了食品流变学方面的许多论文。1963年，斯奇尼亚克在研究了食品质构特性分类、标准的建立和测定仪器的基础上，第一个定义了食品“texture”，即“质构”的概念。直到20世纪60年代末，研究食品物性的学者才建立了有关食品物性学的学术组织，食品物性学成为一个独立的学术领域。

1968年8月，国际流变学会议在日本京都召开。会议围绕食品、木材等工业的流变学问题进行了交流。1969年，由谢尔曼等倡导，研究食品质构的学者在荷兰D. Reidel出版公司支持下创办了《质构研究》（*Journal of Texture Studies*）专业期刊。从此，关于食品物性的论文被大量发表。其中，研究最多的是对植物（蔬菜、水果等）组织的评价；其次是食品的力学性质测定中感官评价与仪器测定结果的比较和相关关系。在理论方面研究得比较系统的是食品流变学，它包括了对肉类、面团、果汁、果酱流变学性质的研究。1973 年，穆勒（B. Muller）集以上研究之大成，编著出版了《食品流变学简介》（*Introduction to Food Rheology*）一书，对推动食品流变学的发展和应用起到了重要作用。该书出版后，传统工业流变学的许多理论才为研究食品物性学所用，也明确了食品物性学的研究方向和任务。1974 年，日本成立了流变学学会。同时，日本化学学会组织了食品物性学年会研讨。自 1975 年以来，该学会出版食品物性学论文集共 40 余集。

在农产品的物性学研究领域，穆赫塞宁的研究成果引人注目。他编著的《植物和动物材料的物理特性》（*Physical Properties of Plant and Animal Materials*）作为大学教材分上下两集，分别于 1966 年和 1968 年出版。由于颇受欢迎，1978 年将已出版的上下两集合二为一，修订再版。该书主要对农产品（谷类、水果、蔬菜等）的力学、热学、光学和电学性质进行了较为系统的论述。继此书之后，1980 年，摩森得又出版了《食品和农业材料的热学特性》（*Thermal Properties of Food and Agricultural Materials*）一书。该书主要论述了包括粮食、饲料和木材在内的农业材料的热学性质。其内容除了介绍农业材料的热学测定、热传导的基本知识外，也论及食品冷却、冷冻、干燥、热处理、呼吸及热膨胀等有关知识。

1984 年，普兰蒂斯编著出版了《食品流变学测定方法》（*Measurement in the Rheology of Foodstuffs*）一书。该书较为系统地以食品物料为对象，阐述了食品流变特性的测量原理和方法，同时还从微观结构的角度分析了影响食品流变学性质的因素和机制。

1989 年，种谷真一编著了《食品的物理》（*Physics of Food*）一书。该书吸收了前人研究的成果，重点对各种状态食品的物性进行了分析论述。该书的特点是从物理学的角度，分析各种状态的食品物料在加工、烹调、发酵等过程中物性变化的机制。同年出版的由川端晶子编著的《食品物性学》（*Food Physical Properties*）主要从食品的流变性质和质构两个方面论述了食品的胶体体系特征，以及凝胶状食品、凝脂状食品、细胞状食品、纤维状食品和多孔质食品的物理特性。

拉奥和里兹维于 1986 年编著出版的《食品工程特性》（*Engineering Properties of Foods*）一书，该书分别于 1995 年、2005 年再版；沙辛等于 2006 年编著出版了《食品物理特性》（*Physical Properties of Foods*），整合了许多最新的食品物性学研究进展。此外，还有一些有关食品流变学或食品质构学领域的专著，如休梅克和博万卡尔于 1990 年编著出版了《食品流变学》（*Rheology of Foods*），麦肯纳于 2003 年出版的《食物质地》（*Texture in Food*），拉奥于 2007 年出版的《流体和半固体食品的流变学：原理和应用》（*Rheology of Fluid and Semisolid Foods：Principles and Applications*）等。在国内，1998 年，李里特教授编著的《食品物性学》是我国第一本专门介绍食品物性学知识的专业书，2002 年被教育部审定为研究生教学用书。2010 年，李里特编写的《食品物性学》被列为普通高等教育“十一五”国家级规划教材。

国际上关于食品物性学的学术期刊有《质构研究》（*Journal of Texture Studies*），此外在《食品科学》（*Journal of Food Science*）以及《食品工程》（*Journal of Food Engineering*）期刊中有《物理和工程特性》（*Physical and Engineering Properties*）等关于食品物性学的专栏，但在国内尚无该领域专门的学术期刊。

二、食品物性学的研究现状

食品物性学研究在近 30 年来虽然取得了很大进步，但作为一个学科体系尚处于逐步建设阶段。其原因一方面是因为相比于其他食品科学领域，食品物性学研究起步较晚；另一方面是因为该学科所研究的对象——食品是一个十分复杂的分散体系：大多数食品不仅是混合物，而且是不均匀混合状态的物质。它既含有简单的无机物，又含有像蛋白质、糖质、脂肪这样的高分子有机物，甚至还有细胞组织。因此，要对如此复杂物质的物性做系统的了解，还需要今后大量的研究。

随着食品工业的发展，深入了解食品与食品原料的物理特性对食品产品质量控制、新工艺优化，以及开发新型食品等至关重要。加强对食品物性学领域的研究，并将相关研究运用到食品的生产与评价体系中，会越来越受到研究者的重视，也必将为现代食品工业的发展奠定坚实的基础。

第三节　食品物性学研究的意义

食品物性学是食品工程设计和食品开发的基础学科之一。它不仅与食品加工有着密切的关系，而且与食品品质的控制也有着紧密联系。具体来说，它主要有以下研究意义。

（1）了解食品与加工、烹饪有关的物理特性。在食品加工中，许多操作都需要了解作用的对象，即食品或食品材料的物理性质。设计加工设备或决定加工工艺，也都需要对食品的物性有所了解。例如，设计食品厂输送管路时，就必须了解食品物料的流动性质；面包、面条加工中，也需要对面团的流变性加以控制；制作拔丝山药、糕点中的奶油裱花，甚至切菜包馅、炊米煮饭，都需要对加工对象物性的把握。

（2）建立食品品质客观评价的方法。客观评价法也称为仪器测定法。与其相对应的是主观评价法，即人的感官评价法。虽然感官评价法目前还有着仪器测定无法替代的优点，但它也受到许多条件的限制，有时使用起来很不方便，尤其是其客观性问题。随着食品加工向工业化方向发展，以及食品流通和国际贸易的发展，食品品质的客观评价也越来越重要。食品物性学的目的之一，就是通过对食品物性感官评价的模拟，找出可以近似替代感官评价的仪器测定方法。

（3）通过对物性的试验研究，可以了解食品的组织结构和生化变化。食品的组织结构、化学成分有时测定起来非常复杂，甚至是不可测定的。然而，这些内部组织状态的变化往往反映在物性的变化上。因此通过物性测定的方法分析食品内部组织状态常常是简单、准确的可行方法。例如，在制作面条或面包的工艺中，面筋形成的情况用观察法或其他方法很难确定，而用测定其黏弹性的方法则可简便地了解面团面筋的网络形成程度。尤其是对于生鲜食品的无损伤组织测定，利用振动、光反射、电磁感应等物性测定手段更是必要的选择。

（4）为改善食品的风味，发挥食品的嗜好性品质提供科学依据。随着调味技术的日趋完善，人们嗜好品位的提高，食品的质构、色泽特性在食品的嗜好品质评价中所占比重越来越大。然而，以往的感官评价往往在信息交流、定量表达、科学再现性等方面不能满足食品工业化生产的要求。因此，以仪器测定的指标表现食品的风味特性，并以此为依据，保证和提高食品的嗜好性品质，成为当前食品开发技术的重要方向。例如，面条食用时的“筋道”感，是其品质评价的重要指标。然而对“筋道”这一人人皆知却难以准确表述的感官指标，在面条、馄饨、粉条等工业化生产上很难标准化控制。利用食品力学物性研究的方法，用食品流变仪或其他专用仪器对“筋道”这一嗜好性指标定量地表达，可以对以上产品的开发起到关键的作用。类似的还有米饭的“可口性”、汤汁的“爽口性”、饼干类的“酥脆性”、肉类的“柔嫩性”等，这些嗜好特性大多是模糊的概念，以往都是靠某些烹饪名师或高厨来判断把握，然而现代化食品工业需要对以上特性用科学客观的方法进行检测与控制。

（5）为研究食品分子论提供实验依据。随着对食品品质研究的深入，对食品内部分子结构的研究成为食品科学的重要组成部分。尤其是近年来对水分子团结构的研究，功能性糖、肽的研究，乳化剂界面活性作用的研究，加压或加热条件下蛋白质、淀粉等食品材料变性的研究等，越来越引起食品科技界的重视。然而在以上这些研究中，对于食品分子水平的结构变化很难用化学分析的方法了解，甚至使用先进的电子显微镜也观察不到，因此物性测定的方法往往成为以上研究中唯一有效的试验手段。例如，有研究者利用测定黏度的方法判断用电磁处理后水分子团大小的改变和水的活化程度。

综上，越来越多的事实表明，食品物性学知识在现代食品工程设计中发挥着十分重要的作用，食品物性学的研究已经成为食品科学与工程研究领域不可缺少的一部分。

课程思政

中国的饮食以东方农耕文化为特点，考古发现，公元前4500年的新石器时代，人们就开始食用稻米，通过釜、甑、鼎等石器“蒸谷为饭，烹谷为粥”，华夏民族自古自称为“粒食之民”。后来小麦成为主食，部分代替了粟、黍，这应与粉食技术的进步有关。随着人类历史的发展，无论“粒食”还是“粉食”，其米粒、面团及制成面制品的物理性质，包括黏弹性、咀嚼性等均是评价食品好坏的重要标准。利用现代技术挖掘传统食品的饮食文化内涵，守正创新，发扬传统文化，建立文化自信，是新一代食品工作者义不容辞的责任。

思考题

1. 食品都包括哪些物理性质，主要参数有哪些？
2. 请简述食品物性学的特点？
3. 研究食品物性学的意义是什么？

第二章

食品的基本力学性质及其研究方法

学习目标

1. 从食品物性学角度了解食品体系的分类方法。
2. 掌握食品的黏弹性概念及黏弹体的力学模型。
3. 了解散粒体食品的力学特性及其在食品工业中的应用。

食品的力学性质是食品物性中十分重要的性质，包括食品在力的作用下变形、振动、流动、断裂等各种规律。除了对食品进行各种机械处理需要了解其力学性质以外，食品的风味因素中，力学性质也占有很重要的位置，对有些食品，它甚至成为决定食品品质好坏的主要指标。食品的力学性质还与食品的生化变化、变质情况有着密切的联系，通过力学性质的测定可以把握食品以上品质的变化情况。

第一节　食品分散系统

一般物质的物理参数，都是排除了一些不确定因素，按一定的原则进行定义的，如比热容、密度、黏度、弹性率等。对于某一指定的物质，这些指标往往是常数定值。但是对于食品，以上物理量往往很难确定，这是因为食品物质的组成比较复杂，多为非均质的体系，而且食品及其生物质的物性比一般非生物质材料复杂得多。

一、食品分散系统的概念

一般的食品不仅含有固体，而且还含有水、空气，属于分散系统（disperse system）或称为非均质分散系统，也称分散系。分散系统是指微米级以下、纳米级以上的微粒子在气体、液体或固体中浮游悬浊（即分散）的系统。这一系统中，以上所说的微粒子被称为分散相（disperse phase），而属于气体、液体或固体的介质被称为分散介质（disperse medium），也称连续相。分散系统的特点一般有两个：①分散系统中的分散介质和分散相都以各自独立的状态存在，所以分散系统是一个非平衡状态；②每个分散介质和分散相之间都存在着接触面，整个分散系统的两相接触面面积很大，系统处于不稳定状态。

分散系统的物质与普通混合物有很大的不同。普通混合物的宏观物性公式不以构成各相成分的改变而变化，即对于混合物的构成各相来说，其物性函数具有对称性。然而，对于分散系统来说，当分散相与连续相发生交换变化，物性就会相去甚远（例如，固体中气体为分散相与气体中固体为分散相，两者的物性截然不同）。也就是说，分散系统物质的宏观物性公式具有与连续相和分散相有关的非对称性质，这也被称为分散系统物质物性的特异性。因此在研究食品物性时，要注意到食品的分散系统性质。

分散系统会对食品物性造成一些重要的影响。

（1）因为分散系统内不同的组分存在于不同的相中或结构单元内，所以不存在热力学平衡（即使均相食品也不可能呈热力学平衡）。

（2）香料组分也可能分散在不同的相中或结构单元内，食品在食用时可能因此而减缓香料组分的释放速率，或者导致食用时香料组分的不均匀释放。

（3）如果结构单元之间存在相互吸引的作用力，整个系统就具有一定的稠度，与竖立性、铺展性或切削难易等性质有关，且影响食品的质地、口感。

（4）如果系统具有相当大的稠度，则所有涉及的溶剂（对绝大多数食品而言指的是水）将是不可流动的，由此系统中的传质（许多情况下还有传热）就只能采用扩散而不是对流的方式。

食品分散系统较为复杂。天然食品和部分加工食品比较简单，如啤酒泡沫是一种气泡分散在溶液中的系统，牛乳是一种分散有脂肪球和蛋白质聚集体的溶液，塑性脂肪由一种包括聚集的甘油三酯晶体的油脂组成，而色拉调味酱可能仅是乳状液。但是，其他加工食品却复杂得多，表现在含有许多不同的结构单元，而且这些结构单元的尺寸与聚集状态也是广泛变化的，如人造黄油、面团、面包、夹心凝胶、胶状泡沫及采用挤压工艺制得的物料等。

二、食品分散系统的分类

按照分散程度的高低（即分散粒子的大小），分散系统大致分为三种。

（1）分子分散系统　分散的粒子半径小于0.1μm，相当于单个分子或离子的大小。此时分散相与分散介质形成均匀的一相，因此分子分散系统是一种单相体系，如蔗糖溶于水后形成与水亲和力较强的化合物粒子。

（2）胶体分散系统　分散相粒子半径为0.1~10μm，比单个分子大得多。分散相的每一粒子均为由许多分子或离子组成的集合体。虽然用肉眼或普通显微镜观察时体系呈透明状，与真溶液没有区别，但实际上分散相与分散介质已并非为一相，而是存在着相界面。换言之，胶体分散系统为一个高分散的多相体系，有很大的比表面积和很高的表面能，致使胶体粒子具有自动聚结的趋势。与水亲和性差的难溶性固体物质高度分散于水中所形成的胶体分散系统，简称为“溶胶”。

（3）粗分散系统　分散相的粒子半径为10~1000μm，可用普通显微镜甚至肉眼分辨出是多相体系。“悬浮液”（泥浆）和“乳状液”（牛乳）就是典型的例子。

除按分散相粒子大小做上述分类外，对于多相的分散系统还常按照分散相与分散介质的聚集态来进行分类，可分成如表2-1所示的类型。

表 2-1　　基于分散相与分散介质的聚集态多相分散系统的分类

分散介质	分散相	分散系统	实例
气体	液体	气溶胶	加香气的雾
	固体	粉体	面粉、淀粉、白糖、可可粉、脱脂乳粉
	气体	泡沫	掼奶油、啤酒泡沫
液体	液体	乳状液	牛乳、奶油、蛋黄酱
	固体	溶胶	浓汤、淀粉糊
		悬浮液	酱汤、果汁
固体	气体	固体泡沫	面包、蛋糕、馒头
	液体	凝胶	琼脂、果胶、明胶
	固体	固溶胶	巧克力

三、常见的食品分散系统

（一）泡沫

泡沫是指在液体中分散有许多气体的分散系统。气体由液体中的膜包裹成泡，这种泡称为气泡，有大量气泡悬浮的液体称为气泡溶胶。当无数气泡分散在水中时，溶液呈白色，这便是气泡溶胶（也称泡沫）。如图 2-1（1）所示，存在大量气泡的状态为球形泡沫；如图 2-1（2）所示，在大量气泡之间有很薄的液膜分隔、气泡呈多面体的状态为多面体泡沫。球形泡沫密度较大，如冰淇淋饮料；多面体泡沫密度较低，如啤酒泡沫及一些碳酸饮料的泡沫。

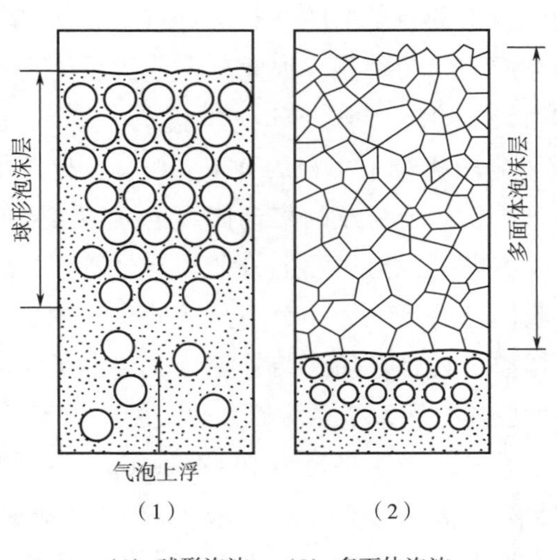

（1）球形泡沫　（2）多面体泡沫

图 2-1　泡沫

啤酒中含有影响泡沫的积极和消极两种因素。积极因素有蛋白质、糖、酒花物质等；消极因素是类脂化合物。在某种程度上啤酒中蛋白质是起泡沫的主要媒介物质，啤酒泡沫的产生能以蛋白质与其他物质的相互作用来解释。此外，不同品牌的啤酒由于其使用的原料、酿造工艺以及酿酒酵母的不同使得它们之间的泡沫稳定性差异很大。当鸡蛋蛋清被强烈搅打时，空气会被卷入蛋液中，同时搅打的作用也会使空气在蛋液中分散而形成泡沫，最终泡沫的体积可以变为原始体积的6~8倍，形成泡沫的同时也失去蛋清的流动性，呈类似固体状。

（二）乳状液

乳状液又称乳胶体，一般是指两种互不相溶的液体，其中一种为微小的液滴，分散在另一种液体中。

如果把水和油轻轻地倒在杯子中，由于水分子之间与油分子之间的分子力有本质区别，水和油之间不存在相互作用，同时由于水和油的密度不同，油在上层而水在下层，从而形成明显的油水界面（液-液界面）。在存在界面的情况下，液体内部的分子由于受到各方向相同的分子力的作用而处于平衡状态，界面的分子则处于非平衡状态。如果将水和油进行激烈搅拌，那么水和油的界面将受到破坏，从而形成一种液体分散于另一种液体的乳状液。此时，分散的粒子越小，两相界面面积总和越大，系统越不稳定，系统向界面面积小的稳定状态变化。

如果在水中添加少量的水溶性乳化剂后再搅拌，那么与未添加乳化剂相比不仅形成乳状液所需要的作用力更小，而且状态保持的时间也更长。此时形成的乳状液称为水包油型（O/W型）乳状液（分散介质为水，分散相为油）。如果把磷脂等油溶性乳化剂溶解在油中后进行搅拌，则形成油包水型（W/O型）乳状液（分散介质为油，分散相为水）。乳化剂附着在分散粒子的界面上，降低了界面自由能，阻碍了界面面积减小的速度，因而能延长乳状液状态维持的时间。制作蛋黄酱时，蛋黄中的脂蛋白和磷脂就起着乳化剂的作用。增加油相的体积分数可使蛋黄酱的硬度增大，如果水相和油相的体积分数相同，那么油滴越小弹性系数和黏性系数越大，松弛时间就越长。

稀奶油、蛋黄酱均属于O/W型，而黄油、人造奶油等属于W/O型。乳状液在不使油与水分离的情况下，O/W型经一定处理，可转变为W/O型，而W/O型也能变成O/W型。将这种分散介质与分散相之间的转换现象称为相转换。例如，当持续激烈地搅拌O/W型生奶油时，就会发生相转换，变成W/O型黄油，黄油就是用这种方法由生奶油加工而成的。相转换时，即使原来各相的组成比例不变，转换前与转换后乳状液的物性也会发生明显变化。乳状液的相转换过程如图2-2所示。

除了由两相构成的乳状液外，还有多相乳状液。所谓多相乳状液是指：当把O/W型或W/O型乳状液整体视为一个连续相，给这样的乳状液添加亲水性或亲油性的乳化剂后搅拌，此时各自的水或油又会成为分散相，得到W/O/W型或O/W/O型乳状液，控制不同的油相及水相条件，可以实现W/O/W型与O/W/O型的转化（图2-3）。当

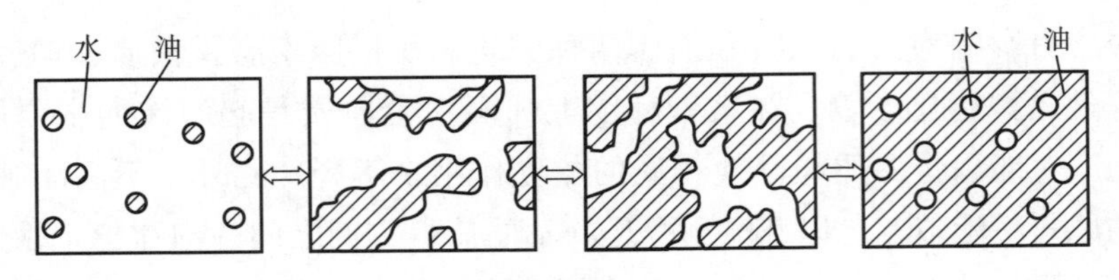

图 2-2 乳状液的相转换过程

W/O 型乳状液向 O/W 型相转换时，也能得到 W/O/W 型多相乳状液。对乳状液类型的判断是研究其物性时首先要解决的问题。也就是说，乳状液中的连续相是水还是油，对其物性起着决定性的作用。

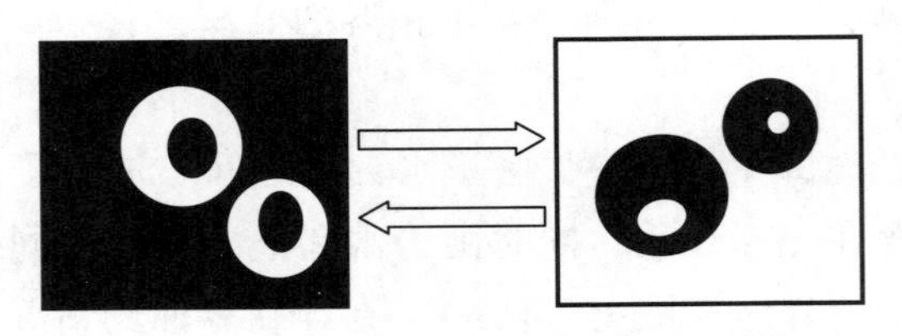
图 2-3 W/O/W 型与 O/W/O 型的转化

（三）悬浮液

固体微粒子分散于液体的分散系统称为悬浮液。一般来说，当静止放置稀薄悬浮液时，由于固体粒子受到浮力的作用，密度小于水的固体粒子就能浮起来，密度大于水的固体粒子就沉降，密度与水相同的固体粒子则在水中保持静止状态。如果增加固体粒子的浓度，那么由于粒子之间的相互作用，黏度就会增加。当水恰好填满了大量固体粒子之间的空隙时，水起到可塑剂的作用，分散系统变成黏土一样的固体状态，出现塑性。

（四）溶胶和凝胶

溶胶和凝胶为大部分食品的主要形态。胶体粒子在液体中分散的状态称为胶体溶液，其中可流动的胶体溶液称为溶胶。食品中一般胶体粒子的分散介质是水，故连续相是水的胶体称为亲水性胶体（hydrocolloid），这样的溶胶称为水溶胶。在分散介质中，胶体粒子或高分子溶质形成整体构造而失去流动性，或胶体全体虽含有大量液体介质但处于固化的状态称为凝胶。

凝胶是物质的特殊状态，为介于固体和液体之间的状态；同时也是食品中非常重要的物质状态，除了果汁、酱油、牛乳、油等液态食品和饼干、酥饼、硬糖等固态食品外，几乎所有的食品都是在凝胶状态供食用的。凝胶分为热不可逆性凝胶和热可逆性凝胶两类，前者多为蛋白凝胶，如鸡蛋羹、豆腐、羊羹、布丁等；后者以多糖凝胶为主。许多凝胶是由纤维状高分子相互缠结，或分子间键结合形成三维立体网络结构。水保持在网络的网格中，全体失去流动性质。凝胶经过一段时间放置，网格会逐渐收缩，并把网格中的水挤出来，该现象称为离浆，这种凝胶称为干凝胶，如干粉丝、方便面。

变性蛋白分子聚集形成一个有规则的蛋白质网的过程称为胶凝作用。蛋白质网的形成是蛋白质-蛋白质和蛋白质-溶剂（水）相互作用之间、相邻肽链吸引力与排斥力之间平衡的结果，球蛋白热致凝胶的形成是一个涉及多种反应的复杂过程。蛋白质分散于水中形成溶胶体，这种溶胶体具有流动性，在一定条件下可以转变成具有部分固体性质的凝胶。在蛋白质溶胶中，蛋白质分子表现为卷曲的紧密结构，水化膜包围了其表面，具有相对的稳定性。通过加热，蛋白质初步变性，导致黏度上升和结构变化，蛋白质分子也从卷曲状态中舒展开来，疏水基团从卷曲结构的内部暴露出来。同时，吸收了热能的蛋白质分子运动加剧，分子间接触和交联机会大幅增加。随着加热过程的继续，蛋白质分子间通过疏水相互作用、二硫键的结合形成中间具有空隙的立体网络结构，这就是凝胶态，也是蛋白质包水的一种胶体形式。

多糖如卡拉胶的胶凝过程为：先是卡拉胶分子在水中溶解成不规则的卷曲型（无规线团），随后是降温后分子内形成单螺旋体，接下来是温度再度下降分子间形成棒状双螺旋结构，最后是双螺旋分子间聚集形成凝胶（图 2-4）。

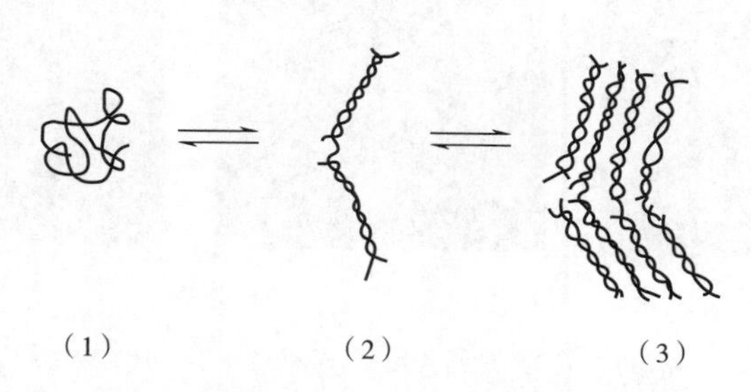

（1）无规线团　（2）棒状双螺旋结构　（3）双螺旋网状聚合体

图 2-4　多糖凝胶的形成过程

（五）粉体

粉体（一类散粒体，详见本章第四节）是微小固体颗粒的群体，可以因粒子间摩擦力而堆积，也可以像液体那样充填在各种形状的容器中。但是与液体不同的是，粉体对容器底部的压力并不像液体那样与充填的高度成正比，这说明粉体颗粒之间存在着摩擦力。食品中粉体物质很多，不仅包括面粉、豆粉、甘薯粉、淀粉等食品原料，而且许多速溶、速食食品均呈粉体形态。

粉体食品一般是通过干燥、晶析、造粒、粉碎、沉淀、混合等单元操作制成。大部分粉体成分多样，因此各种粒子的表面都具有较为复杂的形状。有的粒子还由许多个粒子黏结而成。图 2-5 所示为几种粉体食品的颗粒形状。其中图 2-5（1）为喷雾干燥而成的脱脂乳粉，酪蛋白颗粒在张力作用下，下落时形成球状；但干燥收缩使其表面出现皱痕，喷雾过程中的碰撞也使得大颗粒上粘有小粒子。图 2-5（2）所示为全脂乳粉，因为加工过程中有一个造粒工艺（使粒子互相黏结成团粒，增加速溶性），所以粒子由多个颗粒黏结而成。图 2-5（3）所示为小麦粉，较大球形粒子为淀粉颗粒，小的球形粒子为蛋白质。图 2-5（4）所示为荞麦粉，荞麦种子颗粒并没有完全粉碎成淀粉粉末，尚存在大的、具有一定形状的淀粉团粒。图 2-5（5）所示为胡椒粉，粉碎后细小颗粒之间粘连形成大颗粒团聚物。图 2-5（6）所示为砂糖，砂糖颗粒具有晶体构象，颗粒形状为立方体或不规则多面体，颗粒之间不存在聚集和粘连现象。

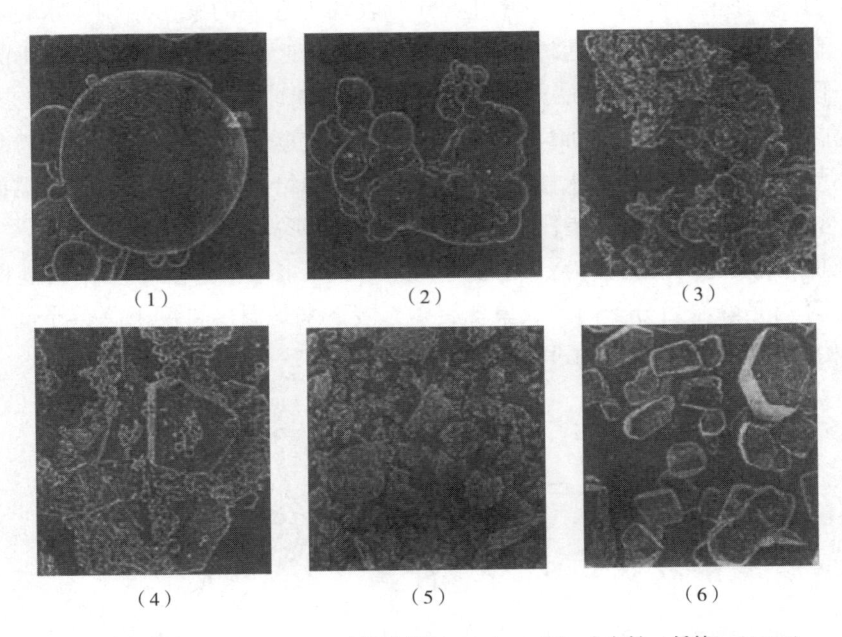

（1）脱脂乳粉（420×）（2）全脂乳粉（180×）（3）小麦粉（低筋）（300×）
（4）荞麦粉（240×）（5）胡椒粉（60×）（6）砂糖（42×）

图 2-5 几种粉体食品的颗粒形状（电子显微镜图）

第二节 食品的黏弹性

许多食品属于固体或半固体。一般固体，当施以作用力（称之为应力），则产生变形（称之为应变）；去掉作用力后，又会产生弹性恢复。我们将使之恢复的力称为内应力（internal stress）。如果去掉外力，内应力也消失，这种性质称为弹性（elasticity）。如果弹性恢复可以完全回到原来的状态，称为完全弹性，如果不产生弹性恢复，则称为流动，黏性就是表现流体流动性质的指标。实际的物质，尤其是食品物质，往往既表现弹性性质，又表现黏性性质。也就是说，它们的力学性质不像完全弹性体那样仅用力与变形的关系来表示，还与力的作用时间有关。如面包、面团、面条、奶糖等，我们都可以观察到它们的弹性性质和黏性性质，只是在不同的条件下，有的弹性表现得比较明显，有的黏性表现得比较明显。总之，将既有弹性又可以流动的现象称为黏弹性，将具有黏弹性的物质称为黏弹性物质或黏弹性体。

一、变形

研究物体的变形以及黏弹性时，经常要用如图 2-6 所示的应力（σ）与应变（ε）关系曲线（应力应变曲线）来分析。

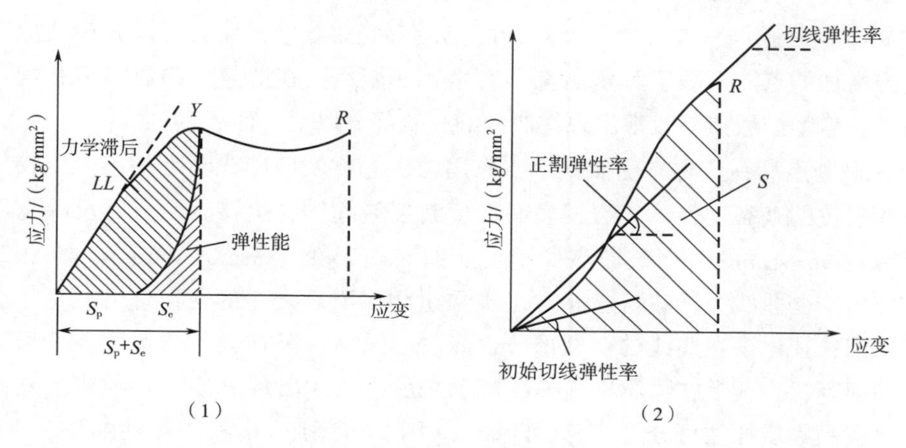

（1）延性断裂　（2）脆性断裂

图 2-6　黏弹性体的应力应变曲线

S_e，弹性变形；S_p，永久变形。

分析物质的应力应变曲线时需用到以下概念。

（1）宏观应变（macro-strain）　指平均应变范围为大于原子间距离的有限尺寸场合下的应变。

（2）微观应变（micro-strain）　指应变尺寸范围为原子量级的应变。

（3）压缩强度　物质所能承受的最大压缩应力，即试验时试样能承受的最大荷重和与试料的最初断面积之比。

（4）弹性率　在弹性极限范围内，应力和应变之比。当应力和应变为非线性关系时，又定义了以下弹性率。①初始切线弹性率：应力应变曲线在原点处的斜率；②切线弹性率：在曲线上某一点，曲线的斜率，又称瞬时弹性率；③正割弹性率：从曲线上任一点到原点的连接直线的斜率，又称表观弹性率；④弦弹性率：应力应变曲线上任意两点之间弦的斜率。

当给食品物质持续加载时，往往不仅会变形，而且还会发生断裂现象。实际上人们对食品进行压、拉、扭、咬、切时，食品的变形逐渐加大，但一般并非线性变形，而是发生大的破坏性变形。对于具有这样性质的物体，人们往往用一定的载荷进行断裂强度或蠕变试验。由于断裂现象同试样的组织构造之间有较强的联系，因此，比起只有微小变形的黏弹性来说，测定值的误差较大。为此，在测定断裂强度时，对试样要进行严格处理，并且要取大量数据进行平均，然后从概率角度去讨论。在进行断裂试验时需要掌握以下概念。

（1）屈服点（yield point） 当载荷增加，应力达到最大值后，应力不再增加，而应变依然增加时的应力点。并非所有物质都有屈服点。屈服点为图 2-6 中的 *Y* 点。

（2）屈服强度点（elastic limit，又称弹性极限） 应变和应力之间的线性关系在有限范围内不再保持时的应力点，即图 2-6 中的 *LL* 点。当用偏离法（offset）求解时，一般认为偏离直线的变形为变形量的 0.2%时为屈服强度点。

（3）生物屈服点 被认为是 *Y* 点，即应力应变曲线中，应力开始减少或应变不再引起应力增加的点。一般生鲜食品都具有生物屈服点。在此点，物质的细胞构造开始受到破坏。生物屈服点一般都出现在曲线的直线部分以后，即 *LL* 点之后。

（4）破断点 在应力应变曲线上，作用力引起物质破碎或断裂的点。生物质破断包括壳和表皮的破裂、整体碎裂、表面产生断裂裂缝等。生物屈服点常反映物质的微观应变（micro-strain），而破断点属于物质的宏观应变（macro-strain）。如图 2-6 所示，在应力应变曲线上，破断点 *R* 点出现在生物屈服点之后的任何地方。对于脆性物质，破断点往往出现在曲线的初期部分，而对于强韧（坚韧）性食品物质，破断点的出现往往很晚，也就是在物质出现塑性流动之后很久才出现 *R* 点。按照以上对破断点的分析，食品物质往往可分为“延性断裂”[图 2-6（1）] 和“脆性断裂”[图 2-6（2）]。

（5）脆性断裂 屈服点与断裂点几乎一致的断裂情况称为脆性断裂，饼干、琼脂、牛油、巧克力、花生米等属于脆性断裂。

（6）延性断裂 指塑性变形之后的断裂。食品中这种断裂也很多，如面包、面条、米饭、水果、蔬菜等。

（7）断裂能 脆性断裂时，应力在断裂前所做的功，如图 2-6（2）中所示斜线部分表示的面积 *S*。单位面积的断裂能可由式（2-1）求出：

$$E_n = \int_0^{\varepsilon} \sigma(\varepsilon) d\varepsilon \quad (2-1)$$

式中，E_n 为断裂能，J/m^2；ε 为应变，无量纲；σ 为应力，N/m^2。

做断裂试验测定食品的断裂特性时，一般要用定速压缩或定速伸长的应力应变曲线得到。

（8）刚度 当变形未超过弹性极限时，刚度为应力应变曲线的初期斜率，即弹性模量。当应力和应变为非线性关系时，刚度即为表观弹性率，也就是初期切线弹性率、割线弹性率或切线弹性率。

（9）弹性 物质恢复原形的能力。

（10）塑性 物质产生永久变形的性质。

（11）弹性度 物质在去掉外力作用后，弹性变形和总变形量之比。如图 2-6 所示，弹性度=$S_e/(S_p+S_e)$。

（12）强度　物质承受施加外力的能力。

（13）生物屈服强度　达到生物屈服点的应力。

（14）坚韧性（强韧性）　使物质达到破断时需要做的功，如图 2-6 所示，它是应力和应变曲线之间包围的面积，相当于脆性断裂时的断裂能。

（15）弹性能　物质以弹性变形的形式保存的能量。它等于曲线的直线部分与横轴所包围的面积，或回弹曲线与横轴所包围的面积。

（16）力学滞后（hysteresis）　在载荷的加除过程中物质吸收的能量，也就是当产生塑性变形时，它等于应力应变曲线回路中包围部分的面积。力学滞后表示能量的损耗。也就是物质在变形过程中转化为热能损失的性质。

二、弹性变形

物体受到外力变形超过某一限度时，物体不能完全恢复原来状态，这种限度称为弹性极限。弹性是反映固体力学性质的物理量。胡克在 1678 年研究作用力与反作用力规律时提出了有名的胡克定律：在弹性极限范围内，物体的应变与应力的大小成正比。

$$F = kd \tag{2-2}$$

式中，F 为外力，N；k 为比例系数；d 为变形量，m。

这里的比例系数对不同的物质有不同的值，称为弹性模量（或称弹性率）。弹性变形可以归纳为三种类型：①受正应力作用产生的轴向应变；②受表面压力作用产生的体积应变；③受剪切应力作用产生的剪切应变。

（一）弹性模量

物体受正应力作用产生轴向的变形称拉伸（或压缩）变形。表示拉伸变形的弹性模量也称作杨氏模量（Young's modulus）。

假设当沿横截面面积为 A、长度为 L 的均匀弹性棒的轴线方向施加力 F 时，棒的伸长长度为 d（图 2-7），则单位面积的作用力（即拉伸应力，单位 N/m^2）σ_n 为：

$$\sigma_n = F/A \tag{2-3}$$

所产生的拉伸应变（单位长度的伸长量）ε_n 为：

$$\varepsilon_n = d/L \tag{2-4}$$

对于理想的弹性固体，在弹性限度范围内，应力与应变关系服从胡克定律，即应力与应变成正比，比例常数称为弹性模量（E），对于拉伸变形，比例常数又称为杨氏模量：

$$\sigma_n = E \cdot \varepsilon_n \tag{2-5}$$

弹性模量是材料发生单位应变时的应力，表征材料抵抗变形能力的大小，弹性模量越大，越不容易变形。弹性模量的倒数$J=1/E$ 称为弹性柔量。由于 ε 是无量纲，所

以 E 的单位与 σ 的相同，均为 N/m^2。

在室温 25℃ 下，下列食品的杨氏模量分别为：小麦面团 $10^5 N/m^2$，琼脂、明胶的凝胶 $10^5 \sim 10^6$ N/m^2，硬质干酪 $10^9 \sim 10^{10} N/m^2$，意大利面 $10^{11} N/m^2$。

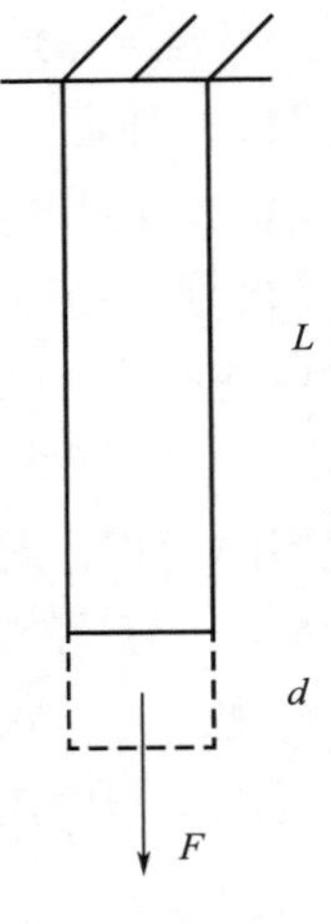

图 2-7　拉伸实验

（二）剪切模量

固定立方体的底面，对立方体的上表面沿切线方向施加力 F 时，发生如图 2-8 所示的变形。这种变形称为剪切变形。设立方体上表面移动的距离为 d，与其对应的角度为 θ，立方体上表面面积为 A，高为 H，则上表面单位面积的作用力（剪切力）σ_τ 为：

$$\sigma_\tau = F/A \tag{2-6}$$

相应的形变（剪切应变）ε_τ 为：

$$\varepsilon_\tau = d/H = \tan\theta = \theta \tag{2-7}$$

由胡克定律可得：

$$\sigma_\tau = G\varepsilon_\tau \tag{2-8}$$

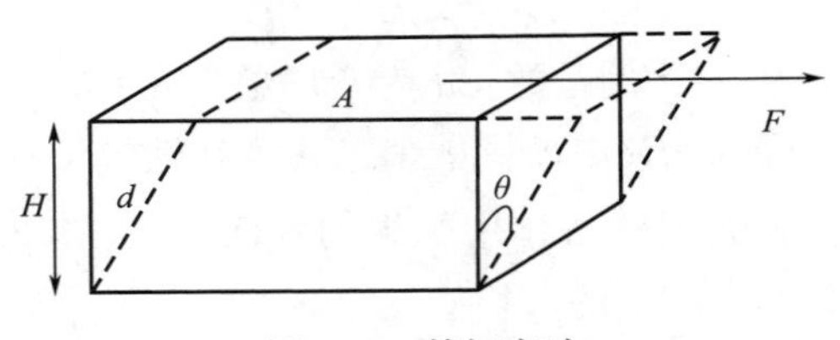

图 2-8　剪切实验

式中，比例系数 G 称为剪切模量，单位为 N/m^2。剪切模量的倒数 $J=1/G$ 称为剪切柔量。剪切模量的物理意义是物体单位剪切变形所需要的剪切应力。一般来说固体的剪切模量是杨氏模量的 1/3～1/2。

牛顿流体（流体特性符合牛顿黏性定律的流体，即剪切应力与剪切速率之间的关系是一条过原点的直线）的剪切模量为 0，果冻、橡胶、水泥、铜、钢的剪切模量分别为 2×10^5 N/m^2、2.9×10^5 N/m^2、0.7×10^{10} N/m^2、4×10^{10} N/m^2、8×10^{10} N/m^2。

（三）泊松比

泊松比是表现弹性拉伸变形的物性参数。当物体受拉伸（或压缩）时，除了在力的方向产生纵向应变 ε_Z，往往为了维持其体积，在与作用力方向垂直的横向也会产生应变 ε_H。对一定的物质，其横向应变与纵向应变的比值的绝对值往往是一个常量：

$$\left|\frac{\varepsilon_H}{\varepsilon_Z}\right| = \mu \tag{2-9}$$

横向应变与纵向应变比值的绝对值μ称为泊松比，它是无量纲的量。不同物体的泊松比在0~0.5之间。对于变形时体积不发生改变的物体，泊松比约为0.5；对于海绵状的物体，如面包，其泊松比接近于0。几种食品的泊松比如表2-2。

表2-2 几种食品的泊松比

食品	泊松比
小麦粉面团	0.50
切达干酪	0.50
明胶（含水量80%）	0.50
马铃薯	0.49
苹果	0.21~0.34
面包中心部分	0

注：泊松比往往与应力方向有关，对于非各向同性的物体，泊松比不止一个。

（四）体积模量

设体积为V的物体表面所受的静水压为p，当压力由p增加到$p+\Delta p$时，物体体积减小了ΔV，则体积应变ε_V为：

$$\varepsilon_V = -\frac{\Delta V}{V} \tag{2-10}$$

假设压力的变化和体积应变之间符合胡克定律，则：

$$\mathrm{d}p = -K\frac{\mathrm{d}V}{V} \tag{2-11}$$

$$K = -\frac{\mathrm{d}p}{\frac{\mathrm{d}V}{V}} = -V\left(\frac{\mathrm{d}p}{\mathrm{d}V}\right) \tag{2-12}$$

式中，比例系数K称为体积模量，$\mathrm{N/m^2}$。

（五）弹性系数之间的相互关系

以上弹性系数适用于各向同性的材料。各向同性的材料只有两个独立的弹性系数，因此知道其中的两个系数，可通过计算得到另外的弹性系数，且和泊松比相互之间也存在着一定关系（表2-3）。在表中E与G的关系式中代入泊松比0.5，可得$E=3G$，称为弹性系数的三倍定律。

表2-3 各模量参数之间的换算关系

模量参数	E，G	E，K	E，μ	G，K	G，μ	K，μ
弹性模量E	E	E	E	$\frac{9KG}{G+3K}$	$2G(1+\mu)$	$3K(1-2\mu)$

续表

模量参数	E, G	E, K	E, μ	G, K	G, μ	K, μ
剪切模量 G	G	$\frac{3KG}{9K-E}$	$\frac{E}{2(1+\mu)}$	G	G	$\frac{3K(1-2\mu)}{2(1+\mu)}$
体积模量 K	$\frac{EG}{9G-3E}$	K	$\frac{E}{3(1-2\mu)}$	K	$\frac{2G(1+\mu)}{3(1-2\mu)}$	K
泊松比 μ	$\frac{E-2G}{2G}$	$\frac{3K-E}{2G6K}$	μ	$\frac{3K-2G}{6K+2G}$	μ	μ

三、黏弹性体及其特点

将圆柱形面团的一端固定，另一端用定载荷拉伸，此时面团如黏稠液体般慢慢流动。当去掉载荷时，被拉伸的面团收缩一部分，但面团不能完全恢复至原来的长度，有永久变形，这是黏性流动表现，即面团同时表现出类似液体的黏性和类似固体的弹性。

黏弹性体的力学性质不像完全弹性体那样仅用力与变形的关系表示，还与力的作用时间有关。所以研究黏弹性体的力学性质时，掌握力与变形随时间变化的规律是非常重要的。黏弹性体除了兼有弹性性质和流动的黏性性质外，还有以下一些特殊的性质。

（一）曳丝性

有许多黏弹性食品，如蛋清、山药糊、糊化淀粉糊等，当筷子插入其中，再提起时，会观察到一部分液体被拉起形成丝状，这种现象称为曳丝性。具有曳丝性的液体，分子之间存在着一定的结合，形成了弱的网络结构。曳丝性是黏性与弹性双重性质的表现。有些黏度高的液体，如食用油、糖液等，虽然用筷子也可提起“液线”，但它不是曳出的丝，而是黏性的液流。判断曳丝性有一个方法，将直径为1mm的玻璃棒浸入液体1cm，然后再以5cm/s的速度提起，用液体丝在断掉前可拉出的长度表示曳丝性的大小。日本豆豉（又称纳豆）等发酵豆类食品都具有一定的曳丝性（图2-9），它们的曳丝长度见表2-4。

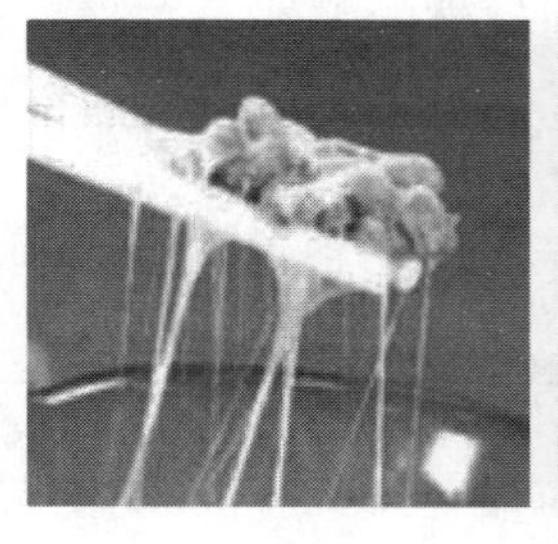 

图2-9　日本纳豆的曳丝性

表 2-4 发酵豆制品的曳丝性

发酵豆种类	曳丝长度/cm
大豆	100~150
赤豆	5~10
菜豆	20~30
豌豆	20
蚕豆	10~20

曳丝性是黏性与弹性双重性质的表现。因此，进行曳丝测定时，丝的长度与棒提起的速度有很大的关系。如图 2-10 所示，提起的速度过慢，拔出的丝由于重力而断落，不会太长；当提起速度过猛，线会像固体那样被拉断，也不长。在两种速度之间，存在着一个曳丝长度的峰值，这一峰值对应的棒的提起速度与食品黏弹性的松弛时间有关。

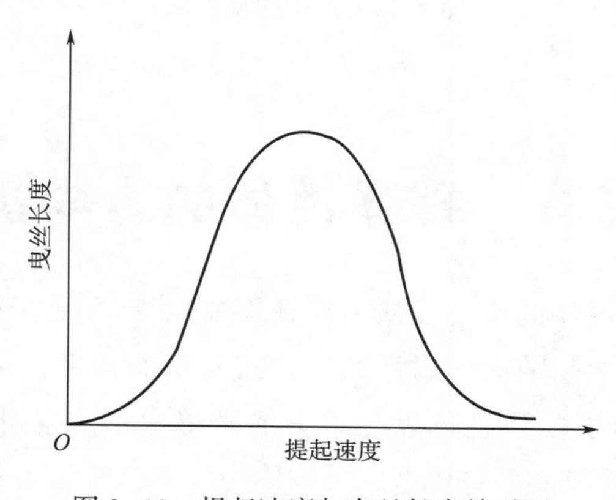

图 2-10 提起速度与曳丝长度关系图

(二) 威森伯格效果 (Weissenberg effect)

将黏弹性液体放入圆桶形容器中，垂直于液面插入一根玻璃棒，当急速转动玻璃棒或容器时，可观察到液体会缠绕玻璃棒而上，在棒周围形成隆起于液面的液柱，这种现象称作威森伯格效果（图 2-11）。只有具有弹性的液体才会有这种效果，对于牛顿流体，在旋转时，不仅没有威森伯格效果，而且棒周围的液体还会在离心作用下凹陷。

威森伯格效果出现的原因是液体具有弹性，棒在旋转时，缠绕在棒上的液体将周围的液体不断拉向中心，而内部的液体则把拉向中心的液体向上顶，从而形成沿棒而上的现象。利用威森伯格效果可以判断食品液体的结构组织情况。例如，当炼乳放陈后，由于酪蛋白在储存时逐渐形成网络结构，产生弹性，于是会表现出威森伯格效果。

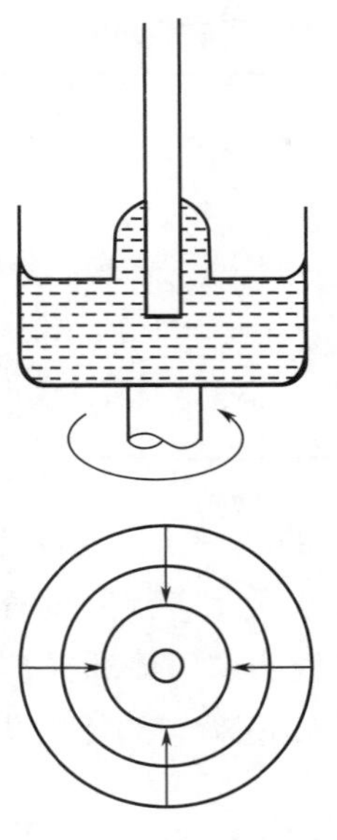

图 2-11　威森伯格效果

第三节　黏弹性体的力学模型

为了研究复杂黏弹性体的流变性质，往往需要建立一些相应的力学模型，使复杂的问题得到简化，并使之归纳为可以用数学公式表示的规律，从中搞清楚控制或测定其流变性质的方法。力学模型既可以是单一的简单模型，也可以是由多个简单模型（或称模型元件）组合而成。简单模型也可以称为基本要素，主要有胡克模型、阻尼模型和滑块模型。

一、胡克模型

在研究黏弹性体时，其弹性部分往往用一个代表弹性体的模型表示。胡克模型便是用一根理想的弹簧表示弹性的模型，因此也称“弹簧体模型”或“胡克体”。胡克模型代表完全弹性体的力学表现，即加载荷的瞬间同时发生相应的变形，变形大小与受力的大小成正比。胡克模型及其应力应变特征曲线如图 2-12（1）所示。

二、阻尼模型

流变学中用一个阻尼体（dashpot）模型表示物体的黏性性质，称为“阻尼模型”或“阻尼体”。阻尼模型及其流动时的应力应变特征曲线如图 2-12（2）所示。阻尼模

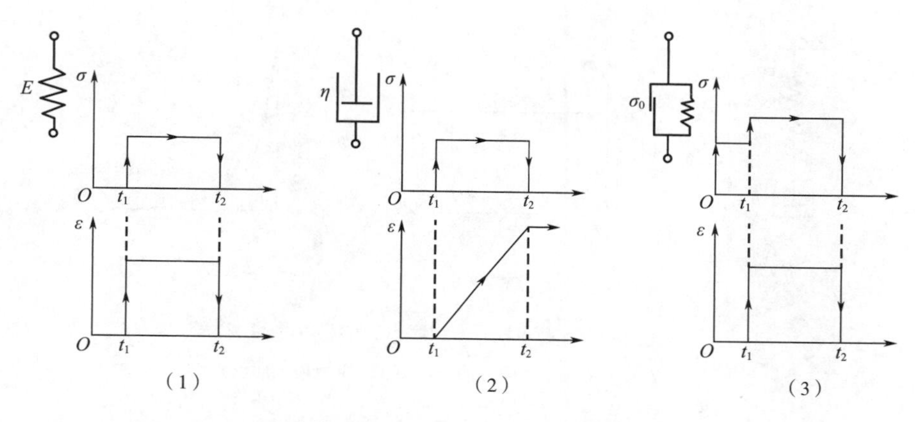

（1）胡克模型　（2）阻尼模型　（3）滑块模型

图 2-12　基本力学元件和模型

型瞬时加载时，阻尼体即开始运动；当去载时，阻尼模型立刻停止运动，并保持其变形，没有弹性恢复。阻尼模型既可表示牛顿流体性质，也可表示非牛顿流体性质，在没有特别说明时，表示牛顿流体的性质，称为牛顿体。

三、滑块模型

滑块模型（slider）又称为“摩擦片”，虽不能独立地用来表示某种流变性质，但常与其他流变元件组合，表示有屈服应力存在时的塑性流体性质。其代表符号及和胡克模型组合成的弹塑性体流变特征曲线如图 2-12（3）所示。

四、麦克斯韦模型（Maxwell model）

黏弹性体的流变性质往往用应力松弛（stress relaxation）的情况表现。应力松弛，就是给黏弹性体瞬时加载，并使其发生相应变形，然后保持这一变形，其内部应力随时间变化的过程。研究发现，黏弹性体的应力松弛表现与图 2-13 所示的模型非常相似，于是这一由胡克模型与阻尼模型串联而成的模型就成为研究黏弹性体的基本模型之一，称为麦克斯韦模型。利用麦克斯韦模型解析应力松弛过程的分析如下。

设其中的胡克体弹性模量为 E，受力后应变及应变速率分别为 ε_{H} 和 $\dot{\varepsilon}_{H}$；阻尼体所代表的黏性体黏度为 η，应变及应变速率分别为 ε_{N} 和 $\dot{\varepsilon}_{N}$，应力作用时间为 t。显然胡克体和阻尼体所受应力相等，为 σ。于是有：

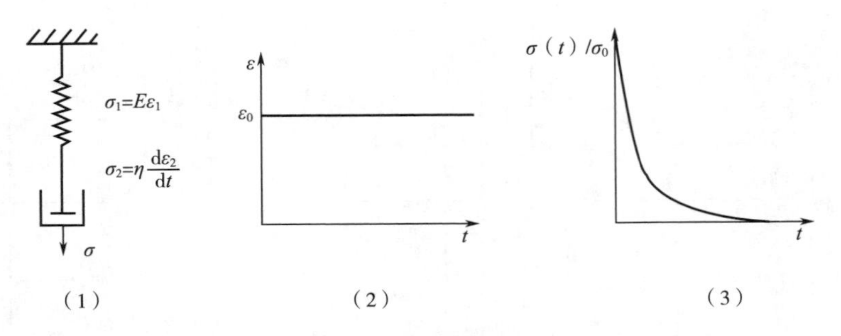

图 2-13 麦克斯韦模型及应力松弛曲线

(1) 模型 (2) 应变曲线 (3) 应力松弛曲线

$$\varepsilon_{\mathrm{H}} = \frac{\sigma}{E},\ \varepsilon_{\mathrm{N}} = \left(\frac{\sigma}{\eta}\right) \cdot t \tag{2-13}$$

总应变：$\varepsilon = \varepsilon_{\mathrm{H}} + \varepsilon_{\mathrm{N}} = \dfrac{\sigma}{E} + \dfrac{\sigma}{\eta} \cdot t$，因为 $\dot{\varepsilon} = \dot{\varepsilon}_{\mathrm{H}} + \dot{\varepsilon}_{\mathrm{H}}$ 所以：

$$\frac{d\varepsilon}{dt} = \frac{1}{E} \cdot \frac{d\sigma}{dt} + \frac{1}{\eta}\sigma(t) \tag{2-14}$$

式（2-14）称为麦克斯韦方程式（Maxwell′s equation）。设应力松弛时间 $\tau_{\mathrm{M}} = \dfrac{\eta}{E}$，可将式（2-14）变换为：

$$E\frac{d\varepsilon}{dt} = \frac{d\sigma}{dt} + \frac{\sigma}{\tau_{\mathrm{M}}} \tag{2-15}$$

对于应力松弛试验，$\dfrac{d\varepsilon}{dt}=0$，即应变保持不变，则式（2-15）可改写为：

$$\frac{d\sigma}{dt} + \frac{\sigma}{\tau_{\mathrm{M}}} = 0 \tag{2-16}$$

解此微分方程得：

$$\sigma = A \cdot e^{-t/\tau_{\mathrm{M}}} + C \tag{2-17}$$

因为对于麦克斯韦模型，当 $t \rightarrow \infty$ 时 $\sigma = 0$；$t=0$ 时 $\sigma = \sigma_0$。因此：

$$\sigma = \sigma_0 e^{-t/\tau_{\mathrm{M}}},\ \sigma_0 = E\varepsilon_0 \tag{2-18}$$

式（2-18）所表示的应力松弛曲线如图 2-13（3）所示，其中 e 为自然常数。黏弹性体虽然在受力变形时存在着恢复变形的弹性应力，但由于内部粒子也具有流动的性质，当在内部应力作用下，各部分粒子流动到平衡位置产生永久变形时，内部的应力也就消失，这一过程即为应力松弛（stree relaxation）。应力完全消失所需要的时间非常长。为了表示应力松弛快慢，定义 τ_{M} 为应力松弛时间（relaxation time）。由式（2-18）知，当 $t=\tau_{\mathrm{M}}$ 时，$\sigma = \sigma_0 e^{-1}$。因此，应力松弛时间就是应力松弛至初始值的 1/e 时所需要的时间。

应力松弛也可以用模量表示：

$$\frac{\sigma(t)}{\varepsilon_0} = \frac{\sigma(0)}{\varepsilon_0}e^{-t/\tau_{\mathrm{M}}} \tag{2-19}$$

$$E(t) = E_0 e^{-t/\tau_M} \tag{2-20}$$

式中，$E(t)$ 为 t 时的松弛模量。

五、开尔芬-沃格特模型（Kelvin-Voigt model）

黏弹性体的流变特征之一，就是在一定力的作用下会产生蠕变现象。蠕变是指物料在保持应力（未超过弹性极限）不变的条件下，应变随时间延长而增大的现象。研究蠕变特性最简单的模型元件如图 2-14 所示，即由胡克体和阻尼体并联组成的开尔芬-沃格特模型，也称开尔芬模型或蠕变模型。

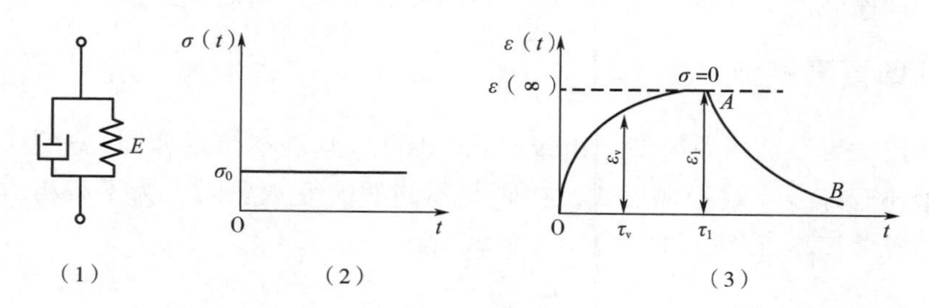

（1）模型　（2）应力特性　（3）蠕变特性

图 2-14　开尔芬-沃格特模型及蠕变曲线

开尔芬模型的特点是，当模型全体受应力 σ 作用时，阻尼体和胡克体所发生的应变相同，且都等于模型整体产生的应变 ε_0。而 σ 的大小等于阻尼体与胡克体受应力之和。在研究蠕变时，设 t 为应力作用的时间，那么有以下关系式成立：

$$\sigma(t) = E\varepsilon(t) + \eta \frac{d\varepsilon}{dt} \tag{2-21}$$

这一公式称为开尔芬方程式（Kelvin′s equation）或沃格特方程式（Voigt′s equation）。对于蠕变试验，应力为恒量，即 $\sigma = \sigma_0$；且设 $t=0$ 时，$\varepsilon_0 = 0$，则求解方程（2-21），得到：

$$\varepsilon(e) = \frac{\sigma_0}{E}(1 - e^{-\frac{tE}{\eta}}) = \varepsilon_\infty (1 - e^{-\frac{t}{\tau_K}}) \tag{2-22}$$

其中，$\tau_K = \frac{\eta}{E}$。从图 2-15 也可以看出式（2-22）所表示的应变随时间变化的倾向。对开尔芬模型，当施加一个恒定作用力 σ_0时，由于黏性阻滞的作用，胡克体只能逐渐变形，$t=\infty$ 时，胡克体才能伸长到与作用力平衡的位置；同样当变形到一定程度后，在某时刻 t_1突然除去作用力，胡克体同样也不会马上恢复到无应力作用状态，也要滞后很长时间，这就是弹性滞后（retardation elasticity）。从式（2-22）知，弹性完全恢复，从理论上讲要经过无限长时间。为了表示弹性滞后的快慢，定义 $\tau_K = \frac{\eta}{E}$ 为弹性滞后时间（retardation time）。从式（2-22）知，τ_K是应变达到最终应变的$\left(1-\frac{1}{e}\right)$时所需经过的时间。

六、多要素模型

麦克斯韦模型和开尔芬模型虽然可以代表黏弹性体的某些流变规律，但这两个模型与实际的黏弹性体还有一定的差距。例如，麦克斯韦模型不能表现弹性滞后和残余应力，而开尔芬模型缺乏实际黏弹性体存在的应力松弛部分。为了更确切地用模型表述实际黏弹性体的力学性质，就需要用更多的元件组成所谓的多要素模型。

（一）四要素模型

四要素模型也称伯格斯模型（Burger's model），其基本结构如图 2-15（1）所示。四要素模型还有许多等效表现形式，在研究不同的流变现象时，为了解析方便，可以选用不同的等效模型［图 2-15（2）～（4）］。

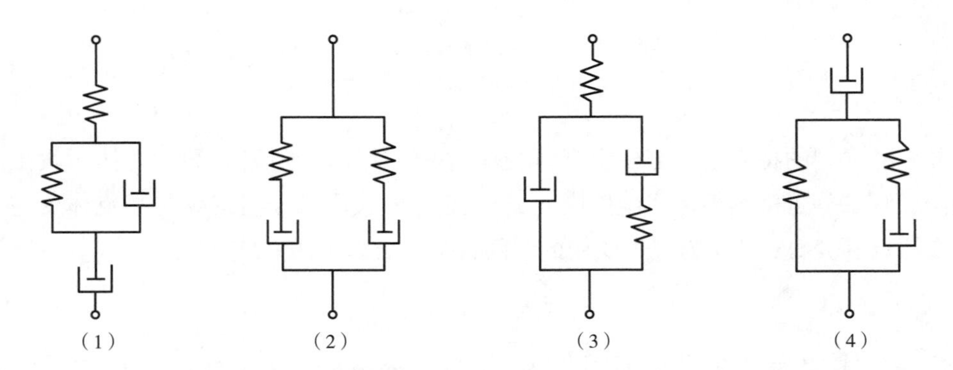

图 2-15　四要素模型（1）及其等效模型（2）（3）（4）

四要素模型的应力松弛过程解析：由于图 2-15 所示的四要素模型等效，因此可选用图 2-15（2）所示的模型分析应力松弛情况。显然，这一模型是由两个麦克斯韦模型并联而成，因此总应力等于两个麦克斯韦模型应力之和。设这两个麦克斯韦模型各元件的黏弹性参数分别为 η_1、E_1、η_2、E_2，两个模型的应力松弛时间分别为 $\tau_1 = \eta_1/E_1$，$\tau_2 = \eta_2/E_2$，于是由式（2-18）可得在恒定应变情况下，应力松弛公式为：

$$\sigma(t) = \varepsilon_0 E_1 e^{-t/\tau_1} + \varepsilon_0 E_2 e^{-t/\tau_2} \tag{2-23}$$

四要素模型的应力松弛曲线如图 2-16（1）所示。

四要素模型的蠕变过程解析：四要素模型的蠕变解析选用图 2-15（1）所示的模型比较方便。该模型相当于一个麦克斯韦模型与一个开尔芬模型串联。当加载荷应力 σ 时，模型的变形由三部分组成，一是由胡克体 E_1 产生的相当于分子链中链角、链长变

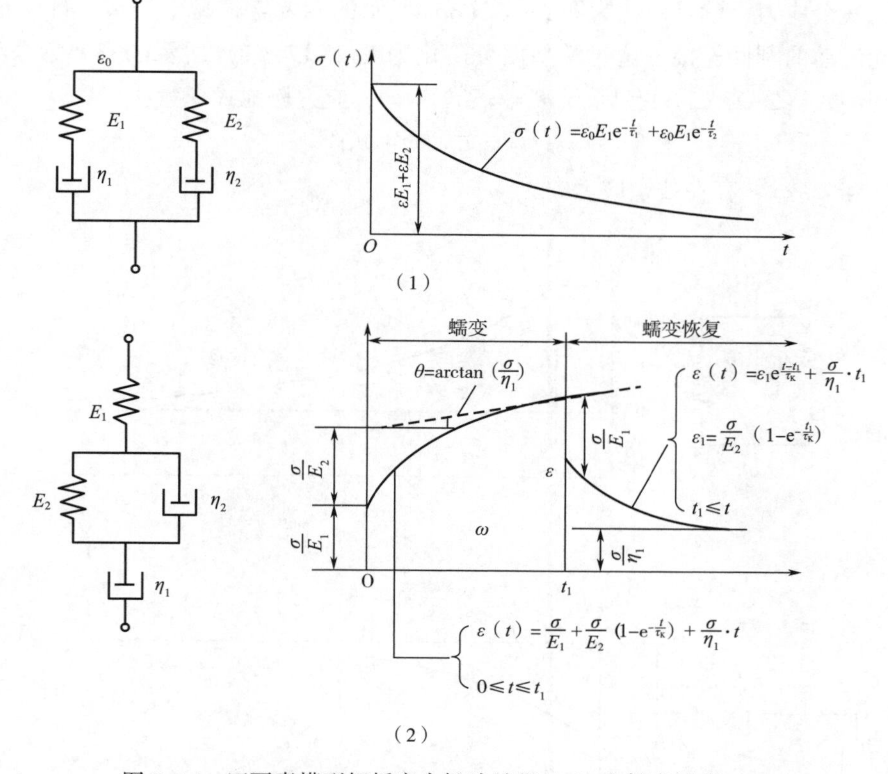

图 2-16　四要素模型解析应力松弛过程（1）和蠕变过程（2）

化引起的普通形变，是在瞬间完成的；二是由阻尼体 η_1 产生的黏弹液体不可逆的塑性流动；三是 E_2 和 η_2 并联的开尔芬模型产生的黏弹形变，相当于链段运动引起的高弹形变。如果设开尔芬模型的推迟时间为 $\tau_K = \eta_2/E_2$，蠕变变形公式为：

$$\varepsilon(t) = \frac{\sigma}{E_1} + \frac{\sigma}{E_2}(1 - e^{\frac{-t}{\tau_K}}) + \frac{\sigma}{\eta_1}t \tag{2-24}$$

根据同样推理，也可得出四要素模型的卸载蠕变恢复解析式。四要素模型的蠕变特性曲线及有关解析式如图 2-16（2）所示。从图中的蠕变特性曲线可以看出，当施加载荷 σ 时，同时立刻发生 σ/E_1 应变，这是由胡克体 E_1 产生的瞬时响应。之后的变形便是由阻尼体 η_1 在速度 σ/η_1 下的运动与开尔芬模型弹性滞后运动的叠加。当 $t\to\infty$ 时，开尔芬模型变形停止，曲线逐渐平行于阻尼体 η_1 的变形曲线。这是一条牛顿流动的直线，变形将不会停止。但当某一时刻 t_1 去掉载荷时，模型将发生恢复蠕变。首先是胡克体 E_1 瞬时恢复到原来长度，开尔芬模型也会在 $t\to\infty$ 时完全恢复，但阻尼体 η_1 流动的距离却无法恢复。也就是说整个模型将产生残余变形，残余变形的大小为 $\sigma\cdot t_{1/}\eta_1$。

（二）三要素模型

三要素模型可以看作是四要素模型的一个特例。例如，当黏弹性体存在着不能完全松弛的残余应力，就可以认为图 2-15（3）所示的四要素模型 $\eta_2=\infty$，即阻尼体 η_2 成了不能流动的刚性连接。这时模型便可简化为图 2-17（1）所示的三要素模型。此时仍可利用式（2-23），只是因为 $\eta_2=\infty$，$\tau_2=\infty$，应力松弛式变为：

$$\sigma(t) = \varepsilon_0 E_1 e^{-t/\tau_1} + \varepsilon_0 E_2 \tag{2-25}$$

显然当 $t\to\infty$，存在残余应力。

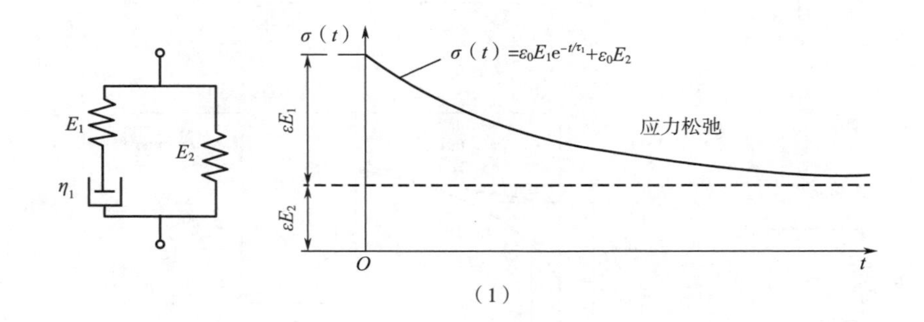

（1）

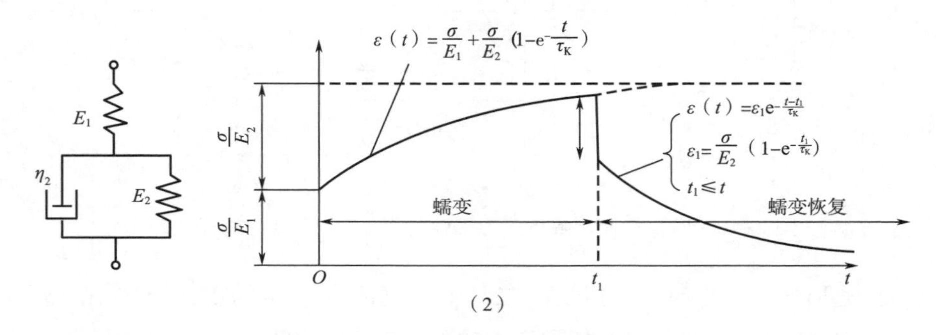

（2）

（1）应力松弛解析　（2）蠕变特性解析

图 2-17　三要素模型解析

同样道理，当进行蠕变解析时，假设 $\eta_1=\infty$，图 2-16 所示的四要素模型可以简化为图 2-17（2）所示的三要素模型。这时蠕变变形公式（2-24）可变为：

$$\varepsilon(t) = \frac{\sigma}{E_1} + \frac{\sigma}{E_2}(1 - e^{\frac{-t}{\tau_K}}) \tag{2-26}$$

从图 2-17（2）所示的蠕变曲线也可以看出，蠕变变形存在一个极限值；同时，去掉载荷时可以完全恢复。

七、广义模型

以上所述的模型都是最基本的黏弹体力学模型。食品体系是一个多分散的复杂体系，在力学松弛过程中，蠕变和应力松弛时间远不止一个值，而是一个分布很宽的连续谱，即时间谱。因此模拟实际黏弹性体的流变特征往往要建立更复杂的模型。常见的黏弹性体流变学分析试验多为应力松弛或蠕变试验，常用广义模型研究这两种试验的复杂流变现象。所谓广义模型就是把若干（n 个）麦克斯韦模型或开尔芬模型并联或串联而组合成的模型。

（一）广义麦克斯韦模型

如图 2-18（1）所示，广义麦克斯韦模型由许多麦克斯韦模型并联而成，其应力松弛公式可由式（2-18）推导得到：

$$\sigma(t) = \varepsilon \sum_{i=1}^{n} E_{M_i} e^{-\frac{t}{\tau_{M_i}}}, \quad \tau_{M_i} = \frac{\eta_{M_i}}{E_{M_i}} \tag{2-27}$$

式中，σ（t）表示松弛过程的应力，ε 表示恒定的应变，E_{M_i} 表示第 i 个麦克斯韦模型的弹性率，τ_{M_i} 表示为第 i 个麦克斯韦模型的应力松弛时间，η_{M_i} 表示第 i 个麦克斯韦模型的黏度，t 表示时间。

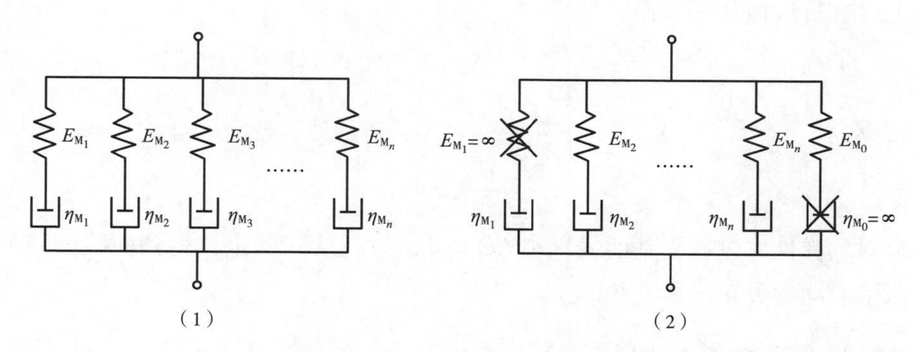

图 2-18　广义麦克斯韦模型（1）及有残余应力存在的广义麦克斯韦模型（2）

对于有残余应力存在的黏弹性体，可以将广义麦克斯韦模型进行如图 2-18（2）所示的改造。这样得出的应力松弛公式和松弛弹性率对分析实际问题往往更有利。

如图 2-18（2）所示，设最左边一个和最右边一个麦克斯韦模型分别为 M_1 和 M_0，$E_{M_1} = \infty$，$\eta_{M_0} = \infty$，即认为 M_1 相当于一个阻尼体，M_0 相当于只有胡克体，其他符号的含义与图 2-18（1）所示广义麦克斯韦模型相同。当对此模型保持一定应变时：

$$\begin{cases} \varepsilon = \varepsilon_0 = \varepsilon_1 = \varepsilon_2 = \cdots \varepsilon_n \\ \sigma(t) = \sigma_0 = \sigma_1 = \sigma_2 = \cdots \sigma_n \end{cases} \tag{2-28}$$

式中，$\sigma_0 = E_{M_0}\varepsilon_0$，$\sigma_1 = \eta_{M_1}\dot{\varepsilon}_1 = 0\left(\dot{\varepsilon} \equiv \frac{d\varepsilon_1}{dt}\right)$。同样由式（2-21）可推知：

$$\sigma(t) = E_{M_0}\varepsilon_0 + \sum_{i=2}^{n} \varepsilon_i E_{M_i} e^{\frac{-t}{\tau_{M_i}}} = \varepsilon\left(E_{M_0} + \sum_{i=2}^{n} E_{M_i} e^{\frac{-t}{\tau_{M_i}}}\right) \tag{2-29}$$

$$E_M(t) = \frac{\sigma(t)}{\varepsilon} = E_{M_0} + \sum_{i=2}^{n} E_{M_i} e^{\frac{-t}{\tau_{M_i}}} \tag{2-30}$$

流变学中将 $E_M(t)$ 或 $E_M(t) - E_{M_1}$ 称为松弛弹性模量。对变化过程的应力和应变，

称 $\dfrac{\sigma(t)}{\varepsilon(t)}$ 为弹性率（正割弹性率），$\dfrac{\varepsilon(t)}{\sigma(t)}=J(t)$ 为柔量，$\dfrac{\sigma(t)}{\varepsilon}$ 为黏度。当在广义麦克斯韦模型中，各单元模型像实际黏弹性体中的流动粒子那样连续分布时，各单元的应力松弛时间不仅各不相同，而且是一个无限的存在，这时应力松弛公式可写为

$$\sigma(t) = \varepsilon \int_1^{\infty} f(\tau_M) \cdot e^{\frac{-t}{\tau_M}} \cdot d\tau_M \ , \ \tau_M = \frac{\eta}{E} \tag{2-31}$$

$f(\tau_M)$ 称为松弛时间分布函数（distribution function of relaxation times）或称松弛频谱（relaxation spectrum）。这就使 τ_M 成为可以微分的函数，即把 τ_M 和 $\tau_M+d\tau_M$ 之间的麦克斯韦模型弹性率 E_{M_i} 的和写成 $f(\tau_M)d\tau_M$。由式（2-30）可推知，松弛弹性率为：

$$E_M(t) = \int_1^{\infty} f(\tau_M) \cdot e^{\frac{-t}{\tau_M}} d\tau_M \tag{2-32}$$

对上式进行近似计算可得：

$$-\frac{dE_M(t)}{dt} = f(t) \tag{2-33}$$

或写成：

$$\frac{dE_M(t)}{d(\lg t)} = f_L(\lg\tau) \tag{2-34}$$

如果对黏弹性体进行松弛曲线［$E_M(t)$ 与 $\ln t$ 的关系］测定，得到曲线的斜率就可以求出松弛时间的分布函数 f_L（$\lg\tau$）。

（二）广义开尔芬模型

对于实际黏弹性体蠕变性质的模拟，常用广义开尔芬模型（图 2-19）。它是由许多开尔芬模型串联而成。这一模型的蠕变公式如下：

$$\varepsilon(t) = \sigma \sum_{i=1}^{n} \frac{1}{E_{K_i}}(1 - e^{\frac{-t}{\tau_{K_i}}}) = \sigma \sum_{i=1}^{n} J_{K_i}(1 - e^{\frac{-t}{\tau_{K_i}}}) \tag{2-35}$$

式中，$\tau_{K_i}=\dfrac{\eta_{K_i}}{E_{K_i}}$，$J_{K_i}=\dfrac{1}{E_{K_i}}$；$\varepsilon$（$t$）表示蠕变应变；$\sigma$ 表示恒定应力；E_{K_i}、η_{K_i} 表示第 i 个开尔芬模型的弹性率和黏度；τ_{K_i} 表示第 i 个开尔芬模型的推迟时间；J_{K_i} 表示对应 E_{K_i} 的柔量；t 表示时间。

考虑到实际黏弹性体的蠕变存在着不可完全恢复的残余应变，对广义开尔芬模型可以进行如图 2-19（2）的设定。即最后一个和第一个开尔芬模型分别称为 K_0 和 K_1。K_0 的胡克体 $E_{K_0}=0$，K_1 的阻尼体 $\eta_{K_i}=0$，于是有：

$$\begin{cases} \varepsilon(t) = \varepsilon_0 + \varepsilon_1 + \varepsilon_2 + \cdots \varepsilon_n \\ \sigma = \sigma_0 = \sigma_1 = \sigma_2 = \cdots \sigma_n \end{cases}$$

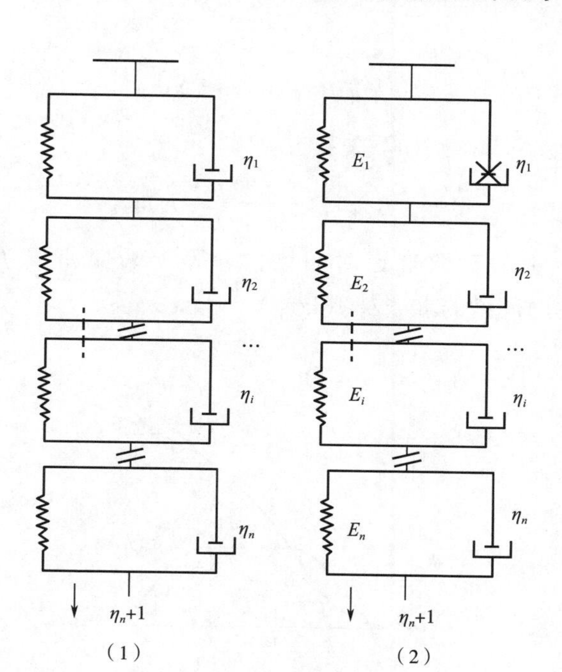

图 2-19　广义开尔芬模型（1）及有残余应力存在的广义开尔芬模型（2）

由式（2-25）可以推知：

$$\varepsilon(t) = \frac{\sigma_0}{\eta_{K_0}}t + \frac{\sigma_1}{E_{K_1}} + \sum_{i=2}^{n} \frac{\sigma_i}{E_{K_i}}(1 - e^{\frac{-t}{\tau_{K_i}}}) \tag{2-36}$$

所以：

$$\varepsilon(t) = \sigma\left[J_{K_1} + \frac{t}{\eta_{K_0}} + \sum_{i=2}^{n} J_{K_i}(1 - e^{\frac{-t}{\tau_{K_i}}})\right] \tag{2-37}$$

所以：

$$J_K(t) \equiv \frac{\varepsilon(t)}{\sigma} = \left[J_{K_1} + \frac{t}{\eta_{K_0}} + \sum_{i=2}^{n} J_{K_i}(1 - e^{\frac{-t}{\tau_{K_i}}})\right] \tag{2-38}$$

式中，$J_K(t)$ 称为蠕变柔量。同样，对广义开尔芬模型的蠕变试验也可以作微分分析。由式（2-35）可以推知（参照广义麦克斯韦模型积分推导）：

$$\varepsilon = \sigma\int_0^{\infty} f(\tau_K)(1 - e^{\frac{-t}{\tau_K}})\,d\tau_K \tag{2-39}$$

式中，$f(\tau_K)$ 称为滞后时间分布函数（distribution function of retardation time）或推迟时间谱（retardation time spectrum）。在滞后时间 τ_K 到 $\tau_K+d\tau_K$ 之间的蠕变柔量 J_K 之和用 $f(\tau_K)d\tau_K$ 表示：

$$f(\tau_K)d\tau_K = \sum J_K \tag{2-40}$$

因为：

$$J(t) = \frac{\varepsilon(t)}{\sigma}$$

由式（2-39）得：

$$J(t) = \int_0^\infty f(\tau_K)(1 - e^{\frac{-t}{\tau_K}})\,d\tau_K \tag{2-41}$$

用近似计算的方法可以得到如下关系：

$$\frac{dJ(t)}{dt} = f(\tau_K), \quad -\frac{dJ(t)}{d(\lg t)} = f_L(\lg\tau_K) \tag{2-42}$$

式中，$f_L(\lg\tau_K)$ 称为对数推迟时间谱，它等于蠕变曲线 $J(t)$ →lg$t$ 的斜率。图 2-20表示对数推迟时间谱的求法及 $J(\lg\tau_K)$ →lgτ_K关系。

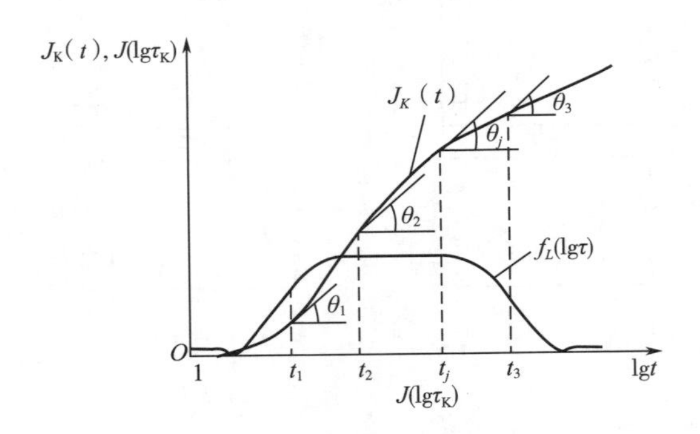

图 2-20　对数推迟时间谱的求法

以上所介绍的各种流变模型是研究黏弹性体最广泛使用的模型。通过这些基本模型的各种组合，可以对实际研究对象的流变性质进行某种程度的描述。建立模型，除了要对各种基本模型理解外，设计流变试验的方法也很关键。例如对有些黏弹性体的流变性质，利用应力松弛试验比较容易分析，有些则利用蠕变试验较好。按照试验时作用于物体的应力，或应变是否保持定值，可以把流变试验分为静态试验（或称静态测定）和动态试验（或称动态测定），它们所表现的黏弹性分别称为静黏弹性和动黏弹性。

第四节　散粒体食品的力学特性

大宗的食品初级原料及半成品表现为散粒体（简称散体）。散粒体是由许多单个颗粒组成的颗粒群体。组成散粒体的颗粒，可根据其粒径分为粗粒、细粒和粉体 3 类。散粒体可以是像谷子、砂糖，甚至红枣、苹果那样粒度较粗的物料，也可以是像面粉、白糖、乳粉等那样较细的粉体。散粒体的流动在工业生产中具有重要的意义，它影响物料的贮存、定量、零售、装卸、控制以及整个加工运输系统的设计。本节介绍散粒体食品的振动特性、黏附性和黏聚性、变形与抗剪强度、流动特性等方面的力学特性。

一、振动特性

机械传动影响黏性散粒体、非黏性散粒体以及颗粒物料的物理特性和动态性能，这是一个有广泛工程意义的课题。在某些条件下机械振动可使松散的粉体结成密实状态，这个过程伴随着强度增加，利用这些特性有助于在粉体的输送和处理过程中达到某些预定的目标。

物体和松散固体物料振动在工业上有相当广泛的应用，并且其应用是多种多样的。例如，在食品工业中常常需要以散料形式输送物料，振动使松散物料的强度减低，从而增加了其流动性。以下主要介绍散粒体的摩擦特性。

（一）摩擦力的概念及其影响因素

设计农产品加工机械、食品机械以及谷仓时，应了解物料与其接触表面的摩擦性能。摩擦力是作用在一个平面内的力（在这个平面内包含有一个或一些接触点），阻碍接触表面间的相对运动。经典力学认为，摩擦力正比于正压力，其比例常数称为摩擦因数。现代物理学认为，摩擦力由两部分组成，一为接触表面间凹凸不平的剪切力，二为克服表面黏附所需的力。摩擦力与实际接触面积成正比。摩擦力与接触表面间的滑动速度与接触物料的特性有关。

食品物料的摩擦力，还受作用于物料的压力、物料的湿度、颗粒表面的化学物质、测试环境、表面接触的时间等因素的影响，并且动摩擦力与滑动速度、湿度的关系无一定的规律。有的物料动摩擦力随滑动速度的提高而增大，有的则随滑动速度的提高而减小。凹凸不平的食品物料表面间的接触时间和接触点的温度都影响黏附力和剪切力的数值，所以表面形状也影响摩擦力。此外，湿度增加时，黏附力增加，从而摩擦力也会增加。

（二）散粒体的摩擦角

摩擦角反映散粒体的摩擦性质，可用于表示散粒体静止或运动时的力学特性，例如，散粒体的流动性、沿固体壁面的流动摩擦特性及滑落特性等。散粒体的摩擦角一般有 4 种，即休止角、内摩擦角、壁面摩擦角和滑动角。休止角和内摩擦角表示物料本身内在的摩擦性质，壁面摩擦角和滑动角表示物料与接触的固体表面间的摩擦性质。

（1）休止角（φ_r） 散粒体的休止角又称静止摩擦角或堆积角，是指散粒物料通过小孔连续地散落到平面上时，堆积成的锥体母线与水平面底部直径的夹角。它与散粒粒子的尺寸、形状、湿度、排列方向等都有关。休止角越大的物料，内摩擦力越大，散落能力越小。如图 2-21 所示是几种休止角的测定方法。由于测定方法和所用仪器的不同，测得的数据也不相同。一般用倾斜法测得的值比用其他方法测得的结果要大些，但人为因素造成的误差较小，再现性好。

休止角与粒子的粒径大小有关。粒径越小，休止角越大，这是因为微细粒子相互间的黏附性较大。粒子越接近于球形，休止角越小。若对物料进行振动，则休止角将减小，物料的流动性增加。粒子越接近球形，粒径越大，振动减小休止角的效果越明显。如表2-5 所示，沙子不振动时的休止角为 41°，当振动频率 100 次/min，振幅 5mm 时，休止角仅为 7°。因此，在有的文献里，休止角分为静态休止角（第一次出现时为

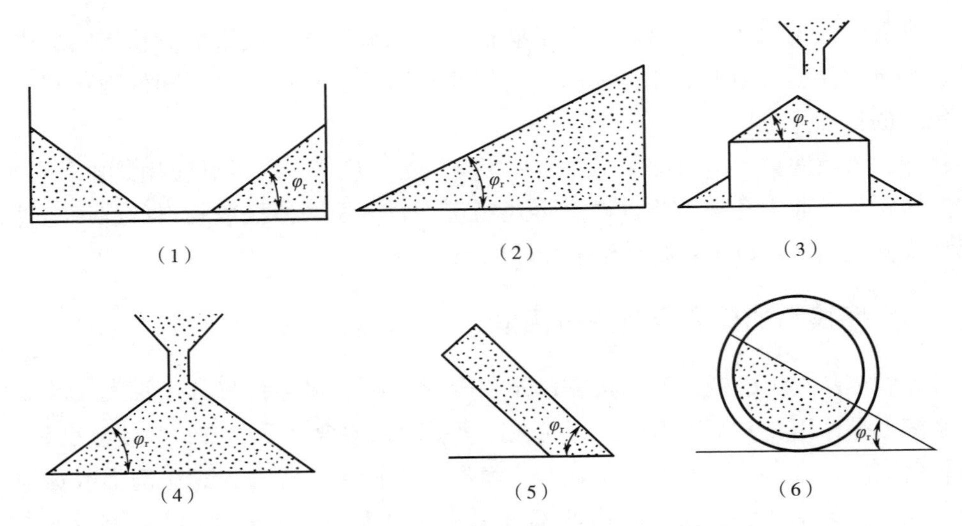

（1）、（2）注入法　（3）、（4）排出法　（5）、（6）倾斜法

图 2-21　休止角测定方法

粉体物料自由堆积体形成的堆积坡面与水平面之间的最大夹角）和动态休止角（当粉体物料间的作用力不能与重力保持平衡时，粉体物料崩塌前堆积坡面与水平面之间的最大倾斜角）。

表 2-5　沙子的休止角随振动频率、振幅、振动时间的变化

参数			休止角/（°）
振动频率/min^{-1}	振幅/mm	振动时间/s	
0	0	0	41
50	7.5～12.5	5	15
100	2	5	21
100	5	20	7

物料水分增加时，休止角增加。表 2-6 所示是谷物含水率与休止角的关系。表 2-7所示为几种主要作物种子的休止角变化范围。图 2-22 所示是小麦含水率对休止角和内摩擦角的影响。应当指出的是，各种资料中列举的测定数据并不完全一致，这主要是因为作物品种和测试条件不同。

表 2-6　谷物含水率与休止角的关系

作物种类	含水率/%	休止角/（°）	作物种类	含水率/%	休止角/（°）
水稻	13.7	36.4	水稻	18.5	44.3
小麦	12.5	31	小麦	17.6	35.1
玉米	14.2	32	玉米	20.1	35.7
大豆	11.2	23.3	大豆	17.7	25.4

表 2-7　主要作物种子的休止角变化范围

作物种类	休止角/（°）	作物种类	休止角/（°）
稻谷	35~55	大豆	25~37
小麦	27~38	豌豆	21~31
大麦	31~45	蚕豆	35~43
玉米	29~35	油菜籽	20~28
小米	21~31	芝麻	24~31

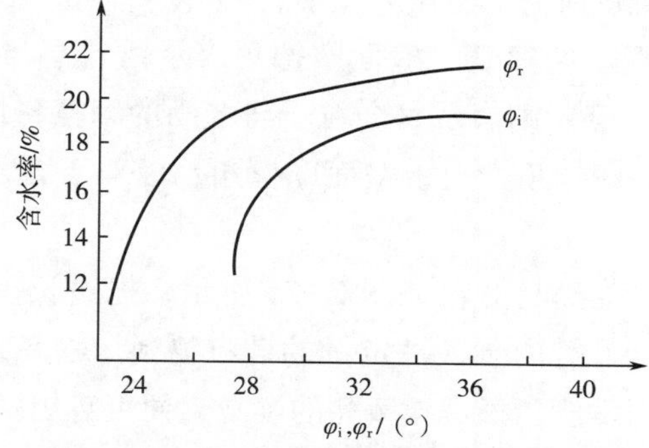

图 2-22　小麦含水率对休止角和内摩擦角的影响

φ_i—内摩擦角　φ_r—休止角

（2）内摩擦角（φ_i）　内摩擦角是散粒体内部沿某一断面切断时，反映抗剪强度的一个重要参数，其值可利用如图 2-23 所示的剪切仪进行测定。将散粒物料装进剪切环内，盖上盖板，在盖板上施加垂直压力 N，加载杆上作用剪切力 T。如果剪切环内的散粒物料被剪断时达到的最大剪切力为 T_s，设散粒体的剪切面积为 A，则得散粒体的抗剪力等于内摩擦力与黏聚力之和，即：

$$T_s = f_i N + CA \tag{2-43}$$

式中，f_i 为散粒体的内摩擦因数，$f_i = \tan\varphi_i$；C 为单位黏聚力，即发生在单位剪切面积上的黏聚力。

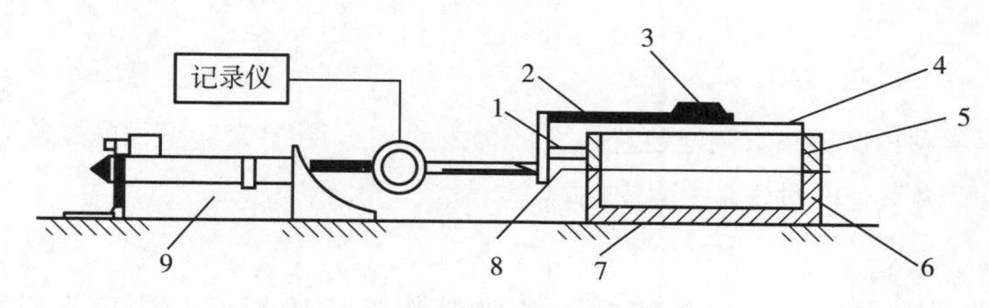

图 2-23　散粒体剪切仪

1—加载杆　2—悬架　3—静载荷　4—盖板　5—剪切环
6—框架　7—基座　8—剪切面　9—气功液压传动

试验时，先使载荷 N 不变，逐渐增大剪切力，测出剪切环移动时的剪切力 T_s；改

变 N，测出不同载荷 N 时的剪切力 T_s，作 T_s-N 曲线，则该曲线与横坐标 N 的夹角即为该物料的内摩擦角。

对于缺乏黏结性的物料，其黏聚力可忽略不计。这时，最大剪切力将全部用于克服散粒体的内摩擦力。

因为粒子间的啮合作用是产生切断阻力的主要原因，所以它受到粒子表面状态、附着水分和粒度分布等诸多因素的影响。同一种物料的内摩擦角，一般随孔隙率的增大而线性减小。图 2-24 所示是测定马铃薯等大颗粒材料表面间摩擦因数的一种装置，利用它可以确定马铃薯脱皮所需的正压力大小。

（3）壁面摩擦角和滑动摩擦角　壁面摩擦角表示物料层与固体壁面的摩擦特性，而滑动摩擦角（又称自流角）则表示每个粒子与壁面的摩擦特性。一般缺乏黏聚性的散粒物料，休止角等于内摩擦角，大于壁面摩擦角；但对于含水率高的谷物种子，休止角比内摩擦角大得多。

测定壁面摩擦角常用的简易方法如图 2-25 所示。把边长 100mm 的木筐放在与被测壁面同样材料的平板上，筐内装入一定量的散粒物料，物料上面放上不同质量的砝码，通过弹簧秤缓慢牵引木筐。根据弹簧秤的读数，便可算出壁面摩擦因数 f。粉状物料的壁面摩擦角要比粒状物料的大些。

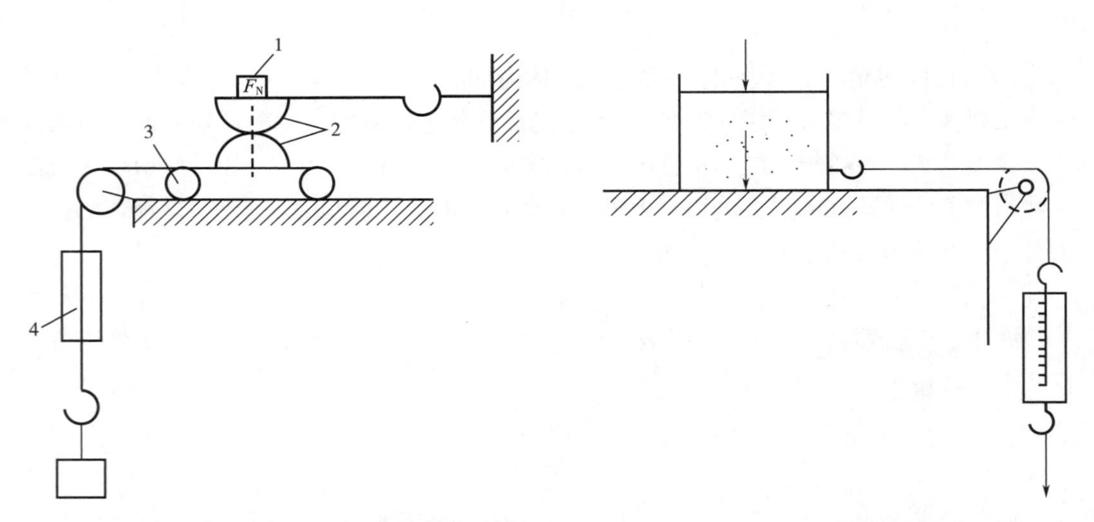

图 2-24　马铃薯内摩擦系数测定装置

1—重物　2—半块马铃薯　3—滑轮　4—力传感器

图 2-25　壁面摩擦角测定装置

滑动摩擦角或称自流角，也是衡量散粒物料散落性的指标。测定滑动摩擦角时，将单个颗粒放在平板上，再将平板轻轻倾斜，待颗粒开始滑动时，平板角度即为物料的滑动摩擦角。实际上，类球体的滑动摩擦角是壁面摩擦角和粒子沿板面滚动摩擦角的总合。对于粉状物料，因为存在黏附性，其滑动摩擦角也可能大于 90°。由于散粒体的性质不同，测试的工况不同，所测的摩擦角也不同。表 2-8 所示为几种作物种子的滑动摩擦角。

表 2-8　几种作物种子的滑动摩擦角（自流角）

作物种子	斜面平板种类			
	谷黏结粒的平板	刨光的木板	铁板	水泥平板
小麦	24°~27°	21°~23°	22°	21°~23°
燕麦	26°~27°	25°~30°	22°	25°
大麦	26°~28°	21°~25°	21°	24°

测定食品物料摩擦角的方法有很多，除了用图 2-25 所示的测定装置外，也可以用图 2-26 所示的剪切仪测定，或者用滑尺式摩擦仪测定。图 2-26 所示是与图 2-25 所示原理相同的平移式测定装置。将散粒体装进容器内，物料上面压上一定质量的砝码，两边通过平行的测力元件平移物料，从而测出摩擦力。用这种装置可以测出碎茎秆、断穗、谷粒、茶叶、粉状农药等的壁面摩擦因数。

如图 2-27 所示是结构简单的斜面仪，除测定壁面摩擦因数外，还能测定滚动阻力和滑动摩擦系数。

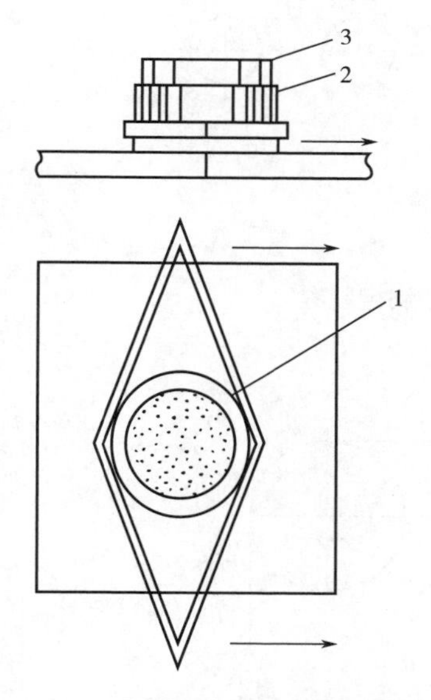

图 2-26　平移式摩擦系数测定装置

1—试样　2—容器　3—砝码

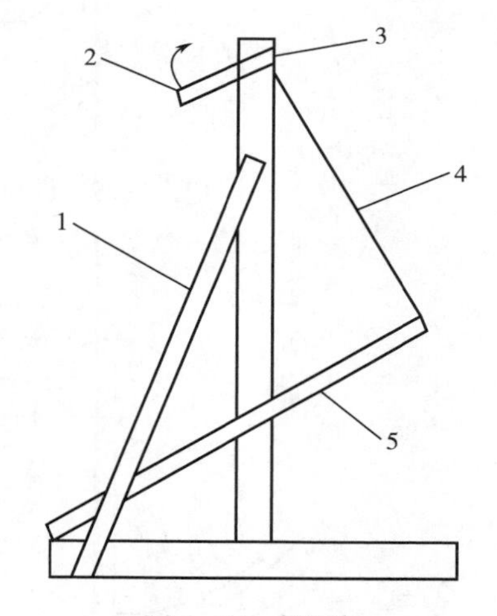

图 2-27　斜面仪

1—撑杆　2—手柄　3—转轴　4—绳　5—可变斜面

相对运动开始时，物料对壁面的摩擦力为静摩擦力，其值在开始运动的瞬间达到最大，开始滑动后，接触面上出现的摩擦力为动摩擦力，该力小于最大静摩擦力。图 2-28 所示是食品物料动摩擦因数测定装置。将试样放在转盘上，转盘的速度由变速电机调节，摩擦力通过测力表测出。该装置可以测定物料的壁面摩擦因数随滑动速度变化的情况。以同样原理设计的另一种装置如图 2-29 所示。摩擦力由纸带记录。图 2-30所示的装置用于测定纤维茎秆一类物料的摩擦因数。将待测壁面包在转筒 B 的表面上，纤维缠绕在转筒 B 上，包角为 α，由给定的质量 m 和滚筒转速而得到相应的动摩擦力 F。表 2-9 列举了一些农业物料的摩擦角。

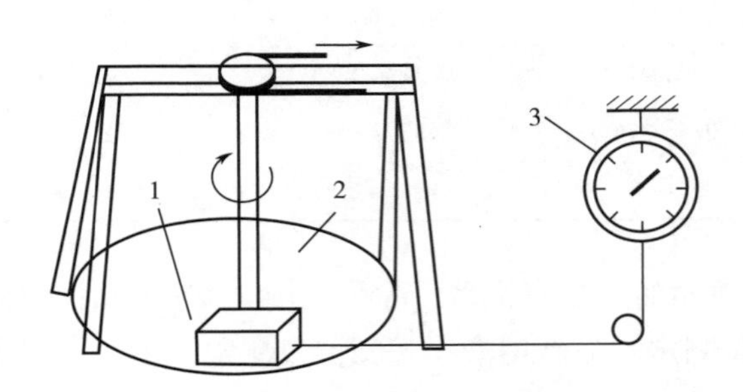

图 2-28　食品物料滑动摩擦系数测定装置

1—试样　2— 转盘　3—测力表

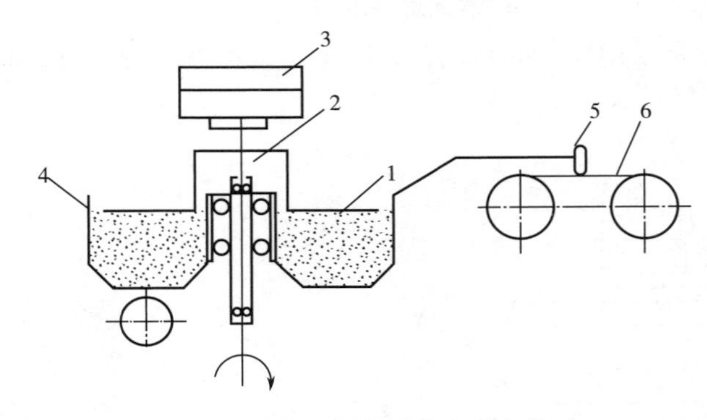

图 2-29　散粒体摩擦系数测定装置

1—圆盘　2— 转轴　3— 载荷　4— 容器　5— 记录笔　6— 纸带

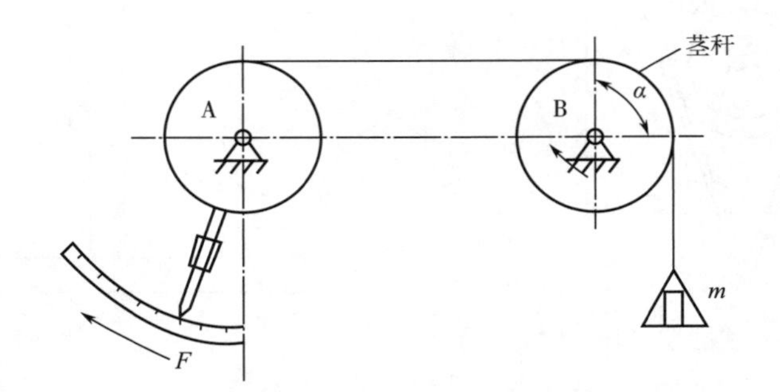

图 2-30　纤维茎秆类物料摩擦系数测定装置

表 2-9　　　一些农业物料的摩擦角

作物种类	内摩擦角/（°）	壁面摩擦角/（°）			
		钢板	木板	橡胶板	水泥板
小麦	33	22	28	30	32
大麦	35	25	32	33	31

续表

作物种类	内摩擦角/（°）	壁面摩擦角/（°）			
		钢板	木板	橡胶板	水泥板
稻谷	40	27	29	31	36
玉米	25	20	22	23	24
大豆	31	19	24	—	25
高粱	34	20	23	—	27
面粉	50	33	35	37	—
豌豆	25	14	15	19	26
蚕豆	38	20	24	—	26
油菜籽	25	—	—	—	—
向日葵籽	45	27	28	30	—
马铃薯	35	27	29	30	—

二、黏附性与黏聚性

黏附、黏聚现象在很多场合均会产生，如粉体黏附于容器、料斗壁面，气力输送时粉末黏附于管壁，粉体物料的结块等。黏附是两种材料的黏合，黏聚是材料颗粒间的自身黏合，具有黏聚性的散粒物料往往具有黏附性。在食品加工中，有时需要利用壁面物料的黏附性、黏聚性，有时需要利用物料的黏附性、黏聚性。黏附性、黏聚性也是一些食品质量评价的重要指标。

（一）产生黏附的原因

实验表明，粉状物料的粒径越小、越潮湿，以及显著带电的散粒体，越容易黏附于壁面。因此，产生黏附的主要原因是粒子间的黏聚力和粒子与壁面间的作用力，包括分子间的引力、附着水分的毛细管力以及静电引力等。对于不同种类的散粒体，这些力的大小不同。对于特别细的粉末，分子引力是主要影响因素；而对于含水率高的物料，尤其是亲水性强的物料，湿润角小，毛细管力越起主要作用。壁面光洁度增大，黏附力也随之加大。对于某些物料，要考虑到相互溶化而黏结的情况。

当散粒体与壁面接触时，只要一方为导电体，另一方为绝缘体，其黏附力就相当大。黏附力的大小与粒子的带电量、粒子和壁面的导电能力有关，各种谷物碾成的粉料都具有这种特性。

法向压力对黏附力的影响不大。一般情况下，法向压力增加，黏附力呈线性增大，但增加不多。

（二）产生黏聚的原因

许多粉体食品的粒子之间会互相结合形成二次粒子，甚至形成结块。这种现象虽然对分级、混合、粉碎、输送等单元操作不利，但对于集尘、沉降浓缩、过滤、成型加工等操作有利。

粉体食品黏聚的原因有5个方面：液体黏结及毛细管吸引力，物质本身黏结（熔融、化学反应），黏结剂黏合，范德瓦耳斯力、静电荷引起的粒子间吸引力，外形引起的机械勾挂镶嵌。

（三）黏附力和黏聚力的测定

测定黏附力和黏聚力的方法如下，可以根据物料的性质进行选择。

（1）法向脱附法　测定垂直于黏附表面的法向脱附力。黏土对金属材料的法向黏附力的测定常用此法。

（2）喷射气流法　使气流通过放有待测物料的透气板或织物，根据粒子飞散时所需的最小气流速度确定其黏附力。

（3）离心力法　先将物料黏附于玻璃板、木板或金属板上，再放到立式离心机中旋转。根据被分离的粒子所受的离心力确定切向黏附力。

（4）黏结性法　将流动性好的粒子以不同比例混于有黏聚性的物料中，测定混合物料的休止角。用外插法确定黏聚性物料为100%时的休止角，以此来表示物料的黏聚性。

（5）发尘性法　将物料放在直径9cm、长2.5m的垂直管道中下落，经一定时间后，测量其沉降量。黏聚性大的物料发尘性小，沉降量大。取发尘性大的花粉的发尘性为100%，其他物料的发尘性用与花粉的相对值表示。

（6）断裂法　先将物料放在圆筒内压实成圆柱状，再以水平方向将圆柱慢慢推出。当推到某一长度时，由于自重而断裂。用下落物料柱的质量与圆筒断面面积之比表示物料的黏聚性。

三、变形与抗剪强度

（一）散粒体的变形

散粒体的变形包括结构变形和弹塑性变形两种基本形态。结构变形指颗粒间的相互位移，是不可恢复的，带有断裂性质，即不是连续函数。弹塑性变形是指颗粒本身的可恢复和不可恢复的变形。弹塑性变形在每个颗粒所占据的体积范围内是连续的。一般情况下，弹塑性变形是非线性的。

散粒体在刚性容器内进行加压试验时，体积改变量与加载的压力有关。这种试验称为无侧向膨胀压缩试验。在这种条件下，散粒体表面上的压力导致颗粒间的孔隙率减小，使散粒体压得更为紧密，但这种压缩变形过程是不可逆的。如图 2-31 所示，小麦在无侧向膨胀压缩时，加载曲线与卸载曲线不重合，而是在卸载曲线上面通过。当重复加载时，卸载后观测到滞后现象。因而重复加载曲线与前一次卸载曲线不重合，形成滞回圈。

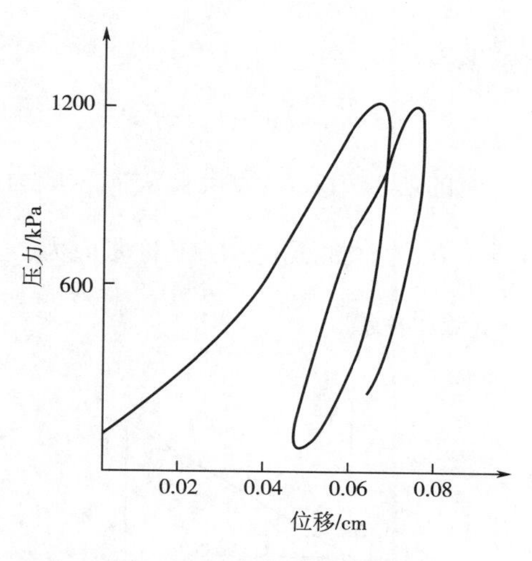

图 2-31　小麦的压缩曲线

散体颗粒彼此的接触不是沿着它们的整个表面，而是点接触。因此，即使散粒体的平均压力不大，接触点处的实际应力已大到塑性变形的程度。接触点数目越多，散粒体的抵抗变形的能力越大，即在该力作用下的变形越小。接触点的数目随力的大小而变化。压力增大时，散粒体颗粒之间原有的联系被破坏，孔隙率减小，接触点数目增加。当散粒体结构发生不同形式的破坏时，接触点的数目随之改变。散粒体相对变形增量 $\mathrm{d}e$ 与压应力增量 $\mathrm{d}\sigma$ 间的普遍关系为：

$$\mathrm{d}e = \frac{\mathrm{d}\sigma}{L}\left[\frac{1}{(\sigma_c + \sigma)^n} + \frac{1}{(\sigma_s - \sigma)^m}\right] \tag{2-44}$$

式中，L 为表征散粒体刚度的值；e 为相对变形；σ_c 为初始压应力；σ_s 为极限承载强度；σ 表示加在散粒体上的压应力；n、m 表示指数。

$$e = \frac{\varepsilon_c - \varepsilon}{1 + \varepsilon_c} \tag{2-45}$$

式中，ε_c 为相当于压应力 σ_c 的初始孔隙比；ε 为相当于任意压应力 σ 的孔隙比。经过多次加载和卸载循环以后，散粒体的结构变形趋于稳定。

根据式（2-44）求得散粒体的变形模量 E 为：

$$E = \frac{\mathrm{d}\sigma}{\mathrm{d}e}L\frac{(\sigma_c + \sigma)^n(\sigma_s + \sigma)^m}{(\sigma_c + \sigma)^n + (\sigma_s + \sigma)^m} \tag{2-46}$$

从式（2-46）可以看出，散粒体的变形模量不是一个常数，而是一个可变量。根据压力和变形形式，它在零到无穷大之间变化。

（二）散粒体的抗剪强度

从散粒体抗剪强度试验（图 2-23）得到散粒体的剪切力等于内摩擦力与黏聚力之和，即：

$$T_s = f_i N + CA \tag{2-47}$$

因此，散粒体的抗剪强度为：

$$\tau_s = \frac{T_s}{A} = f_i\sigma + F_c = f_i\sigma' \tag{2-48}$$

式中，σ 为垂直于剪切面的压应力；σ'为换算法向压应力，即考虑内部黏聚力时相当的压应力，$\sigma' = \sigma_0 + \sigma$ ，σ_0为黏性压应力，又称张应力，其值等于 $\frac{C}{f_i}$ 。

图 2-32 所示为 $\tau_s - \sigma$ 应力曲线。

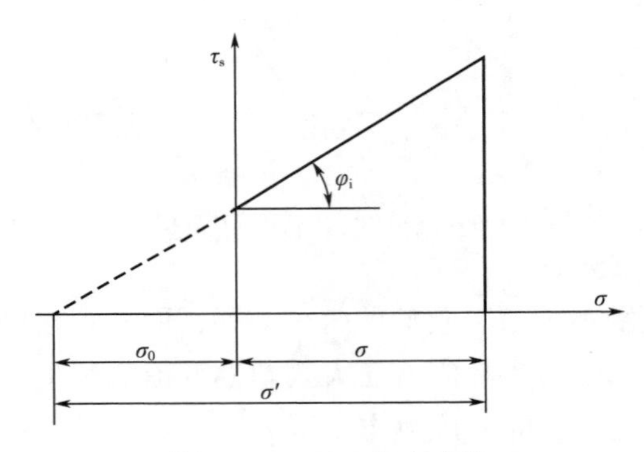

图 2-32 τ_s-σ 应力曲线

由上述可知，散粒体的强度因素由压应力 σ、内摩擦因数 f_i 和单位黏聚力 C 组成。

散粒体的剪切强度应满足条件 $\tau < \tau_s$ ，即剪切应力小于极限剪切强度。设剪切力 T 与法向力 N 的合力 P 与力 N 间的夹角为 δ ，则 $T=N\tan\delta$，$\tau=\sigma\tan\delta$。所以有：

$$\sigma\tan\delta < \sigma\tan\varphi_i + C$$

或：

$$\tan\delta < \tan\varphi_i + \frac{C}{\sigma} = \frac{\sigma'}{\sigma}\tan\varphi_i \tag{2-49}$$

式中，φ_i 为散粒体的内摩擦角。

对于无黏性的散粒体，$C=0$，所以 $\delta < \varphi_i$ 。

散粒体的抗剪强度与其密度、含水率、粒度、变形等有关。抗剪强度对研究散粒体的流动、断裂等具有重要意义。例如泥石流、滑坡、建筑物下沉和物料塌陷等事故，都与剪切强度有关。

（三）离析

粒径差值大且重度（单位体积物质的重力，N/m^3）不同的散粒混合物料，在给料、排料或振动时，粗粒和细粒以及密度大的和密度小的物料会产生分离。这种现象称为离析，又称为偏析。在给料和排料过程中出现离析现象，会使粒度失去均一性，产生质量不合格的产品。但振动筛选过程中的离析现象有助于达到筛选的目的。容易产生离析的散粒体多数是流动性好的物料。

根据离析的机制，离析可分为附着离析、填充离析和滚落离析三种形态（图 2-33）。附着离析［图 2-33（1）］是在沉降时的粗细粒分离，此时微细的粒子在壁面上附着了很厚的一层。由于振动和其他外力作用，这个层可能剥落，从而产生粒度不均匀的粉体。特别是对于沉降速度和布朗运动速度相等，粒径又在几个微米以下的微粒以及带静电的微粒，这种离析的倾向更强。

填充离析［图 2-33（2）］是在倾斜状堆积层移动时产生的。这时充填状态下的粗粒子会有筛分作用，小粒子从间隙中漏出而被分离出来。若粒子的填充状态较密，则只有当微粒粒径是大粒子粒径的（起筛子作用的粒子）1/10 以下时，微粒才可以漏出。而填充疏松时，很大的粒子也会下流而被分出。

产生滚落离析［图 2-33（3）］的原因是粒子的形状不同和滚动摩擦状态不同。装料时，颗粒的运动只发生在物料锥体的表面。如为粉体，只有厚度为 2~3 个粒径的一层物料处于运动之中。物料的运动是滚动运动，小颗粒会落到大颗粒的孔隙中。一般来说，大颗粒比微细颗粒的滚动摩擦因数小，大部分滚落到料斗壁面附近，而微细粒子则留在中心位置。

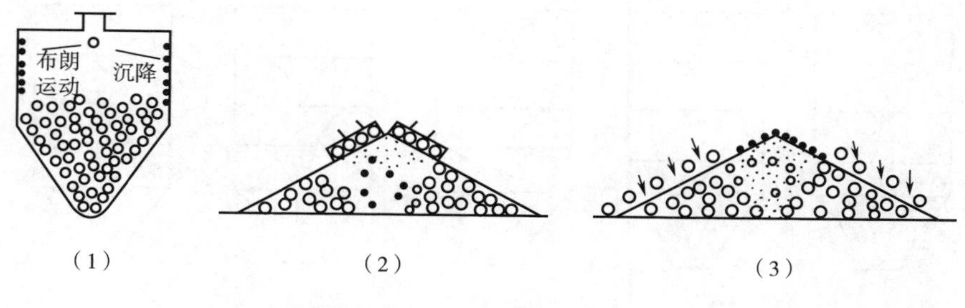

（1）附着离析 （2）填充离析 （3）滚落离析

图 2-33 离析（偏析）形态

供料速度越小，物料的流动性越大和粒度分布范围越广时，离析现象越严重。

关于离析的研究还有待深入。要完全消除离析现象，目前在生产中尚不可能。整体流动避免离析，而中心流动会产生离析。离析还可分为粒度离析和密度离析两种。粒度离析如上述。密度离析是在一定的振动条件下，物料趋向于达到最低能量水平的状态，较轻颗粒将升向表面，较重颗粒落入孔隙空间或洞穴中。

离析主要是由物料的特性决定的，如粒度分布、颗粒形状、密度、表面特征、光滑性、体积质量、流动性、休止角、黏聚力、密度分布等。间接影响离析程度的有料斗直径、排料口直径、料斗边壁倾斜度、装料高度、壁面摩擦因数、料斗形状、装料位置、装料方法、卸料点和卸料方法等。降低离析程度的办法有：尽量使颗粒均匀、采用整体流动、尽可能避免形成料堆、采用多点下料和阻尼下料等办法。

四、流动特性

(一) 散粒体的流动模型

在存仓排料过程中，最麻烦的问题之一是落粒拱现象。落粒拱现象是指散粒体堵塞在排料口处，在排料口上方形成拱桥或洞穴。前者称为结拱，后者称为结管。

根据经验，物料的粒径越小，粒子形状越复杂，摩擦阻力越大，体积质量越小，越潮湿，落粒拱现象越严重；从容器方面观察，壁面倾角越小，表面越粗糙，排料口越小，落粒拱现象越严重。

根据散粒体的流动特点，散粒体物料可以分为自由流动物料和非自由流动物料两种。对于非自由流动物料，颗粒料层内的内力作用（由黏聚性、潮湿性和静电力等造成）大于重力作用。这种内力在物料流动开始后，会逐渐扰乱原有的层面而导致形成落粒拱。由于颗粒粒子处于非平衡状态，落粒拱会周期性地坍塌，之后再重新形成。

观察散粒体流动过程的常用方法是将物料涂上各种颜色，然后分层填满料仓，用高速摄影技术观察排料过程。图 2-34 所示是散粒体自由流出的发展过程。

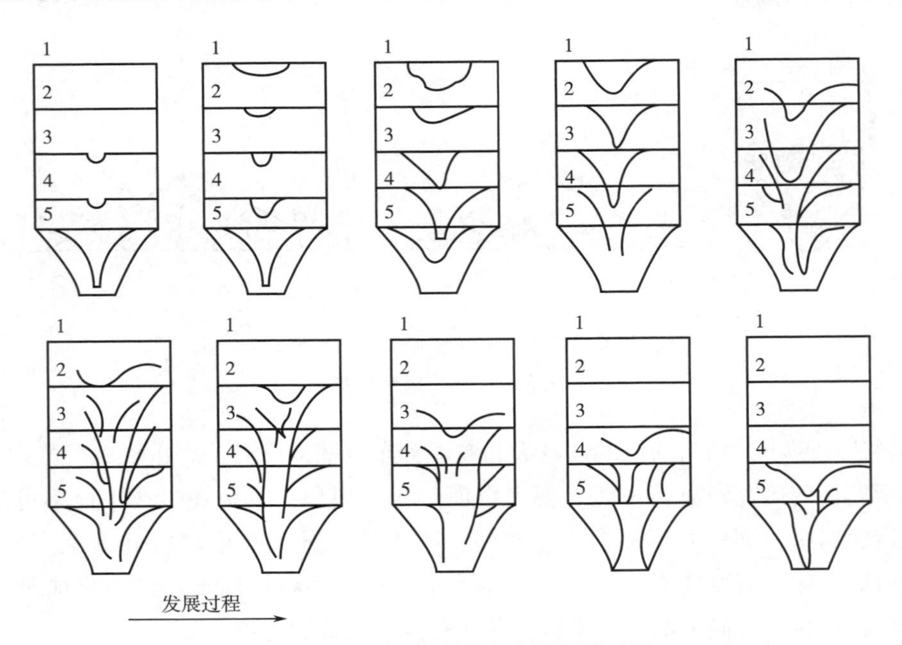

图 2-34　散粒体自由流出的发展过程

关于散粒体流动过程的理论很多，最著名的是布朗-理查德理论和克瓦毕尔理论。如图 2-35 所示，布朗-理查德理论认为，排料口附近自由流动的物料可分成 5 个流动带。D 带为自由降落带，C 带为颗粒垂直运动带，B 带是擦过 E 带向料仓中心方向缓慢滑动的带，A 带是擦过 B 带向料仓中心方向迅速滑动的带，E 带是没有运动的静止带。A 层在 B 层上滑动，A 层上的颗粒迅速滚动。B 层在 E 层上缓慢滑动，E 层处于静止状态。C 层迅速向下方运动，从 A、B 层以大于休止角的角度补充粒子。C 层的粒子供给 D 层排出。这一理论与物料从小孔排出的实验结果相符合。

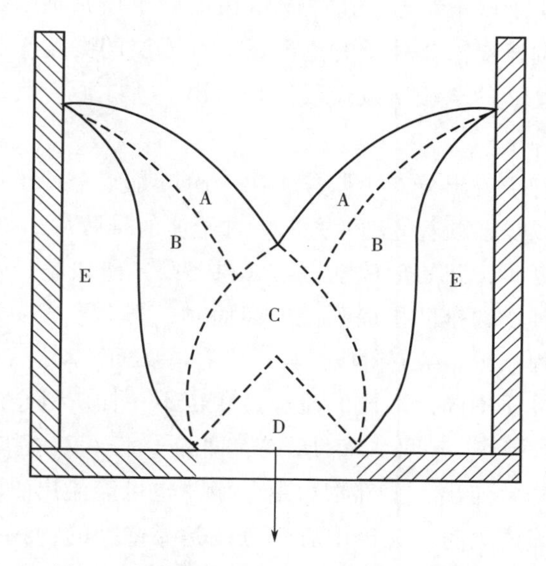

图 2-35　物料的排出（布朗-理查德理论）

克瓦毕尔理论（图 2-36）认为，E_N带和E_G带以几乎恒定的比率（1∶15）连续发展，直到E_N达到表面为止。E_N带产生两种运动，即第一位的垂直运动和第二位的滚动运动。E_G带称为边界椭圆带，在它以外没有运动。这种流动称为漏斗流动或中心流动。如果料仓的倾角大于物料与料仓壁面的摩擦角，就可把物料卸空。在E_G椭圆体边界线以内，产生的是整体流动。这个理论适用于流动性好的粉料从小孔中排出的情况。

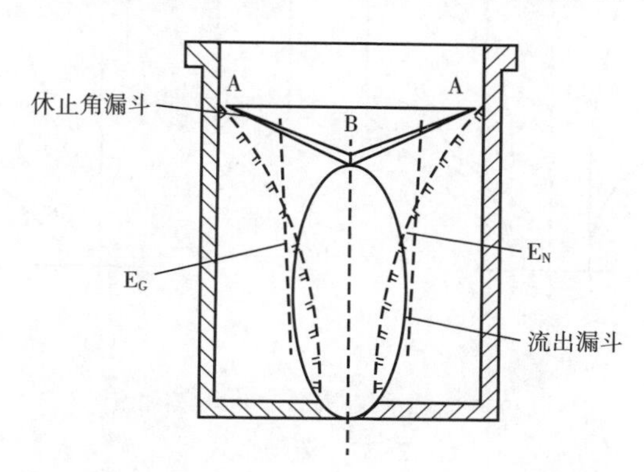

图 2-36　物料的排出（克瓦毕尔理论）

布拉道尔雅科诺夫认为，排料是由动态落粒拱的形成和塌方反复进行的。动态落粒拱的角度 h 与内摩擦因数 f_i 有关，即：

$$h = \frac{d}{2f_i} \tag{2-50}$$

式中，d 为排料口直径。

卡尔宾科发现，流动分为 3 个区域：①中心运动粒柱的主流区，它位于孔口上方；②主流区周围的随流区，散粒体周期地流向主流区；③随流区外围的惰动区。卡尔宾科对种子流动规律得出了以下结论：①主流区内的种子按长轴平行于圆筒排列，流动速度小于孔口平面处的速度；②种子的流出量与种子层的高度无关；③增加种子层上的压力和增加筒底厚度，种子流出减少或停止流出；④在混有其他粒子时，首先流出的是小粒种子和光粒种子。

捷敏诺夫认为，种子流出分 5 个阶段。第一阶段是整个种子层表面均匀下降。此时，许多种子都力图以长轴顺着运动的方向。种子流的排队从出口处向种子上层扩展，当达到动态落粒拱高度时，开始形成动态落粒拱。第二阶段是种子流不断地从拱桥高度下落。第三阶段是种子的排队扩展到上层表面时，马上形成漏斗。第四阶段是动态落粒拱崩溃，流出过程减慢。第五阶段是种子沿容器底面滑动。

由于物料的物理性质不同，形成的流动过程也不一样。料仓内散粒体受重力作用的流动情况如图 2-37 所示，有两种流动形态，即漏斗流（又称中心流）和整体流。漏斗流只有中央部分的物料流出，上部物料由于崩溃也可能流出。漏斗流流动时，先进的料后流出去。整体流流动时，无论中心部分还是靠壁处的物料都充分滑动，和液体流动相似，先进的料先流出去，因而较少有离（偏）析现象。为使料仓内的流动为整体流，可采用内插锥体法和流动判定图。

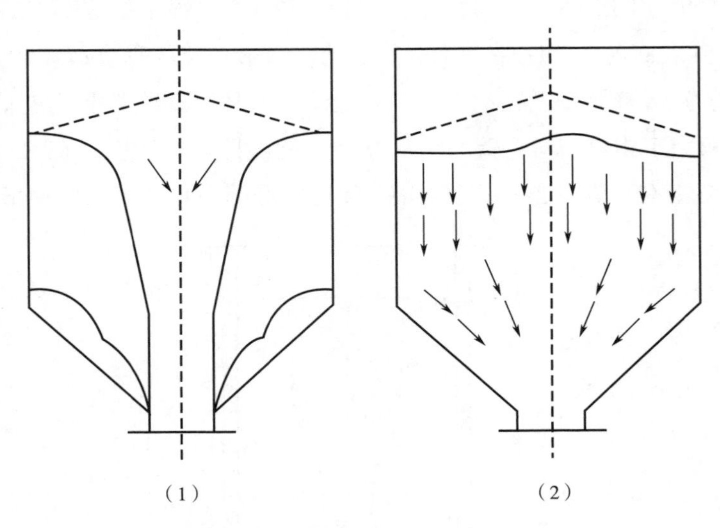

（1）中心流（漏斗流）（2）整体流

图 2-37 流动形式

内插锥体法是在料斗中加入锥体。内插锥体的位置很重要。当装有控制流动用的锥体和用来防止中间塌陷穿洞的锥体时，流动大致都可以变为整体流。

图 2-38 所示是散粒体流动类型的判定图。当物料与料斗壁面的摩擦角和料斗半顶角比较小时，流动为整体流。对于能充分自由流动的物料，整个料斗容积内的物料几乎全部被活化，即紧靠料斗壁面的物料也产生运动；在料斗中心线和壁面间各处的颗粒，流动速度相差达 20 倍，中心处的流动速度比壁面处的流动速度快得多。

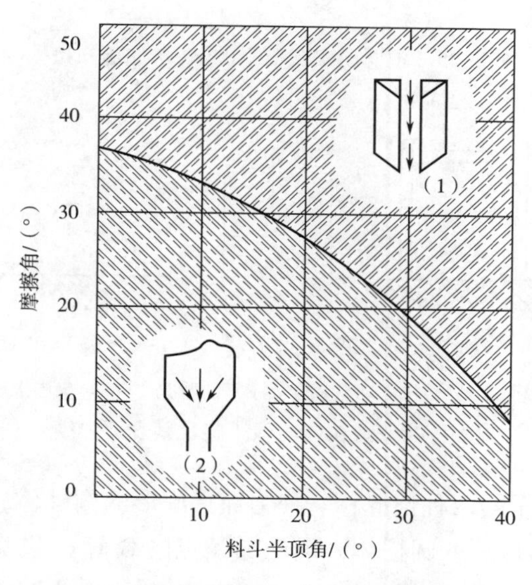

（1）中心流（漏斗流）　（2）整体流

图 2-38　散粒体流动模型判定

（二）散粒体的流动函数

对散粒体进行剪切强度试验时，如果先加预压实载荷 Q_1 于散粒体表面，然后将 Q_1 除去。再加小于 Q_1 的垂直载荷 N_1，测得剪断时的剪切力 T_1；加 N_2 测出 T_2；依次类推，就可得到一组屈服轨迹线。例如，设预压实载荷为 $Q_1=100\text{N}$，然后卸去 Q_1，再用 90N 作为 N_1，测出 T_1，80N 为 N_2，测出 T_2，…。这样，在 Q_1 的预压实载荷下，可绘制 $\tau_s-\sigma$ 屈服轨迹线。设第二个预压实载荷为 $Q_2=80\text{N}$，以同样的方法，测出 N_1，N_2，…时的 T_1，T_2，…，得到第二条 $\tau_s-\sigma$ 屈服轨迹线。依次可以得到如图 2-39 那样的一组屈服轨迹线。

将屈服轨迹线各终点连接起来，可得到一条稳定流动线。稳定流动线的倾角 δ'，表示在不同预压实状态下散粒体的破坏条件。如果散粒体的应力状态在稳定流动线以下，散粒体都不会产生剪切流。

设在一个筒壁无摩擦的理想刚性圆筒内装入散粒体。以预压实载荷 Q_1 压实，散粒体的预压实应力为 σ_1，然后轻轻取去圆筒，不加任何侧向支撑，即 $\sigma_s=0$，这时散粒体

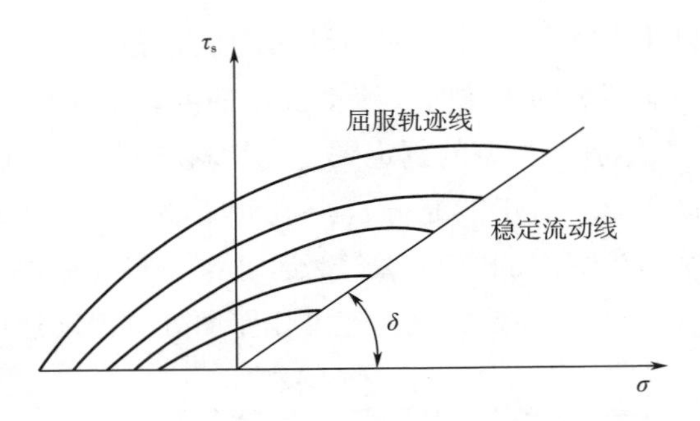

图 2-39　不同压实载荷下的 τ_s-σ 屈服轨迹线

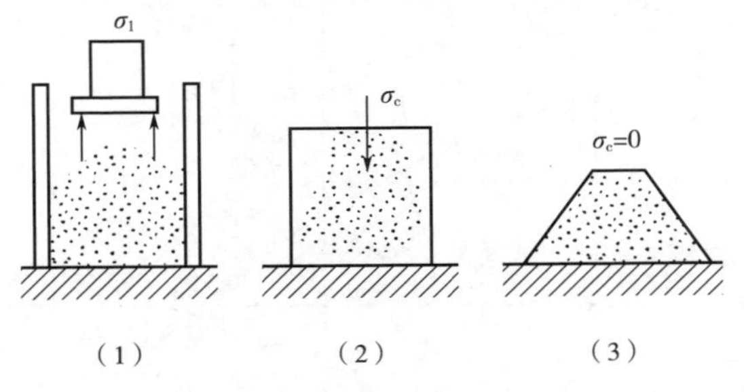

(1) 散粒体预压实过程　(2) 无围限屈服强度大于零的情况　(3) 无围限屈服强度等于零的情况

图 2-40　散粒体的顶压实及其表面强度

可能出现如图 2-40 所示的两种情况：一种为保持原形的圆柱体，另一种为崩溃后以休止角呈山形。对于保持原形的圆柱体，须施加一定的载荷 Q_c 以克服散粒体在一定预压实状态下的表面强度 σ_c，散粒体才会崩溃。σ_c 称为散粒体的无围限屈服强度（无围压产生时材料发生屈服现象时的屈服极限，即使拱破坏的最大正应力）。在图 2-40（3）的情况下，$\sigma_c=0$。散粒体的无围限屈服强度 σ_c 与预压实应力 σ_1 之间的关系，称为流动函数 FF，表示：

$$FF = \frac{d\sigma_1}{d\sigma_c} \tag{2-51}$$

要得到散粒体的流动函数，需用几种预压实载荷进行剪切试验，以得出 σ_1 和 σ_c 绘成曲线图（图 2-41）。

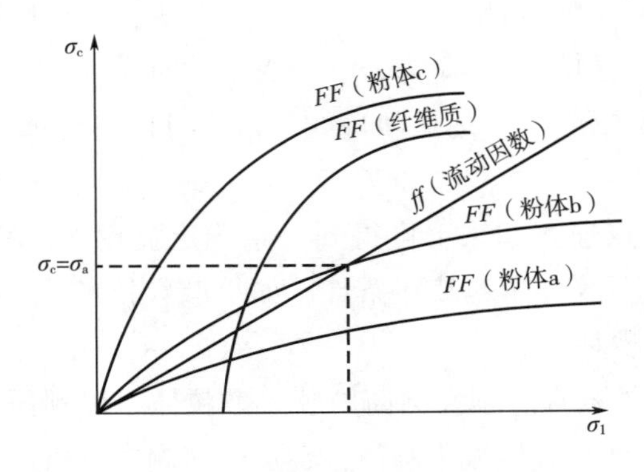

图 2-41　散粒体的拱桥条件

料斗本身的流动条件或流动性用流动因数 ff 表示：

$$ff = \frac{\sigma_1}{\sigma_a} \tag{2-52}$$

式中，σ_a 为散粒体结成稳定拱的最小拱内应力。

ff 越小，表示料斗的流动条件越好。对于一定形状的料斗，存在一条流动因素临界线，如果散粒体的流动函数曲线在这条临界线下方，则散粒体的强度不足以支持成拱，不会产生流动中断。这条临界线称为料斗的临界流动因数。

流动函数 FF 是由散粒体本身的性质所决定，而流动因数 ff 则由散粒体性质和料斗的几何形状、壁面特性等因素决定。如果将具有某种流动性质的散粒体以 FF 曲线表示，将其放入具有某一临界流动因数 ff 的料斗内，当存在 $\sigma_c = \sigma_a$ 时，则可获得 FF 与 ff 的交点。这个交点可以确定避免成拱的最小排料口尺寸。

对于不同形状的料斗，FF 线与 ff 线交点的位置不同，因而散粒体的流动状态也不同。干物料的无围限屈服强度等于零，并且不能被压实，所以干物料的流动函数与预压实应力的横坐标相重合。这说明干沙的流动性较佳，但湿物料的情况就不同了。

表 2-10 所示为流动函数与流动性的关系。

表 2-10　流动函数与流动性的关系

FF	流动性	FF	流动性
$FF \leq 2$	非常黏结和不能流动的物料	$4 \leq FF \leq 10$	容易流动的物料
$2 < FF < 4$	黏结物料	$FF > 10$	自由流动的物料

为了避免散粒物料在重力卸料过程中形成落粒拱，需求出卸料口的临界孔口尺寸。图 2-42 所示为具有重度 γ_s 的物料流出孔口时，拱形物料的受力情况。d 为圆孔直径，L 为槽宽的长，δ 表示拱的厚度。对于小的拱形，向下作用的物料重力和拱内压缩力 p 的向上垂直分力相平衡。

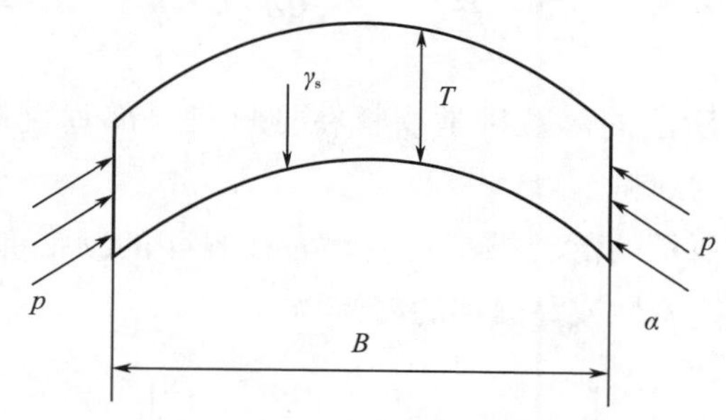

图 2-42　拱形物料受力图

p—拱内压力　B—圆孔直径　T—落粒拱的厚度　γ_s—重度　α—角度

由此得：

对于长槽孔：

$$dL\delta\gamma_s = 2pL\delta\cos\alpha\sin\alpha \tag{2-53}$$

或：

$$d = (p/\gamma_s)\sin2\alpha \tag{2-54}$$

对于圆孔：

$$\pi d^2\delta\gamma_s/4 = \pi d\delta p\cos\alpha\sin\alpha \tag{2-55}$$

或：

$$d = (2p/\gamma_s)\sin2\alpha \tag{2-56}$$

临界状态下，拱内压缩力 p 就是散粒体能结成稳定拱的最小拱内应力 σ_a，它应等于无围限屈服强度 σ_c（FF 与 ff 的交点）。上式中，$\sin2\alpha$ 的最大值为 1。因此临界孔口尺寸为：

$$d \geqslant 2\sigma_c/\gamma_s\text{（对于长槽孔）} \tag{2-57}$$

或：

$$d \geqslant 2\sigma_c/\gamma_s\text{（对于圆孔）} \tag{2-58}$$

（三）落粒拱的形式

加料过程中，由于粒子之间和粒子与容器之间的摩擦、黏附和黏聚而形成落粒拱。对于粗大粒子来说，摩擦是成拱的最基本而且是必要的条件。例如，对于有棱角的粗大粒子或大块物料，颗粒之间的摩擦力较大。此时，如果容器壁面比较粗糙，则摩擦严重，会产生如图 2-43（1）所示的成拱形式；如果加上壁面倾角太小，或粒子的黏附性大，则产生如图 2-43（2）所示形式；更严重时，则形成如图 2-43（3）形式。

产生图 2-43（1）所示的落粒拱是由于排料口附近粒子相互支撑或咬合形成拱架，可采用加大孔口或强迫振动来解决。

产生图 2-43（2）所示的落粒拱是物料在料斗的角锥部积存而形成的。粉体物料由于压力、吸湿或化学反应等原因，会相互黏结成大块，产生这种成拱形式。这种形式较难解决。

产生图 2-43（3）所示的落粒拱是物料在排料口上部垂直地下落，形成洞穴状，常见于粒子间有黏聚性的细粉。

产生图 2-43（4）所示的落粒拱是物料附着在料斗的圆锥部表面，常见于壁面倾角过小和对壁面有较强附着性或黏聚性的粉体物料。

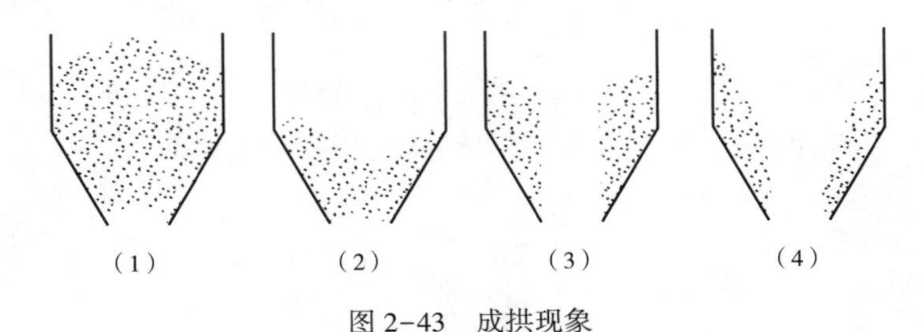

图 2-43　成拱现象

（四）防止成拱的方法

成拱现象非常复杂，目前，尚不能从根本上解决落粒拱问题。防止成拱的方法主要有下列几种：

（1）加大排料口。例如，可以将淀粉等物料的料斗做成直筒形结构。

（2）尽量使料斗内壁光滑。

（3）加大壁面倾角。原则上倾角必须大于休止角。

（4）将料斗做成非对称形［图 2-44（1）、（2）、（3）形式］。成拱现象，主要是物料受力后形成稳定的静止层所引起的。因此，将料斗底部做成左右非对称形，可有效地破坏物料的受力平衡。

（5）在料斗内加入纵向隔板以形成左右非对称形［图 2-44（4）］。

（6）在料斗中悬吊链条［图 2-44（5）］。

（7）在排料口上方插入锥体［图 2-44（6）］，以减小排料口承受物料的压力。

（8）将壁面做成抛物线形的曲面［图 2-44（7）］，以使物料顺利滑落。

（9）采用条形卸料器［图 2-44（8）］。

（10）安装振动器。

（11）吹入压缩空气，使物料流态化。

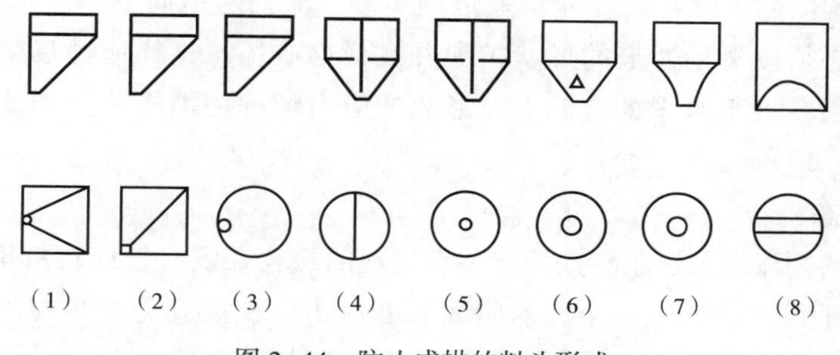

图 2-44　防止成拱的料斗形式

（五）散粒体应力分析

粉体对容器（料仓）的应力是由静态流动和动态流动的综合结果而引起的，这种状态发生在加料和卸料期间。仓壁应力至少受 3 种状态的影响，即初始加料状态、流动状态以及从初始加料到流动的转换状态，这已为当前大多数研究工作者所接受，每种状态分述如下。

1. 初始加料状态

当料仓或料斗刚开始加料时，物料受落差压力的作用在垂直或接近于垂直方向上的压缩，水平变形很小，因此对于整体流料仓和料斗，最大主应力的方向假设为沿着这条近于垂直的方向，形成的应力场称为积极应力场或峰值应力场，如图 2-45（1）

所示。当物料缓慢下沉时，沿着仓壁发生滑移，并产生摩擦应力。

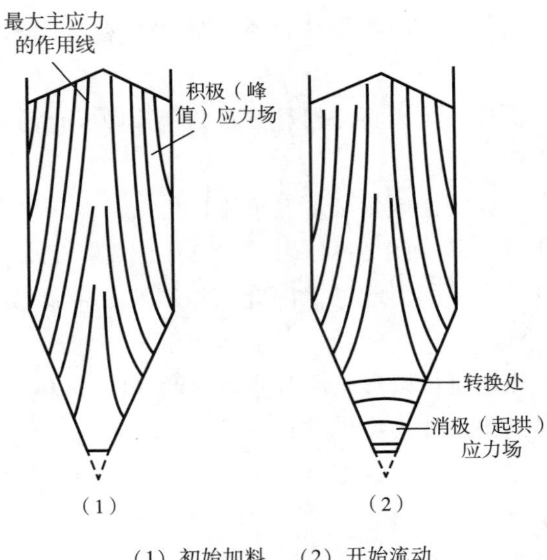

(1) 初始加料　(2) 开始流动

图 2-45　整体流中的应力

2. 流动状态

打开出口闸门后，颗粒就在流动通道内运动，流动通道向下朝着出口处收缩。为了流动，颗粒必须按滑动通道的形状扩展并在横向收缩，这样应力场就要重新分布，最大主应力作用在近于水平的方向上，形成的应力场称为消极应力场或起拱应力场，如图 2-45（2）所示。

3. 转换状态

杰尼克、约翰逊以及沃尔特斯假定装满物料的料仓在没有任何物料排出的情况下，料仓的流动一开始就会形成一个大的瞬间转变应力。积极应力场是在加料时产生的，当卸料开始时，正好处于出口上方的物料由于没有支撑就向下扩展，在这一区段形成一个消极应力场。扩展继续时，4 个应力场之间的接触面迅速向上移动到某一位置，也就是流动通向与料仓垂直部分相交的位置。

整体流料仓中的这一位置是料斗与垂直部分之间的过渡段，而在漏斗流料仓中该位置可能不与仓壁相交。但是如果相交，会在垂直圆筒上的某个位置相交并将该位置定义为“有效过渡段”。

整体流料仓转换期间，将转换而达到某个位置的应力状态近似地表示在图 2-45（2）上。在转换面以下，应力处于消极状态（动态），而料斗壁的应力比其上面的积极应力状态要小。在两个应力场之间的过渡段，物料不再受下面流动物料的支托，而力的平衡导致转换区产生一个附加应力（或称“超压”）。南宁格观察到在积极应力场和消极应力场的过渡面上，质量的平衡要求产生一个超压。

瞬间转换应力的移动，如果出现的话，将十分迅速，所以很难在压力测量仪表、模型上或实际的筒仓上探测出来。因此已经公布出来的能证实转换应力存在的试验数据很少。沃克在料仓已经局部空出，然后关上出口重新加料的情况下测出了料仓内的超压。赞丹和穆伊描述了整体流料仓模型内的流动压力变化，他们把这种变化解释为由应力场的转换造成的。

整体流料仓中的仓壁应力比漏斗流料仓中的要高。因为漏斗流料仓中有一个不与仓壁相交的流动通道，不流动的物料会把仓壁与这些应力隔开。

由于物料层的不均匀性和成拱现象，物料对容器的压力分布通常是不规则的。在理想情况下，可以得到理论上的分布规律。

料斗分深仓和浅仓两种，以料斗底部与侧壁的交点为始点，作散粒体的休止角斜线，与对面侧壁相交。设交点离料斗底部的距离为 h_r，料斗高度为 H，当 $h_r>H$ 时定义为浅仓，$h_r<H$ 时定义为深仓。

值得注意的是，研究散粒物料对容器的压力分布时，应假设物料不受振动等外界因素的影响。

4. 浅仓内的静态压力分布

散粒体在浅仓内对侧壁压应力 σ_3 的分布，可按式（2-59）计算：

$$\sigma_3 = \gamma_s h \tan^2\left(45 - \frac{\varphi_i}{2}\right) \tag{2-59}$$

式中，γ_s 为散粒体的重度；h 为散粒体某点对侧壁压应力 σ_3 距其顶面的高度；φ_i 为散粒体的内摩擦角。

5. 深仓内的静态压力分布

在研究深仓内的压力分布时，首先假设仓内任何水平面上的垂直压力为一常数，同时垂直压力与侧压力之比为一常数。

如图 2-46 所示，对直径为 D 的圆筒，考虑深度 Z 处微小物料层 dZ 的受力平衡。

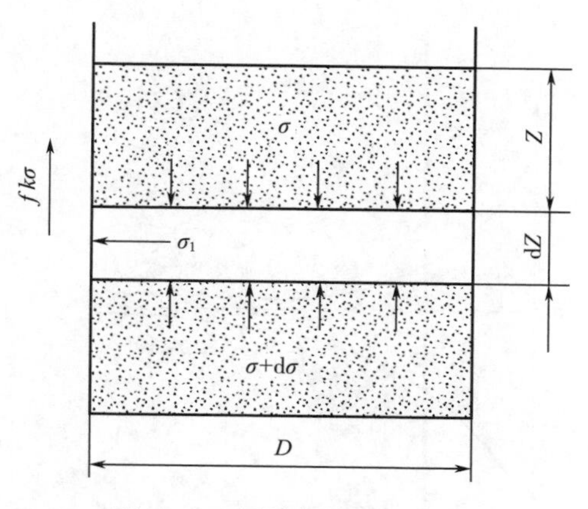

图 2-46　圆筒部的物料压力

设在垂直方向的压力为 σ，则物料层 dZ 的受力平衡方程为：

$$\frac{\pi}{4}D^2\sigma + \gamma_s \frac{\pi}{4}D^2 dZ = \frac{\pi}{4}D^2(\sigma + d\sigma) + \pi Dfk\sigma dZ \tag{2-60}$$

因此：

$$\frac{d\sigma}{dZ} = \gamma_s - \frac{4}{D}fk\sigma \tag{2-61}$$

式中，γ_s为物料重度；f为壁面的摩擦因数；k为侧压系数，$k=\frac{\sigma_3}{\sigma}$；$\sigma_3$为物料对侧壁的压力。

根据莫尔理论，侧压系数按下式计算：

$$k = \frac{1-\sin\varphi_i}{1+\sin\varphi_i} = \cot^2\left(\frac{\pi}{4}+\frac{\varphi_i}{2}\right) \tag{2-62}$$

式中，φ_i为物料的内摩擦角。

若$Z=0$时，$\sigma_0=0$，积分得：

$$\sigma = \frac{\gamma_s}{f}\frac{D}{4k}[1-e^{-(4fk/D)Z}] \tag{2-63}$$

当物料层表面上作用有预压力σ_0时，则：

$$\sigma = \frac{\gamma_s}{f}\frac{D}{4k}[1e^{-(4fk/D)Z}] + \sigma_0 e^{-(4fk/D)Z} \tag{2-64}$$

若$Z\rightarrow\infty$，得：

$$\sigma_\infty = \frac{\gamma_s}{f}\frac{D}{4k} \tag{2-65}$$

由式（2-63）和式（2-64）可求得物料层深度Z与物料压力σ的关系。图2-47所示是随深度Z变化的压力σ的分布曲线。当$Z\rightarrow\infty$时，σ趋向于σ_∞。这意味着，随着物料层深度增加，其底部压力没有增加，必须由仓壁来支持附加的重量。垂直作用在圆筒壁面上的压力σ_3为$k\sigma$。研究表明，实际上k不是常数，而是随物料类型、料斗几何形状以及料层深度、物料的摩擦和黏聚特性、含水量等的变化而变化的。

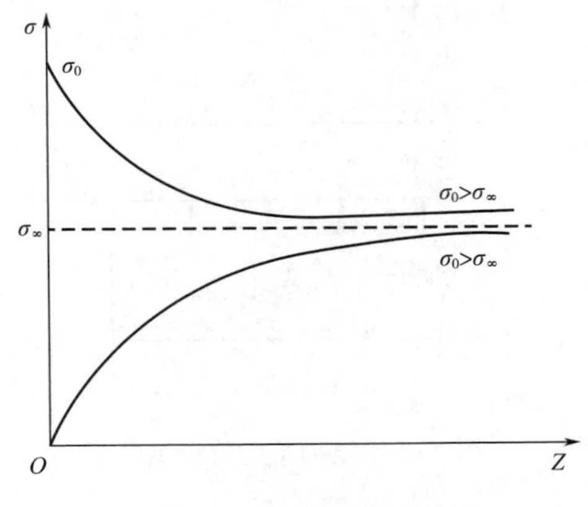

图2-47　物料压力分布曲线

五、散粒体的力学特性在食品工业中的应用

散粒体的力学特性在食品工业中的应用很广，尤其是散粒体的流动特性，在食品物料的分级、贮存、装卸、控制等运输系统中具有重要的意义。

（一）散粒体的自动分级

由粒度和相对密度不同的颗粒组成的散粒体所构造的均匀分布状态是不稳定的。在受到振动或其他扰动时，散粒体中各颗粒会按其相对密度、粒度、形状及表面状态的不同而重排。重排后从上层到下层依次为：相对密度小的大颗粒、相对密度小的小颗粒、相对密度大的大颗粒、相对密度大的小颗粒；此外，按表面状态及形状不同，表面粗糙或片状颗粒在上层，而表面光滑或接近球形的颗粒在下层。这种现象称为散粒体的自动分级。

产生自动分级的原因主要有：①散粒体具有液体的性质，对分散在散粒体中的颗粒有浮力作用，促使相对密度小的颗粒上浮；②散粒体在受扰时较松散，使小颗粒能往下运动以填补空隙；③表面光滑的球形颗粒在散粒体中所受阻力较小，容易向下运动，而粗糙颗粒或片状粒因受阻力大而留于上层。

食品物料的筛分或风选、水选，实际都是在利用自动分级现象。关于自动分级的力学解释，部分可以用两相介质中分散相颗粒在连续介质中的沉浮运动机制来说明。

（二）预防粉尘爆炸

粉尘爆炸是指在空气中悬浮的粉尘颗粒急剧地氧化燃烧，同时产生大量的热和高压的现象。爆炸的机制非常复杂，通常认为首先是一部分粉尘被加热、产生可燃性气体，与空气混合后，当存在一定温度的火源或一定能量的电火花时，就会引起燃烧。由此产生的热量又将周围的粉尘加热，产生新的可燃性气体。这样，就产生连锁反应而爆炸。粉尘爆炸是安全工程中的重要内容。

粉尘爆炸要求粉尘有一定的浓度。这一浓度极限，称为爆炸的下限。它与火源强度、粒子种类、粒径、含水率、通风情况和氧气浓度等因素有关。粉尘发火所需的最低温度称为发火点。粉尘的粒径越小，发火点越低。

面粉厂里，当面粉在空气中的悬浮浓度为 15~20g/m^3 时，最容易发生爆炸。特别是粒径为 10μm 左右的散粒物料，浓度为 20g/m^3时，危险性最大。这一浓度相当于能见度为 2m。面粉、乳粉、淀粉等不良导电物料与机器或空气的摩擦产生的静电会积聚起来，当达到一定数量时就会放电，产生电火花，形成爆炸的火源，应当密切注意。表 2-11所示为是粮食粉尘特性。

表 2-11　　粮食粉尘特性

温度组别	粉尘名称	危险性质	高温表面堆积粉尘层（5mm）的引燃温度/℃	粉尘云的引燃温度/℃	爆炸下限浓度/（g/m^3）	粉尘平均粒径/μm
T_3	裸麦粉	可燃性	325	415	67~93	20~50
	裸麦谷物粉（未处理）	可燃性	305	430	—	50~100
	裸麦筛落粉（粉碎品）	可燃性	305	415	—	30~40
	小麦粉	可燃性	炭化	410	—	20~40
	小麦谷物粉	可燃性	290	420	—	15~30
	小麦筛落粉（粉碎品）	可燃性	290	410	—	3~5
T_4	乌麦、大麦谷物粉	非导电	270	440	—	50~150
	筛米糠	非导电	270	420	—	50~100
	玉米淀粉	非导电	炭化	410	—	2~30
	马铃薯淀粉	非导电	炭化	430	—	60~80
	布丁粉	非导电	炭化	395	—	10~20
	糊精粉	粉尘	炭化	400	71~99	20~30
	砂糖粉	粉尘	熔融	360	77~107	20~40
	乳糖	粉尘	熔融	450	83~115	—

【案例】马铃薯脆片的力学和声学测定

以 3 种不同马铃薯脆片为实验材料，采用声发射技术监测马铃薯脆片在压缩过程中的声音信号，构建果蔬薄片机械压缩过程力学和声发射检测平台，采集马铃薯脆片在机械压缩至断裂过程中的力学和声学信号，从声波能量信号的峰值与最大应力的角度对马铃薯脆片进行脆性分级，为果蔬干产品的脆性力学和声学综合评价提供参考。图 2-48 所示为马铃薯脆片样品图。

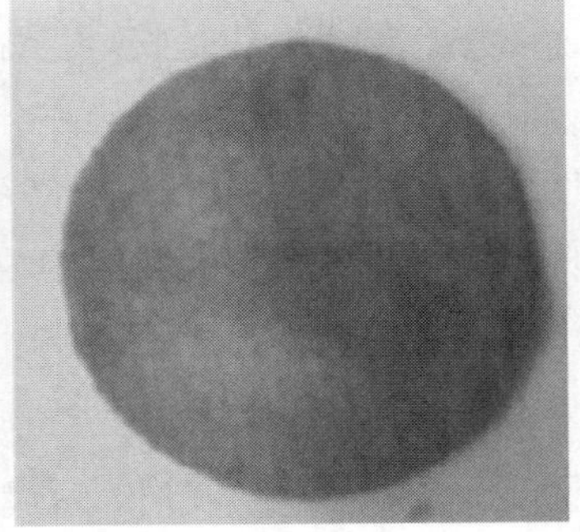

图 2-48　马铃薯脆片样品图

利用食品质构仪进行机械压缩，同时将一个声发射传感器探头用耦合剂耦合在载物盘上，采集薯片在压缩过程中产生并通过金属圆盘传递的声发射信号。在压缩测定过程中，质构仪选用 TA35 探头（直径 35mm），经过前期多次实验后，设置触发力为 49N，探头移动速率为 2mm/s，应力和声发射数据采集同时进行。

力学和声学测定结果分别如图 2-49、图 2-50 所示。如图 2-49 所示，随着时间的延长，应力呈先增大后减小的趋势，压缩过程中出现多个峰值。在初始压缩阶段（0~0.35s）出现第一个应力峰值。在 0.35~0.68s 时，应力逐渐增大，应力峰值在 0.68s 时达到最大，为 0.058MPa，此时薯片被压碎，质构仪停止运行。图 2-50 所示为样品在机械压缩过程中的声能量图，在声发射信号全波形图的初始阶段即 0~0.06s 时，薯片所受的应力较小，无声发射信号出现；在 0.07s 和 0.30s 时，分别出现两个短时，但幅度较大的声发射信号峰，推测为薯片内部单个孔洞破裂所致；在 0.47~0.89s 时，随着应力进一步增大，片内部孔洞在受压过程中不断破裂，声发射信号峰连续出现，构成一个声发射信号密集区，在 0.68s 时出现一个声发射脉冲信号最大峰值。

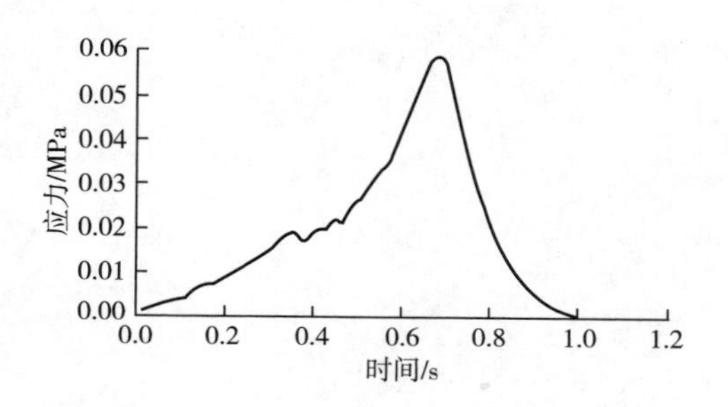

图 2-49　单个样本应力-时间关系图

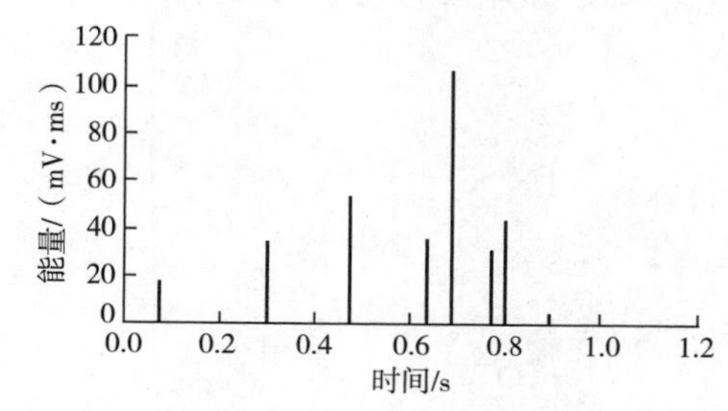

图 2-50　样品在机械压缩过程中的声能量图

图 2-51 为由图 2-49 和图 2-50 合并得到的样品在机械压缩时的应力和声发射能量图。如图 2-51 所示，在 0.68s 时，薯片整体破裂，能量信号达到最大，为 106.81mV · ms，此时应力达到最大，为 0.058MPa，说明薯片应力变化和声发射信号之间存在着一定的因果关系。

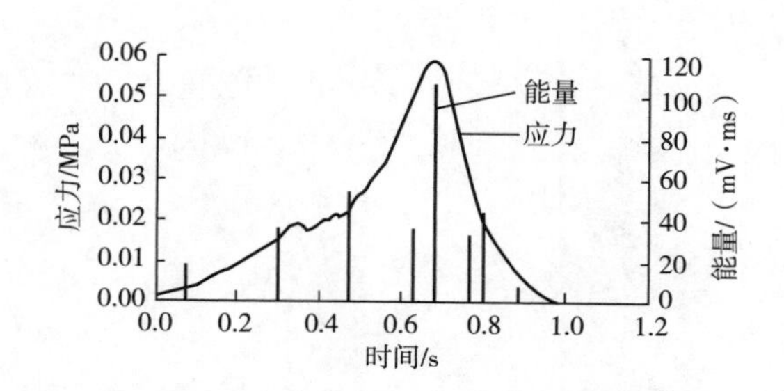

图 2-51　样品在机械压缩时的应力和声发射能量图

课程思政

虽然国家有关部门曾多次下发文件，对生产安全事故防范作出了完善、细致的指导和要求，但这些并未完全阻止悲剧的反复上演，食品生产中仍存在安全隐患，如面粉爆炸。习近平总书记就做好安全生产工作作出了重要指示："发展绝不能以牺牲人的生命为代价，这必须作为一条不可逾越的红线。"这是新时期安全生产理念的深刻内涵。经济社会发展的根本目的是人民的幸福，发展的道路崎岖不平，充满艰难险阻，发展需要我们为之付出代价，但这代价不能是"人的生命"。我们要的是"惠民生"的发展，不要损害人民健康甚至生命的发展。

思考题

1. 对于组成复杂的食品体系，与力学相关的性质有哪些，如何评价这些性质？
2. 食品的力学性质和食品加工及食品品质有哪些关系？
3. 简述黏弹性的几个基本力学模型。

第三章

食品的流变学性质及其研究方法

学习目标

1. 熟练掌握黏性流体的流变学基础理论，包括牛顿黏性定律和牛顿流体、假塑性流体、胀塑性液体、宾厄姆流体各自的特征。

2. 掌握黏度表示方法以及影响液态食品黏度的因素。

3. 熟悉食品静态及动态流变参数的测定方法。

第一节　食品流变学概述

物料在受到外力作用时，会发生变形。当变形不断扩展时便成为流动。变形和流动的产生和发展总要有一定的时间历程。流变学（rheology）是研究物质的流动和变形的科学，主要研究作用于物体上的应力和由此产生的应变的规律，是力、变形和时间的函数。

食品流变学在食品物性学中占有非常重要的地位。食品的流变性质对食品的运输、传送、加工工艺以及人在咀嚼食品时的满足感等都起着非常重要的作用。特别是在食品的烹饪、加工过程中，对流变性质的研究不仅能够了解食品组织结构的变化情况，而且可以找出与加工过程有关的力学性质的变化规律，从而可以控制产品的质量，鉴别食品的优劣，还可以为工艺及设备的设计提供有关数据。

材料的流变特性指材料的应力-应变时间之间的关系，或者说是材料受力后的变形、流动随时间的变化。材料的力学性质指它的应力-应变或力-变形之间的关系，不考虑时间因素。因此，力学性质是流变特性的一种特殊情况。

流变学为物理学中最接近力学的一个分支，与许多学科如物理学、数学、化学、力学、生物学、工程学等有关，属于古典力学的范畴。流变学是研究物料在外力作用下变形、流动以及时间效应的科学。物料的流变学分类如图 3-1 所示。

据不完全统计，由流变学所衍生的分支学科有 20 多个。按流变学所研究的流变对象划分有：非牛顿流体流变学、黏弹性流变学、高聚物流变学、多相流变学、石油流变学、生物流变学、地质流变学、悬浮液流变学、润滑剂流变学、涂料流变学、土壤流变学、化学流变学、岩土流变学、食品流变学、化妆品和药品流变学、血液流变学、电-磁流变学等；按物质的流变过程划分有：流变断裂学、流变冶金学、铸造流变学、材料加工流变学；按研究方法划分有：理论流变学、计算流变学、实验流变学；按行业划分有：工业流变学、农业流变学、食品流变学；按流变物质的尺度划分有：宏观流变学、微观流变学、纳米流变学以及跨尺度流变学等。

在研究食品物料的任何一种生产、加工、装卸、运输及贮存过程时，了解食品物

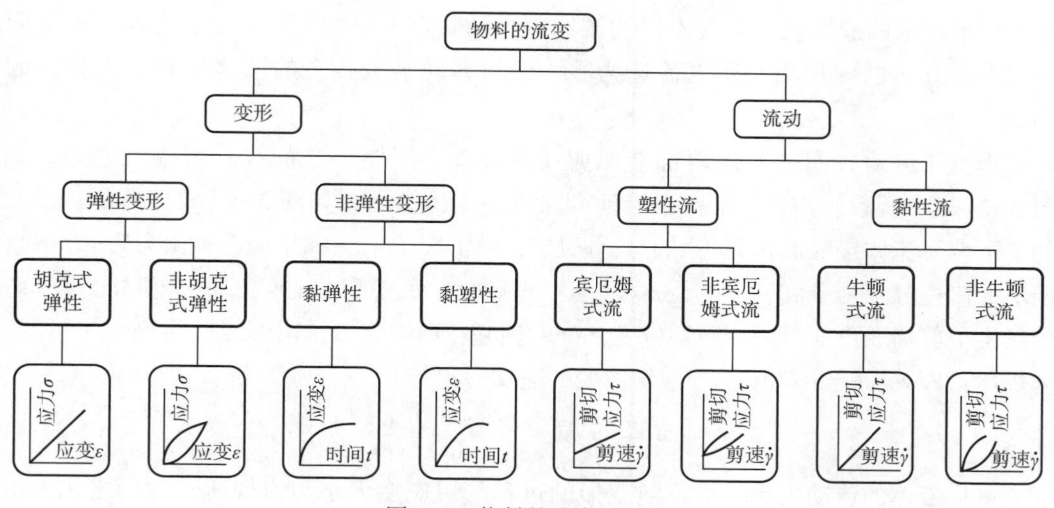

图 3-1　物料的流变学分类

料的流变特性都是必要的。

第二节　牛顿黏性定律及流体类型

一、黏性的概念

黏性是表现流体流动性质的指标，水和油（如食用植物油）都是很容易流动的液体。但当我们把水和油分别倒到玻璃平板上，就会发现水的摊开流动速度比油要快。也就是说，水比油更容易流动。这一现象说明油比水更黏。这种阻碍流体流动的性质称为黏性。黏性从微观上讲，就是流体受力作用，其质点间做相对运动时产生阻力的性质。这种阻力来自内部分子运动和分子引力。黏性的大小用黏度（或称黏性率、黏性系数）来表示。根据变形的方式，黏度还可分为以下几种。

（1）剪切黏度（coefficient of shear viscosity）　用普通的黏度计（毛细管黏度计、旋转式黏度计或锥板式黏度计等）测定的液体黏度大多是剪切黏度。这也是一般实用上所指的黏度。本书中凡无特别说明，所写的黏度都是指剪切黏度。

（2）延伸黏度（coefficient of tensile viscosity）　用普通的黏度计无法测定延伸黏度。它只表示黏弹性体延伸时（区别于流动）的黏度。

（3）体积黏度（coefficient of volume viscosity）　当给液体施加静水压时，液体的体积会发生瞬时的变化而到达平衡值，这时不存在体积黏度。可是对更精密的测定，例如，在超声波范围，液体所受压力与体积变化速度之间的关系将遵循黏性定律。这种情况下表示黏性的指标，称作体积黏度。设有两个平行平板，上板移动，下板固定，这时两平板内的液体就会出现不同的流速。紧贴固定板壁的流体质点，因与板壁的附着力大于分子的内聚力，所以流速为零，而与移动平板接触的液体层将随上板一起移动。

垂直于流动方向的液体内部会形成速度梯度，层与层之间存在着黏性阻力，如图 3-2（1）所示。如果沿平行于流动方向取一流体微元，如图 3-2（2）所示，微元的上下两层流体接触面积为 A（m^2），两层距离为 dy（m），两层间黏性阻力为 F（N），两层的流速分别为 u 和 $u+du$(m/s)。这一流体微元，可以看成在某一短时间 dt（s）内发生了剪切变形的过程。剪切应变 ε 一般用它在剪切应力作用下转过的角度（弧度）来表示，即 $\varepsilon=\theta=dx/dy$，则剪切应变的速度为：

$$\dot{\varepsilon}=\frac{\theta}{dt}=\frac{dx/dy}{dt}=\frac{dx/dt}{dy}=\frac{du}{dy} \tag{3-1}$$

可见液体的流动也是一个不断变形的过程。用应变大小与应变所需时间之比表示变形速率。上式表示的剪切应变速度 $\dot{\varepsilon}$ 就是液体的应变速率，也称剪切速率或速度梯度，单位为 s^{-1}。另外，剪切应力 σ 可定义为：

$$\sigma=F/A \tag{3-2}$$

剪切应力 σ 实际是截面切线方向的应力分量，单位为 Pa。牛顿黏性定律指出：流体流动时剪切速率 $\dot{\varepsilon}$ 与剪切应力 σ 成正比，即：

$$\sigma=\eta\cdot\dot{\varepsilon} \tag{3-3}$$

式中，比例系数 η 称为黏度，是液体流动时由分子之间的摩擦产生的。黏性是物质的固有性质。式（3-3）是黏性的基本法则。

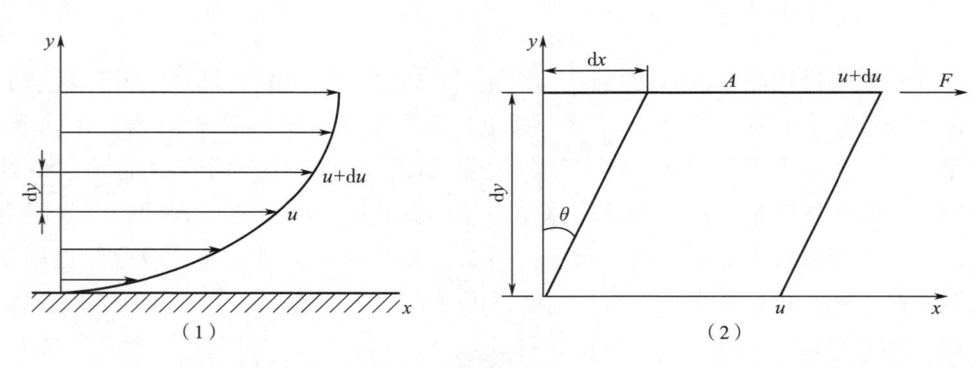

（1）两平板间液体的黏性流动示意图　（2）取自（1）中的微元体

图 3-2　平板间层流流动及流体微元体示意图

二、牛顿流体

剪切应力 σ 与剪切速率 $\dot{\varepsilon}$ 之间满足式（3-3）所表示的牛顿黏性定律的流体称为牛顿流体。式（3-3）称为牛顿流体的流动状态方程。牛顿流体的特征是：剪切应力与剪切速率成正比，黏度不随剪切速率的变化而变化。也就是说，在层流状态下，黏度是一个不随流速变化而变化的常量。牛顿流体的流动特性曲线如图 3-3 所示。

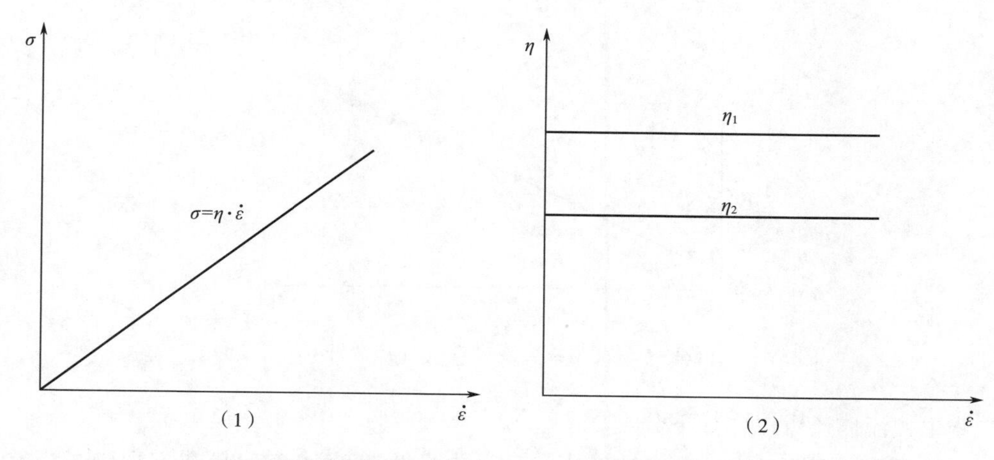

（1）剪切速率与剪切应力的关系 （2）剪切速率与黏度的关系

图 3-3 牛顿流体流动特性曲线

严格地讲，理想的牛顿流体没有弹性，且不可压缩，各向同性。所以在自然界中理想的牛顿流体是不存在的。在流变学中只能把在一定范围内基本符合牛顿流动定律的流体按牛顿流体处理，其中最典型的是水。可归属牛顿流体的食品有：糖水溶液、低浓度牛乳、油及其他透明稀溶液等。

三、非牛顿流体

剪切应力 σ 与剪切速率 $\dot{\varepsilon}$ 之间不满足式（3-3）关系，且流体的黏度不是常数，而是随剪切速率的变化而变化，这种流体称为非牛顿流体。非牛顿流体的剪切应力 σ 与剪切速率 $\dot{\varepsilon}$ 之间的关系可用下列经验公式表示：

$$\sigma = k\dot{\varepsilon}^{n} \tag{3-4}$$

或：

$$\lg\sigma = \lg k + n\lg\varepsilon \tag{3-5}$$

式（3-4）称为非牛顿流体的流动状态方程，也称为幂律模型。式中，k 为黏性系数，因为它与液体浓度有关，因此，也称 k 为浓度系数；n 为流动特性指数。在双对数坐标中描绘实验曲线，得到一条直线，并由截距和斜率确定黏性系数 k 和流动特性指数 n（图 3-4）。当 $n = 1$，式（3-4）就是牛顿流体公式，这时 $k = \eta$，即 k 就成了黏度。设 $\eta_a = k \cdot \dot{\varepsilon}^{n-1}$，则非牛顿流体的流动状态方程可写成与牛顿流体相似的形式：

$$\sigma = \eta_a \cdot \dot{\varepsilon} \tag{3-6}$$

由式（3-6）可以看出，η_a 与 η 有同样量纲，表示同样物理特性，所以称 η_a 为“表观黏度”。然而与 η 不同的是，η_a 与浓度系数 k 和流动特性指数 n 有关，且是剪切速率 $\dot{\varepsilon}$ 的函数。因此，η_a 对应着一定的剪切速率，也就是说 η_a 是非牛顿流体在某一特定剪切速率下的黏度。

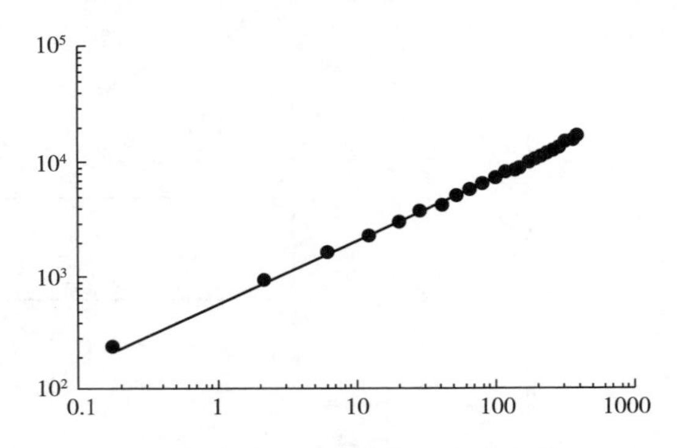

图 3-4 26g/L 木薯淀粉液黏度特性（加热条件 67℃，5min）

非牛顿流体还可以作如下分类。

（1）假塑性流体（pseudoplastic liquid） 在非牛顿流体流动状态方程中，当 $0 < n < 1$ 时，流体即做表观黏度随着剪切应力或剪切速率的增大而减小的流动，称为假塑性流动。因为随着剪切速率的增加，表观黏度减少，所以还称为剪切稀化流动。符合假塑性流动规律的流体称为假塑性流体。假塑性流体的流动特性曲线如图 3-5 所示。图中 $\eta_a = \tan\theta_i (i = 1, 2, 3, \cdots)$。

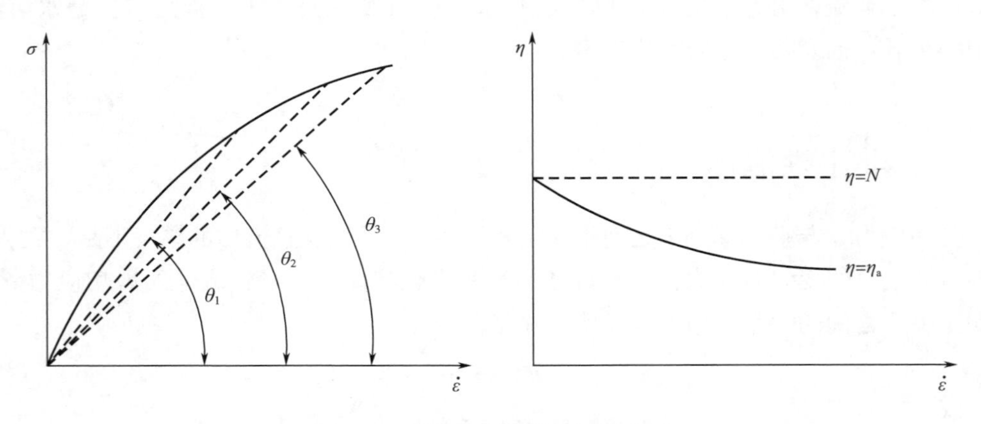

图 3-5 假塑性流体流动特性曲线

$\eta = N$ 虚线指黏度不随剪切速度变化。

对假塑性流体的表观黏度随剪切速率增加而减少的原因可作如下解释：固形物在液体中悬浮或在低速流体中流动时往往会发生絮凝和缠绕，增加固形物与流体之间的阻力，则表现为高黏度性质。当流速增加，速度梯度增大，剪切力随之增大时，缠绕在一起的固形物或聚集在一起的固形物会发生解体或变形，从而降低流动阻力，表现出剪切稀化现象（图 3-6）。具有假塑性流动性质的液体食品大多含有链状高分子，它们在剪切力作用下或者卷曲成球状，或者沿流体流动方向变形，从而影响液体的黏性。一些研究表明，剪切稀化的程度与分子链的长短和线型有关，含直链分子多的液体比含多支结构分子的液体更易剪切稀化。

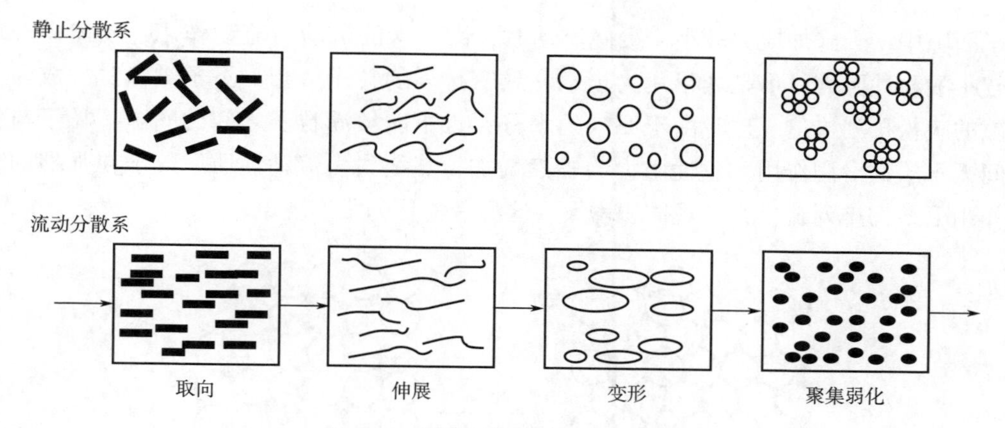

图 3-6 假塑性流体流动特性机制

食品工业中遇到的一些高分子溶液、悬浮液和乳状液，如酱油、菜汤、番茄汁、浓糖水、淀粉糊、苹果酱等都是假塑性流体。大多数非牛顿流体都属于假塑性流体。

（2）胀塑性流体（dialatant liquid） 在非牛顿流体的流动状态方程中，如果 $1 < n < \infty$，则该流动状态称为胀塑性流动，其流动特性曲线如图 3-7 所示。其剪切应力与剪切速率关系曲线虽然通过原点，但偏离 $\dot{\varepsilon}$ 轴向上弯曲，所以随着剪切应力或剪切速率的增大，表观黏度逐渐增大。由于这一特点，胀塑性流动也被称为剪切增稠流动。表现为胀塑性流动的流体称为胀塑性流体。液态食品中属于胀塑性流体的较少，比较典型的为生淀粉糊。当往淀粉中加水，混合成糊状后缓慢倾斜容器时淀粉糊会像液体那样流动。但如果施加更大的剪切应力，用力快速搅动淀粉，那么淀粉糊反而变"硬"，失去流动性，甚至用筷子迅速搅动，其阻力能使筷子折断。

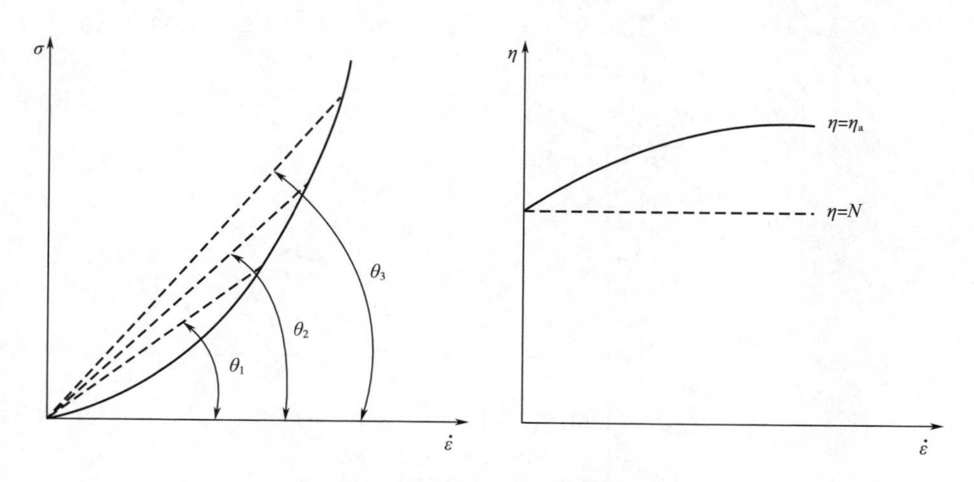

图 3-7 胀塑性流体流动特性曲线

$\eta = N$ 虚线指黏度不随剪切速度变化。

剪切增黏现象可用胀容现象说明。如图 3-8 所示，具有剪切增稠现象的液体的胶体粒子一般处于致密充填状态，是糊状液体。作为分散介质的水，充满在致密排列的粒子间隙中。当施加应力较小、缓慢流动时，由于水的滑动与流动作用，胶体糊表现出较小的黏性阻力。可是如果用力搅动，致密排列的粒子就会一下子被搅乱，成为多孔隙的疏松排列构造。这时由于原来的水分再也不能填满粒子之间的间隙，粒子与粒子间无水层的滑润作用，黏性阻力会骤然增加，甚至失去流动性质。粒子在强烈的剪切作用下结构排列疏松，外观体积增大，这种现象称为胀容现象。

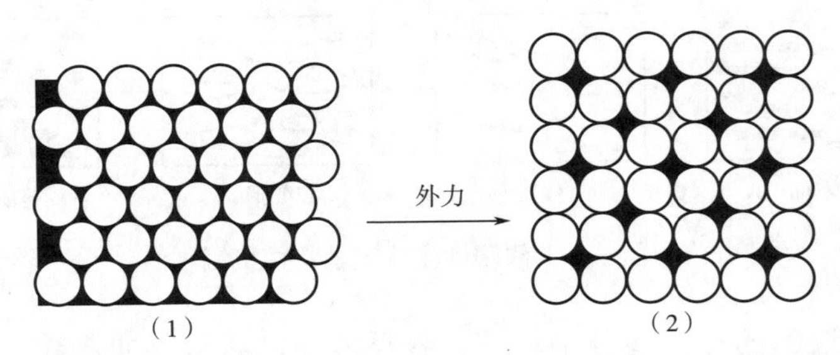

（1）粒子未受到扰动时的静止状态　（2）粒子受到强烈扰动后的胀容状态

图 3-8　胀塑性流体流动特性机制

（3）塑性流体（plastic liquid）　根据宾厄姆理论，在流变学范围内将具有下述性质的物质称为塑性流体：当作用在物质上的剪切应力大于极限值时，物质开始流动，否则，物质就保持即时形状并停止流动。剪切应力的极限值定义为屈服应力，即指使物体发生流动的最小应力，用 σ_0 表示。

塑性流体的流动状态方程（赫歇尔-布尔克利模型）为：

$$\sigma - \sigma_0 = k\dot{\varepsilon}^n \tag{3-7}$$

式中，σ_0 为屈服应力；k 为塑性流体的黏度系数；n 为流动特性指数。

塑性流体流动特性曲线如图 3-9 所示。其流动特性曲线不通过坐标原点。

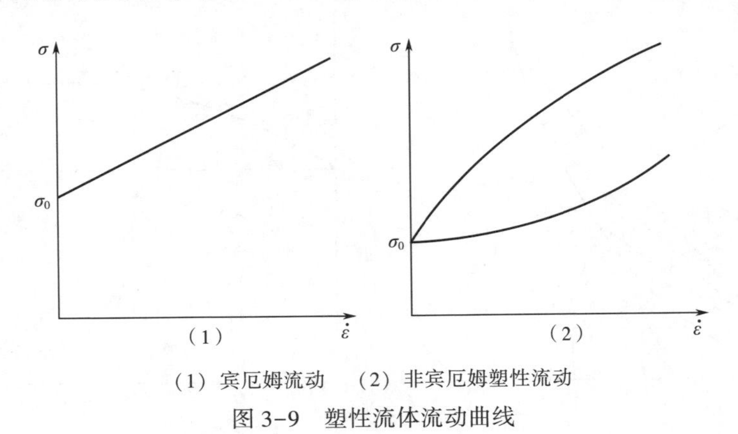

（1）宾厄姆流动　（2）非宾厄姆塑性流动

图 3-9　塑性流体流动曲线

对于塑性流动来说，当应力超过 σ_0 时，流动特性符合牛顿流动规律的，称为宾厄姆流动，不符合牛顿流动规律的称为非宾厄姆塑性流动。把具有上述流动特性的液体分别称为宾厄姆流体和非宾厄姆流体（Bingham liquid，non-Bingham liquid）。部分食品的屈服应力及流动特性参数见表 3-1 和表 3-2。

表 3-1 部分宾厄姆流体食品的屈服应力

食品名称	屈服应力/Pa	食品名称	屈服应力/Pa
融化的巧克力	1.2	酵母蛋白液［25%（质量分数）固形物］	4.2
掼奶油	40.0	番茄酱［11%（质量分数）固形物］	2.0
瓜尔豆胶水溶液［0.5%（质量分数）固形物］	2.0	大豆分离蛋白［20%（质量分数）固形物］	121.7
瓜尔豆胶水溶液［1.0%（质量分数）固形物］	13.5	乳清蛋白［20%（质量分数）固形物］	2.1
橘子汁（浓度 5g/kg）	0.7	黄杆菌胶水溶液［0.5%（质量分数）固形物］	2.0
梨酱［18.3%（质量分数）固形物］	3.5	黄杆菌胶水溶液［1.2%（质量分数）固形物］	4.5
梨酱［45.7%（质量分数）固形物］	33.9		

表 3-2 部分非宾厄姆流体食品的流变特性参数

食品名称	测定温度/℃	n	k	σ_0 /Pa
法国芥子酱	25	0.40	334	41.0
番茄酱	25	0.227	187	32.0
	45	0.267	160	24.0
	65	0.299	113	14.0
	95	0.253	74.5	10.5
白汁沙司（加热温度 80℃）	120	0.55	3	0.4
	140	0.55	2	0.3
	160	0.56	2	0.3
白汁沙司（加热温度 90℃）	120	0.59	35	5.7
	140	0.58	28	4.9
	160	0.58	24	4.1
白汁沙司（加热温度 97 ℃）	120	0.46	75	10.5
	140	0.52	63	9.5
	160	0.60	43	7.9

（4）触变性流体（thixotropic liquid） 所谓触变性是指当液体在振动、搅拌、摇动时黏性减少，流动性增加，但静置一段时间后，又变得不易流动的现象，即黏度不但与剪切速率有关，而且也与剪切时间有关。例如，番茄酱、蛋黄酱等在容器中放置一段时间后倾倒时不易流动，但将容器猛烈摇动或用力搅拌即可变得容易流动。再长时间放置时又会变得不易流动。

触变性流体的机制可以理解为随着剪切应力的增加，粒子间结合的结构受到破坏，黏性减小。当作用力停止时粒子间结合的构造逐渐恢复原样，但需要一段时间。因此，剪切速率减少时的曲线与增加时的曲线不重叠，形成了与流动时间有关的滞后环。滞后

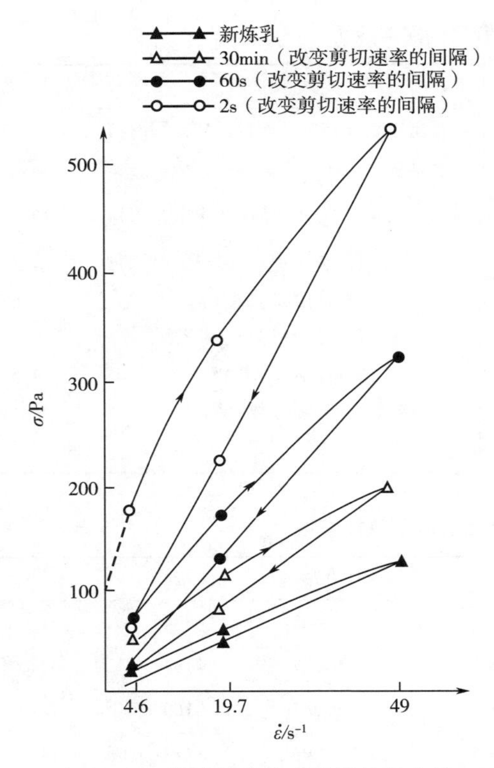

图 3-10　炼乳触变性流动的特性曲线

环的面积大小反映流体的触变性强度。

炼乳触变性流动的特性曲线如图3-10所示。图中设定的剪切速率为 $4.6s^{-1}$、$19.7s^{-1}$、$49s^{-1}$三个水平，改变剪切速率的时间间隔分别为 2s、60s、30min。由图3-10可知，间隔时间越短，滞后曲线包围的面积越大，即结构破坏越大。新炼乳的滞后曲线包围面积明显小于陈放炼乳，陈放越久的炼乳其触变性越明显。霍斯特勒用电子显微镜观察，证实了炼乳触变现象是由于炼乳结构内形成酪蛋白微胶束的原因。有触变现象的食品口感比较柔和爽口。

（5）胶变性流体（rheopectic liquid） 与触变性相反，流体黏度随剪切速率和剪切时间而增加，其剪切应力与剪切速率的关系如图 3-11 所示。具有胶变性的食品往往呈黏稠的口感。

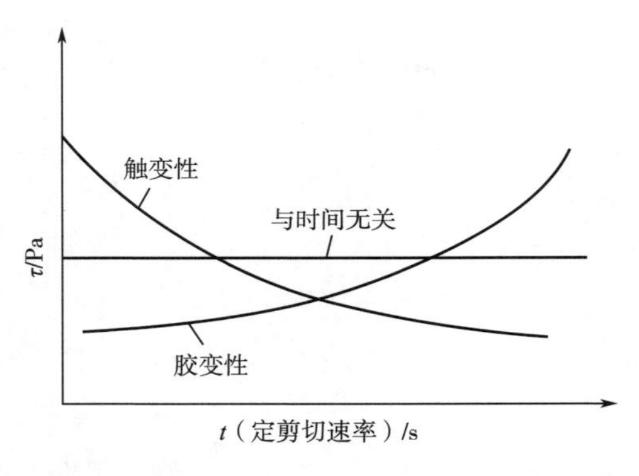

图 3-11　剪切应力与时间相关的流体

触变性流体与假塑性流体有较多的相关关系，但是，二者不等同。触变性流体一定是假塑性流体，而假塑性流体不一定都具有触变性。胶变性流体与胀塑性流体的关系同触变性流体和假塑性流体一样，在食品工业中，糖浆具有典型的胶变性流体特征。

关于触变性流体和胶变性流体的数学模型较少，一种简单的模型是韦尔特曼模型：

$$\sigma = A - B\lg t \tag{3-8}$$

式中，A 为时间 1s 时的应力；B 为常数，对于触变性流体，B 取正值，对于胶变性流体，B 取负值；t 为时间。将实验数据在半对数坐标纸上绘图，即可确定 A、B 系数。糯玉米糊化淀粉液韦尔特曼模型参数（表 3-3）。

表 3-3　　糯玉米糊化淀粉液韦尔特曼模型参数

参数	浓度/(g/kg)	剪切速率/s^{-1}			
		50	100	200	300
A/Pa	30	6.97×10^{-2}	5.76×10^{-2}	4.22×10^{-2}	—
	40	2.97×10^{-1}	2.08×10^{-1}	1.72×10^{-1}	9.54×10^{-2}
	50	—	5.39×10^{-1}	3.88×10^{-1}	3.55×10^{-1}
B	30	1.58×10^{-3}	5.71×10^{-4}	1.66×10^{-5}	—
	40	3.15×10^{-3}	2.07×10^{-3}	5.29×10^{-3}	7.83×10^{-3}
	50	—	-8.30×10^{-5}	1.06×10^{-3}	8.79×10^{-3}

第三节　黏度的表示方法及影响因素

一、黏度的表示方法

在研究分散系统黏度时，往往为了分析的方便，规定了一些不同定义的黏度。这些黏度的定义、符号和单位如表 3-4 所示。

表 3-4　　分散系统各种黏度的定义

名称	定义	符号	单位
黏度、黏性率、黏性系数（viscosity）	η	η	Pa·s
相对黏度（releative viscosity）	$\dfrac{\eta}{\eta_0}$	η_{rel}	无
比黏度（specific viscosity）	$\dfrac{\eta}{\eta_0}-1=\eta_{rel}-1$	η_{sp}	无
换算黏度、还原黏度（reduced viscosity）	$\dfrac{\left(\dfrac{\eta}{\eta_0}-1\right)}{c}$	η_{red}	cm^3/g
特性黏度（inherent viscosity）	$\dfrac{\ln\dfrac{\eta}{\eta_0}}{c}=\dfrac{\ln\eta_{rel}}{c}$	$\{\eta\}$	cm^3/g
极限黏度、固有黏度（intrin viscosity）	$\lim\limits_{c\to0}\dfrac{\left(\dfrac{\eta}{\eta_0}-1\right)}{c}\ \lim\limits_{c\to0}\dfrac{\dfrac{\eta}{\eta_0}}{c}$	$[\eta]$	cm^3/g

相对黏度是指分散介质中因加入了一定量的分散相，而使黏度增加的比例。为了

更清楚地表示这一关系，从溶液黏度 η 减去分散介质黏度 η_0 就得到：

$$\eta_{sp} = \frac{\eta - \eta_0}{\eta_0} = \frac{\eta}{\eta_0} - \eta_{rel} - 1 \tag{3-9}$$

η_{sp} 称为比黏度。无论是比黏度还是相对黏度，都没有表示出与溶液浓度的关系。当考虑溶液的浓度时，例如测得溶液的浓度为 c ，那么每增加单位溶液浓度，引起溶液黏度增加的比例可用换算黏度 η_{red}（又称还原黏度）表示：

$$\eta_{red} = \frac{\eta - \eta_0}{\eta_0 c} = \frac{\eta_{sp}}{c} \tag{3-10}$$

在某些场合，需要用相对黏度的对数比其浓度 c ，称为特性黏度 $\{\eta\}$ 。其计算如表 3-4 所示。

换算黏度和特性黏度，可以认为是一定浓度的分散相由无数粒子共同作用，把其黏度的增加率按粒子数去平均考虑的结果。在较稀的溶液中，可以认为各粒子间互相独立，即没有相互作用，或极少相互作用时，这两个黏度还可得到如下公式：

$$\lim_{c\to 0}\frac{\eta_{sp}}{c} = [\eta],\ \lim_{c\to 0}\frac{\ln\eta_{rel}}{c} = [\eta] \tag{3-11}$$

这两式所表示的黏度称为极限黏度或固有黏度。当溶液浓度接近 0 时，η_{rel} 趋于 1。即 $\ln\eta_{rel} = \ln[1 + (\eta_{rel} - 1)] \approx \eta_{rel} - 1 = \eta_{sp}$ 。也就是说，以上两极限黏度表示式相等。当分散粒子为分子时，极限黏度与相对分子质量和分子的形状有关。

二、影响液体黏度的因素

（一）分散相的影响

（1）分散相的浓度　对于电解质水溶液，当其浓度为 c 时，琼斯·多尔提出了如下公式：

$$\eta/\eta_0 = 1 + A\sqrt{c} + Bc \tag{3-12}$$

即：

$$\eta_{sp}/\sqrt{c} = A + B\sqrt{c} \tag{3-13}$$

由 $\eta_{sp}/\sqrt{c}$ 和 $\sqrt{c}$ 的直线关系便可求出 B 系数。B 系数对于离子具有可加性。因此，$B_{K^+} = B_{Cl^+}$，对于各离子可以求出其相应的 B 系数。构造形成离子 $B_i > 0$，构造破坏离子 $B_i < 0$。

琼斯·多尔公式还可以改写为：

$$\eta_{sp}/c = A/\sqrt{c} + B \tag{3-14}$$

将式（3-14）与高分子电解质固有黏度 $[\eta]$ 和离子强度 J 关系的经验公式：$[\eta] = [\eta]_s + D/\sqrt{J}$ 相比较，可以看出式（3-14）中 A 为与离子间静电相互作用有关的系数，而 B 相当于当离子强度很高，离子间的静电作用被遮蔽时的固有黏度 $[\eta]_s$ 。

对于分散相为球形固体粒子的液体，影响其黏度的是分散相的容积率，或称容积分率。爱因斯坦根据流体动力学方法，推导出了式（3–15）：

$$\eta_{rel} = \frac{\eta}{\eta_0} = 1 + \alpha\phi \tag{3-15}$$

式中，α 为常数，ϕ 为分散相的容积率。当分散相为理想的刚体球，且粒子间没有相互作用时，取 α 为 2.5。即当 $\alpha = 2.5$ 时，上式称为爱因斯坦公式。

爱因斯坦公式是理想状态的理论公式。当粒子表面存在水化层或分散介质吸附层，粒子变形，粒子有黏性时，该公式不适用。但对于很稀的悬浮液也可以近似地应用此式。

对于具有一定浓度的液体，也就是说，当分散相粒子浓度较高，粒子之间的碰撞、凝聚、聚合使得有效容积率有可能变化时，布莱克曼推导出了一般化黏度公式：

$$\eta_{rel} = (1 + \phi)^{2.5} \tag{3-16}$$

更一般化的公式为：

$$\eta_{rel} = a\phi + b\phi^2 + c\phi^3 + d\phi^4 + \cdots \tag{3-17}$$

对于式中的常数，古斯和西姆哈认为 a 为 2.5，b 为 14.1。范德认为 a 为 2.5，b 为 7.349。总之，随着 ϕ 的增加，其高次项对比黏度的影响也会增大。这方面的经验公式还有金谷等对蛋黄酱求出的式（3–18）：

$$\ln\eta_{rel} = \phi e^{a\phi} \tag{3-18}$$

式中，a 为实验常数。哈巴德对熔融巧克力求出式（3–19）：

$$\eta_{rel} = \left(1 - \frac{\phi}{1 - \varepsilon}\right)^{-K} \tag{3-19}$$

式中，ε 为可可粉粒的孔隙率；K 为实验常数。

（2）分散相的黏度　对于分散相为液体的场合，当溶液流动时，剪切力会使球状的分散相粒子发生旋转，因而会引起内部的流动。这种流动的程度与分散相的黏度有关。假设分散相的黏度为 η，泰勒推出了如下流体动力学公式：

$$\eta_{rel} = 1 + 2.5\left(\frac{\eta' + \frac{2}{5}\eta_0}{\eta' + \eta_0}\right)\phi \tag{3-20}$$

显然，当分散相为刚体，即 $\eta' \to \infty$ 时，式（3–20）就变为爱因斯坦公式。对于浓度较大的乳浊液，如果 ϕ 不超过 0.4，莱维顿等修正了式（3–20），推导出式（3–21）：

$$\ln\eta_{rel} = 2.5\left(\frac{\eta' + \frac{2}{5}\eta_0}{\eta' + \eta_0}\right)(\phi + \phi^{\frac{5}{3}} + \phi^{\frac{1}{3}}) \tag{3-21}$$

由式（3–21）可以看出 $\ln\eta_{rel}$ 与 ϕ 基本呈直线关系。从图 3–12 可以看出牛乳的脂肪浓度与黏度基本符合这一关系。

乳化剂的添加，往往可以促成分散相与分散介质之间界面膜的强度，使其流变性质接近于刚体球的情况。

（3）分散相的形状　爱因斯坦公式及以上其他公式只考虑了分散相的容积率。式（3–15）是按粒子为球形推导的。然而，粒子的大小、分布及形状的影响，在一些场合也不可忽视。对于粒子形状的影响，有人推导出了含形状因子的公式：

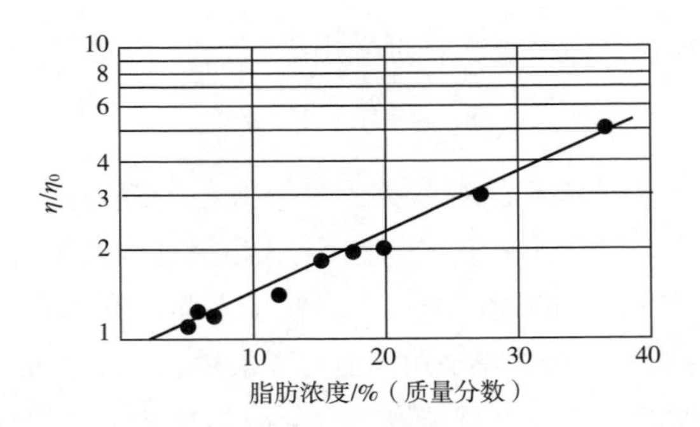

图 3-12 牛乳脂肪浓度与黏度的关系

$$\eta = \eta_0\left(1 + 2.5F\frac{c}{\rho}\right) \tag{3-22}$$

式中，F 为形状因子；c 为浓度，即单位体积微粒重量，kg/（$m^2 \cdot s^2$）；ρ 为微粒密度，kg/（$m^2 \cdot s^2$）。当微粒为球状时，由于在流场中，相对于流体总是呈现同样几何形状，即具有对称的阻力，因此 $F = 1$，式（3-22）与式（3-21）吻合。当另一种极端情况，微粒为一根细小纤维时，在流场中将会沿流线排列，从而具有最小阻力。显然，这时微粒的存在所引起的干扰被限制在它自身的容积中，爱因斯坦公式的比例常数 $\alpha = 1$ 其他形状微粒的场合应在这两种极端情况范围之间。所以 F 为 0.4 ~ 1。实际上，形状因子的值并不容易确定。不少学者也都推导出了各自的黏度公式，归纳起来如表 3-5 所示。

表 3-5 与粒子形状有关的黏度公式（η_0/η^{-1}）

分散粒子的形状	极稀的液体		一般浓度的液体
	不受布朗运动影响时	考虑布朗运动影响	不受布朗运动影响
球状刚体	爱因斯坦、西姆哈 2.5ϕ		古德、古斯、西姆哈 $2.5\phi + 14.1\phi^2$ 范德 $2.5\phi + 7.349\phi^2$
刚性棒状	杰弗瑞 $\left(\frac{f}{2\ln 2f} + 2\right)\phi$ 艾森希茨 $\frac{1.15f}{11\ln 2f}\phi$	哈金斯、库恩 $\left(2.5 + \frac{f^2}{16}\right)\phi$ 艾森希茨 $\frac{f^2}{15\ln 2f - \frac{45}{2}}\phi$ 西姆哈 $\left\{\begin{array}{l}\frac{f}{15(\ln 2f - 3/2)} + \\ \frac{f}{5(\ln 2f - 1/2)} + \frac{14}{15}\end{array}\right\}\phi$	古德、古斯 $\left(\frac{f}{2\ln 2f - 3} + 2\right)\phi + \frac{Kf^2}{2\ln 2f - 3}\phi^2$

续表

分散粒子的形状	极稀的液体		一般浓度的液体
	不受布朗运动影响时	考虑布朗运动影响	不受布朗运动影响
刚性片状	杰弗瑞 $\frac{4f}{2\tan^{-1}f}\phi$	古斯、杰弗瑞 $\left(\frac{4f}{2\tan^{-1}f}\right)^2\phi$ 西姆哈 $\frac{16}{15}\cdot\frac{f}{\tan^{-1}f}\phi$	—

注：ϕ 为分散粒子容积率；f 为分散粒子轴径比；K 为常数。

（4）分散相的大小　分散相粒子的粒径为 0.7~30μm，而且乳浊液又非常稀时，粒子大小对黏度基本上没有影响。当 ϕ 不超过 0.5 时，乳化剂吸附在粒子表面引起容积的增加与使分散相黏度增加的影响相互抵消。因此，当粒径在数微米范围内时，粒子尺寸减小，相对黏度只有极小的增大。

（二）分散介质的影响

无论是从爱因斯坦公式分析，还是从实际液体考虑，对乳浊溶液黏度影响最大的当然是分散介质本身的黏度。与分散介质本身黏度有关的影响因素主要是其本身的流变性质、化学组成、极性、pH 以及电解质浓度等。

（三）乳化剂的影响

乳化剂对乳浊液黏度的影响主要有以下方面。

（1）化学成分，它影响粒子间的位能。

（2）乳化剂浓度及其对分散粒子分散程度（溶解度）的影响，它影响乳浊液的状态。

（3）粒子吸附乳化剂形成的膜厚及其对粒子流变性质、粒子间流动的影响。

（4）改变粒子荷电性质引起的黏度效果。

（四）稳定剂的影响

为了调整流态食品的流动性，或形体、口感，往往要对分散介质添加稳定剂。稳定剂的添加，对分散介质的流变性质影响很大。因此，它也影响全体液体的黏度。稳定剂的添加可使牛顿流体变成非牛顿流体、塑性流体或具有触变流动性质的流体。食品中常用的稳定剂除明胶、琼脂、藻酸盐类、直链淀粉、支链淀粉、羧甲基纤维素（CMC）外，用得较多的就是胶类。图 3-13 所示为各种食用胶溶液黏度与剪切速率的关系，可以看出，加热（80℃，10min）溶解的胶，比室温溶解的胶黏度要高。

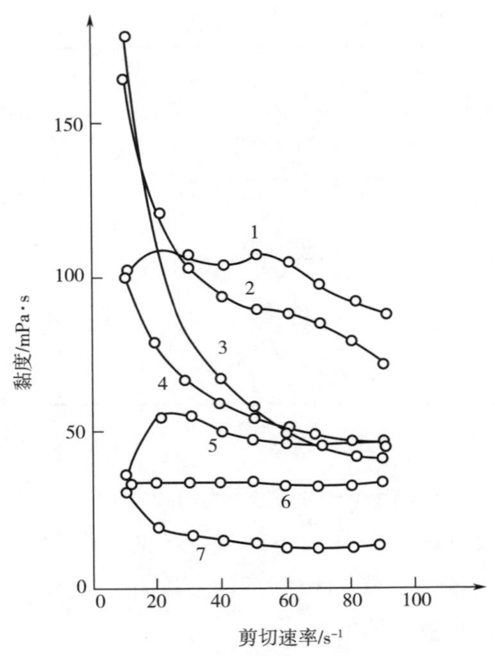

图 3-13 各种胶类稳定剂的黏度

1—0.5%（质量分数）角叉豆胶（加热溶解 80℃，10min） 2—0.5%（质量分数）瓜尔豆胶（加热溶解 80 ℃，10min） 3—0.25%（质量分数）黄杆菌胶（室温溶解） 4—0.5%（质量分数）瓜尔豆胶（室温溶解） 5—1.0%（质量分数）罗望子胶（加热溶解 80℃，10min） 6—2.0%（质量分数）阿拉伯胶（室温溶解） 7—0.5%（质量分数）角豆胶（室温溶解）

第四节 液态食品流变参数的测定

室温下呈液态的食品很多，主要有牛乳、汤、汁、糖液、浆、酱等。这些食品多属分散相为蛋白质、糖、脂肪或纤维的乳浊液。无论是食用品质，还是加工性能，对这些液态食品来说最重要的流变性质就是黏度。因此，黏度测量是研究液体食品物性的重要手段。黏度测量也就是对液体流动性质的测量。

测量食品液体的黏度时，一定要针对测定目的和被测对象的性质选择测定仪器。常见的测量仪器有毛细管黏度计、回转式黏度计和落球式黏度计。

一、毛细管黏度计

（一）测量原理

毛细管测定法的原理，实际上是根据圆管中液体层流流动规律建立的。

哈根-泊苏耶公式：哈根发现，当牛顿流体在毛细管中流动，并处于层流状态（poiseuille flow）时，t 时间内，通过毛细管的液量 Q_t，与毛细管两端压力差 Δp、毛细管半径 R 及管长 L 有如下式关系：

$$\frac{Q_t}{t}=\frac{\pi\Delta pR^4}{8\eta L} \tag{3-23}$$

式（3-23）中，η 为液体黏度。此式就是圆管中牛顿流体层流流量计算公式，也称为哈根-泊苏耶公式。由式（3-23）可得到计算黏度的算式：

$$\eta=\frac{\pi\Delta pR^4t}{8Q_tL} \tag{3-24}$$

可见，只要测得 t（s）时间内流过毛细管液体的量 Q_t（m^3），就不难求出其黏度。即 $\Delta p=\frac{8L}{\pi R^4}\left(\frac{Q_t}{t}\right)\eta$，对于不同的 Δp 只要测得对应的 Q_t/t 就可得到分布于直线上的点。由这一直线的斜率及 $8L/\pi R^4$ 可求出黏度 η。同样道理，对于非牛顿流体、塑性流体，也可利用其流量公式和毛细管流测定，求出其流变参数。

设毛细管半径为 R，长度为 L，两端压力差为 $\Delta p=p_A-p_B$，当时间 t 内流体流过的体积为 V 时，由流体力学可知，牛顿流体层流时（由于毛细管非常细，因此，流动均呈层流），压力与流量的关系可用哈根-泊苏耶公式表示：

$$\frac{\Delta pR}{2L}=\eta\left(\frac{4V}{\pi R^3t}\right) \tag{3-25}$$

或：

$$\eta=\frac{\pi\Delta pR^4}{8VL}t \tag{3-26}$$

虽然通过式（3-26）可以求出黏度，但在实际测定时，由于毛细管黏度计本身的加工精度、操作条件等复杂因素的影响，很难保证式（3-26）中各参数正确无误。为了减小误差、简化操作，毛细管黏度计多用来测定液体的相对黏度。即利用已知黏度的标准液（通常为纯水），通过对比标准液和被测液的毛细管通过时间，求出被测液的黏度。将标准液的测定值和被测液的测定值分别代入式（3-26），并将两式的左、右分别相比，可得下式：

$$\frac{\eta}{\eta_0}=\frac{\pi R^4\Delta pt/(8L\overline{V})}{\pi R^4\Delta p_0t_0/(8L\overline{V})}=\frac{\Delta pt}{\Delta p_0t_0}=\frac{\rho t}{\rho_0t_0} \tag{3-27}$$

式中，Δp、t 和 Δp_0、t_0 分别为试样液和标准液在毛细管中流动时的压力差和通过时间。测定时，使试样液与标准液的量相同，都是 V；ρ、ρ_0 分别为试样液和标准液的密度（kg/m^3）。于是试样液黏度 η（Pa · s）可由下式算出：

$$\eta=\eta_0[(\rho t)/(\rho_0t_0)] \tag{3-28}$$

式（3-28）中，已知标准液黏度，即可求得两种液体的密度。所以只要分别测出一定量的两种液体通过毛细管的时间，就可求出被测液体的黏度。

也可以将式（3-28）改写成如下形式：

$$\eta\rho_0/(\eta_0\rho) = t/t_0 \tag{3-29}$$

式中，η/ρ 称为运动黏度，一般用 v 表示。设标准液体的运动黏度为 v_0 则：

$$v = v_0 t/t_0 \tag{3-30}$$

因此，如果已知标准液体的运动黏度 v_0，就可以由试样和标准液体的流下时间 t 和 t_0 求出试样的运动黏度。运动黏度的单位是 m^2/s。表 3-6 所示为不同温度下水的黏度、运动黏度及密度。

表 3-6　不同温度下水的黏度、运动黏度及密度

温度/℃	黏度/(Pa·s)	运动黏度/(m^2/s)	密度/(kg/m^3)	温度/℃	黏度/(Pa·s)	运动黏度/(m^2/s)	密度/(kg/m^3)
0	1.79×10^{-3}	1.79×10^{-6}	1000	60	4.66×10^{-4}	4.74×10^{-7}	983
10	1.31×10^{-3}	1.31×10^{-6}	1000	70	4.04×10^{-4}	4.13×10^{-7}	978
20	1.00×10^{-3}	1.00×10^{-6}	998	80	3.54×10^{-4}	3.64×10^{-7}	972
30	7.97×10^{-4}	8.00×10^{-7}	996	90	3.15×10^{-4}	3.26×10^{-7}	965
40	6.53×10^{-4}	6.58×10^{-7}	992	100	2.82×10^{-4}	2.94×10^{-7}	958
50	5.47×10^{-4}	5.53×10^{-7}	998				

(二) 常见毛细管黏度计结构及使用方法

毛细管黏度计种类很多，一般可以分为三大类：①定速流动式（活塞式），测定时，可使液体以恒定流速通过毛细管，适于测定黏度随流动速度变化的非牛顿流体；②定压流动式，通常以恒定气压控制毛细管中压力维持不变，如枪式流变仪，适于测定具有触变性或具有屈服应力的流体；③位差式，流动压力靠液体自重产生。这也是最常见的毛细管黏度计类型，如奥氏黏度计和乌氏黏度计，它多用来测定较低黏度的液体。

（1）奥氏黏度计（Ostwald type）　奥氏黏度计结构如图 3-14（1）所示。黏度计由导管、毛细管和球泡组成。毛细管的孔径和长度有一定的规格和精度要求。球泡两端导管上都有刻线（如 M_1、M_2等），刻线之间导管和球泡的容积也有一定规格和较高精度要求。测定时，先把一定量（一定体积）的液体注入左边管，然后，将乳胶管套在右边导管的上部开口，把注入的液体抽吸到右管，直到上液面超过刻线 M_1。这时，使黏度计垂直竖立，去掉上部胶管，使液体在自重下向左管回流。注意测定液面通过 M_1至 M_2之间所需的时间，即一定量液体通过毛细管的时间。往往需要测定多次，取平均值。通过对标准液和试样液通过时间的测定，就可由式（3-30）求出液体黏度。为了提高测定效率，奥氏黏度计右面也有双球形的，如图 3-15（1）。

（2）乌氏黏度计（Ubbelohde type）　乌氏黏度计的结构如图 3-14（2）、图 3-14（3）。与奥氏黏度计不同的是，乌氏黏度计由三根竖管组成，其中右边的第三根管与中间球泡管的下部旁通。即在球泡管下部有一个小球泡与右管连通。这一结构可以在测量时，使流经毛细管的液体形成一个气悬液柱，也就减少了因左边导管液面升高对毛

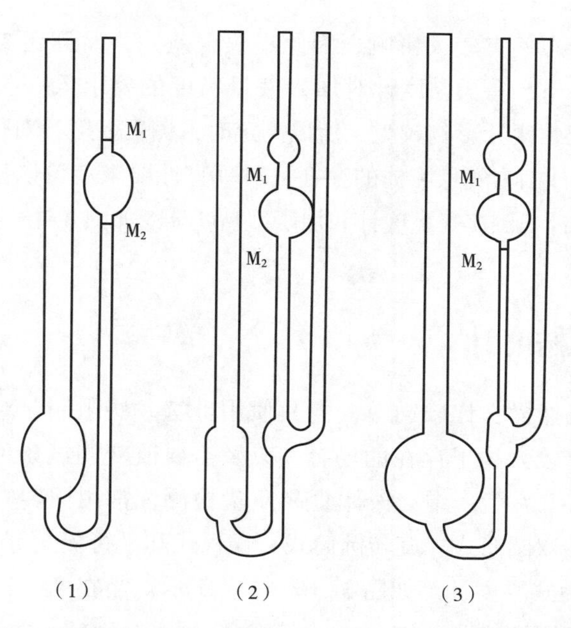

（1）奥氏黏度计　（2）非稀释型乌氏黏度计　（3）稀释型乌氏黏度计

图 3-14　常见毛细管黏度计

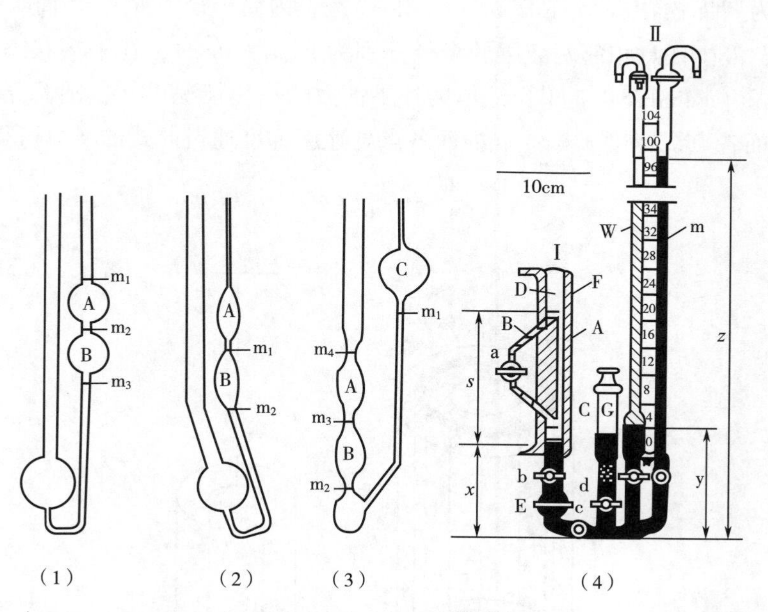

（1）双球型奥氏黏度计　（2）凯芬黏度计　（3）倒流式黏度计　（4）加压型黏度计

图 3-15　各种毛细管黏度计

细管中液流压力差带来的影响。测定方法是，首先向左管注入液体，然后堵住右管，由中间管吸上液体，直至充满上面的球泡。这时，同时打开中间管和右管，使液体自由流下，测定液面由 M_1 到 M_2 的时间。黏度值求法与奥氏黏度计相同。

乌氏黏度计与奥氏黏度计相比有以下优点。奥氏黏度计在液体流动时，由于左管液面上升对液柱的压力差有较大影响，因此不仅误差大，而且还要求每次加入液量要准确、一定。相比之下，乌氏黏度计对加入液量精度的要求低一些。由于两管液面在测定中的变化对奥氏黏度计影响较大，所以测定时，奥氏黏度计对保持毛细管的垂直要求较严，而乌氏黏度计因为气悬液柱的存在，对垂直性要求就可以松一些。其他毛细管黏度计有：凯芬黏度计、倒流式黏度计和加压型黏度计，如图 3-15（2）~图 3-15（4）。

二、回转式黏度计

毛细管黏度计虽然操作比较简单，但其使用也有一些限制。对黏度随时间发生变化的液体，液体中有较大粒子存在的场合，以及需要改变测试条件的情况等，用毛细管黏度计就比较困难。在生产中，液体食品质量检测，常用回转式黏度计测定。回转式黏度计主要有同心双圆筒式、旋转圆筒式、锥板式和平行板式等多种类型。

（1）同心双圆筒式黏度计　如图 3-16（1）所示，当在两个同心圆筒的内隙中充满液体，两圆筒以不同转速（外筒 ω_0、内筒 ω_i）同方向回转，并且间隙较小、流速较慢时，在两圆筒之间就会产生圆筒形的回流层流流动，在半径方向产生速度梯度。这种液流也称为“库埃特流”（Couette type flow）。设内筒半径为 R_i，外筒半径为 R_0，外筒长度为 h，液内任意相邻两液层的半径分别为 r、$r + dr$ 时，在平衡状态下，分析这一薄层圆筒壳（cylindrical shell）液体内外黏性力的平衡情况可知：圆筒壳内面角速度为 ω 时，内面各点线速度 $v = r\omega$。内面各点处速度梯度通过此式的微分可得：

$$\frac{dv}{dr} = r\frac{d\omega}{dr} + \omega \tag{3-31}$$

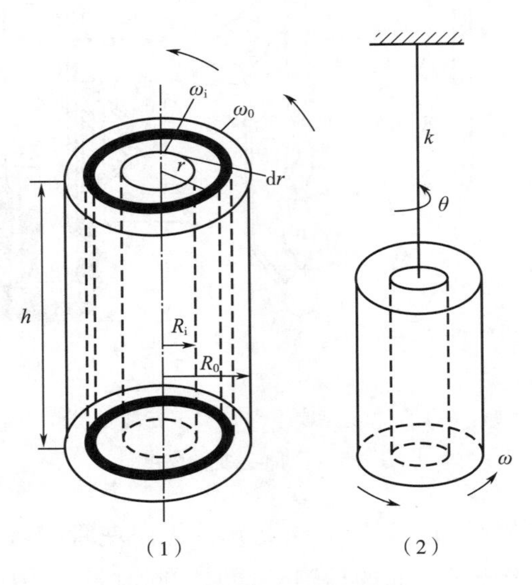

（1）原理图　（2）结构模式

图 3-16　同心双圆筒式黏度计

由于在平衡状态下，ω 只是表示转动，并不产生剪切。按牛顿定律，剪切速率 ε 可由下式求出（圆管流中速度梯度与剪切速率相同，但回转圆筒的场合两者并不相同）：

$$\dot{\varepsilon} = r\frac{d\omega}{dr} \tag{3-32}$$

圆筒壳内侧面与外侧面所受转矩 M、M_1 分别为：

$$M = \sigma \cdot 2\pi rh \cdot r \tag{3-33}$$

$$M_1 = \sigma_1 \cdot 2\pi(r + dr)h \cdot (r + dr) \tag{3-34}$$

式（3-33）中，$\sigma = \eta\dot{\varepsilon}$ 为内侧面剪切应力；式（3-34）中，$\sigma_1 = \eta(\dot{\varepsilon} + d\dot{\varepsilon})$ 为外侧面剪切应力。由于在平衡状态，圆筒壳液体内侧面与外侧面所受黏力矩相等，即，$M = M_1$，于是：

$$\eta\dot{\varepsilon} = 2\pi rh \cdot r = \eta(\dot{\varepsilon} + d\dot{\varepsilon}) \cdot 2\pi(r + dr)h \cdot (r + dr) \tag{3-35}$$

化简此式并略去微小值项得：

$$r^2 d\dot{\varepsilon} + 2r\dot{\varepsilon}dr = 0 \tag{3-36}$$

$$\frac{d\dot{\varepsilon}}{\dot{\varepsilon}} = -\frac{2dr}{r},\ \int\frac{d\dot{\varepsilon}}{\dot{\varepsilon}} = -\frac{2dr}{r} \tag{3-37}$$

$$\ln\dot{\varepsilon} = \ln\frac{1}{r^2} + \ln C_1,\ \dot{\varepsilon} = \frac{C}{r^2} \tag{3-38}$$

式中，C 为积分常数。由式（3-32）可得：

$$\frac{d\omega}{dr} = \frac{C}{r^3},\ \omega = C\int\frac{1}{r^3}dr + C_2 \tag{3-39}$$

$$\omega = \frac{C_1}{r_2} + C_2,\ C_1 = -\frac{C}{2} \tag{3-40}$$

式中，C_2 为积分常数。确定积分常数的边界条件是：内圆筒（$r = R_i$）的角速度 $\omega = \omega_i$ 外圆筒（$r = R_0$）角速度为 $\omega = \omega_0$。由此可求出：

$$C_1 = \frac{\omega_i - \omega_0}{\dfrac{1}{R_i^2} - \dfrac{1}{R_0^2}} \tag{3-41}$$

$$C_2 = \frac{\dfrac{\omega_0}{R_i^2} - \dfrac{\omega_i}{R_0^2}}{\dfrac{1}{R_i^2} - \dfrac{1}{R_0^2}} \tag{3-42}$$

由式（3-39）可得：

$$\omega = \eta \cdot \frac{1}{r^2} + \frac{\omega_0 R_0^2 - \omega_i R_i^2}{R_0^2 - R_i^2} \tag{3-43}$$

$$\frac{d\omega}{dr} = -\frac{R_i^2 R_0^2(\omega_i - \omega_0)}{R_0^2 - R_i^2} \cdot \frac{2}{r^3} \tag{3-44}$$

$$\dot{\varepsilon} = r\frac{d\omega}{dr} = \frac{2R_i^2 R_0^2(\omega_i - \omega_0)}{R_0^2 - R_i^2} \cdot \frac{1}{r^2} \tag{3-45}$$

将式（3-45）代入式（3-33）求半径为 r 处圆筒壳液表面所受转矩得：

$$M = \eta\dot{\varepsilon} \cdot 2\pi rh \cdot r = \frac{4\pi r\eta R_i^2 R_0^2(\omega_i - \omega_0)}{R_0^2 - R_i^2} \tag{3-46}$$

由式（3-46）可以看出，圆筒壳液体表面所受转矩与半径无关，所以液体黏度可由下式求出：

$$\eta = \frac{M(R_0^2 - R_i^2)}{4\pi hR_i^2 R_0^2(\omega_i - \omega_0)} \tag{3-47}$$

对于式（3-46），当 $\omega_0 = 0$，$R_0 = \infty$ 时，即可变为转子式黏度计关系式：

$$M = 4\pi h\eta\omega_i R_i^2 \tag{3-48}$$

一般同心双圆筒黏度计的结构模式如图 3-16（2）所示。双圆筒之间充满待测液体。内筒由一个弹簧悬吊，弹簧上端固定。其扭转弹性率（即转动单位角度需要的力矩）为 K。测定时，外筒以一定速度（ω）旋转，在平衡状态下，内筒所受液体流动的转矩和弹簧偏转角度 θ 时的扭矩大小相等，即 $K_\theta = M$。由式（3-47）可得：

$$\eta = \frac{K_\theta(R_0^2 - R_i^2)}{4\pi hR_i^2 R_0^2\omega} \tag{3-49}$$

即通过测定内筒转角 θ，就可求出液体黏度。

当被测液体为宾厄姆流体时，假设其屈服应力为 σ_0 外，黏度 η_B 的可由下式求出：

$$\eta_B = \frac{K_\theta}{4\pi\omega} = \left(\frac{1}{R_i^2} - \frac{1}{R_0^2}\right) - \frac{\sigma_0}{\omega}\ln\frac{R_0}{R_i} \tag{3-50}$$

此式称为赖尔-里韦林公式。由此式通过改变外筒转速，即可得到一条塑性流体的流变特性曲线（图 3-17）。通过对曲线的分析，便可出宾厄姆流体的屈服应力 σ_0 和黏度 η_B。同心双圆筒式黏度计种类很多，如斯多默式、麦克-迈克尔式和格林式等。麦克-迈克尔黏度计，两圆筒间隙很小，适合高剪切速率的测定。

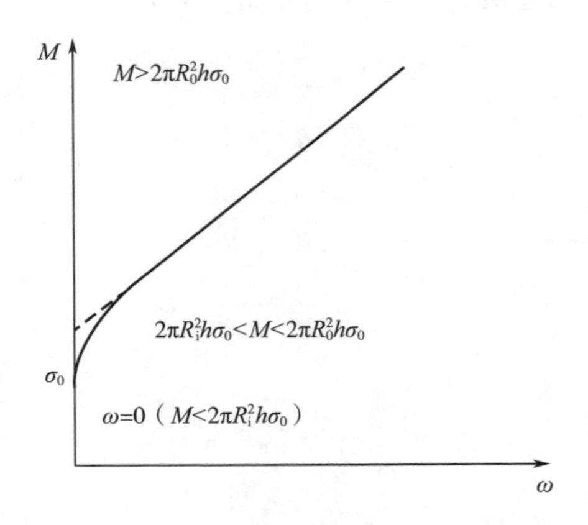

图 3-17　塑性流体的流变特性曲线

在工厂管理中常用的是布鲁克菲尔德黏度计。该黏度计内外筒间隙较大，内筒配有不同大小和形状的转子。

（2）旋转圆筒式黏度计　圆筒黏度计一般由 3 个主要部分组成：①测量系统；

②转矩测量机构；③驱动机构。驱动机构一般采用多速电动机或凸轮变速器带动测量系统。测量系统由两个同轴圆筒组成，在内筒和外筒之间盛着被测试的液体，其旋转方式有内筒旋转式和外筒旋转式两种（图 3-18）。外筒旋转型黏度计的结构如图 3-18（2）所示。图中 M 为同步电动机，B 为内筒，C 为外转筒，S 为弹簧，T 为传感器。转矩测量机构是通过观察与转筒连结的弹性元件的扭转角来求平衡转矩。

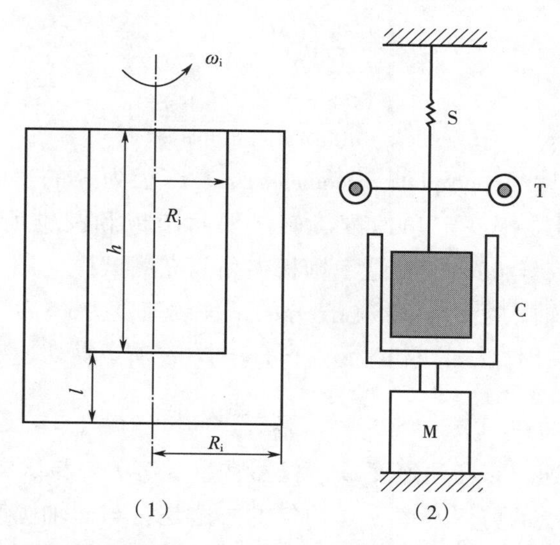

（1）内筒旋转型黏度计示意图 （2）外筒旋转型黏度计的结构

图 3-18 旋转圆筒式黏度计

半径为 R_i 和 R_o 的两圆筒同心套叠在一起［图 3-18（1）］，外筒固定，内筒的旋转角速度为 ω_i，内筒在液体中的高度为 h，内外筒底面间的距离为 l，则牛顿流体的黏度可用马古勒斯方程计算：

$$\omega_i = \frac{M}{4\pi h\eta}\left(\frac{1}{R_i^2} - \frac{1}{R_o^2}\right) \tag{3-51}$$

式中，M 为作用于内筒的力矩。

对于非牛顿流体，由于 $\sigma = k\dot{\varepsilon}^n$，因此，其旋转角速度 ω_i 为：

$$\omega_i = \frac{n}{2k^{1/n}}\left(\frac{M}{2\pi hR_i^2}\right)^{1/n}\left[1 - \left(\frac{R_i}{R_o}\right)^{2/n}\right] \tag{3-52}$$

如果内筒与外筒间隙非常小，与转筒直径相比可以忽略不计时，间隙内的黏性应力可视为常数，而间隙内的剪切速率 $\dot{\varepsilon}$ 处处相等。剪切速率为：

$$\dot{\varepsilon} = \frac{\omega R_i}{R_o - R_i} = \frac{\omega}{\alpha - 1} \tag{3-53}$$

式中，$\alpha = R_o/R_i$。

剪切应力取平均值：

$$\sigma_{ave} = \frac{1}{2}(\sigma_i + \sigma_o) = \frac{M(1+\alpha)}{4\pi hR_o^2} \tag{3-54}$$

对于牛顿流体，剪切应力和剪切速率分别为：

$$\sigma_i = \frac{M}{2\pi h R_i^2} \tag{3-55}$$

$$\dot{\varepsilon}_i = 2\omega\left(\frac{\alpha^2}{\alpha^2 - 1}\right) \tag{3-56}$$

对于非牛顿流体，剪切应力仍可用式（3-55），但是剪切速率应该用下式算：

$$\dot{\varepsilon}_i = \left(\frac{\alpha^{2/n}}{\alpha^{2/n} - 1}\right) \tag{3-57}$$

$$n = \frac{d(\ln\sigma_i)}{d(\ln\omega)} = \frac{d(\ln M)}{d(\ln\omega)} \tag{3-58}$$

（3）锥板式黏度计（cone plate viscometer） 在半径为 R 的平面圆板上放顶角很大的圆锥，使圆板或圆锥按一定角速度旋转。平面圆板和圆锥所成的锥板夹角很小（0.5 ~4°），所以有 $\varphi = \tan\varphi$ 。在这个锥板夹角间充满试样（图 3-19）。设圆锥旋转角速度为 ω ，则离转轴 r 的和锥面接触部分的试样的速度为 $r \cdot \omega$ ，与静止圆板接触部分的试样的速度为 0。因试样的厚度为 $r \cdot \tan\varphi = r \cdot \varphi$ 所以剪切速率为：

$$\dot{\varepsilon} = \frac{r\omega}{r\varphi} = \frac{\omega}{\varphi} \tag{3-59}$$

由此可知，剪切速率 $\dot{\varepsilon}$ 与角速度 ω 、仪器常数 φ 有关，与试样内各点的位置无关，即锥板式黏度计内各点的剪切速率 $\dot{\varepsilon}$ 是均匀的。这是它与同轴圆筒型黏度计的主要区别。所以锥板式黏度计适用于测定非牛顿液体的黏度。

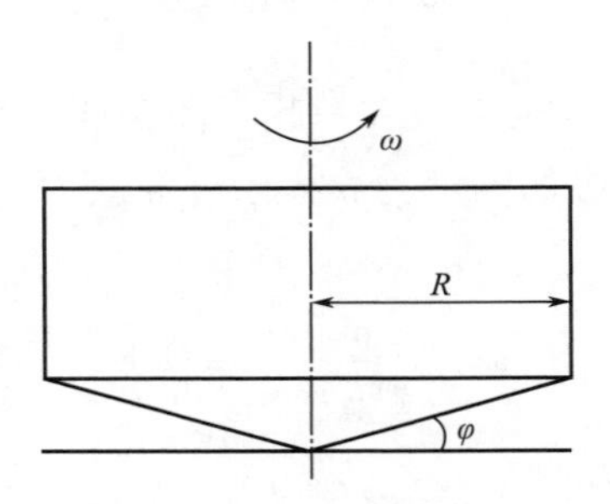

图 3-19 锥板式黏度计

距离转轴为 r 和 $r + dr$ 之间的试样对转轴的力矩为：

$$dM = 2\pi r dr \cdot r\sigma = 2\pi r^2 dr\sigma dr \tag{3-60}$$

r 从 $0 \rightarrow R$ ，对上式进行积分，得：

$$M = 2\pi\sigma\int_0^R r^2 dr = \frac{2}{3}\pi R^3\sigma \tag{3-61}$$

$$\sigma = \frac{3M}{2\pi R^3} \tag{3-62}$$

对于牛顿流体：

$$\frac{3M}{2\pi R^3} = \eta\frac{\omega}{\varphi} \tag{3-63}$$

对于非牛顿流体：

$$\frac{3M}{2\pi R^3} = k\left(\frac{\omega}{\varphi}\right)^n \tag{3-64}$$

对于特定的黏度计 $K_0 = \dfrac{3K\varphi}{0.2094\pi R^3}$ 为仪器常数，由仪器弹簧系数 K 、平板与圆锥夹角 φ 和圆锥半径 R 等结构参数确定。牛顿流体的黏度可由下式计算：

$$\eta = \frac{\sigma}{\dot{\varepsilon}} = K_0\frac{\theta}{N} \tag{3-65}$$

式中，θ 为弹簧扭转角度，由仪器的表盘指针给出；N 为圆锥转速，r/min。

（4）平行板式黏度计　平行板式黏度计基本结构如图 3-20 所示，两块平板之间为试样，距离为 h，其间距可以根据试样的颗粒大小而定。两块平板中，一块以一定转速转动，另一块静止。通过检测不同转速下的扭矩，从而获得被测样品的流变特性。与锥板式黏度计相比较，平行板式黏度计试样的剪切速率和应力均不是恒定值，而是随直径变化。

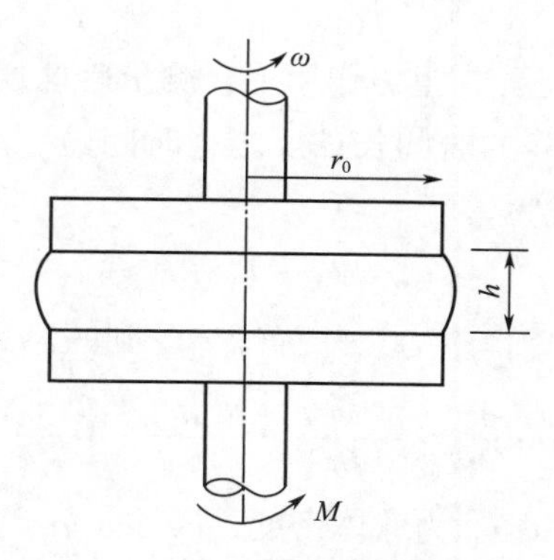

图 3-20　平行板式黏度计

$$\dot{\varepsilon} = \omega\frac{r}{h} \tag{3-66}$$

$$\sigma = \frac{M}{2\pi R^3}\left(3 + \frac{\mathrm{dln}M}{\mathrm{dln}\dot{\varepsilon}}\right) \tag{3-67}$$

对于牛顿流体：

$$\sigma = \eta\dot{\varepsilon} = \eta\frac{\omega r}{h} \tag{3-68}$$

$$\frac{2M}{\pi R^3} = \eta\left(\frac{\omega R}{h}\right) \tag{3-69}$$

对于幂律模型流体：

$$\frac{M(3+n)}{2\pi R^3} = k\left(\frac{\omega R}{h}\right)^3 \tag{3-70}$$

$$\sigma = \frac{M(3+n)}{2\pi R^3} \tag{3-71}$$

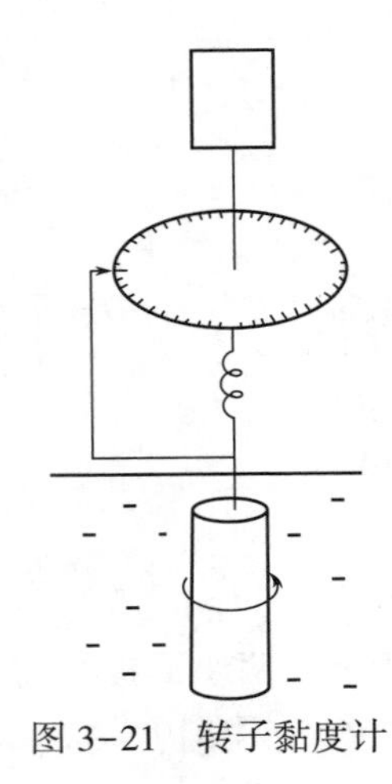

图 3-21　转子黏度计

（5）转子黏度计　转子黏度计如图 3-21 所示，是由一根垂直轴通过弹簧连接到转子，转子在样品杯中旋转可获得不同转速下的扭矩。由于无法准确地知道转子在样品杯中的剪切速率，因此，这种黏度计无法给出应力与剪切速率的关系，只能通过标准液体标定仪器，并由此给出被测样品的黏度。由于标准液体往往是牛顿流体，因此，该黏度计比较适合牛顿流体黏度测量。购买黏度计时厂家配有不同直径的系列转子，在使用时需根据经验选择转子直径和转速，一般情况下，黏度较大的样品采用较小直径的转子，黏度较小的样品采用较大直径的转子。转子黏度计另一个特点是，比较适合用于测定样品是否具有触变性或者胶变性。

三、落球式黏度计

落球黏度计的测量原理是：在重力作用下，测量落球通过被测溶液所需要的时间。黏度高，同样条件下落球下落的时间长；反之，时间短。落球在下落过程中，其受力情况如图 3-22 所示，计算式为：

$$F_N = F_G - F_B - F_D \tag{3-72}$$

式中，F_N 为合力，F_G 为球体重力，F_B 为球体受到的浮力，F_D 为拖拽力，即：

$$\frac{\pi D_P^3 \rho_P}{6} \cdot \frac{dv}{dt} = \frac{\pi D_P^3 \rho_P g}{6} - \frac{\pi D_P^3 \rho_f g}{6} - \frac{C_D \pi D_P^2 \rho_f v^2}{8} \tag{3-73}$$

式中，D_P 为球体直径，m；ρ_P 为球体密度，kg/m^3；ρ_f 为流体密度，kg/m^3；C_D 为拖拽系数；v 为球体速度，m/s。

当球体下落达到平衡时，$dv/dt = 0$，球体达到恒定的速度 v_t，在斯托克斯区（stoke's 区域），流体的拖拽系数为 $C_D = 24/Re$，式（3-72）改写为：

$$\frac{\pi D_P^3 \rho_P g}{6} = \frac{\pi D_P^3 \rho_f g}{6} + \frac{6\pi D_P \eta v_t}{2} \tag{3-74}$$

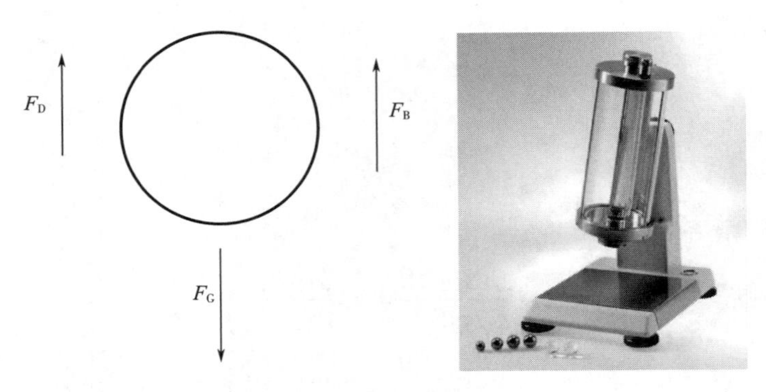

图 3-22　球体受力情况和落球黏度计

$$\eta = \frac{D_P^2(\rho_P - \rho_f)g}{18v_t} \tag{3-75}$$

落球黏度计适合于黏度较高的透明性食品。在落球直径选择上，应该有利于对恒定速度的准确判别，一般情况下，落球直径越大，下落速度越快，越不利于实验观察。而且，落球直径大，会受到管壁效应影响，导致测量结果误差。如果管径大于球径10倍，则管壁效应可以忽略。因此，在试验中尽量选择小的球体。凡落球黏度计，因斯托克斯定律的假设，都要求落下球或其他落下测件表面必须与被测液体有亲润性。从原理上讲，触变性或胶变性液体不适合使用此法。

第五节　半固态及固态食品流变参数的测定

关于半固态及固态食品流变特性的测定，目前不仅没有一套比较成熟和普遍适用的方法，而且就是对某一特定的食品，或某一特定的流变特性的测定来说，也没有统一的标准。这里介绍的各种测试方法，只是前人使用过的一些方法，对它们的可靠性和准确性尚难以评述。这里介绍的各种数据，与其测量方法和实验条件等有关，请引用时加以注意。

一、应力松弛与蠕变

（一）应力松弛

应力松弛过程是由于物料内部的塑性应变分量随时间不断增长，而弹性应变分量随时间逐渐减小，从而导致变形恢复力（回弹应力）随时间逐渐降低。其本质是物料在受恒定力作用发生变形时，物料内的一些分子、链段或结构单元处于拉伸、压缩或扭曲的状态，从而产生使其恢复原状的应力，天然的力平衡被破坏，且物料形变越大，应力越大。而物料在此应力的作用下，又会调整发生变形的分子等的空间位置或构象，以适应这种变形，使其达到新的力平衡。分子等的调整意味着转动或移动，产生内摩擦，将部分机械能转变为热能耗散到环境，从而使其恢复原状的应力减小，物料恢复变形的能力下降。

应力随时间变化的曲线称为应力松弛曲线（图3-23）。应力松弛曲线中的第Ⅰ阶段应力随时间急剧降低；第Ⅱ阶段应力下降逐渐缓慢并趋向稳定，应力与时间呈线性关系。图中σ_0为物料的初始应力，σ'_0为第Ⅱ阶段假定初始应力，α为第Ⅱ阶段松弛曲线与横坐标的夹角。通常用σ'_0/σ_0和$1/\tan\alpha$表示物料的松弛稳定性，它们的数值越大，物料的抗松弛性能越好。

在应力松弛试验中，使物料发生某一恒定的应变，同时测定应力随时间的变化。

这种测试可以进行剪切、单轴拉伸和单轴压缩。图 3-24 所示为弹性、黏性和黏弹性物料的应力松弛曲线。从图 3-24 可以看出，理想黏性物料瞬间即松弛，而理想弹性物料未观察到松弛。黏弹性物料是逐渐松弛，其松弛的结果因物料的分子结构而异。黏弹性固体的应力衰退到平衡应力 σ_e。此平衡应力大于零，而黏弹性液体的残余应力为零。

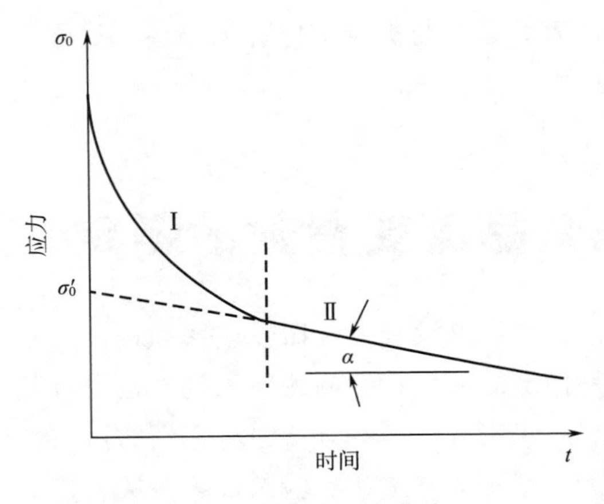

图 3-23　应力松弛曲线

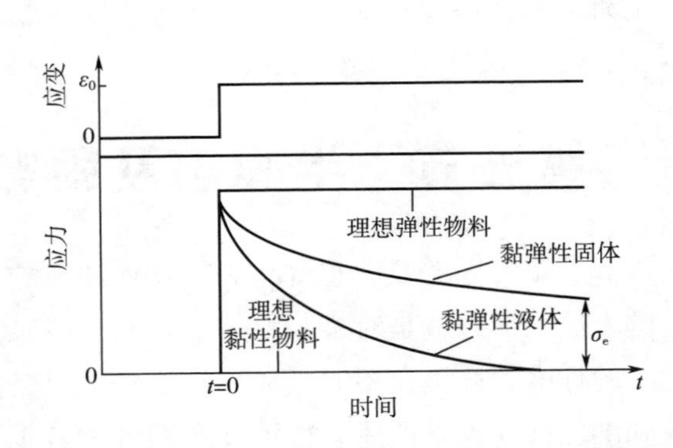

图 3-24　弹性、黏性和黏弹性物料应力松弛曲线

液体较固体松弛快是因为液体分子的迁移速度大于固体。液体的松弛时间很短，例如水的松弛时间是 1×10^{-13}s，而弹性固体的松弛时间很长。黏弹性物料的松弛时间为 $1\times10^{-1}\sim1\times10^{6}$s。对弱力和强力小麦粉面团的研究表明，在高应变值时，应力松弛试验能够区分高蛋白和低蛋白品种小麦面团。用剪切测量小麦粉面团和面筋应力松弛结果显示，面团的应力松弛行为包括两个过程：迅速松弛（发生在 0.1~10s）和缓慢松弛（发生在 10~10000s）。迅速松弛过程与松弛速度快的小分子聚合物有关，松弛时间较长与面筋中的高分子聚合物有关。与此类似，小麦面团、面筋和从饼干面粉获得的面筋蛋白的松弛特性显示两个松弛过程：在短时间出现一个主峰，在 10s 后出现第二个峰。许多研究报道，松弛较慢的面粉具有良好的烘焙品质。

（二）蠕变

蠕变与塑性变形不同，塑性变形通常在应力超过弹性极限之后才出现，而蠕变只要应力的作用时间相当长，在应力小于弹性极限时也能出现。蠕变的本质与应力松弛基本相同，只是蠕变由于应力保持不变，物料的变形在不断进行，应变不断增大，直到物料破坏。蠕变过程常用应变与时间的关系曲线来描述，这样的曲线称为蠕变曲线（图 3-25）。蠕变随时间的延续大致分 3 个阶段：Ⅰ. 初始蠕变或过渡蠕变（图 3-25 *A*~*B* 段），应变随时间延续而增加，但增加的速度逐渐减慢；Ⅱ. 稳态蠕变或定常蠕变（图 3-25*B*~*C* 段），应变随时间延续而匀速增加，这个阶段较长；Ⅲ. 加速蠕变

（图 3-25C~D 段），应变随时间延续而加速增大，直达破裂点。应力越大，蠕变的总时间越短；应力越小，蠕变的总时间越长。但是每种物料都有一个最小应力，应力低于该值时不论经历多长时间也不破裂，或者说蠕变时间无限长，这个应力称为该物料的长期强度。

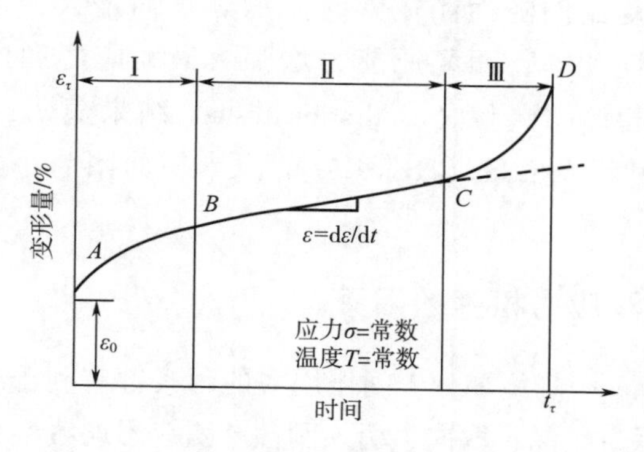

图 3-25　蠕变曲线

在做蠕变试验时，将瞬时固定应力作用于物料，并测量所产生的应变随时间的变化。当应力移去后，由于物料试图回到原来形状而有可能有些恢复。

蠕变试验可以采用单轴拉伸或单轴压缩。弹性、黏性和黏弹性物料的蠕变和恢复曲线如图 3-26 所示。理想的黏性物料的应变随时间以稳定的方式增大，应变与应力呈线性关系，且无复原性。像面包面团这样的黏弹性物料会部分复原，由于储存的能量使其具有恢复部分结构的能力，因此其应变与应力显示出非线性效应（nonlinear response）。理想弹性物料受一定应力作用时，立即达到最大应变，应变不再随时间变化，且当应力消失后立即复原。

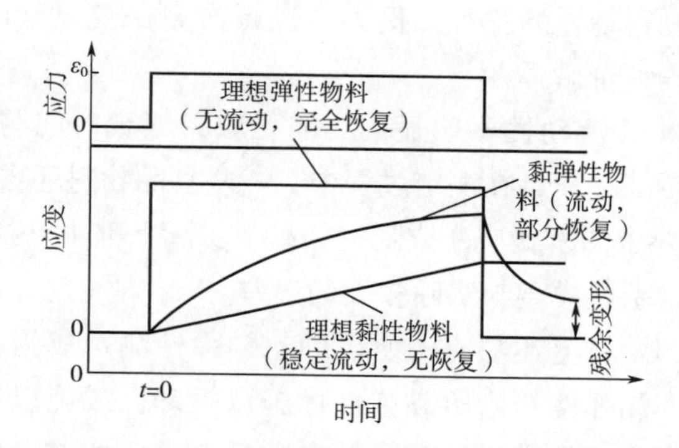

图 3-26　弹性、黏性和黏弹性物料蠕变和恢复曲线

蠕变试验结果用蠕变柔量表示。蠕变柔量（creep compliance，J）是指物料蠕变过程中任意时刻的应变与应力之比：

$$J = \varepsilon/\sigma \tag{3-76}$$

对于理想的弹性物料，蠕变柔量是常数，而黏弹性物料的蠕变柔量随时间变化。许多学者采用蠕变试验对具有不同特性的小麦面团的黏弹性进行研究。10000s 的蠕变时间足以使不同特性的面团达到稳态流（steady-state flow）。当对小麦粉面团进行蠕变-恢复试验分析时，小麦面团的最大恢复应变与某些用面粉调湿性自动记录仪、淀粉测定记录仪和质构分析仪测量的参量有关。当蠕变恢复试验应用于饼干面团时恢复比例随面团成熟时间的延长而增大，这表明饼干面团随着成熟时间的延长延伸性变差，而复原能力增强。最大应变和恢复性受小麦品种的影响较大。蠕变试验和振动试验（oscillation tests）结果表明，添加 1.5%和 3.0%（质量分数）羟丙基甲基纤维素（HPMC）的大米粉面团与小麦粉面团具有相似的流变特性。

（三）影响蠕变和应力松弛的因素

（1）结构（内因） 一切增加分子间作用力的因素都有利于减弱蠕变和应力松弛，如增加分子质量、交联、结晶、取向、引入刚性基团、添加填料等。

（2）温度或外力（外因） 温度太低（或外力太小），蠕变和应力松弛慢且小，短时间内观察不到；温度太高（或外力太大），形变发展很快，形变以黏流为主，也观察不到。只有在玻璃化转变区才最明显。

二、动态流变学试验

静态黏弹性的测定虽有简便、直观等优点，但对实际黏弹性体流变性质的研究有如下缺点。

（1）测定静态黏弹性时，往往因为力的大小、方向不同，易使物质发生流动，而且会持续下去，很难测得物质的弹性。例如，进行应力松弛试验时，黏性物质的松弛时间非常短，很难正确评价黏弹性。

（2）对于弹性突出、流动性不明显的物质，应力松弛时间与滞后时间往往很长，不仅测定要花费很长时间，而且在测定过程中，一些食品物料还会发生化学变化。

（3）静态测定所要求的阶跃应变或瞬时加载，实际上都不好操作。当变形较大时，会超出线性变化范围，引起模型与实际较大的误差。

因为静态黏弹性测定有上述缺点，所以动态黏弹性测定成为食品流变学性质研究的另一重要内容。动态黏弹性是指给黏弹性体施以振动，或施以周期变动的应力或应变时，该黏弹性体所表现出的黏弹性质。动态黏弹性试验的方法有正弦波应力应变试验（谐振动测定法）、共振试验、脉冲振动试验等。其中最基本的和较常用的是正弦波应力应变试验。

在选择方法时，有一个基本要求，即试样的界限尺寸应适合试验仪器振动频率的有效使用范围。当试样单纯受拉压载荷时，界限尺寸是指受力方向的尺寸；当受剪切应力时，界限尺寸是指与剪切面垂直的尺寸。界限尺寸 L 和测定频率传

递的弹性波波长 λ 对试样的频率关系为：如果 $L/\lambda>1$，弹性波将按测定频率传播；如果 $L/\lambda=1$，试样产生共振；如果 $L/\lambda<1$，可以直接测定试样受交变应力时的应变响应。

正弦波振动时应力与应变的关系如图 3-27 所示。

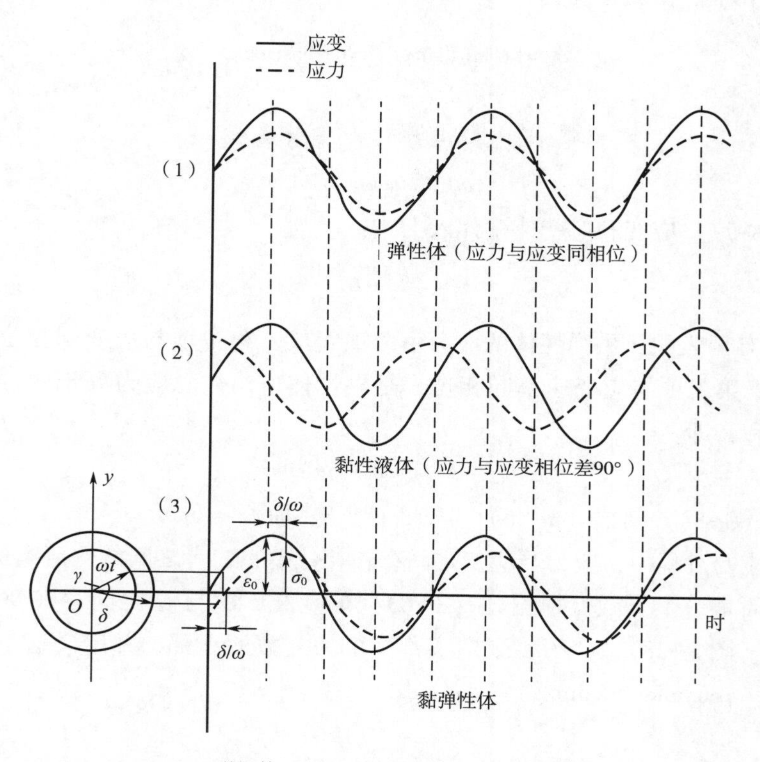

(1) 弹性体 (2) 黏性体 (3) 黏弹性体

图 3-27 正弦波振动时应力与应变的关系

设施加于物体上的应变为：

$$\varepsilon = \varepsilon_0 \sin\omega t \tag{3-77}$$

式中，ε_0 为振幅，m；$\omega=2\pi f$ 为角频率，rad/s；f 为振动频率，s^{-1}。

如果物体是理想弹性体，产生的应力为：

$$\sigma = E\varepsilon = E\varepsilon_0 \sin\omega t = \sigma_0 \sin\omega t \tag{3-78}$$

式（3-78）说明弹性体的应力与应变为同相位，如图 3-27（1）所示。

如果物体是理想黏性液体（牛顿流体），则产生的应力为：

$$\begin{aligned}\sigma &= \eta\dot{\varepsilon} = \eta\,\varepsilon_0\omega\cos\omega t\\ &= \eta\varepsilon_0\omega\sin\left(\omega t+\frac{\pi}{2}\right)\end{aligned} \tag{3-79}$$

式（3-79）说明理想黏性体应力超前于应变 90°，如图 3-27（2）所示。

如果物体是黏弹性体，当产生正弦应变时，其应力包含着弹性应力和黏性剪切应力，应力比应变超前 δ 角，$0\leqslant\delta\leqslant 90°$。黏弹性体的应力为：

$$\sigma = \sigma_0 \sin(\omega t + \delta) \tag{3-80}$$

将式（3-80）展开：

$$\sigma = \sigma_0(\sin\omega t\cos\delta + \cos\omega t\sin\delta) \tag{3-81}$$

令 $\dfrac{\sigma_0}{\varepsilon_0} = |G|$，上式改写为：

$$\sigma = |G|\varepsilon_0(\sin\omega t\cos\delta + \cos\omega t\sin\delta) \tag{3-82}$$

令：

$$|G|\cos\delta = G',\ |G|\sin\delta = G'' \tag{3-83}$$

$$\sigma = \varepsilon_0(G'\sin\omega t + G''\cos\omega t) \tag{3-84}$$

将式（3-77）应变和应变速率代入上式：

$$\sigma = G'\varepsilon + G''\frac{1}{\omega}\dot{\varepsilon} \tag{3-85}$$

式（3-85）表明，黏弹性体的应力由两项组成，第一项与应变同相位，很明显是弹性体应力；第二项与应变速率同相位，是黏性体应力。总应力等于两种材料各自应力的线性加和，即：

$$\sigma = E\varepsilon_0\sin\omega t + \eta\varepsilon_0\sin\omega t \tag{3-86}$$

比较式（3-84）与式（3-86）可知，$G'=E$，而 $G''=\eta\omega$。

在动态应变过程中，应力与应变之间存在相位差，二者之间的比值模量 $E=\sigma/\varepsilon$ 不再是实数，而是一个复数。根据式（3-83）的定义，G' 与 G'' 之间存在 90°的相位差，在复平面上（图 3-28），G' 为复数的实部，G'' 为复数的虚部，并定义这个复数的模量为复模量 G^*（complex modulus）：

$$G^* = G' + iG'' \tag{3-87}$$

复模量的模为：

$$|G^*| = \frac{\sigma_0}{\varepsilon_0} = \sqrt{G'^2 + G''^2} \tag{3-88}$$

式中，G' 称为弹性响应系数或称为动态弹性模量，也称为储能模量（storage modulus）；G'' 称为动态黏性模量或者损耗模量（loss modulus）。G 与 G' 的比反映两种响应对应力的贡献大小，用式（3-89）表达：

$$\tan\delta = \frac{G''}{G'} \tag{3-89}$$

$\tan\delta$ 称为损耗角正切（loss tangent）。如图 3-28 和图 3-29 内容所示，当 $\tan\delta=0$，说明材料为理论弹性体，没有能量损耗。当 $\tan\delta\to\infty$ 时，说明 $\delta\to\pi/2$，为理想的黏性体，全部能量用于流动损耗。因此，$\tan\delta$ 的大小反映了黏弹性体是近于黏性还是近于弹性。

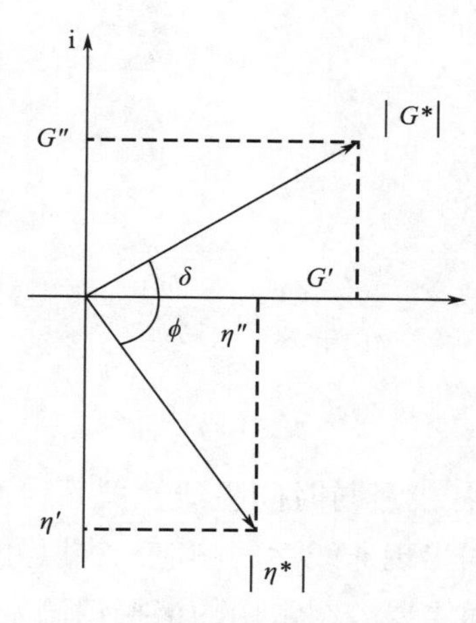

图 3-28　复模量与复黏度

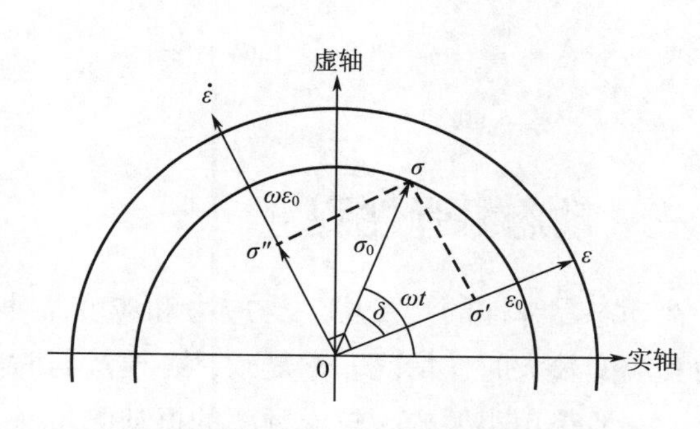

图 3-29　复平面上 σ 与 ε、$\dot{\varepsilon}$ 的关系

如果令式（3-80）中 σ_0 为：

$$\frac{\sigma_0}{\varepsilon_0}=|\eta|，即\ \sigma_0=|\eta|\varepsilon_0 \tag{3-90}$$

式（3-80）改写为：

$$\sigma=|\eta|\varepsilon_0(\sin\omega t\cos\delta+\cos\omega t\sin\delta) \tag{3-91}$$

令：

$$|\eta|\sin\delta=\eta',|\eta|\cos\delta=\eta'' \tag{3-92}$$

代入应变和应变速率表达式：

$$\sigma=\eta'\dot{\varepsilon}+\eta''\omega\varepsilon \tag{3-93}$$

比较式（3-93）和式（3-85）可知，二者是等价的，均反映黏弹性体的应力由弹性体应力和黏性体应力的线性加和。由对应关系可知：

$$\frac{G'}{\omega}=\eta'',\ \frac{G''}{\omega}=\eta' \tag{3-94}$$

$$G^*=\mathrm{i}\omega\eta^* \tag{3-95}$$

由此，可得复黏度为：

$$\eta^*=\eta'-\mathrm{i}\eta'' \tag{3-96}$$

$|\eta^*|$ 为复黏度（complex viscosity）的模。

与静态柔量相似，可以定义动态柔量：

$$|J|=\frac{\varepsilon_0}{\sigma_0} \tag{3-97}$$

$$J^*=\frac{1}{G^*}=J'-\mathrm{i}J'' \tag{3-98}$$

式中，J' 为储能柔量（storage compliance），J''为损耗柔量（loss compliance）。虽然有 $J^*=1/G^*$，但是各分量之间却不是倒数关系：

$$J'=\frac{G'}{G'^2+G''^2} \tag{3-99}$$

$$J'' = \frac{G''}{G'^2 + G''^2} \tag{3-100}$$

损耗角正切可表示为：

$$\tan\delta = \frac{\omega\eta}{E} = \frac{G''}{G'} = \frac{J''}{J'} = \frac{\eta'}{\eta''} \tag{3-101}$$

三、动态黏弹性测量

在动态黏弹性的测量中，当应力和应变很小时，各模量与时间呈线性关系，而当应力和应变较大时，情况非常复杂，各模量与时间之间出现非线性的响应，难以处理。因此，一般采用小振幅、较低频率的振动测量法。下面主要介绍常用的谐振动测定法，谐振动测定法包括纵向振动法和剪切振动法。

（1）纵向振动法　用纵向振动法测定凝胶状食品动态黏弹性的基本原理是：将圆柱形试样 S 粘在接有加振器 V 的试样台上，试样的上段滴黏着剂，粘在接有应变仪 SG2（测应力用）的平板 P 上（图 3-30）。粘试样时要注意既不要拉伸试样，也不要压试样。为此，尽量把试样的上下端面做得光滑。由起振器 O 发出的正弦波，通过增幅器 A 和加振器 V 给试样的下端施加正弦变化的应变，上端产生同频率的正弦应力。下端的应变通过应变仪 SG1 输出，上端的应力通过应变仪 SG2 输出，经过各自的增幅器 SA 后，在记录仪 R 上记录如图 3-31 所示的利萨如氏图形。该图形是 $\sigma^* = \sigma_0 e^{i\omega t}$ 和 $\sigma^* = \omega_0 e^{i(\omega t-\delta)}$ 合成的图形，复数模量 G^* 的实数部 G' 和虚数部 G'' 可用式（3-102）和式（3-103）计算：

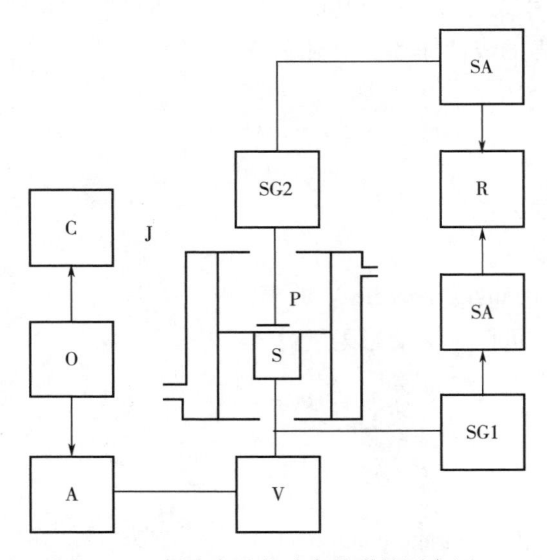

图 3-30　凝胶食品的动态黏弹性测定原理

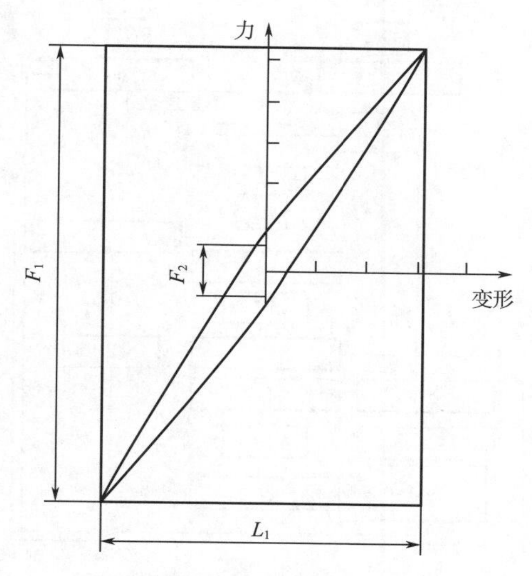

图 3-31　利萨如氏图形

$$G' = \frac{l}{s} \cdot \frac{F_1}{L_1}\cos\delta \tag{3-102}$$

$$G'' = \frac{l}{s} \cdot \frac{F_1}{L_1}\sin\delta \tag{3-103}$$

$$\sin\delta = \frac{F_2}{F_1} = \frac{4}{\pi}\left(\frac{\text{利萨如氏圆形面积}}{\text{包围利萨如氏的矩形面积}}\right) \tag{3-104}$$

式中，l、S 分别是试样的长度和横截面积，$\tan\delta$ 为损耗角正切。

（2）剪切振动法　对于流动性较大的黏弹性体，这种方法比较方便。其测试装置之一如图 3-32 所示。将试样放入一个有底的容器中，容器可以在垂直方向上下振动。在试样中插入一个棒或平板。当容器连同试样振动时，棒或板所连的传感器测出其所受应力的变化。将测得的应力用相位示波回路分解为与应变同向的分力和与应变速率同向的分力，据此，可求出复数弹性模量的实部 G' 和虚部 G''。

重谷等用此装置对半硬质的高达干酪和硬质切达干酪的动态黏弹性进行了测定。测定振动频率为 10Hz 时，高达干酪的动态黏弹性如图 3-33 所示。曲线 1、2、3、4 分别表示成熟度为 1 个月、3 个月、5 个月、7 个月的干酪的测定值。成熟度为 1 个月（即熟成时间为 1 个月）的试样，黏弹性在 10 ℃左右就开始减少。成熟度达 3 个月以上的干酪，黏弹性从 30 ℃左右才急剧减少。说明熟成时间短的干酪容易融化。

四、常规力学试验

这里所讲的常规力学试验，是指应用工程材料力学中定义过的参数及测试方法，测定食品的力学性质。实际上，发表的有关食品物料流变特性的数据主要是这种结果。前面已经指出过，这样做会产生相当大的误差，特别是加载时间长就更是如此。但考

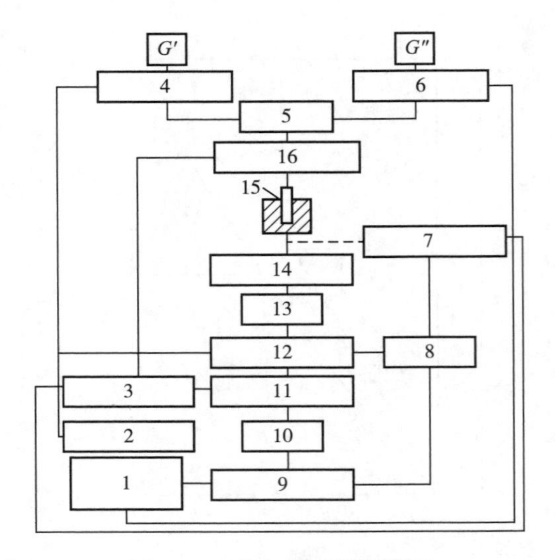

图 3-32 剪切振动测量装置

1—π/2 移动相器 2、3—激振器 4、6、9、12—相位检波回路

5、8、10、13—放大器 7、16—应变传感器 11—移相器 14—可动线圈 15—试样

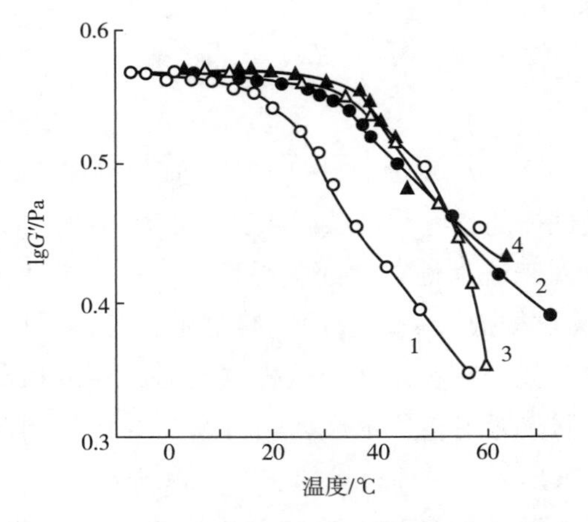

图 3-33 高达干酪的动态黏弹性

1—成熟度 1 个月 2—成熟度 3 个月 3—成熟度 5 个月 4—成熟度 7 个月

虑到它仍有一定的实用性，因此下面予以介绍。

(一) 单轴压缩试验

压缩试验与拉伸试验所加的应力方向相反。采用哪种试验，取决于材料实际承受的载荷形式、拉伸和压缩时材料性能上的差异、试验中和样品制备中的问题等。

由于食品物料的机械损伤大多是由压缩载荷造成的，所以人们对压缩试验比较感兴趣。

将工程材料的单轴压缩试验方法用于生物材料时，最基本的要求是：施加一个真正同轴或轴向的载荷，以避免产生弯曲应力；避免由于样品膨胀而在样品两端面和试验机支承板间产生摩擦，样品的长度和直径比要合适，以保证样品的稳定性，并避免产生弯曲。

常把水果和蔬菜等加工成圆柱形样品以测量其弹性模量，即将试样放在两块平行平板之间后施加单轴压力。用这种方法先后做过苹果、紫薯、干酪、奶油等的单轴压缩试验。做谷粒的单轴压缩试验时，把玉米、蚕豆、小麦等颗粒进行加工，从而得到其中心部位的试样。试样的横断面积用千分尺或测量显微镜测得。弹性模量用式（3-105）计算：

$$E = \frac{F}{A} \cdot \frac{L}{\Delta L} \tag{3-105}$$

式中，F 为力；A 为样品的初始横断面面积；L 为样品的初始长度；ΔL 为受力后引起的长度变化。

事实上，即使应变非常小，也总有一部分变形不能恢复。于是就出现了一个问题：用生物材料的应力-应变曲线上的哪个点计算上述比值呢？有些人提出，若应力-应变曲线接近直线，就取其斜率。但这样得到的只是表观弹性模量。另外一些人则主张通过反复加载-卸载2~3次，直到卸载后观察不到残余变形为止，然后再确定材料的弹性范围。小麦粒的试验表明，加载-卸载一次就会达到上述状态，这时，第一次卸载时的曲线就可以用来计算弹性模量。如果卸载曲线不是直线，就用切线模量或割线模量来表示。图3-34所示是茎秆压缩试验装置示意图（在平行于牧草茎秆轴向方向上施加压力的装置及测力装置）。

（二）单轴拉伸试验

生物材料拉伸试验中，最困难的问题是试样的夹持装置应既能牢固地夹紧试样端部，又不使活组织受力过大。由于生物材料的形状和尺寸不规整，有的含有水分有的很软等，使得解决夹紧、定位、与垂直轴线对称、应力集中、避免弯曲应力以及那些工程材料试验中存在的问题变得相当困难。

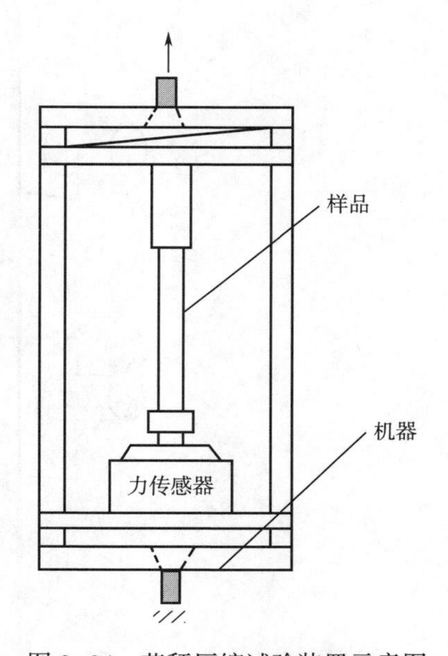

图3-34 茎秆压缩试验装置示意图

图3-35所示是马铃薯拉伸试验装置，使用的样品形状也标示于图中。

图3-36所示是做苜蓿茎秆拉伸试验的夹紧装置。这种装置既能把茎秆牢牢夹住，又不会把茎秆夹碎。用茎秆断裂时的最大负载和茎秆的原始横截面计算极限强度。由于茎秆的横断面积不一致，一般用投影法测量其平均横断面积。这种

方法在纺织业中常见。首先在强反差相纸上印出茎秆的痕迹，然后用测量显微镜测出茎秆的平均直径。

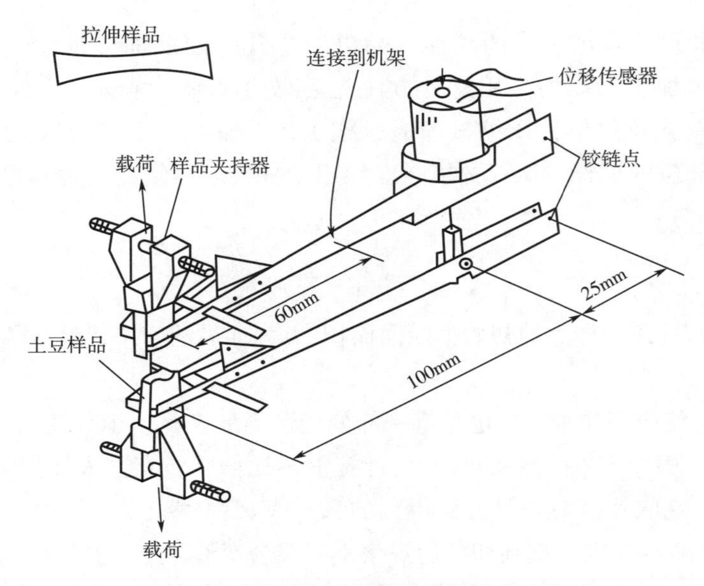

图 3-35 马铃薯的拉伸试验装置及试样

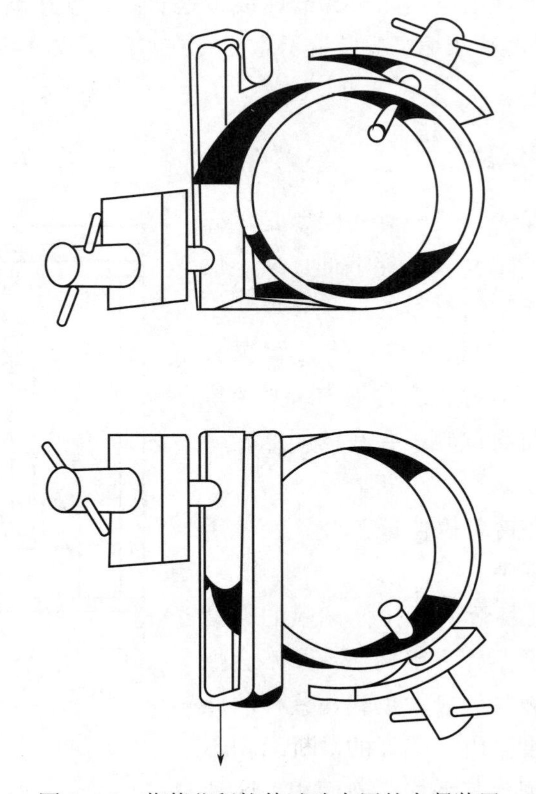

图 3-36 苜蓿茎秆拉伸试验中用的夹紧装置

有研究者做了完整大米粒的单轴拉伸试验。将长约 3cm 的塑料管，用如图 3-37所示的方式黏结在米粒两端。黏结剂使用 Eastman910，拉力仪使用 Inston 万能试验机，断裂面的面积用立体显微镜测量。用米粒断裂时的最大拉力除以断裂面的面积得到米粒的拉伸强度。米粒的拉伸强度和加载速度有关，因此试验时需规定加载速度。

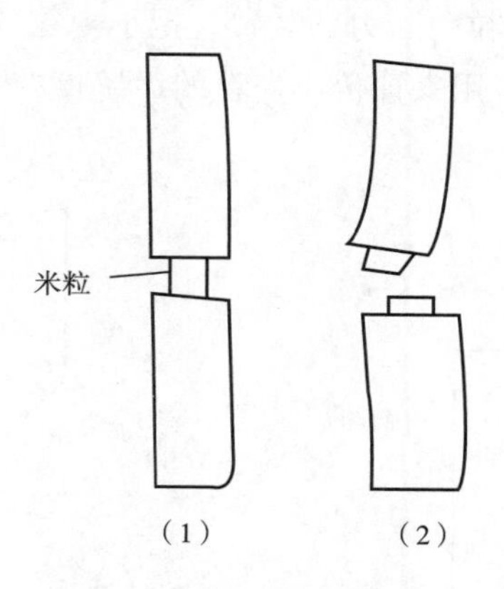

（1）实验前　（2）实验后

图 3-37　大米粒的拉伸试验

（三）剪切试验

食品物料的剪切试验报告中，有不少是切割而不是剪切。下面举几个剪切试验的例子。

为了研究水果的成熟程度，研究人员测量了梨、苹果等果肉的剪切强度。方法是从一片水果果肉上剪下来一个圆柱体，试验装置如图 3-38 所示。这是一种正剪切试验。若已知剪切力 F、实心冲头直径 d、果肉厚度 f，则剪切强度 S 为：

$$S = \frac{F}{\pi dt} \tag{3-106}$$

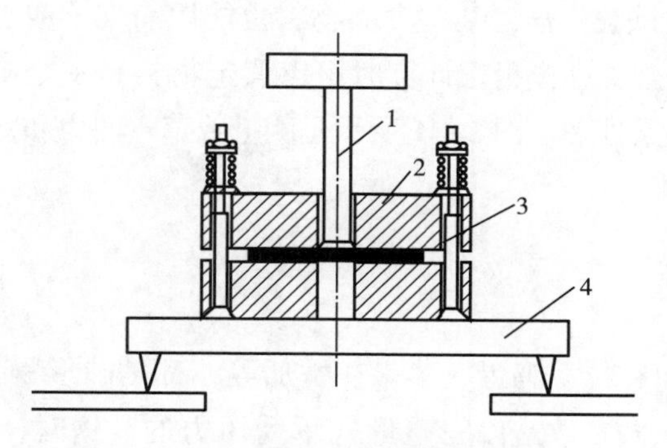

图 3-38　果肉的剪切强度测定试验

1—钢冲头　2—压板　3—果肉　4—底座

也有研究人员用类似的装置从扁平位置的豌豆、蚕豆、小麦和玉米粒等谷粒上冲孔。做后两种谷粒试验时，尽管使用了直径 1.5mm 的冲头，仍会把谷粒压碎而冲不出孔来，因而得不到满意的结果。

有研究人员用图 3-39 所示的装置，测定了苜蓿茎秆节间的极限剪切强度。剪切强度在 0.41~ 18.35MPa 间变化。极限剪切强度变化大的原因主要是对横截面积测量不准。

图 3-40 所示是测量小麦粒剪断力的装置。把小麦粒放在两个刀刃之间，上刀刃缓慢下移将麦粒剪断。剪断力可用来评价小麦粒的“脆度”。

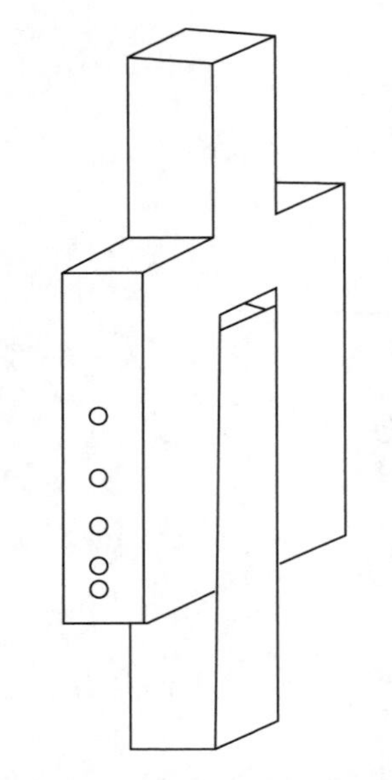

图 3-39　苜蓿茎秆的直接剪切装置

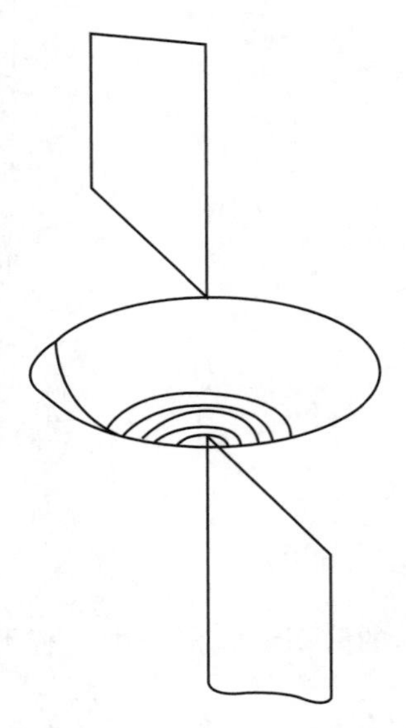

图 3-40　评价小麦“脆度”的单粒小麦剪切装置

(四) 弯曲试验

和工程材料的弯曲试验一样，某些食品物料也能用简支梁或悬臂梁的方法做弯曲试验，计算表观刚度或表观弹性模量。计算时可以假定物料是一个实心物体，也可以测出其内径、外径后按空心梁处理。图 3-41 所示是测量牧草弯曲力和变形关系的装置。

五、接触问题

很多食品物料，如谷粒、鸡蛋、苹果、番茄等，都是凸形物体。这些材料在装卸、运输、贮存等过程中，大多数是以完整形式承受压力的。这时，物体内部的应力分布相当复杂，难以用拉伸、压缩、弯曲等简单受力条件来描述。这类问题属于接触问题。

1896 年赫兹提出了光滑接触的两个各向同性弹性体的接触应力的解。图 3-42 所示是一般情况，物体 1 和物体 2 的最大和最小曲率半径分别是 R_1、R'_1、R_2、R'_2，它们被外

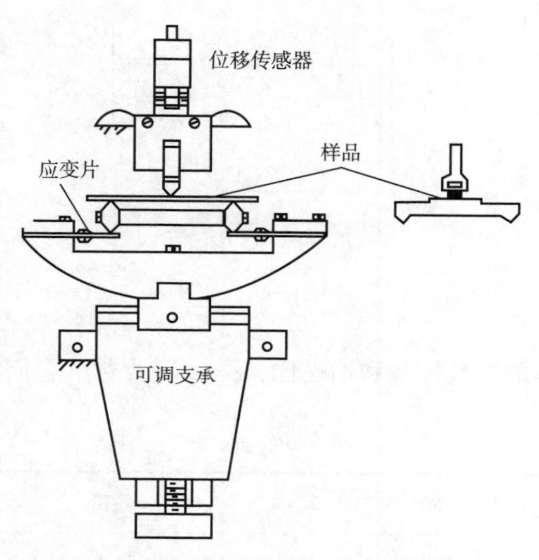

图 3-41　测量牧草弯曲力和变形关系的装置

力 F 压在一起，两个物体的接触面是椭圆。赫兹已经证明，最大接触压应力 S_{max} 位于接触表面中心处，即：

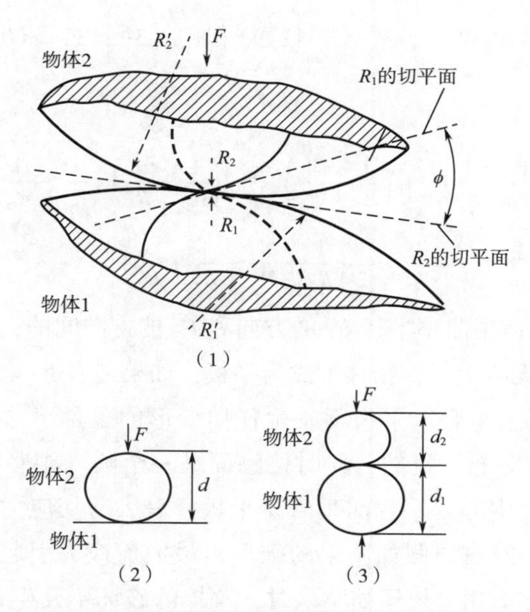

（1）相接触的两个凸形物体　（2）球与平板　（3）球与球

图 3-42　赫兹问题

$$S_{max} = \frac{3}{2}\left(\frac{F}{\pi ab}\right) \tag{3-107}$$

式中，a 、b 为接触面椭圆的长轴和短轴长度，可用式（3-108）和式（3-109）计算。

$$a = m\left[\frac{3FA}{2\left(\frac{1}{R_1} + \frac{1}{R'_1} + \frac{1}{R_2} + \frac{1}{R'_2}\right)}\right]^{\frac{1}{3}} \tag{3-108}$$

$$b = n\left[\frac{3FA}{2\left(\frac{1}{R_1} + \frac{1}{R'_1} + \frac{1}{R_2} + \frac{1}{R'_2}\right)}\right]^{\frac{1}{3}}$$

$$A = \frac{1-\mu_1^2}{E_1} + \frac{1-\mu_2^2}{E_2} \tag{3-109}$$

E 和 μ 是两个物体的弹性模量和泊松比，m 、n 是常数，它们可由表 3-7 查出。

表 3-7　　常数 m、n、k

θ	30°	35°	40°	45°	50°	55°	60°	65°	70°	75°	80°	85°	90°
m	2.731	2.397	2.136	1.926	1.754	1.611	1.486	1.378	1.284	1.202	1.128	1.061	1.000
n	0.493	0.530	0.567	0.604	0.641	0.678	0.717	0.759	0.802	0.846	0.893	0.944	1.000
k	0.726	0.775	0.818	0.855	0.887	0.914	0.938	0.957	0.973	0.985	0.998	0.998	1.000

表 3-7 中 θ 用式（3-110）、式（3-111）和式（3-112）求出

$$\cos\theta = \frac{M}{N} \tag{3-110}$$

$$M = \frac{1}{2}\left\{\left[\left(\frac{1}{R_1} - \frac{1}{R'_1}\right)^2 + \left(\frac{1}{R_2} - \frac{1}{R'_2}\right)^2 + 2\left(\frac{1}{R_1} - \frac{1}{R'_1}\right)\left(\frac{1}{R_2} - \frac{1}{R'_2}\right)\cos 2\phi\right]\right\}^{\frac{1}{2}} \tag{3-111}$$

$$N = \frac{1}{2}\left(\frac{1}{R_1} + \frac{1}{R'_1} + \frac{1}{R_2} + \frac{1}{R'_2}\right) \tag{3-112}$$

式中，ϕ 为两接触体主曲率半径 R_1 的方向和 R_2 的方向间的夹角［图 3-42（1）］。

当 R_1 和 R'_1 均为无穷大时，物体 1 成为平板，如果还有 $R_2 = R'_2$，问题就变成用平板压缩球。图 3-43 所示是假定平板不发生任何变形的条件下，用平板压缩泊松比为 0.3 的球时球内的应力分布。显然，此时接触面是一个圆（半径为 a）。由该图可知，最大挤压应力在接触面中心处，方向垂直于平板；最大剪切应力位于球体内部，深度等于接触面半径的一半左右。假如苹果的破坏由最大剪应力引起，且把苹果近似看作各向同性的弹性球，那么用平板压缩苹果时，苹果的破坏不发生在表面而发生在内部。这个结论，无疑可推广到用苹果压缩苹果的现象中去。

如果受外力的凸形体不是球体，需实测 R_1 和 R'_1。图 3-44 所示是测量水果等尺寸较大的凸性体时用的曲率半径测量仪。尺寸较小的物体，可以用图 3-45 所示的方法得到 R_1 和 R'_1 的近似值。

用钢板或钢球对食品物料进行加载时，所试材料的弹性模量用式（3-113）和式（3-114）计算（假定食品物料是弹性体）。

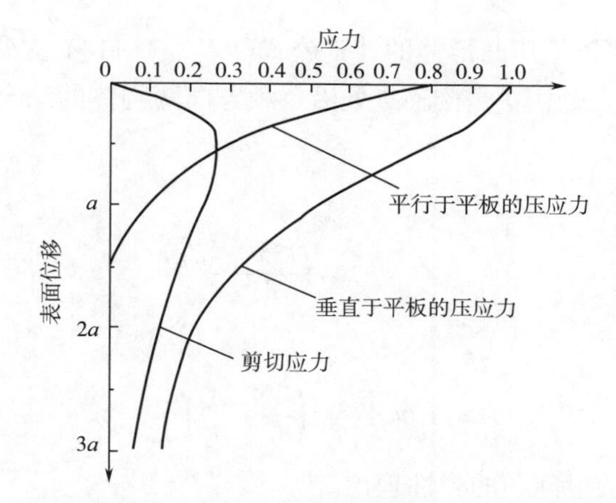

图 3-43　泊松比为 0.3 的球用平板压缩时的应力分布

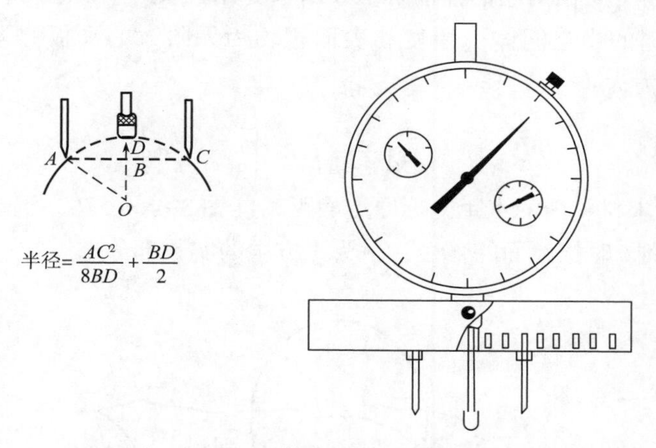

图 3-44　凸性体表面曲率半径测量仪

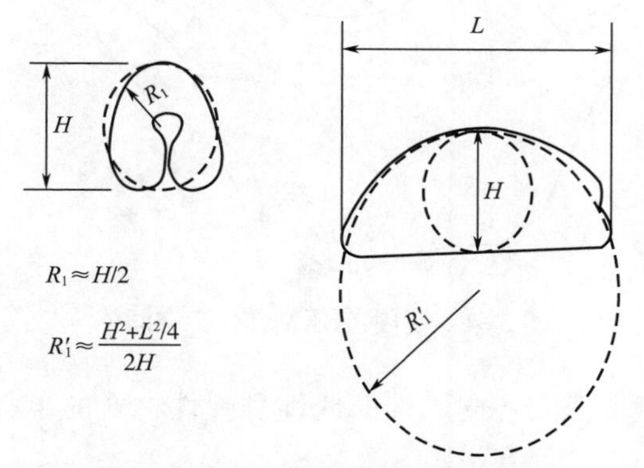

图 3-45　小麦粒曲率半径估计方法

$$E = \frac{0.338k^{\frac{3}{2}}F(1-\mu^2)}{D^{\frac{3}{2}}}\left(\frac{1}{R_1}+\frac{1}{R_1'}\right)^{\frac{1}{2}} \tag{3-113}$$

$$E = \frac{0.338k\,\frac{3}{2}F(1-\mu^2)}{D^{\frac{3}{2}}}\left(\frac{1}{R_1}+\frac{1}{R_1'}+\frac{4}{d_2}\right)^{\frac{1}{2}} \tag{3-114}$$

式（3-113）是用钢板压凸形体的计算公式，式（3-114）是用直径为 d_2 的钢球压缩凸形体的计算公式。式中 D 是接触点处沿负载方向两物体的综合变形。式中，k 为常数，在表 3-7 中可查。

平板压球时：

$$D = 1.04\left(\frac{F^2A^2}{d}\right)^{\frac{1}{3}} \tag{3-115}$$

两个球体接触时：

$$D = 1.04\left[F^2A^2\left(\frac{1}{d_1}+\frac{1}{d_2}\right)\right]^{\frac{1}{3}} \tag{3-116}$$

上述内容是有关接触问题的弹性理论。

黏弹性体的解，可由对应的弹性解推导出来（用拉普拉斯对应原理）。用光滑的刚性球压黏弹性材料的半空间体（厚度和表面积均为无限大的平板称为半空间体）时，接触正（压）应力为：

$$P(r,\ t) = \frac{4}{\pi R}\left(\frac{G}{1-\mu}\right)\ Re\left[\frac{2}{a(t)}-r^2\right]^{\frac{1}{2}} \tag{3-117}$$

式中，r 为所求材料内的点距坐标原点的距离（图 3-46），R 为钢球直径，G 为剪切模量；$a(t)$ 为时刻 t 时接触面的半径，Re 为平方根的实数部分。

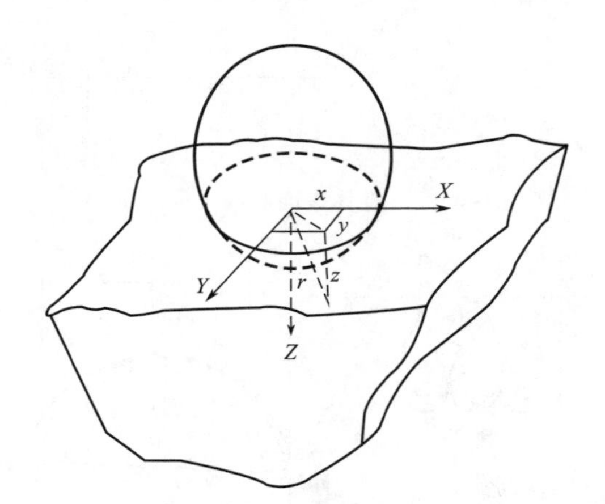

图 3-46　用钢球压黏弹性半空间体

当用钢球以不变载荷压入各向同性的线性黏弹性材料的半空间体时，钢球压入深度 $H(t)$ 由下式确定。

$$[H(t)]^{\frac{3}{2}} = \frac{3}{16\sqrt{R}}\cdot D(t)Fu(t) \tag{3-118}$$

式中，$D(t)$ 为蠕变柔度；$u(t)$ 为阶跃函数。

由式（3-118）知，测得压入深度和力 F 后，就可求出蠕变柔度。

若半空间体的材料是麦克斯韦体，用式（3-118）求得的正压力分布，如图 3-47 所示。图中 T_0 是麦克斯韦体的松弛时间。由图可以看出，若加载时间小于 T_0，应力分布十分类似于弹性体，随时间延长，应力分布发生变化。

图 3-48 所示是用模具加载时的应力分布。当模具的半径为 a，以力 F 压在弹性半空间体时，距模具中心 r 处的应力由布西内斯解给出：

$$p = \frac{F}{2\pi a\sqrt{a^2 - r^2}} \tag{3-119}$$

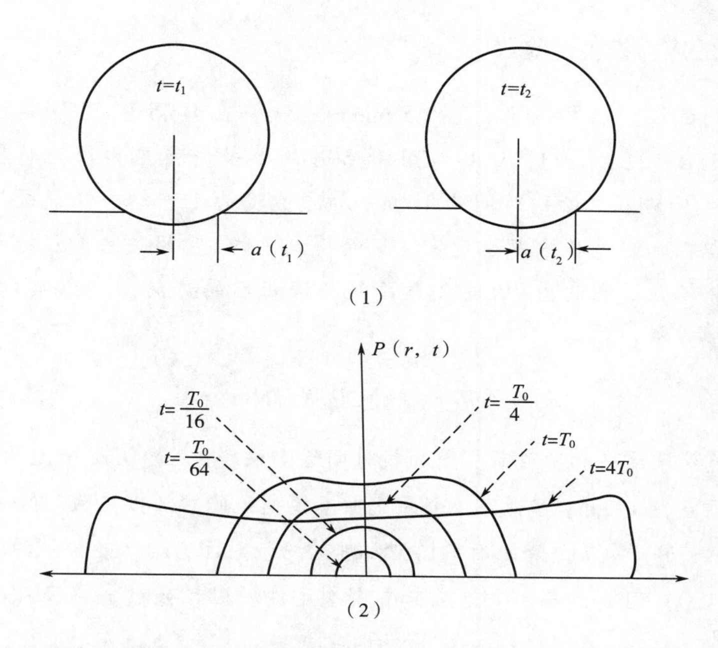

（1）刚性体压在黏弹性半空间体上时接触面积的变化　（2）半空间体的材料是麦克斯韦体时的正应力分布

图 3-47　黏弹性体的接触正应力

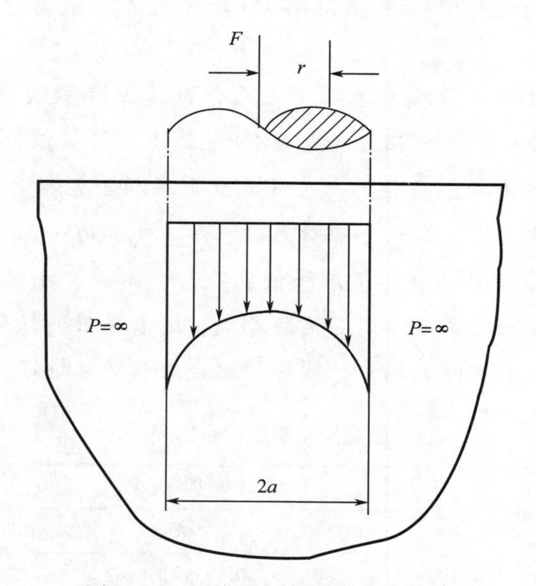

图 3-48　用模具加载时的应力分布

可见最小压应力位于中心处，最大压应力位于边缘处。当 $r = a$ 时，$p = \infty$ ，这只是理论上的结果，实际上 p 不可能是无穷大。模具压下的高度 H 为：

$$H = \frac{F\sqrt{(1-\mu^2)}}{2aE} \tag{3-120}$$

式中，E 、μ 分别为半空间体材料的弹性模量和泊松比。

【案例 1】苹果的应力松弛试验

使用物性测试仪，采用 P/5（直径 5 mm）探头，在 Hold Until Time 测试模式下对贮藏 1d、8d、15d、22d、29d、36d、43d 和 50d 的苹果进行应力松弛特性测试。测试条件：变形量为 1.5mm，松弛时间为 100s，加载速度为 1mm/s。在压缩过程中，苹果整果的压缩面积在加载过程中发生变化，从而得到了力－时间关系曲线来分析整果的应力松弛行为。将松弛过程的力－时间关系曲线与修正后的广义麦克斯韦模型进行拟合，采用的拟合模型方程：

$$F(t) = D_0 E_0 + \sum_{i=1}^{n} D_0 E_i \exp\left(-\frac{t}{T_i}\right) \tag{3-121}$$

式中，F 是苹果试样所受载荷，随加载时间逐渐衰减，N；D_0是恒定的应变量，mm；E_0是平衡弹性模量，N/mm；E_i是第 i 个麦克斯韦模型元件的弹性系数，N/mm；n 是麦克斯韦元件的个数；T_i是第 i 个麦克斯韦模型元件的松弛时间，s；t 是松弛时间，s。

由式（3-120）可得到第 i 个麦克斯韦模型元件的黏性系数 η_i（$N \cdot S \cdot mm^{-1}$）：

$$\eta_i = E_i T_i \tag{3-122}$$

分别选取含有 1，2，3 个麦克斯韦模型元件的麦克斯韦模型来描述苹果整果的应力松弛曲线，以拟合的最大相对误差（MRD）和决定系数 R^2为标准确定苹果的最适应力松弛模型。

表 3-8 所示的回归分析结果表明，七元件麦克斯韦模型拟合的决定系数大于 0.9995，且变化范围最小，最大相对误差 MRD 也最小，说明该模型的稳定性最好，可用来描述苹果整果的应力松弛行为。七元件麦克斯韦模型包括弹性系数（E_0、E_1、E_2 和 E_3）、松弛时间（T_1、T_2和 T_3）和黏性系数（η_1、η_2和 η_3）。同时还可以看出随着贮藏时间的延长，决定系数 R^2表现出逐渐降低的趋势，而最大相对误差则逐渐增加，因此，麦克斯韦模型的拟合效果受苹果品质的影响，随着苹果的软化模型拟合效果变差。此外，随着麦克斯韦元件数量的增加，模型的拟合效果越来越好。

表 3-8　麦克斯韦模型拟合结果

贮藏	三元件模型		五元件模型		七元件模型	
时间/d	MRD/%	R^2	MRD/%	R^2	MRD/%	R^2
1	8.1951	0.9401~0.9568	2.8880	0.9955~0.9967	0.6478	0.9996~0.9998
8	9.5701	0.9342~0.9465	3.1469	0.9944~0.9967	0.6805	0.9995~0.9997

续表

贮藏时间/d	三元件模型		五元件模型		七元件模型	
	MRD/%	R^2	MRD/%	R^2	MRD/%	R^2
15	9.7696	0.9292~0.9409	3.2808	0.9955~0.9963	0.7276	0.9996~0.9997
22	9.7705	0.9307~0.9409	3.4396	0.9953~0.9961	0.7909	0.9996~0.9997
29	10.1253	0.9272~0.9467	3.2654	0.9957~0.9965	0.7642	0.9996~0.9998
36	10.2148	0.9330~0.9411	3.0432	0.9962~0.9966	0.7689	0.9996~0.9997
43	12.1729	0.9258~0.9357	3.8722	0.9953~0.9962	0.9254	0.9996~0.9997
50	12.3928	0.9235~0.9327	3.9146	0.9947~0.9959	0.9382	0.9995~0.9996

由表 3-9 可知，七元件麦克斯韦模型中第一个麦克斯韦元件所对应的弹性系数 E_1，松弛时间 T_1，和黏性系数 η_1 均高于同组的其他参数，这可能是由于物料的黏弹性行为主要是由第一个麦克斯韦元件描述的。平衡弹性系数 E_0 的变异系数（CV）最大，说明贮藏过程中 E_0 变化最为明显。松弛时间 T_i 的变化范围最小，说明在苹果品质变化的过程中，其应力松弛的速率变化不大，较为稳定。总体来说苹果的应力松弛参数都具有较高变异，建模数据较为丰富，宜选取的验证组数据都在建模所用样本数据变化范围内，可较好地用于预测模型的验证。

表 3-9　应力松弛模型参数统计结果

参数		建模组				验证组			
		最小值	最大值	平均值	变异系数/%	最小值	最大值	平均值	变异系数/%
弹性系数	E_0	0.7119	2.0263	1.3498	24.8503	0.8374	1.9323	1.3560	25.3077
	E_1	0.1034	0.2109	0.1498	15.2624	0.1260	0.1889	0.1522	14.0218
	E_2	0.1157	0.1989	0.1575	11.9236	0.1364	0.1718	0.1601	7.9257
	E_3	0.0928	0.1791	0.1322	13.2189	0.1017	0.1588	0.1374	11.5138
松弛时间	T_1	47.0100	56.8134	52.3211	4.0723	47.4831	54.4751	52.4002	4.0300
	T_2	0.3126	0.6278	0.5643	6.6859	0.4829	0.5937	0.5624	5.4527
	T_3	3.9809	6.0090	4.9087	6.7935	4.6675	5.2995	4.9491	3.9713
黏性系数	η_1	5.0148	10.7571	7.8454	16.2785	6.3778	10.0847	7.9888	16.1590
	η_2	0.0613	0.1240	0.0888	13.4629	0.0764	0.0993	0.0900	8.7386
	η_3	0.4429	0.9814	0.6509	17.1053	0.4749	0.7898	0.6822	14.3863

【案例 2】苹果的蠕变试验

在质构仪的 Force Relaxation 测试模式下，载荷为 30N，加载时间为 40s，加载速度为 1.5mm/s，选取 P/5（直径 5mm）探头对苹果进行蠕变特性测试得到变形量-时间曲线，根据得到的曲线建立蠕变模型。将蠕变试验得到的蠕变曲线分别与二要素开尔芬-

沃格特模型、四要素伯格斯模型和六要素开尔芬-沃格特模型进行拟合，以拟合得到的的决定系数 R^2 为标准，确定苹果的最适蠕变模型。采用的拟合模型方程：

$$D(t) = \frac{F_0}{E}(1 - e^{\frac{-tE}{\eta}}) \tag{3-123}$$

式中，$D(t)$ 为蠕变过程中任意时刻 t 时的变形量，mm；F_0 为恒定载荷，N；E 为弹性系数，N/mm^2；η 为黏性系数；t 为加载时间，s。

常用四要素伯格斯模型来描述黏弹性食品的蠕变特性，该模型由一个麦克斯韦模型和一个开尔芬-沃格特模型串联构成，其模型方程：

$$D(t) = \frac{F_0}{E_0} + \frac{F_0}{\eta_1} + \frac{F_0}{E_1}(1 - e^{\frac{-tE_1}{\eta_2}}) \tag{3-124}$$

式中，$D(t)$ 为蠕变过程中任意时刻 t 时的变形量，mm；F_0 为恒定载荷，N；E_0 为初始弹性系数；E_1 为延迟弹性系数；η_1、η_2 为黏性系数；t 为加载时间。

由于伯格斯模型中仅有一个开尔芬体，为避免一个开尔芬体不足以描述苹果的蠕变现象，故引入由两个开尔芬体并联后与一个麦克斯韦体串联得到的六要素模型，模型方程：

$$D(t) = \frac{F_0}{E_0} + \frac{F_0}{\eta_0} + \frac{F_0}{E_1}(1 - e^{\frac{-tE_1}{\eta_1}}) + \frac{F_0}{E_2}\left(1 - e\frac{-tE_2}{\eta_2}\right) \tag{3-125}$$

式中，$D(t)$ 为蠕变过程中任意时刻 t 时的变形量，mm；F_0 为恒定载荷，N；E_0 为初始弹性系数；E_1、E_2 为延迟弹性系数；η_0、η_1、η_2 为黏性系数；t 为加载时间，s。

四要素伯格斯模型的拟合度平均值最高，其决定系数 R^2 平均值为 0.982，变异系数最小（表 3-10），说明该模型的稳定性最好。虽然六要素开尔芬-沃格特模型的 R^2 最大值达到 0.993，但是其 R^2 的变化幅度最大，模型拟合效果不稳定。因此，3 个蠕变模型中伯格斯模型最适合描述苹果的蠕变特性。伯格斯模型由一个开尔芬体和一个麦克斯韦体串联而成，模型中麦克斯韦体对应的参数为初始弹性系数 E_1 和黏性系数 η_1，开尔芬体对应的参数为延迟弹性系数 E_2 和黏性系数 η_2。

表 3-10　蠕变模型拟合结果

模型	R^2 变化范围	R^2 平均值	变异系数
二要素开尔芬-沃格特模型	0.938~0.966	0.958	0.436
四要素伯格斯模型	0.979~0.989	0.982	0.158
六要素开尔芬-沃格特模型	0.910~0.993	0.966	1.514

由表 3-11 可知，蠕变参数中初始弹性系数 E_0 的变化范围为 6.52×10^{18}~1.18×10^{30}，变异系数（CV）很大，说明在苹果的贮藏期间初始弹性系数 E_0 变化很大；延迟弹性系数 E_1 与黏性系数 η_1 的变化范围分别为 11.47~21.64、5025.93~16233.41，这两个参数在不同样品间差异也较大；而黏性系数 η_2 的变化为 11.82~15.01，变异系数最小，不同样品的黏性系数 η_2 差异不大。

表 3-11 蠕变模型参数统计结果

因素	建模组				验证组			
	最小值	最大值	平均值	变异系数	最小值	最大值	平均值	变异系数
E_0/（N·mm^{-1}）	6.52×10^{18}	1.18×10^{30}	1.40×10^{28}	8.91	6.66×10^{21}	1.73×10^{28}	6.09×10^{27}	2.64
E_1/（N·mm^{-1}）	11.47	21.64	15.99	0.14	13.80	17.51	15.30	0.08
η_1/（N·s·mm^{-1}）	5025.93	16233.41	9748.14	0.24	7706.24	10983.68	9371.75	0.12
η_2/（N·s·mm^{-1}）	11.82	15.01	12.22	0.03	11.91	12.96	12.23	0.03

【案例 3】巧克力的动态流变特性测定

采用动态流变仪研究 4 种不同品牌的黑巧克力（C1 和 C3：国产巧克力，C2 和 C4：进口巧克力）的流变特性，通过频率扫描、温度扫描、时间扫描试验，在动态流动模式下，研究样品的黏弹性。线性黏弹区是指复合模量 G^* 随振荡应变的变化而恒定的振荡应变区，试验选择 3%的振荡应变来测定巧克力样品的动态流变性质。

随着频率的增大，弹性模量 G' 和黏性模量 G'' 逐渐变大，同一频率下，$G''>G'$（图 3-49）。对于融化巧克力这一悬浮体来说，弹性是由颗粒所形成的网状结构的变形

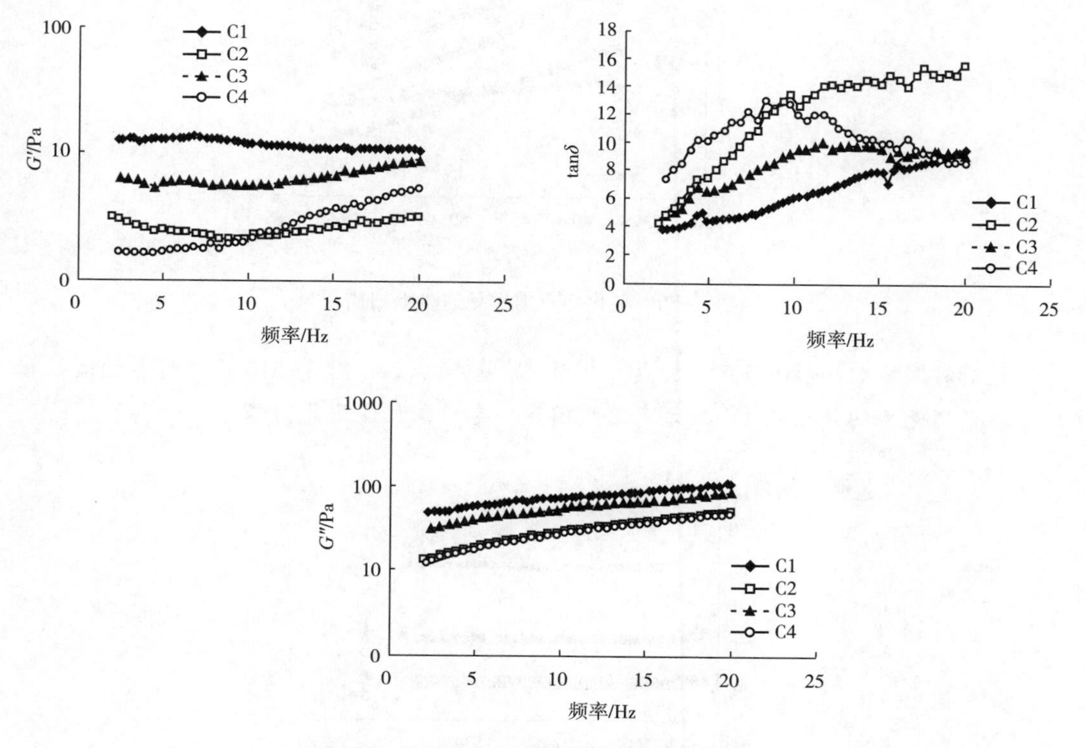

图 3-49 融化巧克力样品的频率扫描

恢复程度来决定的。弹性模量 G' 反映了弹性形变恢复的能力，体现了弹性势能的大小。G' 较小，说明巧克力的网状结构不易形成，或极易破坏。巧克力样品的 $\tan\delta$ 小于1，说明巧克力样品的黏性成分比例较大。

随着温度升高，融化巧克力的 G' 呈现出增大的趋势，而 G'' 有下降的趋势（图 3-50）。故而随着温度的升高，4 种巧克力融化浆料的 $\tan\delta$ 越来越小。与国产巧克力相比，进口巧克力的 $\tan\delta$ 始终较大，说明进口巧克力的黏性成分比例高于国产巧克力。

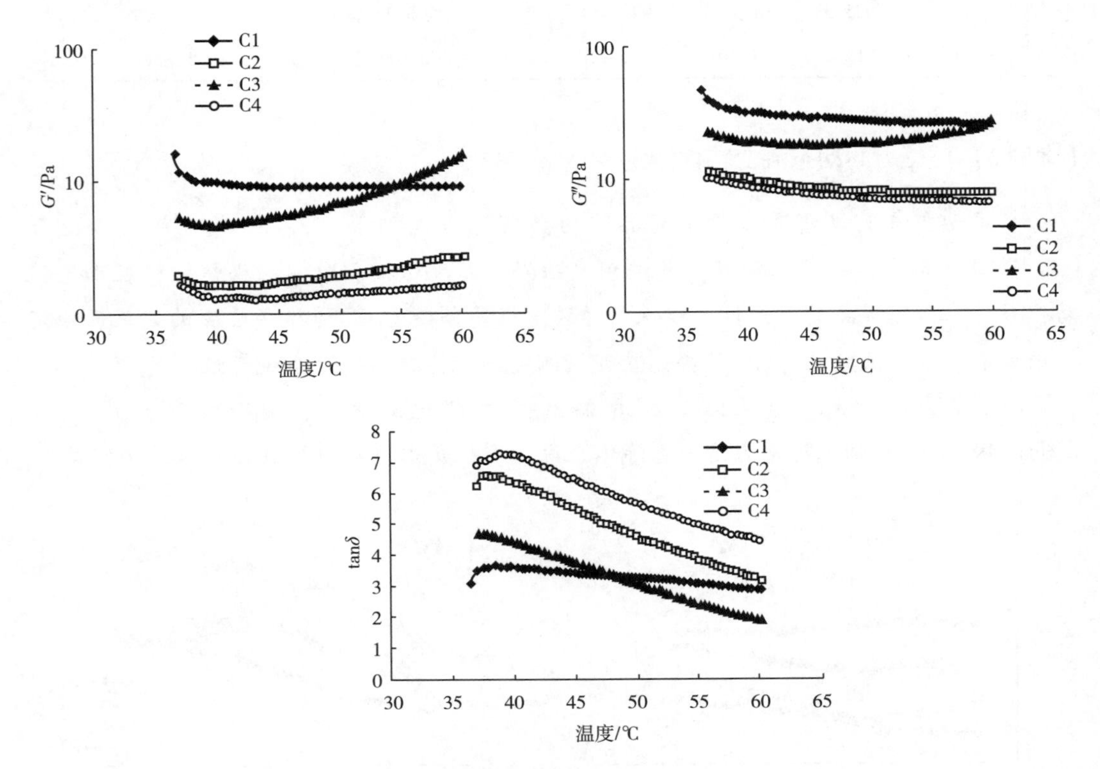

图 3-50　融化巧克力样品的温度扫描

随着时间增加，4 种巧克力的复数模量 G^* 基本不变（图 3-51），说明其稳定性很好。国产巧克力的复模量 G^* 较大，说明国产巧克力抵抗变形能力强。

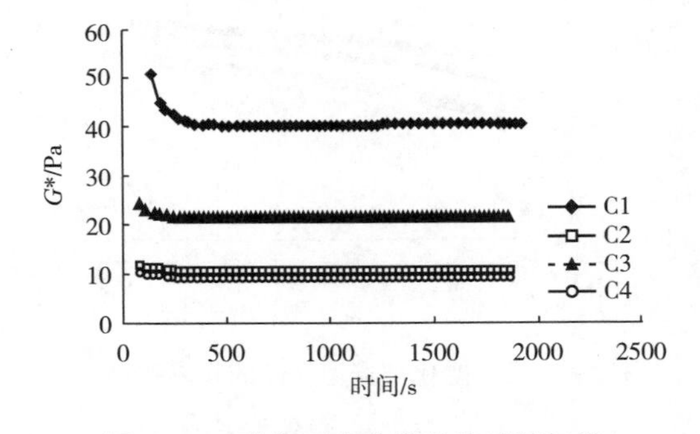

图 3-51　融化巧克力样品的时间扫描

课程思政

中国的科学家，在人工合成淀粉这一科学研究上大胆实践、勇闯“无人区”。2021年9月24日，中国科学院天津工业生物技术研究所的科研团队在人工合成淀粉方面取得重大突破性进展，首次在实验室实现二氧化碳到淀粉的合成，提出一种颠覆性的不依赖植物光合作用的淀粉制备方法，以二氧化碳、电解产生的氢气为原料，成功生产出淀粉，使淀粉生产从传统农业种植模式向工业车间生产模式转变成为可能。这一突破得到该领域一批国际知名专家的高度评价，被认为是一项重大的国际突破，是利用合成生物学解决当前社会面临的若干重大挑战的案例，是典型的“0到1”的原创性成果，可对下一代生物制造和农业发展带来革命性影响。

思考题

1. 简述液态食品的流体类型及其流动特征。
2. 简述食品黏度测定的方法及其原理。
3. 简述动态流变参数测定的理论基础及测定方法。

第四章

食品的质构学性质及其研究方法

学习目标

1. 掌握食品质构的含义与主要描述术语，理解食品感官检验的分类依据，掌握食品质构测定的基本原理与常用测定模式。

2. 掌握质地分析（TPA）测定模式的分析过程、面团粉质曲线的含义，了解常用的面团品质分析方法。

3. 了解典型的细胞状、纤维状及多孔状食品的质构学测定方法。

第一节　食品质构学概述

一、食品质构的定义

质构（texture）一词来自拉丁语 textura，原是“编”“织”的意思，后来被人们用来表示物质的组织、结构和触感等。随着对食品物性研究的深入，人们对食品从入口前的接触到咀嚼、吞咽时的印象，即对食品的美味、口感需要有一个语言的表述，于是借用了“质构”一词。质构一词目前在食品物性学中已被广泛用来表示食品的组织状态、口感及美味感觉等。研究食品质构的表现、质构的测定和质构的改善等，已成为食品物性学的重要内容之一。美国食品工艺师学会（Institute of Food Technologists）委员会定义：“食品的质构是指眼睛、口中的黏膜及肌肉所感觉到的食品的性质，包括粗细、滑爽、颗粒感等”。国际标准化组织（ISO）定义的食品质构是指：“用力学的、触觉的，也可能包括视觉的、听觉的方法感知的食品流变学特性的综合感觉”。目前，虽然对食品质构还没有一个统一的明确定义，但是要明确指出的是，食品的质构是与食品的组织结构及状态有关的物理性质。它表示两个含义：第一，表示作为摄食主体的人所感知的和表现的内容；第二，表示食品本身的性质。总之，食品的质构是与以下 3 方面感觉有关的物理性质：①手或手指对食品的触摸感；②目视的外观感觉；③摄入食品到口腔后的综合感觉，包括咀嚼时感到的软硬、黏稠、酥脆、滑爽感等。按上述定义，食品质构是食品的物理性质通过感觉而得到的感知。所以，为了了解摄入食品时的感觉，除了了解食品的物理化学性质以外，还必须了解人的感觉性质。

食品质构有如下特点：①食品质构是由食品的成分和组织结构决定的物理性质；②食品质构属于机械的和流变学的物理性质；③食品质构不是单一性质，而是属于多因素决定的复合性质；④食品质构主要是由食品与口腔、手等人体部位的接触而感觉的；⑤食品质构与气味、风味等化学反应无关；⑥食品质构的客观测定结果用力、变形和时间的函数来表示。

综上，由食品的组织结构决定的质构特性是物理特性，是人主要通过接触而感觉到的主观感觉。但为了揭示质构的本质及更准确地描绘和控制食品质构，可以通过仪器和生理学方法测定质构特性。

二、研究食品质构的目的

食品加工的目的是改变食品的质构。例如小麦的质构硬度太大，不仅口感不好，而且其消化吸收性和嗜好性也不好。所以人们把小麦加工成面粉，然后再制成面包等食品食用。成品面包与原材料的小麦或面粉相比，有完全不同的组织结构，变成了嗜好性、消化吸收性和商品价值性完全不同的食品。也就是说，成品面包是由小麦和面粉加工成的具有与原来食品（材料）完全不同质构的柔软的、易吸收的食品。

牛乳在加工过程质构特性的变化更加丰富，《大般涅槃经·圣行品》“五味”中提到：“譬如从牛出乳，从乳出酪，从酪出生酥，从生酥出熟酥，从熟酥出醍醐。醍醐最上。”“从乳出酪”：由于生牛乳中细菌的存在，静置的过程中还会顺带着发生轻度的发酵，这种发酵有时给牛乳带来了更加醇厚的风味，有时也会导致牛乳凝结成块。静置之后牛乳会自动分层。经过静置的牛乳，古人就称之为“酪”，是鲜奶油和鲜干酪的组合。“从酪出生酥”：即牛乳上层部分为奶油（cream），奶油仍然含有很多水分，油脂液滴被水分包裹，为“水包油”的结构。将奶油取出，进行搅打或者剧烈摇晃之后，油脂液体就会发生碰撞，凝集成一体。经过过滤，奶油就会成为黄油（butter）。这样得到的粗制黄油就被古人称作“生酥”。“从生酥出熟酥”：将“生酥”在锅里加热，黄油中剩余的水分就会被蒸发，持续加热一段时间，黄油中的蛋白质会发生变性、沉淀，并渐渐变成棕色。把这些沉淀滤去，剩下的就是较为澄清透明的深黄色油状物质——“熟酥”。“从熟酥出醍醐”：“熟酥”经过冷却后，中间那一层没有来得及凝固的液体就是“醍醐”。

可以说食品加工的目的之一就是经过适当处理，使食品材料所具有的固有组织变成感官效果好的质构。即食品加工过程就是改善原料质构的固有性和原始性，增加其实用性、商品性和感官性。所以说食品质构的研究是食品工程不可缺少的基础理论之一。

评定食品品质有四种因素。第一，外形。包括形状、大小、色彩、光泽等视觉感。第二，风味。包括气味、风味等决定的因素。第三，质构。第四，食品的营养价值。此外，食品的价格、方便性、包装也影响食品的品质。上述四种因素中的前三种主要是直接的感觉判断，是感觉性嗜好因素。而营养价值是感觉无法判断的非感觉性嗜好因素，主要由化学分析方法来确定。食品的感觉性嗜好因素对选择和摄取食品起着重要的作用，是由人接触食品或把食品放进嘴里咀嚼时的感觉决定的。什切斯尼亚克博士收集并整理了人们对74种不同食品的反映联想语，说明了食感要素是由表4-1所示的特性所构成的。可见，质构对整个食品的品质影响很大。

表4-1　构成食感要素的特性及性别差异

特性	男性	女性	特性	男性	女性
质构	27.2%	38.2%	外形	21.4%	16.6%
口感香味	28.8%	26.5%	嗅觉香味	2.1%	1.8%
色泽	17.5%	13.1%	其他	3.0%	3.8%

松本等曾对16种常见食品进行了消费者心理调查，他们把食品的美味影响因素，分为物理因素和化学因素。物理因素包括：软硬、黏稠、酥脆性、滑爽感、形状、色泽等；化学因素包括：甜、酸、苦、咸等。结果发现，除了酒、果汁、腌制菜等少数几种食品外，约2/3的食品由物理因素决定其美味感觉，而物理因素主要是指这些食品的质构（图4-1）。

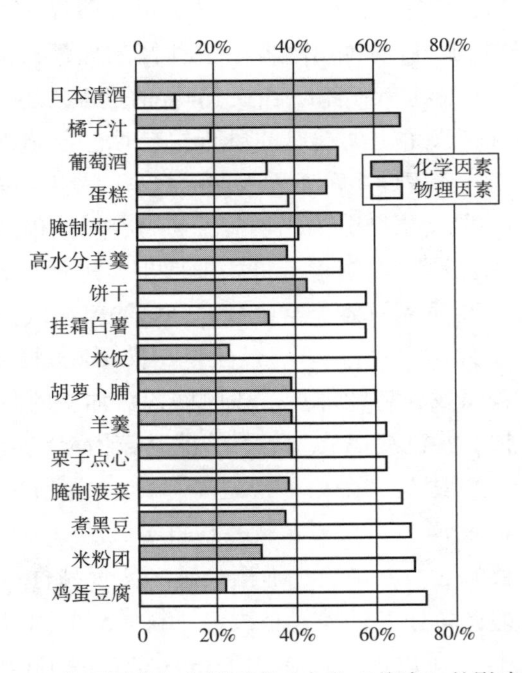

图4-1　物理因素与化学因素对食品“美味”的影响占比

总之，研究食品的质构有以下几个目的。

（1）解释食品的组织结构特性。

（2）解释食品在加工和烹饪过程中所发生的物性变化。

（3）提高食品的品质及嗜好特性。

（4）为生产功能性食品提供理论依据。

（5）明确对食品物性的仪器测定和感官检验的关系。

三、食品质构的分类

1963 年，什切斯尼亚克博士首先把食品的感觉特性分解为客观上能够测定的因素，对质构进行分类。即把食品质构的感觉特性分成机械特性、几何特性和其他特性 3 种。各种特性又按摄食过程细分为咀嚼初期的一次特性和咀嚼后期的二次特性，并叙述了各个参数的物理意义和它们所对应的习惯用语（表 4-2）。

表 4-2 什切斯尼亚克的分类

特性	一次特性	二次特性	习惯用语	标准食品与强度范围
机械特性	硬度、凝聚性	酥脆性	柔软、坚硬 酥、脆、嫩	软质干酪（1）……冰糖（9） 玉米松饼（1）……松脆花生糖（7）
	—	咀嚼性	柔软、坚韧	黑麦面包（1）……软式面包（7）
	—	胶黏性	酥松、粉状、糊状、橡胶状	面团［40%（质量分数）面粉］（1）……面团［60%（质量分数）面粉］（7）
	黏性	—	松散、黏稠	水（1）……炼乳（8）
	弹性	—	可弹性、塑性	—
	黏附性	—	发黏的、易黏的	含水植物油（1）……花生酱（5）
几何特性	粒子的大小、形状和方向	—	粉状、沙状、粗粒状、纤维状、细胞状、结晶状	—
其他特性	水分含量、脂肪含量	油状、脂状	干的、湿的、多汁的、油腻的、肥腻的	—

如表 4-2 所示，机械特性的一次特性由硬度、凝聚性、黏性、弹性、黏附性组成；几何特性由粒子的大小、形状和方向组成；其他特性是水分含量和脂肪含量。表 4-2 的特点是把食品质构的习惯用语（主观性质）和客观上能够测定的各种性质进行了对比，并且能够由什切斯尼亚克博士设计的质构测定仪（texturometer）把各种客观性质全部测定出来。试验结果表明，质构的感官评价值（主观性质）与质构测定仪的测定值之间具有很高的相关性。因此，在表 4-2 的分类中，感官指标能够用质构测定仪测定的客观数据（1）~（9）表示。

什切斯尼亚克总结的食品质构剖析图如图 4-2 所示。

后来，谢尔曼认为，人对食品的感官评价是在包括烹饪在内的一连串的摄食过程中进行的，对食品力学性质的感觉是在动态流动过程中进行的。因此，他把人的整个摄食过程分为 4 个阶段，即食用前最初的感觉、入口初感觉、咀嚼中的感觉和咀嚼后的感觉，提出了如图 4-3 所示的质构剖析法（谢尔曼分类）。

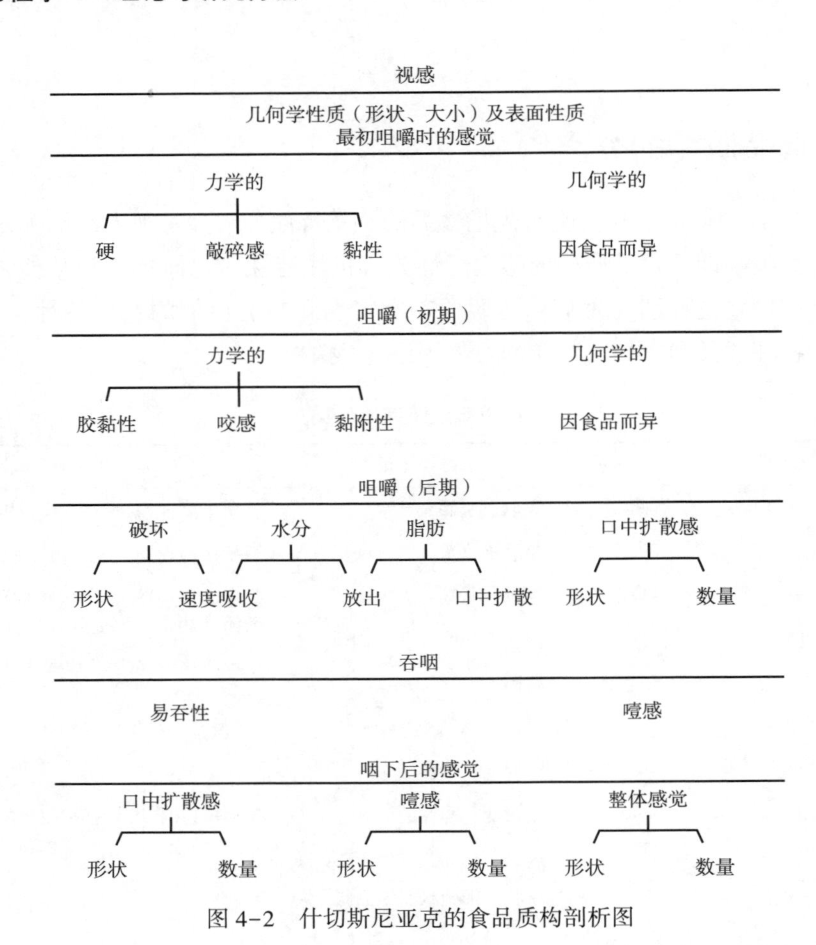

图 4-2　什切斯尼亚克的食品质构剖析图

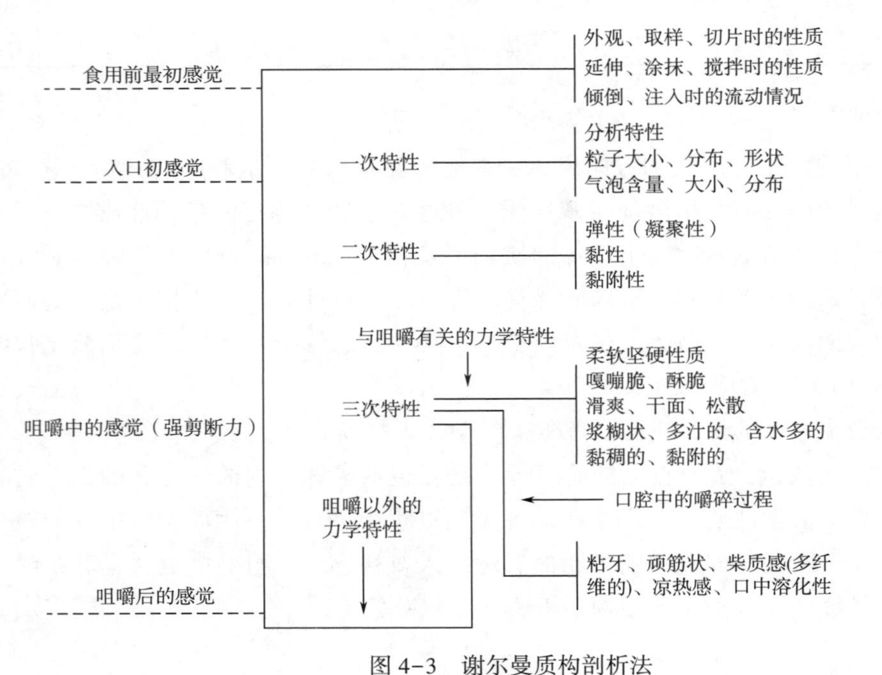

图 4-3　谢尔曼质构剖析法

由图 4-3 可知，咀嚼初期的一次特性主要指对食品颗粒的大小和形状的感觉，二次特性主要指对弹性、黏性和黏附性的感觉；咀嚼后期的三次特性主要指对硬度、酥脆性、滑爽感等的感觉。可见，在一连串的摄食过程中，主要通过咀嚼评价食品质构。

四、食品质构的评价术语

食品质构的各种性质是通过语言表述的，而语言本身受到本民族的历史和风土文化的影响，因此，很难准确地把握不同国家和不同地区词语的含义。在食品和食品原料在世界范围内大流通的当今时代，为了互相交流食品特性的信息，有必要对质构的评价术语进行国际标准化。

国际上定义的食品基本质构评价术语和中文含义如表 4-3~表 4-7 所示，供参考。

表 4-3 食品质构学的一般概念评价术语

评价术语	中文含义
结构、组织（structure）	表示物体或物体各组成部分关系的性质
质构、质地（texture）	表示物质的物理性质（包括大小、形状、数量、力学、光学性质、结构）及由触觉、视觉、听觉组成的感觉性质

表 4-4 与压缩、拉伸有关的食品质构学术语

评价术语	中文含义
硬［firm（hard）］	表示受力时对变形抵抗较大的性质
柔软（soft）	表示受力时对变形抵抗较小的性质
坚韧（tough）	表示对咀嚼引起的破坏有较强和持续的抵抗的性质，近似于质构术语中的凝聚性
柔韧（chewy）	表示像口香糖那样对咀嚼有较持续的抵抗的性质
柔嫩（tender）	表示对咀嚼引起的破坏有较弱的抵抗的性质
酥松（short）	表示一咬即碎的性质
弹性（spring）	去掉作用力后变形恢复的性质
可塑性（plastic）	去掉作用力后变形保留的性质
黏糊的（glutinous）	与黏稠（thick）及胶黏（sticky）视为同义语
稀的（thin）	黏稠的反义词，清淡、爽口的感觉
松脆（brittle）	表示加作用力时，几乎没有初期变形而断裂、破碎或粉碎的性质
易碎的（crumble）	表示一用力便易成为小的不规则碎片的性质
硬脆的（crunchy）	表示兼有松脆（brittle）和易碎的（crumble）的性质

续表

评价术语	中文含义
酥脆的、脆嫩、脆生的（crispy）	表示用力时伴随脆响而屈服或断裂的性质。常用来形容吃鲜苹果、黄瓜、脆饼干时的感觉

表 4-5　与颗粒的大小和形状有关的食品质构评价术语

评价术语	中文含义
滑腻的（smooth）	表示组织中感觉不出颗粒存在的性质
细腻的（fine）	表示结构的粒子细小而均匀的样子
粉状的（powdery）	表示颗粒很小的粉末状或易碎成粉末的性质
砂状的（gritty）	表示小而硬颗粒存在的性质
粗粒状的（coarse）	表示较大、较粗颗粒存在的性质
多团块状的（lumpy）	表示大而不规则粒子存在的性质

表 4-6　与结构的排列和形状有关的食品质构评价术语

评价术语	中文含义
薄层片状的（flaky）	容易剥落的层片状组织
多筋的（strings）	表示纤维较粗硬的性质
烂浆状的（pulpy）	表示柔软而有一定可塑性的湿纤维状结构
细胞状的（cellular）	主要指有较规则的空状组织
膨松的（puffed）	形容胀发得很暄腾的样子
结晶状的（crystalline）	形容结晶的群体组织
玻璃状的（glassy）	形容脆而透明的固体
凝胶状的（gelatinous）	形容具有一定弹性的固体，觉察不出组织纹理结构的样子
泡沫状的（foamed）	主要形容许多小的气泡分散于液体或固体中的样子
海绵状的（spongy）	形容有弹性的蜂窝状结构

表 4-7　与口感有关的食品质构评价术语

评价术语	中文含义
口感（mouthfeel）	表示口腔对食品质构感觉的总称
浓的（body）	浓稠、厚重的感觉
干的（dry）	口腔游离液少的感觉
潮湿的（moist）	口腔中游离液的感觉既不觉得少又不觉得多的样子
润湿的（wet）	口腔中游离液有增加的感觉

续表

评价术语	中文含义
水汪汪的（watery）	因含水多而有稀薄、味淡的感觉
多汁的（juicy）	咀嚼中口腔内的液体有不断增加的感觉
油腻的（oily）	口腔中有易流动但不易混合的液体存在的感觉
肥腻的（greasy）	口腔中有黏稠而不易混合液体或脂膏样固体的感觉
蜡质的（waxy）	口腔中有不易溶混的固体的感觉
粉质的（mealy）	口腔中有干的物质和湿的物质混在一起的感觉
黏滑的（slimy）	口腔中有滑溜的感觉
奶油状的（creamy）	口腔中有黏稠而滑爽的感觉
收敛性的（astringent）	口腔中有黏膜收敛的感觉
热的（hot）	有热的感觉
冷的（cold）	有冷的感觉
凉爽的（cooling）	像吃薄荷那样，由于吸热而感到的凉爽的感觉

五、食品质构的研究方法

过去人们评价食品的质构，往往是通过消费者或熟练技术人员的感官评定，这是一种主观评价法。随着高效率、多功能食品机械的不断开发，现代化工业生产逐渐代替过去传统的手工业或半机械化生产，对食品加工工艺的要求也越来越高。加之，随着人们生活水平的提高，人们对食品嗜好性的要求也越来越高。仅靠个别技术人员的评价是远远不能满足需要的。

为了揭示食品质构的本质和更准确地描绘和控制食品质构，仪器测定成为表现质构的重要方法之一。例如，食用面条时的“筋道”感是对品质评价的重要指标。然而对“筋道”这一人人皆知却难以准确表示的感官指标，在面条、粉丝等工业化生产中很难准确控制。利用食品质构的研究方法，用食品流变仪或其他专用仪器对“筋道”这一嗜好性指标进行定量表达对以上产品的开发起到关键性作用。与之类似的还有米饭的“可口性”、饼干的“酥脆性”、肉类的“柔嫩性”等模糊概念。现代化的食品工业需要对以上特性用科学客观的方法来进行检测和控制。

食品质构的研究方法主要有感官检验和仪器测定两种。

食品质构的仪器测定方法分为基础力学测定法、半经验测定法和模拟测定法。基础力学测定仪器，即测定具有明确力学定义的参数的仪器，如黏度计、基础流变仪等。它们测出的值具有明确的物理学单位，如黏度、弹性率、强度等。基础力学测定法有许多优点，如定义明确，数据互换性强，便于对影响这一性质的因素进行分析等。它的缺点是很难表现对食品质构的综合力学性质，例如，面团的软硬度、肉的嫩度等，很难用某一种单纯的力学性质表达。因此，食品质构的仪器测定多属于半经验或模拟测定。它与基础力学测定方法不同的是，变形并非保持在线性变化的微小范围内，而是非线性的大变形或破坏性测定。虽然用这些仪器所测得的数据，不如用基础力学测定法所测得的数据具有普遍性，但是实践证明用上述仪器测定的特征量能很好地表现出相应食品的质构，所以这类仪器已被广泛应用于食品工业中。目前，它们的种类越来越多，测量的精度也越来越高。

食品感官检验是指通过人的感觉器官评价食品特性的方法。在评价食品的感官特性时，首先应明确食品特性的表述语言和表示特性差异的尺度。用语言和尺度测定物质特性的方法，称为感官检验法。另外还应明确咀嚼和吞咽功能。食物是通过咀嚼和吞咽送到胃中的。通过测定咀嚼和吞咽功能来评价食品感官特性的方法称之为生理学方法。

食品质构的综合评价方法如图 4-4 所示。其中食品质构的仪器测定和感官检验是使用最多的评价法。

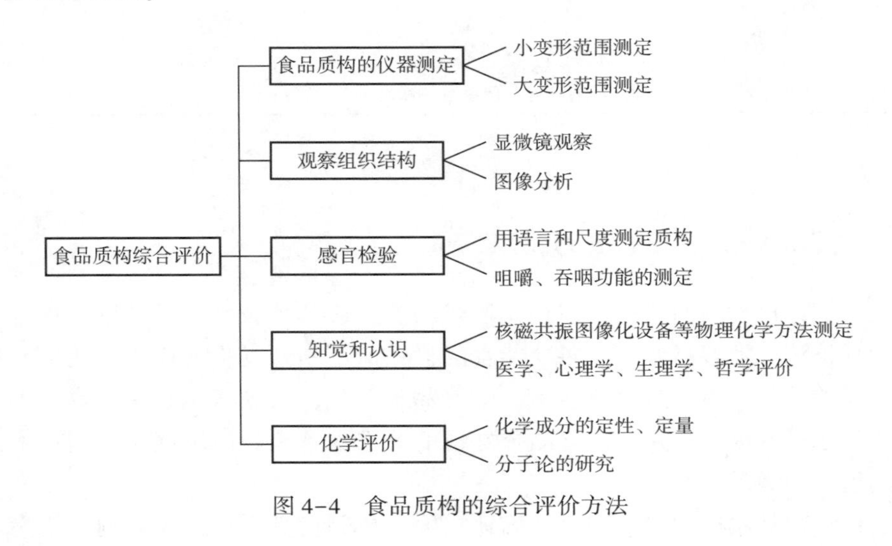

图 4-4　食品质构的综合评价方法

第二节　食品质构的感官评价与仪器测定

一、食品质构的感官评价

食品的感官检验是以人的感觉为基础，通过感官评价食品的各种属性后，再经概率统计分析而获得客观检测结果的一种检验方法。美国食品科学技术专家学会对感官评价的定义为：感官评价是用于唤起、测量、分析和解释通过视觉、嗅觉、味觉和听觉而感知到的食品及其他物质的特征或性质的一种科学方法。感官评价过程不但受客观条件的影响，也受主观条件的影响。客观条件包括外部环境条件和样品的制备，主观条件则涉及参与感官检验人员的基本条件和素质。统计学、生理学、心理学是感官检验的三大科学支柱。

(一) 感觉及种类

1. 感觉的定义

感觉是客观事物的各种特征和属性通过刺激人的不同的感觉器官引起兴奋，经神经传导反映到大脑皮层的神经中枢，从而产生的反应。一种特征或属性即产生一种感觉。而感觉综合起来就形成了人对这一事物的认识及评价。

2. 感觉的分类及其敏感性

人类的感觉习惯分成5种基本感觉，即视觉、听觉、触觉、嗅觉和味觉。除上述5种基本感觉外，人类可辨认的感觉还有温度觉、痛觉、疲劳觉等多种感官反应。表4-8所示为对食品感觉的主要分类。

表4-8 对食品感觉的主要分类

感觉	感觉器官	感觉内容
视觉	眼	颜色、形状、大小、光泽、动感
听觉	耳	声音的大小、高低、咬碎的声音（脆度）
嗅觉	鼻	香气
味觉	舌	酸、甜、苦、咸等
触觉	口腔、牙齿、舌、皮肤	弹力感、坚韧性、滑爽、粗细、软硬等（触压觉） 冰、凉、热、烫等（温度觉）

在心理学中，人们常常根据感觉器官的不同而相应地对感觉进行分类。感觉器官按其所在身体部位的不同分成三大类，即外部感觉器官、内部感觉器官和本体感觉器官。外部感觉器官位于身体的表面（外感受器），对各种外部事物的属性和情况做出反应。内部感觉器官位于身体内脏器官中（内感受器），对身体各内脏的情况变化做出反应。本体感觉器官则处于肌肉、肌腱和关节中，对整个身体或各部分的运动和平衡情况做出反应。

由外部感觉器官产生的感觉有视觉、听觉、触觉（触压觉、温度觉等）、味觉和嗅觉。由内部感觉器官产生的感觉有机体觉和痛觉。由本体感觉器官产生的感觉有运动觉和平衡觉。痛觉的感受器遍及全身。痛觉能反映关于身体各部分受到的损害或产生病变的情况。

平衡觉是由人体位置的变化和运动速度的变化所引起的。人体在进行直线运动或旋转运动时，其速度的加快或减慢就会引起前庭器官（椭圆囊、球囊和3个半规管）中的感受器（感受性毛细胞）的兴奋而产生平衡觉。

运动觉是最基本的感觉之一，它为我们提供有关身体运动的情报。产生运动觉的物质刺激是作用于身体肌肉、筋腱和关节中感受器的机械力。大脑皮层中央前回是运动觉的代表区。

肤觉是皮肤受到刺激而产生的多种感觉。肤觉按其性质可分为：触觉、压觉和振动觉，温觉和冷觉，痛觉和痒觉。大脑皮层中央后回是肤觉主要的代表区。

味觉的感受器是味蕾，分布于口腔黏膜内。它主要分布于舌的表面，特别是舌尖和舌的两侧。

嗅觉的外周感受器是位于鼻腔最上端的嗅上皮里的嗅细胞。

感觉的敏感性是指人的感觉器官对刺激的感受、识别和分辨能力。感觉的敏感性因人而异，某些感觉通过训练或强化可以获得特别的发展，即敏感性增强。

3. 感觉阈

必须有适当的刺激强度才能引起感觉，这个强度范围称为感觉阈。它是指从刚好能引起感觉，到刚好不能引起感觉的刺激强度范围，即用量的概念来表达刺激的强度、时间和刺激与感觉的相互关系。对于食品来说，为了使人们能感知到某味的存在，该物质的用量必须超过它的呈味阈值。

感觉阈值：就是指感官或感受体对所能接受的刺激变化范围的上、下限以及对这个范围内最微小变化感觉的灵敏程度。

依照测量技术和目的的不同，可以将感觉阈的概念分为以下几种。

（1）绝对感觉阈　指以使人的感官产生一种感觉的某种刺激的最低刺激量为下限，到导致感觉消失的最高刺激量为上限的刺激强度范围。

（2）察觉阈值　刚刚能引起感觉的最小刺激量，称为察觉阈值或感觉阈值下限。

（3）识别阈值　能引起明确的感觉的最小刺激量，称为识别阈值。表 4-9 所示为人对四种基本味的识别阈值。

表 4-9　人对四种基本味的识别阈值

物质名称	味	浓度/（mol/L）	物质名称	味	浓度/（mol/L）
酒石酸	酸味	$(1\sim10)\times10^{-4}$	葡萄糖	甜味	$(2\sim7)\times10^{-2}$
食盐	咸味	$(1\sim5)\times10^{-2}$	盐酸奎宁	苦味	$(2\sim20)\times10^{-6}$

（4）极限阈值　刚好导致感觉消失的最大刺激量，称为感觉阈值上限，又称为极限阈值。

（5）差别阈　指感官所能感受到的刺激的最小变化量。如人对光波变化产生感觉的波长差是 10nm。差别阈不是一个恒定值，它随某些因素如环境的、生理的或心理的变化而变化。

4. 感觉的基本规律

（1）适应现象（除痛觉）　是指感受物在同一刺激物的持续作用下，敏感性发生变化的现象。例如，“入芝兰之室，久而不闻其香”。

（2）对比现象（量的影响）　当两个不同的刺激物先后作用于同一感受器时，一般把一个刺激的存在比另一个刺激强的现象，称为对比现象，所产生的反应称为对比效应。

由于味的对比现象的存在，使第二味呈味物质的阈值也发生了变化。在食品配方的研制中可以利用味的对比现象，有目的地添加某一呈味物质，使期望的味突出，或使不良的味得到掩盖。

（3）协同效应和拮抗效应　当两种或多种刺激同时作用于同一感官时，感觉水平超过每种刺激单独作用效果叠加的现象，称为协同效应或相乘效应。

如呈味物质A、B并用，其呈味强度比单独用A或B大（在食盐中同时添加谷氨酸和肌苷酸钠，其鲜味比单独使用其中一种更加强烈）。

在食品加工中，利用味的相乘效果，可以提高呈味物质的呈味强度且降低成本，得到事半功倍的效果。

与协同效应相反的是拮抗效应（相抵、相杀）。拮抗效应是指因一种刺激的存在使另一种刺激强度减弱的现象。如味的相杀效果：150g/L盐水咸得难以容忍，而含150g/L盐的酱油却由于氨基酸、糖类、有机酸等存在减弱了盐的咸味强度。

（4）掩蔽现象　当两个强度相差较大的刺激，同时作用于同一感官时，往往只能感觉出其中一种的刺激，这种现象称为掩蔽现象。

（二）食品质构感官评价

1. 质构感官评价的步骤

感官评价的步骤一般有：①选择评价员；②评价员培训；③建立试样的评定分等级标准；④建立一张基本打分表（可按质构多剖面法）；⑤对不同检测食品建立各自的打分表，并请评价员打分；⑥统计与分析。

2. 评价员的选定

感官评价是用人来对样品进行测量，评价人员对环境、产品及试验过程的反应方式都是试验潜在的误差因素。因此食品感官评价人员对整个试验是至关重要的，为了减少外界因素的干扰，得到正确的试验结果，就要在食品感官评价人员这一关上做好筛选和培训的工作。在感官实验室内参加感官评价的人员大多数都要经过筛选程序确定。筛选过程包括挑选候选人员和在候选人员中通过特定试验手段确定评价人员两个方面。

实验室内感官分析的评价员与消费者嗜好检验的评价员是两类不同的评价员。前者需要专门的选择与培训，后者只要求评价员具有代表性。实验室内感官分析的评价员有初级评价员、优选评价员、专家3种。

对分析型评价员有如下要求。

（1）对食品的各类特性（感觉内容）有分析和判断的能力。

（2）对食品各种特性有较高的感觉灵敏度（刺激阈值低）。

（3）对各种特性间的差别具有敏感的识别能力（识别阈小）。

（4）对特性量值的大小具有表达能力。

（5）对各种特性具有准确的语言描述能力。

根据第4条要求，在评定过程中，评价员的评价尺度不能有变化，但实际上，如用10分法评价时，很难保证10分、9分、8分之间具有等距性。第5条与质构的分类相关，要求在评定过程中必须明确术语的含义或定义，因此需要评价员进行训练，才能达到很高的语言表达水平。为了确保评价员的能力和水平，需要严格按照 GB/T 16291.1—2012《感官分析　选拔、培训与管理评价员一般导则　第 1 部分：优选评价员》对评价员进行初选、筛选、培训和考核。

分析型评价组人数一般为 10~20 人。

嗜好型评价组可由一般消费者组成，当然分析型专家也可参加。在实际开发新产品时，一般嗜好型评价组由本单位一般职工和消费者代表组成，对他们无需进行培训，但要注意年龄、性别等对嗜好性的影响，人数一般要求为 30~50 人。

3. 感官评价的环境和设备

感官分析实验室一般应包括：进行感官评价工作的检验区、用于制备评价样品的制备区、办公室、休息室、更衣室、盥洗室。感官分析实验室的基本要求是应具备用于制备评价样品的制备区和进行感官评价工作的检验区。

检验区应紧靠制备区，但两区应隔开，以防止评价员在进入或离开检验区时穿过制备区。检验区的温度和湿度应是恒定和适宜的，在满足检验的温度和湿度的要求下，应尽量让评价员感觉舒适。检验期间应控制噪声。检验区应安装带有炭过滤器的空调，以清除异味。允许在检验区增大一点大气压强以减少外界气味的侵入。检验区的建筑材料和内部设施均应无味、不吸附和不散发气味。清洁器具不得在检验区内留下气味。检验区墙壁的颜色和内部设施的颜色应为中性色，以免影响检验样品。照明对感官检验特别是颜色检验非常重要。检验区的照明应是可调控的、无影的和均匀的。并且有足够的亮度以便于评价。一般要求评价员独立进行个人评价。为防止评价员之间的影响及精力分散，在评价时将评价员安置在每个检验隔挡中。隔挡数目一般为 5~10 个，不得少于 3 个。每一隔挡内应设有一工作台。工作台应足够大，能放下评价样品、器皿、回答表格和笔或用于传递回答结果的计算机等设备。

在建立感官分析实验室时，应尽量创造有利于感官检验顺利进行和评价员正常评价的良好环境，尽量减少评价员的精力分散以及可能引起的使得判断上产生错觉的身体不适或心理因素变化。标准感官分析实验室建设参照国家标准 GB/T 13868—2009《感官分析　建立感官分析实验室的一般导则》实施。

4. 被检样品

对被检样品的处理应注意以下几点。

（1）抽样　应按有关抽样标准抽样。在无抽样标准情况下有关方面应协商一致，要使被抽检的样品具有代表性，以保证抽样结果的合理性。

（2）样品的制备　样品的制备方法应根据样品本身的情况以及所关心的问题来定。例如对于正常情况是热食的食品就应按通常方法制备并趁热检验。片状产品检验时不应将其均匀化。应尽可能使分给每个评价员的同种产品具有一致性。有时评价那些不适于直接品尝的产品，检验时应使用某种载体。对风味做差别检验时应掩蔽其他特性，以避免可能存在的交互作用。对同种样品的制备方法应一致。例如，相同的温度、相同的煮沸时间、相同的加水量、相同的烹调方法等。样品制备过程应保持食品的风味。不受外来气味和味道的影响。

（3）样品的分发　样品应编码，例如用随机的三位数字编码，并随机地分发给评价员，避免因样品分发次序的不同影响评价员的判断。

（4）为防止产生感官疲劳和适应性，一次评价样品的数目不宜过多。具体数目应取决于检验的性质及样品的类型。评价样品要有一定时间间隔，应根据具体情况选择适宜的检验时间。一般选择上午或下午的中间时间，因为这时评价员的敏感性较高。

（5）试样要准备充分，保证重复次数（3 次以上），以便确保结果的可靠性。

5. 评价方法的选择和回答

在选择适宜的检验方法之前，首先要明确检验的目的。一般有两类不同的目的，一类主要是描述产品，另一类主要是区分两种或多种产品。第二类目的包括：确定差别的种类，确定差别的大小，确定差别的方向，确定差别的影响。

当检验目的确定后，为了选择适宜的检验方法，还要考虑置信度、样品的性质以及评价员等因素。例如，对于刺激性比较强的食品，选择差别检验方法比较合适，这样可以避免因为多次品尝而引起的感觉疲劳。

在检验过程中，向评审员作出什么样的提问是决定感官检验研究价值的出发点。对于不完备的、无用的提问，无论怎样进行分析，所得的数据结果都是毫无意义的。所以在认真品尝和检验样品的基础上，科学地设计问卷是非常重要的。问卷中的问题要明确，避免难于理解和同时有几种答案的提问，提问不应有理论上的矛盾，不应产生诱导答案，提问不要太多。最好是在正式试验之前先召集几个人进行预备检验，征求他们对问卷的意见。表 4-10 所示为食品基本质构多剖面（从多个方面对质构评价用语进行分类、定义，使之成为进行交流的客观信息）问卷。

表 4-10　　食品基本质构多剖面问卷

产品名称：________　　日期　　年　月　日　　评审员：________

特性指标	分值	特性指标	分值
Ⅰ.（第一次咀嚼评定）		脆度（1~7 分）	
（a）力学的		流变特性（1~8 分）	
硬度（1~9 分）		（b）外形	
脆度（1~7 分）		（c）其他参数（水分、油腻程度）	
流变特性（1~8 分）		Ⅲ. 剩余质构（在咀嚼和吞咽过程中的变化）	
（b）外形		破碎速率	
（c）其他参数（水分、油腻程度）		破碎情况	
Ⅱ. 咀嚼中（咀嚼过程中评定）		水分吸收	
（a）力学的		口腔感觉	
硬度（1~9 分）			

(三) 感官检验的方法

常用的检验方法可分为四类。①差别检验：用于确定两种产品之间是否存在感官差别。②标度和类别检验：用于估计差别的顺序或大小，或者样品应归属的类别或等级。③分析或描述性检验：用于识别存在于某样品中的特殊感官指标。该检验也可以是定量的。④敏感性检验：用于确定不同的阈值和确定可感觉到的混入食品中的其他物质的最低量。

上述检验方法一般仅适用于在实验室内对食品样品进行感官分析，不适用于消费者，具体的检验方法不再赘述。

(四) 感官分析方法国家标准

我国从 1988 年开始陆续颁布“感官分析方法”国家标准，GB/T 10220—2012《感官分析　方法论　总论》等现行国家标准中包括分析方法总论，分析术语，风味剖面、质构剖面检验，使用标度评价食品、量值估计法等分析方法学，感官分析的具体方法，不能直接进行感官分析的样品制备准则，建立感官分析实验室的一般导则，评价员的选择，专家的选拔、培训和管理，通过多元分析方法鉴定和选择用于建立感官剖面的描述词。国际上还有 ISO 11037《感官分析　食品颜色评估的总则及测试方法》等感官分析方法标准。

二、食品质构的仪器测定

随着计算机技术和仪器技术的不断发展，现代仪器分析手段在食品工业中得到了广泛应用。食品感官品质的仪器检测评价是感官评价领域非常有发展潜力的一个分支，已成为当今该领域研究的热点。替代（或部分替代）人感官感觉的检测仪器不断涌现，如质构测试仪（含触觉、视觉、听觉）、电子鼻、电子舌等。由于感官评价特别是分析性感官评价，不仅需要具有一定判断能力的评价员，而且检测费时、费力，其结果常受多种因素影响，很不稳定。因此，对能够正确表征食品感官品质的仪器检测方法进行研究是一个发展趋势。

食品感官品质的仪器检测评价中，食品质构的仪器检测评价是其重要的组成部分。目前，食品质构测试仪种类很多、功能很多、精度很高、数据分析软件功能很强；可以进行单指标测试，也可以进行综合测试；而且许多测试仪可以通过更换探头和夹具在一台仪器上实现不同试验。因此，食品质构测试的关键在于测试方法的研究。目前在绝大部分产品的质量标准中，都未提出质构检测的仪器评价方法，而是仍停留在感官和经验评价上。随着研究的深入开展，科学、合理、符合消费者要求的食品质构仪器测定方法在食品工业中将得到广泛应用。

（一）食品质构感官评价的原理

如前所述，食品的感官评价是利用人类的感觉器官，通过目测、鼻嗅、口尝、手触摸等，对产品的色泽、香气、滋味、质构等作出评价。食品感官评价是以食品理化分析为基础，集心理学、统计学、生理学的综合知识发展起来的，是在食品行业中广泛使用的一种经典品质评价方法。

食品质构的感官评价主要通过口腔的触压觉、视觉和听觉来感知食物软硬、酥脆、弹性、多汁、颗粒感、耐咀嚼性、脆性、颜色、破裂声响等。食品质构的感官评价是最直观、使用最早，而且最准确的质构评价方法，它是其他质构评价方法的基础和基准。食品质构感官评价的原理如图 4-5 所示。

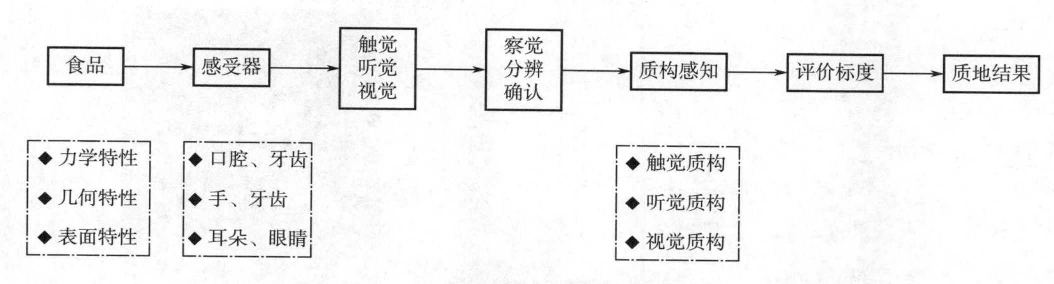

图 4-5　食品质构感官评价的原理

（二）食品质构仪器测量的原理

食品质构的仪器测量方法是通过仪器、设备获取食品的物理性质，然后根据某些分析评价方法将获取的物理信号和质构参数建立联系，从而评价食品的质构。食品质构测量仪器按测量方式可分为专有测量仪器、通用测量仪器，专有测量仪器又可分为压入型、挤压型、剪切型、折断型、拉伸型等；按测试原理可分为力学测量仪器、声音测量仪器、光学测量仪器等；按食品的质构参数可分为硬度仪、嫩度计、黏度仪、淀粉粉力仪等。食品质构仪器测量的原理如图 4-6 所示。

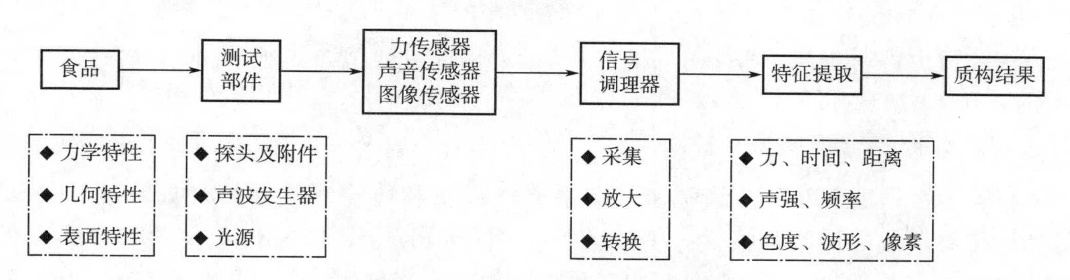

图 4-6　食品质构仪器测量的原理

食品质构的仪器测量方法可分为直接测量方法和间接测量方法。直接测量方法又可分为基础测量法、经验测量法、模-学传感器获取食品的光声特性、再利用光声特性预测食品的质地特性。

（三）食品质构测试仪

目前，国内使用的质构测定仪可分成国产的、科研教学单位自制的和进口的三类。由于进口质构测试仪功能多且测试精度高，在科研教学单位和企业占有较高的使用比例。现在国内主要使用的进口质构测定仪是英国 Stable Micro System（SMS）公司的 TA. XT 系列、英国 CNSFarnell 公司的 QTS、美国 Instron 公司生物材料万能试验机 2340 系列万能材料试验机、美国 Brookfield 公司生产的质构仪（冻力仪）等（图 4-7）。国产的质构测定仪有上海保圣实业发展有限公司的 TA. XTC。

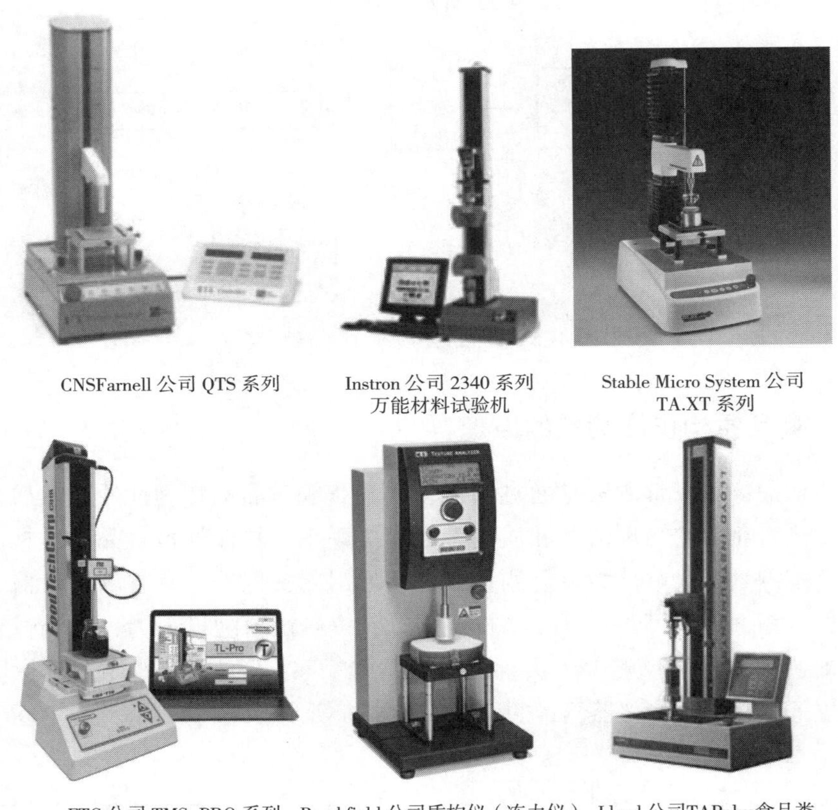

CNSFarnell 公司 QTS 系列　Instron 公司 2340 系列万能材料试验机　Stable Micro System 公司 TA.XT 系列

FTC 公司 TMS-PRO 系列　Brookfield 公司质构仪（冻力仪）　Lloyd 公司TAPplus食品类专用试验机

图 4-7　质构测试仪

仪器由数据显示部分、编辑宏、结果文件模块和质构测试模块（如蠕变、TPA）等功能模块组成。探头的形式十分丰富，如图 4-8 所示。以 SMS 公司设计、生产的 TA. XT 系列质构测试仪为例介绍仪器功能。该仪器对产品可以进行多种特性的测试，如硬度、脆性、黏聚性、咀嚼性、胶黏性、粘牙性、回复性、弹性、凝胶强度以及流变特性等。质构测试仪主要包括主机、备用探头及附件。主机主要由机座、传动系统、传感器等组成。专用软件主要由试验设置。质构测试仪通过计算机程序控制，自动采集测试数据，可以得到变形、时间、作用力三者关系数据及测试曲线，计算机可以生成力（变形）与时间的关系曲线，也可以转换成应力-应变曲线，利用测试数据，测试者就可以对被测物进行质构分析。

图 4-8　质构测试仪的探头形式

质构测试仪可以检测食品多方面的物理特征参数，并可以和感官评定参数进行比较。检测的方式包括压缩、拉伸、剪切、弯曲、穿刺等，如图 4-9 所示。

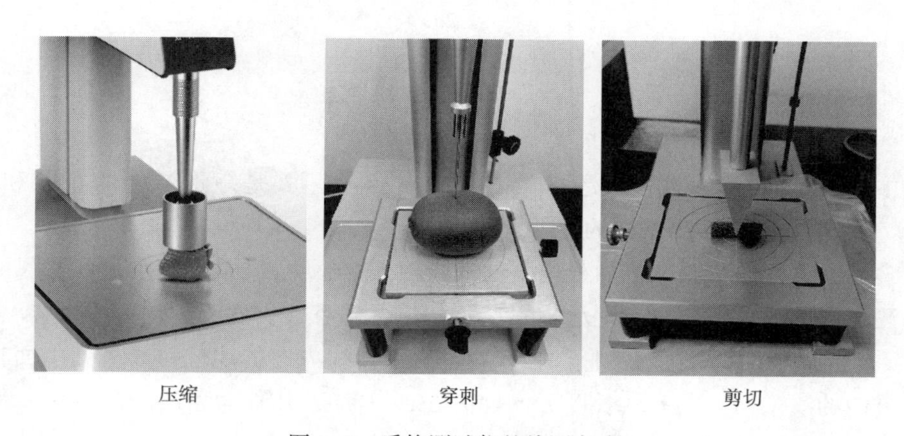

图 4-9　质构测试仪的检测方式

（四）质构仪器测定方法

1. 脆性测定

薯片、饼干、膨化食品等食品的脆性是该类食品重要的质构指标。脆性物料的检测以往采用曲线上的峰数量，它表征物体的脆性程度。近些年人们试验发现用力与变形曲线的真实长度更能反映物料的脆性。由质构测试仪自带的专用软件能自动计算出统计长度。如图 4-10 和图 4-11 所示是薯片的脆性检测装置和结果。

2. 弯曲强度测定

弯曲强度是评价饼干、干面条、干米线、粉丝、巧克力等食品品质的重要指标。对于弹性细长类直条形食品的抗弯能力评价用压杆后屈曲法更合适，如挂面、直米线、直粉丝的抗弯能力评价。

图 4-10　薯片脆性测试装置

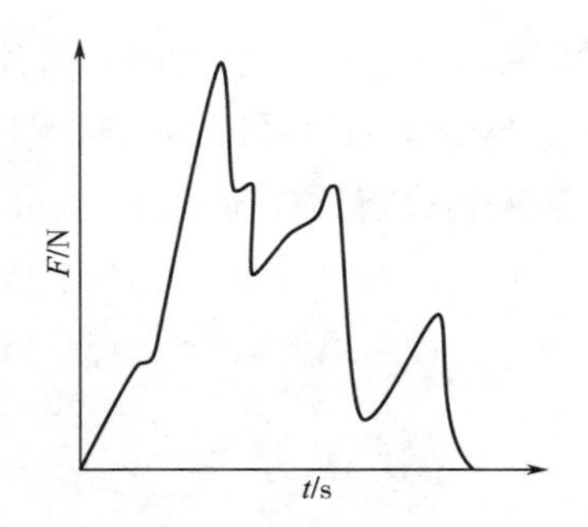

图 4-11　薯片脆性检测曲线

试验时，缓慢加载，测定试样断裂的载荷 P，用下列公式计算弯曲断裂最大应力 σ。

圆形截面：

$$\sigma = \frac{8PL}{\pi D^3} \tag{4-1}$$

矩形截面：

$$\sigma = \frac{3PL}{2ab^2} \tag{4-2}$$

空心圆截面：

$$\sigma = \frac{8PLD_2}{\pi(D_2^4 - D_1^4)} \tag{4-3}$$

式中，L 是支座间距离，D 是圆形试样的直径，a、b 是矩形试样的宽度和厚度，D_1、D_2 分别是空心圆截面试样的内外直径。

在食品材料弯曲试验中，加载速度、试样的有效长度 L、支承座的形状和尺寸对破坏应力测试有影响。一般要求支承座的直径 d 与试样有效长度 L 的比小于 1%，挠度 Y（在受力或非均匀温度变化时，杆件轴线在垂直于轴线方向的线位移或板壳中面在垂直于中面方向的线位移）与有效长度 L 的比为 5%～10%，几种面条的弯曲测试条件如表 4-11 所示。

表 4-11　几种面条的弯曲测试条件

面条名称	试样有效长度 L/mm	支承座的直径 d/mm	加载速度/(mm/s)	面条名称	试样有效长度 L/mm	支承座的直径 d/mm	加载速度/(mm/s)
通心粉	130	7.5	8	荞麦面	60	3	8
冷面	130	5	8	挂面	40	3	8

3. 干直条食品的抗弯能力与弹性模量测定——压杆后屈曲法

直条食品是直条型食品的简称，指挂面、直条干米线、直条粉丝（条）等食品，截面形状可以是圆形、方形等。这类食品具有较好的弹性。在抗弯能力测试中，除三点弯曲外，另一种形式属于压杆后屈曲法。由于压杆后屈曲变形行为是稳定的，因此变形参数之间是一一对应关系。将直条食品弯曲断裂看成工程力学中两端铰支细长压杆，运用压杆后屈曲大挠度理论建立直条食品后屈曲变形参数关系、直条型食品后屈曲状态参数，如图 4-12、图 4-13、图 4-14 所示。

图 4-12　弯曲断裂试验

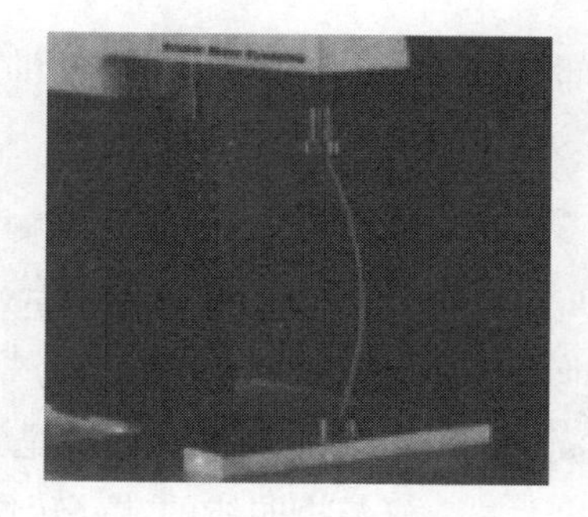

图 4-13　压杆后屈曲变形

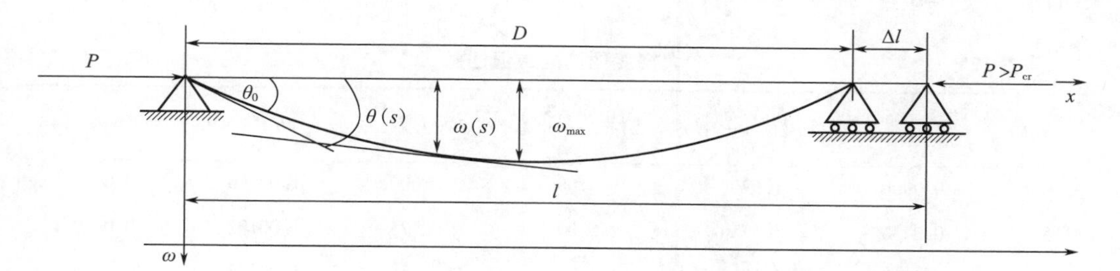

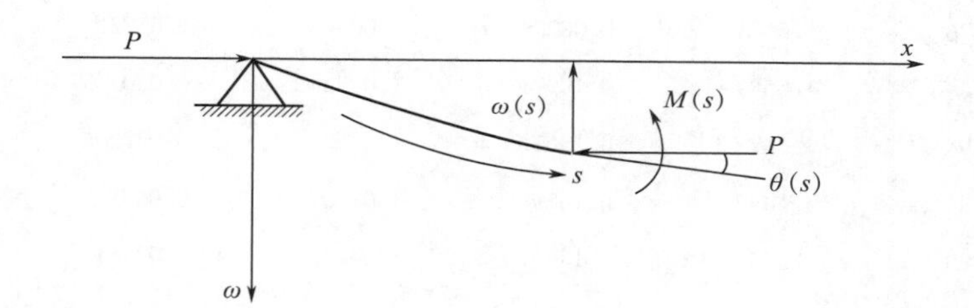

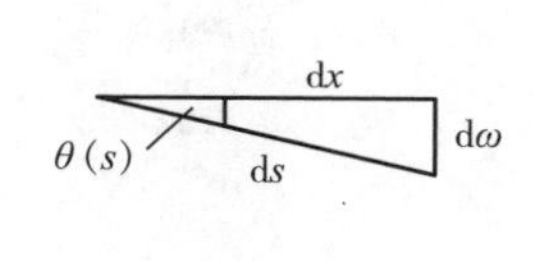

图 4-14　直条型食品后屈曲状态参数

直条食品后屈曲变形的主要参数为端部转角 θ_0、端部轴向位移量 Δl、中点挠度 ω_{max} 和端部轴向压力 P，它们之间的关系如下。

端部轴向位移量 Δl（无量纲形式）：

$$\frac{\Delta l}{l} = 2\left[1 - \frac{E\left(\alpha, \frac{\pi}{2}\right)}{F\left(\alpha, \frac{\pi}{2}\right)}\right] \tag{4-4}$$

中点挠度 ω_{max}（无量纲形式）：

$$\frac{\omega_{max}}{l} = \frac{\alpha}{F\left(\alpha, \frac{\pi}{2}\right)} \tag{4-5}$$

端部轴向压力 P（无量纲形式）：

$$\frac{P}{P_{cr}} = \frac{4}{\pi^2}\left[F\left(\alpha, \frac{\pi}{2}\right)\right]^2 \tag{4-6}$$

式中，Δl 为端部轴向位移量，mm；l 为直条食品的长度，mm；ω_{max} 为中点挠度，mm；P 为端部轴向压力，N；P_{cr} 为端部轴向临界压力，N；$F\left(\alpha, \frac{\pi}{2}\right)$ 为第一类完全椭圆积分；$E\left(\alpha, \frac{\pi}{2}\right)$ 为第二类完全椭圆积分，其中 $\alpha = \sin\frac{\theta_0}{2}$，$\theta_0$ 为端部转角。

从以上两式可知，$\Delta l / l$、ω_{max} / l 都是端部转角 θ_0 的函数。因此，当试样长度 l 一定时，端部轴向位移量 Δl、中点挠度 ω_{max} 与端部转角 θ_0 之间是一一对应关系。

$\Delta l / l$、ω_{max} / l、P / P_{cr} 三个比值都是无量纲量，都与直条型食品的弹性模量、截面尺寸、形状无关，仅与挠曲线的端部转角 θ_0 有关。端部转角 θ_0 与 3 个比值对应的数值通解见表 4-12。

表 4-12　　　　大挠度理论的数值通解

θ_0 /（°）	α	$F\left(\alpha, \frac{\pi}{2}\right)$	$E\left(\alpha, \frac{\pi}{2}\right)$	ω_{max}/l	P/P_{cr}	$\Delta l/l$
0	0.0000	1.5708	1.5708	0.00000	1.00000	0.0000
5	0.0436	1.5716	1.5700	0.02775	1.00102	0.0020
10	0.0872	1.5738	1.5678	0.05538	1.00383	0.0076
15	0.1305	1.5776	1.5641	0.08274	1.00868	0.0172
20	0.1736	1.5828	1.5589	0.10971	1.01534	0.0302
25	0.2164	1.5898	1.5522	0.13615	1.02428	0.0472
30	0.2588	1.5981	1.5442	0.16195	1.03507	0.0675
35	0.3007	1.6083	1.5347	0.18697	1.04832	0.0916
40	0.3420	1.6200	1.5238	0.21112	1.06363	0.1188

（1）直条食品抗弯能力压杆后屈曲变形参数评价法　如表 4-12 所示，端部转角 θ_0 与端部轴向位移量 $\Delta l / l$ 是一一对应关系，因此，在检测直条食品抗弯能力时，可以直接用端部轴向位移量 Δl 评价直条食品的抗弯能力；也可以用端部转角 θ_0 评价直条食品的抗弯能力。

（2）直条食品抗弯能力压杆后屈曲断裂应力评价法　用弯曲应力（忽略剪切应力和压应力）评价直条食品抗弯能力，其断裂弯曲应力为：

$$\sigma = \frac{Pb}{2I}\omega_{max} \tag{4-7}$$

式中，σ 为直条食品试样中点弯曲应力，N/mm^2；P 为端部轴向压力，N；b 为试样弯曲方向的厚度，mm；ω_{max} 为中点挠度，mm；I 为试样压杆惯性矩（矩形截面的 $I = \frac{ab^3}{12}$，圆形截面的 $I = \frac{\pi d^4}{64}$，椭圆形截面的 $I = \frac{\pi ab^3}{64}$，a 为试样的宽度，mm），mm^4。

（3）直条食品弹性模量压杆后屈曲法测定　用弹性模量评价直条食品抗弯能力，其弹性模量为：

$$E = \frac{P l^2}{4\left[F\left(\alpha, \frac{\pi}{2}\right)\right]^2 I} \tag{4-8}$$

式中，E 为直条食品试样弹性模量，N/mm^2。

挂面后屈曲弹性模量测定方法（压杆后屈曲法）的最佳测试条件是挂面长度为150mm、压弯端部轴向位移量4.53mm（端部转角20°），测定试样在该条件下的压力的F。查表4-12得$F\left(\alpha, \frac{\pi}{2}\right)$为1.5828，计算得到该试样的弹性模量。挂面的弹性模量一般为2000~3000N/mm^2。

4. 穿刺硬度测定

穿刺硬度是衡量食品品质的重要指标，如GB 10651—2008《鲜苹果》中，通过穿刺测定苹果硬度（指果实胴部单位面积去皮后所承受的试验压力），作为苹果达到可采成熟度时应具有的硬度，如表4-13所示。检测时应用果实硬度计测试，图4-15所示是常用的手持硬度计。

表4-13　　苹果的硬度

品种	果实硬度/（N/cm^2）	品种	果实硬度/（N/cm^2）
元帅	63.7	富士	78.4
红星	63.7	红玉	68.6
红冠	63.7	祝光	58.8
国光	78.4	伏花皮	58.8
金冠	68.6	鸡冠	78.4
青香蕉	78.4	秦冠	58.8

在质构测试仪上，用柱状、针状、圆锥状探头，以一定速度将探头插入试样，则可以测到相应的力和时间（变形）的关系曲线（图4-16）。图4-17所示为苹果穿刺硬度检测装置。

5. 凝胶强度测定

凝胶是食品中非常重要的物质状态，食品中除了果汁、酱油、牛乳、油等液态食品和饼干、酥饼、硬糖等固体食品外，绝大部分都是在凝胶状态下供食用的。因此，凝胶食品质构决定着食品的品质。另外，食品制造中常用胶体添加剂，如果胶、琼脂、明胶、阿拉伯胶、海藻胶、淀粉、大豆蛋白等，这些添加剂的凝胶性能对制品品质起着重要作用。凝胶性能表征指标之一是凝胶强度。

（1）凝胶强度测定原理　用直径为12.7mm的圆柱探头，压入含6.67%（质量分数）明胶的胶冻表面以下4mm时，所施加的力为凝胶强度。图4-18所示是凝胶强度

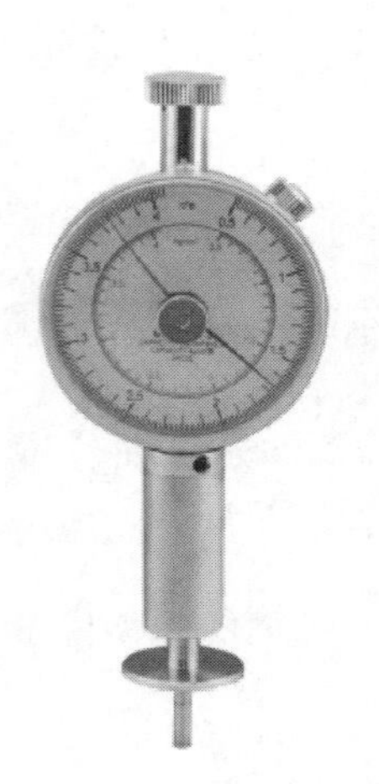

图 4-15　手持硬度计

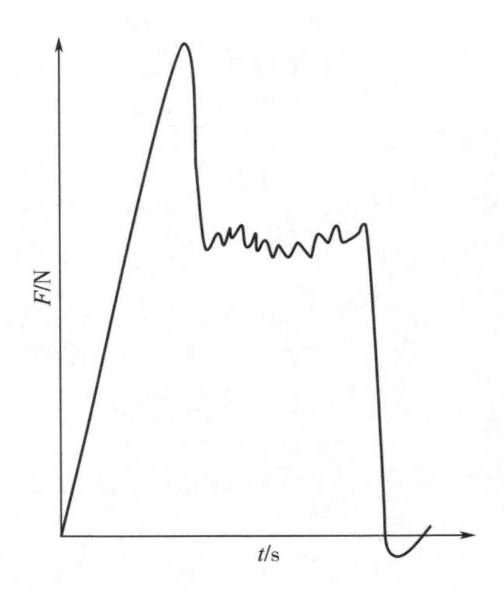

图 4-16　苹果穿刺力与时间关系

图 4-17　苹果穿刺硬度检测装置

测试装置。

（2）胶体试样的制备　取一定量明胶，首先将规定的水量加入，在 20℃左右，放置 2h，使其吸水膨胀，然后置于（65±1）℃的水浴中在 15min 之内溶成均匀的液体，最后使其达到规定浓度 6.67%（质量分数）的胶液 150mL（在三角烧瓶中配制）。将 120mL 测定溶液放入容积 150mL 的标准测试罐中，加盖，在（10±0.1）℃低温恒温槽内冷却 16~18h。

（3）测定　完成样品的准备后，将测试罐放置在探头的中心下方。质构测试仪工作参数设定成，测前速度为 1.5mm/s，测试速度为 1.0mm/s，返回速度为 1.0mm/s，测试距离为 4mm，触发力为 0.049N，数据采集速率设定为 200pps，探头为柱型探头（直径 12.7mm）。启动仪器，探头以 1.0mm/s 的速度插入胶体，直至 4mm 深，测得探头插入胶体过程中力与时间（深度）曲线，即凝胶强度测试曲线，如图 4-19 所示，4s 或 4mm 处的峰值即为凝胶强度。

图 4-18　凝胶强度测试装置

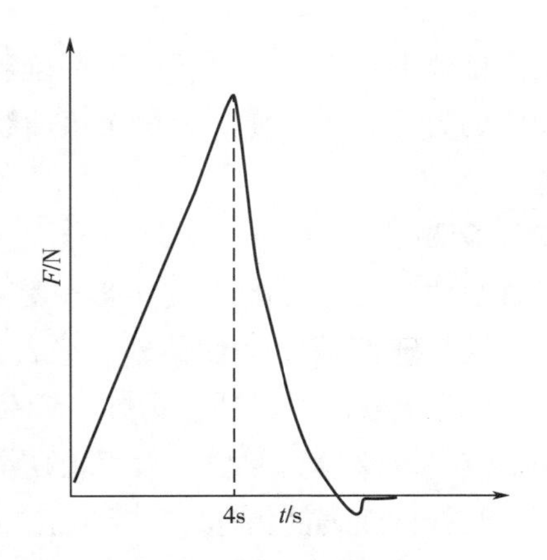

图 4-19　凝胶强度测试曲线

6. 嫩度测定——剪切力测定法

嫩度（tenderness）是指物料在剪切时所需的剪切力。

（1）测试原理　通过质构测试仪的传感器及数据采集系统记录刀具切割试样时的用力情况，并把测定的剪切力峰值（力的最大值）作为试样嫩度。下面以肉嫩度的测定方法——剪切力测定法为例说明测试过程。

图 4-20　剪切刀具

（2）肉嫩度的测定　①仪器及设备：采用配有 WBS（Warner-Bratzler Shear）刀具的相关质构测试仪、直径为 1.27cm 的圆形钻孔取样器、恒温水浴锅、热电偶测温仪（探头直径小于 2mm）。刀具的规格为 3mm，刃口内角为 60°，内三角切口的高度为 35mm，砧床口宽 4mm，如图 4-20 所示。②取样及处理：取中心温度为 0~4℃，长×宽×高不少于 6cm×3cm×3cm 的整块肉样，剔除肉表面的筋、腱、膜及脂肪。放入 80℃恒温水浴锅（1500W）中加热，用热电偶测温仪测量肉样中心温度，待肉样中心温度达到 70℃时，将肉样取出冷却至中心温度 0~4℃。用直径为 1.27cm 的圆形取样器沿与肌纤维平行的方向钻切试样，孔样长度不少于 2.5cm，取样位置应距离样品边缘不少于 5mm，两个取样的边缘间距不少于 5mm，剔除有明显缺陷的孔样，测定试样数量不少于 3 个。取样后立即测定。③测试：将孔样置于仪器的刀槽上，使肌纤维与刀口走向垂直，启动仪器，以 1mm/s 的剪切速度剪切试样，测得刀具切割孔样过程中的最大剪切力（峰值）为孔样剪切力的测定值。图 4-21所示为肉样剪切力测试曲线。④嫩度计算：记录所有的测定数据，取各个孔样剪切力的测定值的平均值扣除空载运行最大剪切力，计算肉样的嫩度值。

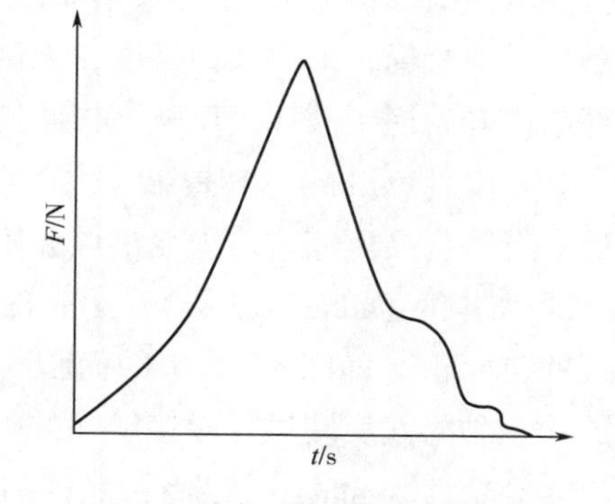

图 4-21　肉样剪切力测试曲线

肉样嫩度的计算如下：

$$X = \frac{X_1 + X_2 + X_3 + \cdots + X_n}{n} - X_0 \qquad (4-9)$$

式中，X 为肉样的嫩度，N；$X_{1\sim n}$ 为有效重复孔样的最大剪切力，N；n 为有效孔样的数量；X_0 为空载运行最大剪切力（仪器空载运行时受到的最大剪切力应为 0.147N），N。

7. 综合测试——质构分析（TPA）测试

质构分析（texture profile analysis，TPA）是让仪器模拟人的两次咀嚼动作，所以又称为“二次咀嚼测试”。它可对样品一系列特征进行量化，将诸如黏附性、黏聚性、咀嚼度、胶着度和弹性等参数建立标准化的测量计算方法。图 4-22 所示为典型的 TPA 测试曲线示意图。

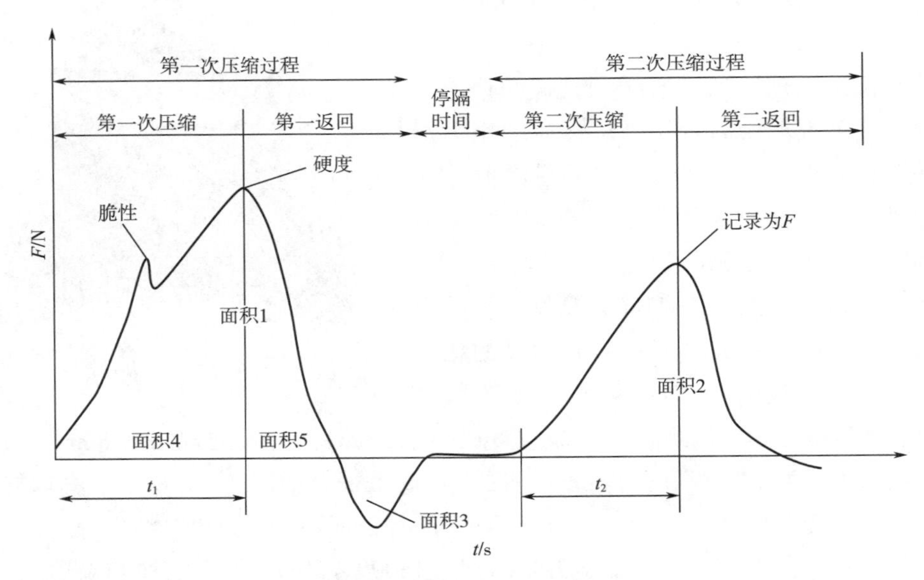

图 4-22　典型的 TPA 测试曲线示意图

（1）TPA 特征参数定义　美国质构资深研究者马尔科姆·伯恩（Malcolm Bourne）博士在其著作《食品质地和黏性》（*Food Texture and Viscosity*）和相关论文中对 TPA 特征参数进行了明确定义。

①脆性（fracturability）：压缩过程中并不一定都产生破裂，在第一次压缩过程中若是产生破裂现象，曲线中出现一个明显的峰，此峰值就定义为脆性。在 TPA 曲线中的第一次压缩曲线中若是出现两个峰，则第一个峰定义为脆性，第二个峰定义为硬度；若是只有一个峰，则定义为硬度，无脆性值，与试样的屈服点对应，表征在此处试样内部结构开始遭到破坏，反映试样脆性。

②硬度（hardness）：是第一次压缩时的最大峰值，多数食品的硬度出现在最大变形处。有些食品压缩到最大变形处并不出现应力峰。硬度反映试样对变形的抵抗能力。

③黏附性（adhesiveness）：第一次压缩曲线达到零点到第二次压缩曲线开始之间的曲线的负面积（即图 4-22 中的面积 3），反映的是由于测试样品的黏着作用探头所消耗的功。黏附性反映试样对接触面的附着能力。

④凝聚性（cohesiveness）：又称黏聚性。表示测试样品经过第一次压缩变形后所表现出来的对第二次压缩的相对抵抗能力，是样品内部的黏聚力，在曲线上表现为两次压缩所做正功之比（即图 4-22 中面积 2/面积 1）。凝聚性反映试样内部组织的黏聚能力，即试样保证自身整体完整的能力。

⑤弹性（springness）：样品经过第一次压缩后能够再恢复的程度。恢复的高度是在第二次压缩过程中测得的，从中可以看出两次压缩测试之间的停隔时间对弹性的测定很重要，停隔的时间越长，恢复的高度越大。弹性的表示方法有几种表示方式，最典

型的就是用第二次压缩中所检测到的样品恢复高度和第一次的压缩变形量的比来表示，在曲线上用 t_2/t_1 的比来表示。原始的弹性数学描述只是用恢复的高度表示，那样对于不同测试样品之间的弹性比较就产生了困难，因为还要考虑不同试样的原始高度和形状，所以用相对比值来表示弹性更为合理、方便。反映试样在一定时间内变形恢复的能力。

⑥胶黏性（gumminess）：只用于描述半固态的测试样品的黏性特性，数值上用硬度和内聚性的乘积表示。反映半固态试样内部组织的黏聚能力。

⑦咀嚼性（chewiness）：只用于描述固态的测试样品，数值上用胶黏性和弹性的乘积表示。咀嚼性和胶黏性是相互排斥的，因为测试样品不可能既是固态又是半固态，所以不能同时用咀嚼性和胶黏性来描述某一测试样品的质构特性。反映试样对咀嚼的抵抗能力。

⑧回复性（resilience）：表示样品在第一次压缩过程中回弹的能力，是第一次压缩循环过程中返回时的样品所释放的弹性能与压缩时的探头耗能之比，在图 4-22 所示的曲线上用面积 5 和面积 4 的比来表示。反映试样卸载时快速恢复变形的能力。

⑨硬度 2（hardness2）：TPA 曲线第二次压缩周期内试样所受最大力，表征试样第二次压缩时对变形的抵抗能力。

（2）TPA 测试　TPA 测试需要对控制程序中的触发力、测试前探头速度、测试探头速度、测试后探头速度、下压距离、两次下压停隔时间等参数进行设置。

TPA 测试时，测试程序将使探头按照如下步骤动作。探头从起始位置开始，先以测前速率（pre-test speed）向测试样品靠近，直至达到所设置触发力，并记录数据；触发后以测试速率（test speed）对样品进行压缩，达到设定的下压距离后返回到压缩的触发点（trigger）；之后处于两次下压停隔时间的等待状态；停隔时间结束后，继续向下压缩同样的距离，而后以测后速率（post-test speed）返回到探头测前的起始位置。TPA 测试仪记录并绘制力与时间的关系曲线，通过分析数据得出特征参数的量值。

如果需要全面获得样品在测试中表现出的数据及分析结果，建议使用仪器自带软件中的方案处理。

上面介绍的测试过程是下压条件下的 TPA 测试，在拉伸条件下的 TPA 测试应参考仪器说明书。

TPA 测试的仪器检测结果与试验方法有密切关系。下压距离和测试速度以及两次下压间的停隔时间等参数设定非常重要，直接影响到整个质构分析结果。在 TPA 测试中，下压距离（压缩比）参数特别重要，伯恩认为，为模拟人牙齿的咀嚼运动，应进行深度压缩，压缩比达到 90%。不同的物料应采用不同的压缩比，需要在测试中对压缩比进行优化，其他设置参数也需要优化。目前，采用较多的压缩比是 30%~70%。当然，试样大小和形状是否标准和一致对质构分析影响也非常大。

8. 质构完整测试

根据 GB/T 16860—1997《感官分析方法　质地剖面检验》，用机械的、触觉的方法或在适当条件下用视觉的、听觉的接收器可接收到的所有产品的机械、几何和表面特性。机械特性与对产品压迫产生的反应有关，可分为五种基本特性：硬性、黏聚性、黏性、弹性、黏附性。从定义可知，质构除了通过触觉感觉以外，还包含通过视觉和听觉感觉。前面介绍的仪器质构检测主要是模拟人的触觉，但在实际测试过程中，试样在受力时发生变形，不同的材料会发生不同的变形，这种变形可以通过视觉感知；有些物料在受力破坏时发出声音，即可以通过听觉感知。如果把这些信息融合起来表征物料的质构，则将更科学、更全面，也更符合质构定义的要求，更符合人的感官评定。图 4-23 所示是英国 SMS 公司开发的可以采集力、声、图像信息的质构分析仪，它由力信息采集系统、声音信息采集系统和图像信息采集系统三部分组成。

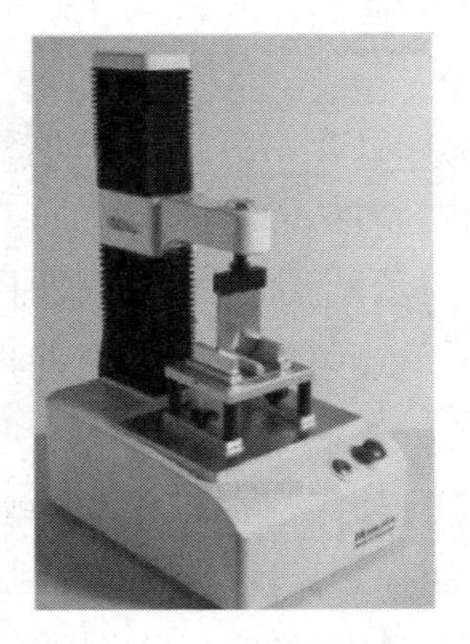

图 4-23　英国 SMS 公司开发的可以采集力、声、图像信息的质构分析仪

9. 流变特性测试

据估计，描述食品品质的术语有 350 多种，其中 25%与流变特性有关。例如，硬度、柔软度、脆度、嫩度、成熟度、咀嚼性、松脆性、鲜度、砂性、面性、酥性等。因此，基础流变特性（如黏弹性物料的蠕变、应力松弛等特性）试验是非常重要的。而且通过建立流变模型可以更形象地表征质构。图 4-24 所示为食品质构、流变特性与结构的关系。

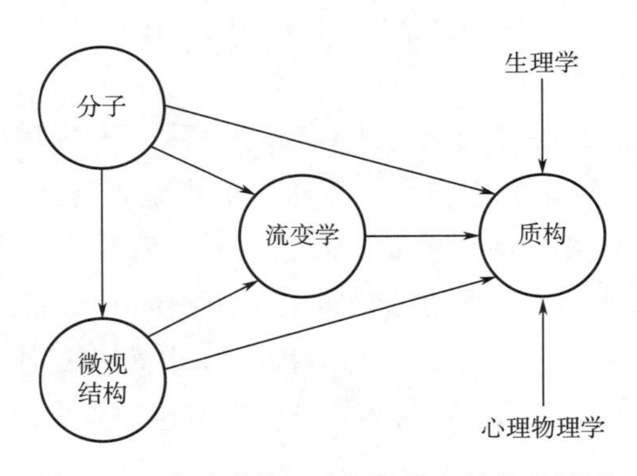

图 4-24　食品质构、流变特性与结构的关系

10. 拓展测试

食品的感官检验是通过人的感觉，即触觉、视觉、听觉、味觉、嗅觉，对食品的质量状况做出客观的评价。也就是通过眼观、鼻嗅、口尝、耳听以及手触等方式，对食品的色、香、味、形进行综合性鉴别分析，最后以文字、符号或数据的形式做出判评。根据食品的感官检验的定义，前面介绍的质构分析仪已实现了对感官检验定义中触觉、视觉、听觉的模拟。对味觉和嗅觉的模拟已有商业化仪器，分别称为电子舌和电子鼻。

（1）电子舌　电子舌是用类脂膜作为味觉物质换能器的味觉传感器，它能够以类似人的味觉感受方式检测出味觉物质。目前，从不同的机制来看，味觉传感器技术大致有以下几种：多通道类脂膜传感器、基于表面等离子体共振、表面光伏电压技术等。模式识别主要有最初的神经网络模式识别和最新发展的混沌识别。混沌是一种遵循一定非线性规律的随机运动，它对初始条件敏感，混沌识别具有很高的灵敏度，因此应用也越来越广泛。目前较典型的电子舌系统有法国的 AlphaMOS 系统和日本的 Kiyoshi Toko 电子舌。图 4-25 所示为法国 AlphaMOS 公司的 Astree Ⅱ 型味觉指纹分析仪。

图 4-25　法国 AlphaMOS 公司的 Astree Ⅱ 型味觉指纹分析仪（电子舌）

近几年，应用传感器阵列和根据模式识别的数字信号处理方法，出现了电子鼻与电子舌的集成化。在俄罗斯，研究人员研发了电子舌与电子鼻复合成新型分析仪器，其测量探头的顶端是由多种味觉电极组成的电子舌，底端是由多种气味传感器组成的电子鼻，其电子舌中的传感器阵列是根据预先的方法来选择的，每个传感器单元具有交叉灵敏度。这种将电子鼻与电子舌相结合并把它们的数据进行融合处理来评价食品品质的方法具有广阔的发展前景。

电子舌技术在液体食物的味觉检测和识别上可以对 5 种基本味感，即酸、甜、苦、辣、咸进行有效的识别。日本的研究人员应用多通道类脂膜味觉传感器对氨基酸进行研究。结果显示，传感器可以把不同的氨基酸分成与人的味觉评价相吻合的 5 个组，并能对氨基酸的混合味道做出正确的评价。同时，通过研究 L-甲硫氨酸这种苦味氨基酸，得出生物膜上的脂质（疏水性）部分可能是苦味感受体的结论。

目前，使用电子舌技术能轻松地区分多种不同的饮料。俄罗斯的莱金使用由 30 个传感器组成阵列的电子舌检测不同的矿泉水和葡萄酒，发现电子舌能可靠地区分所有的样品，重复性好，两周后再次测量结果无明显改变。此外，电子舌技术也能对啤酒和咖啡等液体食物作出评价。对33种品牌的啤酒进行测试，电子舌技术能清楚地显示各种啤酒的味觉特征，同时，样品并不需要经过预处理，因此这种技术能满足生产过程在线检测的要求。对于咖啡，通常认为咖啡碱是咖啡形成苦味的主要成分，但不含咖啡碱的咖啡喝起来反而让人觉得更苦。味觉传感器能同时对许多不同的化学物质做出反应，并经过特定的模式识别得到对样品的综合评价，所以它能鉴别不同的咖啡，显示出这种技术独特的优越性。

电子舌技术不仅可以用于液体食物的味觉检测，也可以用在胶状食物或固体食物上。例如，对番茄进行味觉评价，可以先用搅拌器将其打碎，所得到的结果同样与人的味觉感受相符。此外，国外的一些研究者尝试把电子舌与电子鼻这两种技术融合在一起，从不同角度分析同一个样品，模拟人的嗅觉与味觉的结合，在一些情况下能大幅提高识别能力。目前，电子舌已经有了商业化的产品。例如法国的AlphaMOS公司生产的Astree型电子舌，利用7个电化学传感器组成的检测器及化学计量软件对样品内溶解物作味觉评估，能在3min内稳妥地提供所需数据，大幅提高产品全方位质控的效率，可应用于食品原料、软饮料和药品的检测。

（2）电子鼻　电子鼻由气敏传感器、信号处理系统和模式识别系统等功能器件组成。由于食品的气味是多种成分的综合反映，所以电子鼻的气味感知部分往往采用多个具有不同选择性的气敏传感器组成阵列，利用其对多种气体的交叉敏感性，将不同的气味分子在其表面的作用转化为方便计算的与时间相关的可测物理信号组，实现混合气体分析。在电子鼻系统中，气体传感器阵列是关键因素，目前电子鼻传感器的主要类型有导电型传感器、压电式传感器、场效应传感器、光纤传感器等，最常用的气敏传感器的材料为金属氧化物、高分子聚合物材料、压电材料等。在信号处理系统中的模式识别部分主要采用人工神经网络和统计模式识别等方法。人工神经网络对处理非线性问题有很强的处理能力，并能在一定程度上模拟生物的神经联系，因此在人工嗅觉系统中得到了广泛的应用。由于在同一个仪器里安装多类不同的传感器阵列，使检测更能模拟人类嗅觉神经细胞，根据气味标识和利用化学计量统计学软件对不同气味进行快速鉴别在建立数据库的基础上，对每一样品进行数据计算和识别。

电子鼻采用了人工智能技术，实现了由仪器“嗅觉”对产品进行客观分析。由于这种智能传感器矩阵系统中配有不同类型传感器，使它能更充分模拟复杂的鼻子，也可以通过它得到某产品实实在在的身份证明（指纹图），从而辅助研究人员快速地进行系统化、科学化的气味监测、鉴别、判断和分析。

目前比较著名的电子鼻系统有英国的Neotronics system、Aroma scan system、Bloodhound和法国AlphaMOS系统（图4-26）。另外，还有日本的Frgaro和中国台湾的Smell和KeenWeen等。

美国科学家理查德·阿克塞尔和琳达·巴克因在人体气味受体和嗅觉系统组织方

式研究中作出的杰出贡献而获得2004年诺贝尔生理学或医学奖。在对人体所有功能感觉的研究中，嗅觉一直是最神秘的领域。科学家们已经发现，嗅觉、味觉比视觉记忆更长久。对于嗅觉系统如何辨别10000种以上气味的基本原理仍然不能完全解释。而理查德·阿克塞尔和琳达·巴克在这一领域的前沿性研究能帮助人们进一步深入了解嗅觉系统。他们获得诺贝尔奖的主要研究成就是发现了一个大型基因组群，其中有1000个不同的基因，占所有人类基因的3%，这也同时带来了对相同数量受体蛋白质的发现。人体的嗅觉体系包含500万嗅觉神经，它们直接把收到的嗅觉信息发送给大脑的嗅觉区。嗅觉神经将神经纤毛深入鼻腔黏膜中，科学家们相信，这些纤毛上一定有专门探测气味分子的蛋白质。

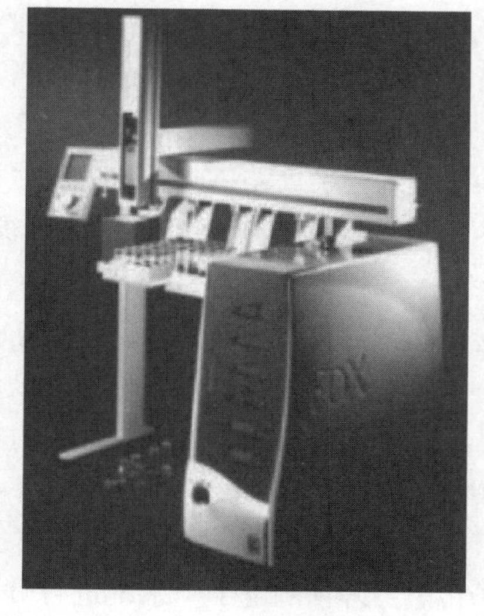

图4-26　法国AlphaMOS公司的FOX400嗅觉指纹分析仪（电子鼻）

一直以来，科学家们都在力求找到这些特殊的受体蛋白质，因为受体蛋白质是解答嗅觉两大问题的关键所在。科学家们还不知道嗅觉系统怎样把上千种的气味分子区分开来；其次，科学家还在探索大脑怎样处理不同的嗅觉信息以区分不同的气味。阿克塞尔与巴克着重于基因方面的研究给这一领域带来了全新的进展。他们在研究中并没有直接针对受体蛋白质，而是转向嗅觉细胞中决定蛋白质的基因。巴克首先取得了一个“非常巧妙”的新突破。她做的三个假设极大缩小了研究范围：首先，依据实验室的研究成果，假设了受体在形态上和功能上的一些特性，从而缩小了研究范围；其次，假设气味受体是一个相互关联的蛋白质家族中的成员，这样就可以从大型蛋白质族群入手研究；另外，主张锁定只对嗅觉细胞中出现的基因进行研究。阿克塞尔称，巴克的大胆假设为他们的研究至少节省了好几年的时间，这使研究小组能集中对一些可能专门为受体蛋白质而编码的基因进行研究，从而取得较大进展。

电子鼻对不同酒类进行区分和品质检测可以通过对其挥发物质的检测进行。传统的方法是采用专家组进行评审，也可以采取化学分析方法，如气相色谱法（GC）和色谱质谱联用技术（GC-MS），虽然这种方法具有高可靠性，但处理程序复杂，耗费时间和费用。因此需要有一个更加快速、无损、客观和低成本的检测方法。瓜达拉马等对2种西班牙红葡萄酒和1种白葡萄酒进行检测和区分。为了有对比性，他们还同时检测了纯水和稀释的酒精样品。电子鼻系统采用了6个导电高分子传感器阵列，通过数据处理得出，电子鼻系统可以完全区分5种测试样品，测试结果和气相色谱分析的结果一致。

茶叶的挥发物中包含了大量的各种化合物，而这些化合物也很大程度上反映了茶叶本身的品质。杜塔等对5种不同加工工艺（不同的干燥、发酵和加热处理）的茶叶进行分析和评价。他们用电子鼻检测其顶部空间的空气样品。电子鼻由费加罗公司生产的4个涂锡的金属氧化物传感器组成，通过数据处理得出，采用径向基函数（RBF）的人工神经网络（ANN）方法分析时，可以100%的区分5种不同制作工艺的茶叶。

萨利文等用电子鼻和GC-MS分析4种不同饲养方式的猪肉在加工过程中的气味变化，通过数据处理得出，电子鼻不仅可以清晰地区分不同饲养方式的猪肉，也可以评价猪肉加工过程中香气的变化。而且电子鼻分析具有很好的重复性和再现性。

水果散发的气味能够很好地反映水果内部品质的变化。虽然人能感受出10000种气味，但在区分相似的气味时，人的辨别力受到了限制。水果在贮藏期间，通过呼吸作用进行新陈代谢而变熟，因此在不同的成熟阶段，其散发的气味会不一样。大下等将日本的“LaFranch”梨在不成熟时进行采摘，然后将它们分成3组，用32个导电高分子传感器阵列的电子鼻系统进行分析，通过数据处理得出，电子鼻能够很明显地区分出3种不同成熟时期的梨，并且同其他分析方法的结果有很强的相关性。

三、食品质构的感官检验与仪器测定的关系

仪器测定和感官检验的特点与区别列于表4-14中。由表4-14可知，仪器测定的特点是结果再现性好，具有易操作、误差小等优点。而感官检验结果有个体差异大、再现性差等缺点。此外，仪器测定的物性参数有时与感官检验给出的特性不同，例如，对于大米口感的评价，有研究者做了如下试验：将典型的黏性米（粳米）和较松散的籼米调制成糊状，进行动态黏弹性测定。结果发现，口感认为是比较黏的粳米实际弹性率和黏度都很小，而籼米的黏度和弹性率却较大。说明口感的“黏度”与力学测定的黏度并非为同一个概念。口腔感觉“发黏”，实际上是米饭在口中容易流动的性质，而力学测定的黏度与这种感官黏度竟是相反的关系。对面条“筋道”的评价也有类似的问题。因此，用仪器测定代替感官检验时，仪器和测定方式的选择尤为重要。要使仪器测定的结果与感官检验的结果真正达到一致，首先要搞清感官检验各项的物理意义。

表4-14　仪器测定和感官检验特点的比较

	仪器测定的特点	感官检验的特点
测定过程	物理-化学反应 特性数值→装置分析→检测输出	生理-心理分析 刺激语言→［感官］→［大脑］→［知觉］→感受表现
结果表现	数值或图线	语言表现与感觉对应的不明确性
误差和校正	一般较小，可用标准物质校正	有个体差异，相同刺激鉴别较难
再现性	一般较高	一般较低

续表

	仪器测定的特点	感官检验的特点
精度和敏感性	一般较高，在某种情况下不如感官检验	可通过训练评价员提高准确性
操作性	效率高、省事	实施烦琐
受环境影响	小	相当大
适应范围	适于测定要素特性，测定综合特性难，不能进行嗜好评价	适于测定综合特性，未经训练人员测定要素特性困难，可进行嗜好评价

以下以汉堡牛肉饼为例，说明质构感官检验与仪器测定的关系及分析方法。

（1）感官检验　选择5~10名评价员按图4-27所示的评定项目和尺度打分。这是对比评分法，即将两个以上的食品和标准食品进行对比，把特性之差用数值尺度进行评定的方法。采用这种评定方法时必须事先通过预备试验选择好标准试样（标准试样的特性值在中间为宜）。

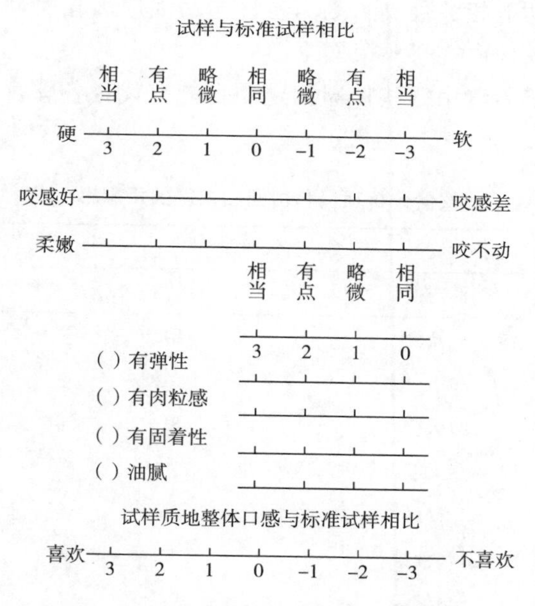

图4-27　汉堡牛肉饼质构感官检验评分标准

（2）仪器测定　主要测定：①水分含量；②肉粒平均直径；③离液量（挤压流汤量）；④松弛应力；⑤用剪切试验测定剪切能、剪切强度、最大应力；⑥用质构仪测定硬度、脆性。

（3）相关性分析　对感官检验和仪器测定的各项测定值进行相关性分析，与感官检验相关性大的前三个仪器测定项目如表4-15所示。

表 4-15　与感官测定值有较大相关性的仪器测定项目

感官指标	相关顺序					
	1		2		3	
	仪器测定项目	相关系数	仪器测定项目	相关系数	仪器测定项目	相关系数
坚硬性	硬度（咀嚼）	0.900	最大应力（穿孔）	0.883	切断功（钢丝）	0.837
弹性	最大应力（穿孔）	0.903	V 模强度（咬断）	0.898	V 模强度（咬断）	0.856
固着性	最大应力（穿孔）	0.902	V 模强度（咬断）	0.885	V 模强度（咬断）	0.828
脆性	最大应力（穿孔）	-0.877	硬度（咀嚼）	-0.861	切断功（钢丝）	-0.830
易咬性	硬度（咀嚼）	-0.816	切断强度（钢丝）	-0.798	切断功（刀片）	-0.793
油腻感	离液量	0.651	—	—	—	—
肉粒感	切断功（刀片）	0.863	切断功（钢丝）	0.860	V 模强度（咬断）	0.831

经主成分分析可知，牛肉饼的第 1 相关顺序是肉粒感等肉质特性；第 2 相关顺序是弹性、固着性、脆性等组成的筋力特性；第 3 相关顺序是油腻感等油性。由表 4-16 可知，肉质特性与剪切能相关性高，筋力特性与最大应力相关性高，油性只与油腻感有关，与仪器测定的其他值之间无相关性。

其次，为了进一步弄清用哪些仪器测定项目能够代替各感官检验，重谷做了回归分析，结果见表 4-16。

表 4-16　仪器分析项目和由回归求得的贡献率

感官指标	直线回归		对最大应力的回归
	测定项目	贡献率/%	贡献率/%
硬度	硬度	81.0	78.1
弹性	最大应力	81.5	81.5
固着性	最大应力	81.4	81.4
脆性	最大应力	76.9	76.9
咬碎感	硬度	66.6	50.8
油性	离液量	42.4	6.5
肉粒感	剪切能	74.5	64.6

由表 4-16 可知，仪器测定项目集中在 4 项。最大应力对弹性、固着性、脆性的贡献率大，因此，只要测定最大应力就能基本上掌握筋力特性。同样，测定剪切能就能掌握肉粒特性。

质构好坏与仪器测定值（最大应力和剪切能）之间的关系如图 4-28 所示。质构的好坏在最大应力轴上比较集中，在剪切能轴上比较分散。因此，如果用一种测定值来判断汉堡牛肉饼的质构，最好还是要测定剪切能。

用黄瓜制作的泡菜，质构是其重要的特性之一，如表 4-17 所示。用流变仪测定的

6 种黄瓜泡菜硬度（x 值）（测定 30 次的平均值），再让受过训练的 6 名评价员按 1 分（极端软）至 9 分（极端硬）的 9 个等级对硬度进行感官检验（y 值）。

表 4-17　黄瓜泡菜仪器测定值和感官检验值对照表

仪器测定值 x	15.1	14.0	13.4	12.3	9.7	8.1
感官检验值 y	7.5	7.6	7.6	6.6	5.9	5.3

这组数据表明，总的趋势是随着仪器测定值的减少，感官检验值也减少。但两者变化的程度不同，甚至有时仪器测定值减少了，感官检验值并未发生变化。做出这组数据的散点图（图 4-29），可以看出，所有散点围绕图中画出的一条直线分布。显然，这样的直线在图上可以画出许多条，而我们要找的是其中最能反映散点分布状态的一条。

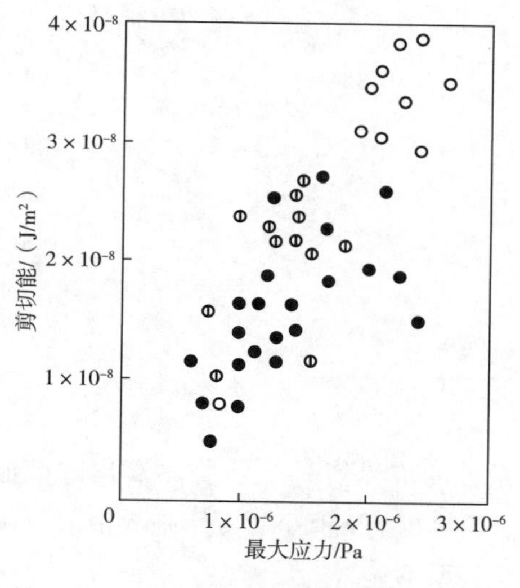

图 4-28　最大应力、剪切能与质构的关系

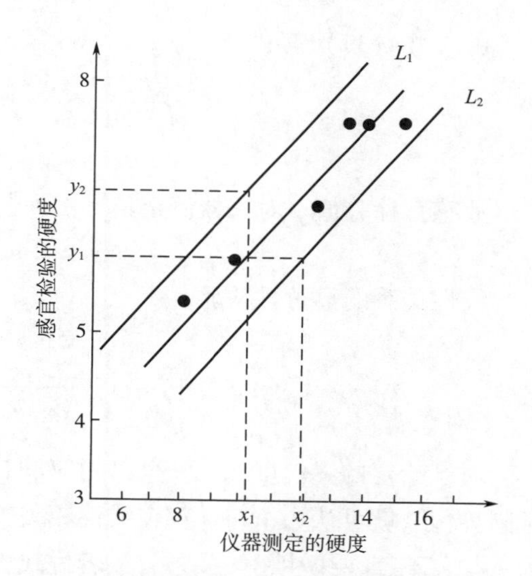

图 4-29　黄瓜泡菜仪器测定值与感官检验值的关系

按最小二乘原理确定直线：

$$\hat{y} = \hat{a} + \hat{b}x \tag{4-10}$$

式（4-10）是要求的最佳反映观察值散布状态的一条直线，它称为 y 对 x 的回归直线。$\hat{a}$、$\hat{b}$ 称为回归系数。

回归系数可用式（4-11）求得：

$$\begin{cases} \hat{b} = \dfrac{\sum_{i=1}^{n} x_i y_i - n\,\overline{x} \cdot \overline{y}}{\sum_{i=1}^{n} x_i^2 - n\overline{x}^2} \\ \hat{a} = \overline{y} - \hat{b}\,\overline{x} \end{cases} \tag{4-11}$$

利用最小二乘原理求例题中感官检验值 y 对仪器测定值 x 的回归直线，原数据见表 4-18。

表 4-18　仪器分析项目和由回归求得的贡献率
用于最小二乘法的黄瓜泡菜原始及统计数据表

序号（i）	仪器测定值（x_i）	感官检验值（y_i）	x_i^2	y_i^2	x_iy_i
1	15.1	7.5	228.01	56.25	113.25
2	14.0	7.6	196.00	57.76	106.40
3	13.4	7.6	179.56	57.76	101.84
4	12.3	6.6	151.29	43.56	81.18
5	9.7	5.9	94.09	34.81	57.23
6	8.1	5.3	65.61	28.09	42.93
合计	72.6	40.5	914.56	278.23	502.83
平均值	12.1	6.75	—	—	—

由式（4-11）有：

$$\hat{b} = \frac{502.83 - 6 \times 12.1 \times 6.75}{914.56 - 6 \times 12.1^2} = 0.354 \tag{4-12}$$

$$\hat{a} = 6.75 - 0.354 \times 12.1 = 2.467 \tag{4-13}$$

故感官检验值 y 对仪器测定值 x 的回归直线为：

$$\hat{y} = 2.467 + 0.354x \tag{4-14}$$

线性关系的显著性检验：

$$r = \frac{\sum_{i=1}^{n} x_i y_i - n\overline{x} \cdot \overline{y}}{\sqrt{\left(\sum_{i=1}^{n} x_i^2 - n\overline{x^2}\right)\left(\sum_{i=1}^{n} y_i^2 - n\overline{y^2}\right)}} \tag{4-15}$$

对于给定的置信度 α，可查出相应的相关系数的临界值 r_α，由样本算出的广值大于临界值，就可认为 y 与 x 存在线性相关关系。当算出的 r 值小于等于临界值时，则认为 y 与 x 不存在线性相关关系，或者说线性相关关系不显著。

自由度等于样本容量 n 减去变量数目，案例中的自由度就是 6-2=4。对置信度 α、自由度 4 查相关系数临界值表，得临界值 $r_{0.01}$=0.917，再由样本计算得：

$$\sum_{i=1}^{6} x_i y_i - 6\overline{x} \cdot \overline{y} = 502.83 - 6 \times 12.1 \times 675 = 12.78 \tag{4-16}$$

$$\sum_{i=1}^{6} x_i^2 - 6\overline{x^2} = 914.56 - 6 \times 12.1^2 = 36.1 \tag{4-17}$$

$$\sum_{i=1}^{6} y_i^2 - 6\overline{y^2} = 278.23 - 6 \times 6.75^2 = 4.8 \tag{4-18}$$

代入式（4-15）得：

$$r_0 = \frac{12.78}{\sqrt{36.1 \times 4.86}} = 0.965 \tag{4-19}$$

即 $|r_0| > r_{0.01}$，故感官检验值 y 与仪器测定值 x 的线性相关关系显著，因而前面得出的回归直线确实可以表述变量间的线性相关关系。

若回归方程是显著的，那么在一定程度上可以反映两个相关变量之间的内在规律。

这样就可以在生产和试验中解决有重要意义的预测和控制问题。

为了研究饼干的感官检验值与仪器测定值之间的关系，用压缩型仪器测定了饼干的断裂应变、断裂所需时间、断裂应力和断裂能，并且研究了它们和感官检验的硬度、脆性之间的关系。结果表明，硬度和断裂应力有显著相关，脆性和断裂应力、断裂能都有显著相关。

饼干的感官检验硬度与断裂应力之间的关系如图 4-30 所示。

由图 4-30 可知，硬度 S_H 和断裂应力 σ_f 的对数之间呈线性关系，其回归方程式为：

$$S_H = 6.33\lg\sigma_f - 2.47 (\text{相关系数 } r = 0.94) \tag{4-20}$$

当断裂应力 $\sigma_f < 2.45 \times 10^6$Pa 时，饼干有软的感觉；当 $\sigma_f > 2.45 \times 10^6$Pa 时，饼干有硬的感觉。

饼干感官检验的脆性与断裂能之间的关系如图 4-31 所示。

由图可知，脆性 S_B 和断裂能 W_n 的对数之间有直线关系。其回归方程式为：

$$S_B = -3.46\lg W_n + 1.18 (\text{相关系数 } r = -0.91) \tag{4-21}$$

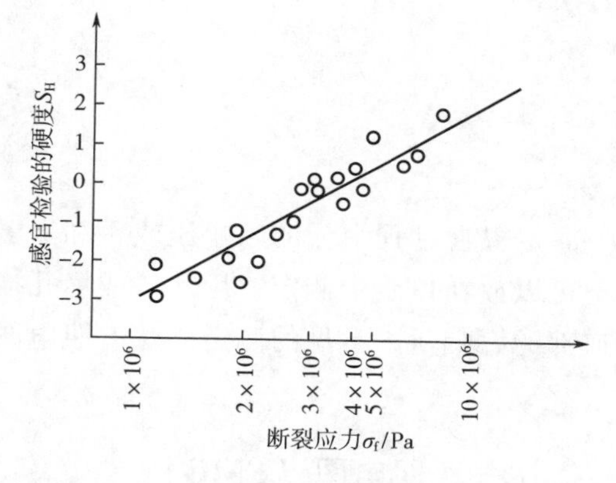

图 4-30　饼干感官检验硬度与断裂应力的关系

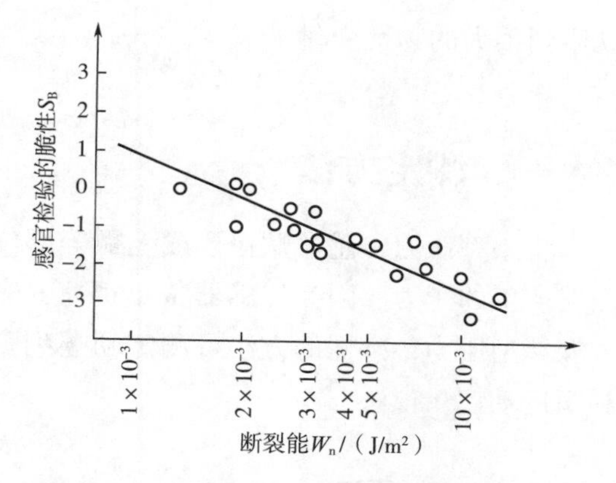

图 4-31　饼干感官检验脆性与断裂应力的关系

第三节　食品质构的生理学方法检测

虽然仪器测定法和感官检验法各有其优点，但是都有一定的局限性。例如，仪器测定法无法模拟与检测咽部和舌部等口腔复杂的运动及综合感觉，也无法实现在咀嚼速度和咀嚼温度条件下的检测；而感官检验法中，由于咀嚼中质构的变化比风味或气味的变化快，一般来说评审员的回答速度跟不上质构的变化速度。如果食品的消费对象是外国人、婴幼儿、老年人或病患，则更难获得感官检验数据。因此，近几年开始采用生理学方法来研究人们在摄食过程中的食品物性变化。

所谓生理学方法检测，是把传感器贴在口腔中的不同部位，测定口腔中的牙、舌、上颚等部位所受的力或变形随时间的变化规律；利用肌电图或用下颚运动测定仪等手段对人们的咀嚼和吞咽过程进行运动分析，从而得到能够表达质构的客观数据。

生理学方法检测有以下优点。

（1）可识别个体差异　即使是同年龄层、同性的被调查人员咀嚼同样的食品时，他们的咀嚼时间和咀嚼压也可能有数倍之差，说明质构的口腔感觉个体差异很大。在分析型感官检验中，因为人起到测定仪器的作用，所以应对其进行培训，以尽量减少个体差异。而在嗜好型感官检验中，这种差异正是开发不同人群（婴幼儿、老年）所需食品的重要依据。

（2）可实现易食性的数字化　对易食性、咀嚼性、易吞性等感觉性质，其差别可用生理学方法检测的数据来表示。

（3）可观察摄食过程中的变化　不同食品，在咀嚼初期用生理学方法检测的质构差别较大，但越到后期差别越小。在很多情况下，虽然咀嚼初期的物性差异很大，但到咽下时却没有什么不同感觉。特别是含水分少的食品，咀嚼初期在一次咬动中就能观察到很大的物性变化。

一、测定方法

将小型压力传感器贴在牙或上颚等部位，测定摄食过程中牙的咀嚼压或舌和上颚压缩产生的压力。因为传感器很小很薄，完全可以放在口腔中测定。用从口或鼻孔插入探针型压力传感器的方法可测定咽喉到食道部的吞咽压。常见的测定方法有肌电图和颚运动记录仪法。

（一）肌电图（EMG）

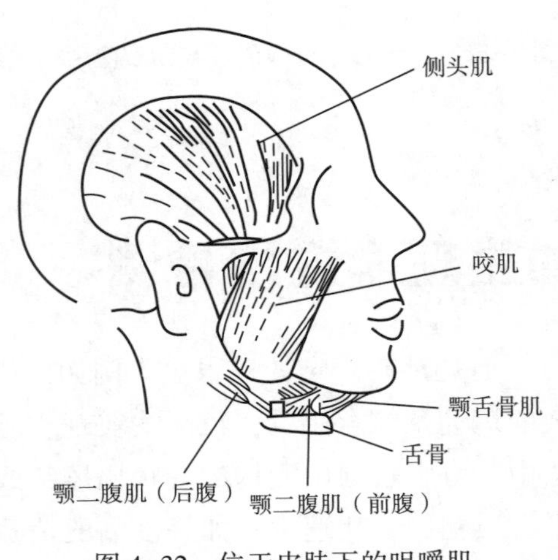

图 4-32　位于皮肤下的咀嚼肌

肌电图是指咀嚼肌和舌肌等在运动过程中产生的活动电位变化图。通过 EMG 可以测定肌肉所做的功（积分肌电图、最大振幅）、咀嚼节奏参数（咀嚼周期、放电持续时间、肌放电间隔）等。如图 4-32所示，皮肤下有咀嚼肌和舌肌等，通过贴在脸部皮肤上的电极，很容易测定肌肉运动。闭合下颚用的闭口肌（咬肌、侧头肌等）的肌电图能够反映咀嚼所做的功，而且无需将传感器放在口中也能测定咀嚼力（最大活动电位与咀嚼压有相关关系）。在研究咀嚼量和质构的仪器测定值之间的关系时，常用闭口肌肌电位的时间积分大小来表示咀嚼量。因为咀嚼黏附性大的食品时开口肌，即颚二腹肌产生肌电位，所以测定颚二腹肌的肌电位就相当于用仪器测定的黏附性和黏性。如把表面电极安装在舌骨肌上，就可测定进食半液态食品时的舌活动、食块形成及下咽开始情况。

（二）颚运动记录仪（MKG 或 SGG）

因为咀嚼运动是下颚对头部的相对运动，所以可以用下颚运动测定仪分析咀嚼运动。用 MKG 或 SGG 可测定最大开口距离、最大前后移动距离、最大横向移动距离、最大开口速度、最大闭口速度、咀嚼节奏参数等（图 4-33）。同时使用 EMG 和 MKG 可以获得如图 4-34 所示的肌活动量及破碎运动区域（闭口时运动区域）和磨碎运动区域（咬合时运动区域）。

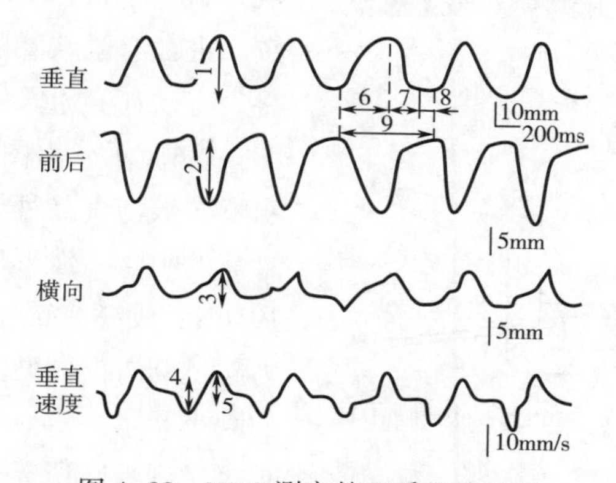

图 4-33　MKG 测定的咀嚼运动项目

1—最大开口距离　2—最大前后移动距离　3—最大横向移动距离　4—最大开口速度　5—最大闭口速度　6—开口时间　7—闭口时间　8—咬合时间　9—咀嚼时间

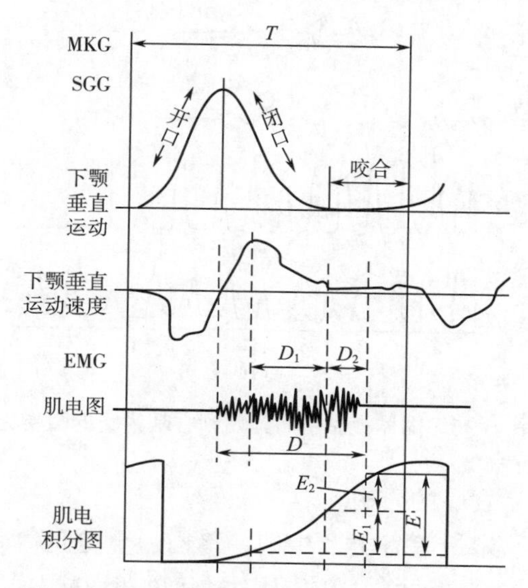

图 4-34　EMG-MKG 同时记录的咀嚼运动区

T—周期（s）　D—肌放电次序时间（s）　D_1—破碎运动区域时间（s）　D_2—磨碎运动区域时间（s）

E—肌咀嚼活动量（μV·s）　E_1—破碎区域肌活动量（μV·s）　E_2—磨碎区域肌活动量（μV·s）

除此之外，为了掌握口唇、颊、舌等软组织的运动，还使用X射线图像法、X射线摄像法、三维形态测定仪等。

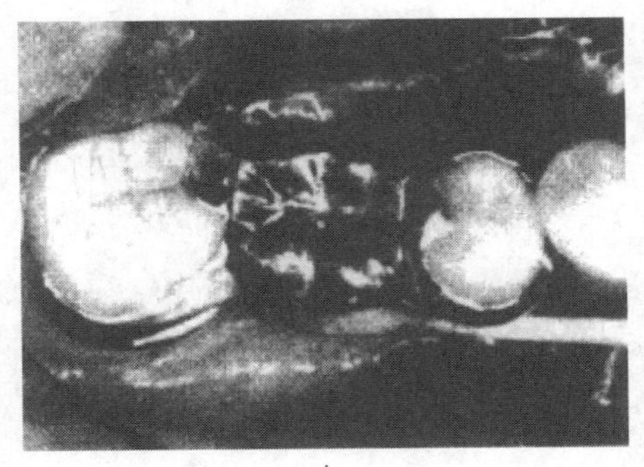

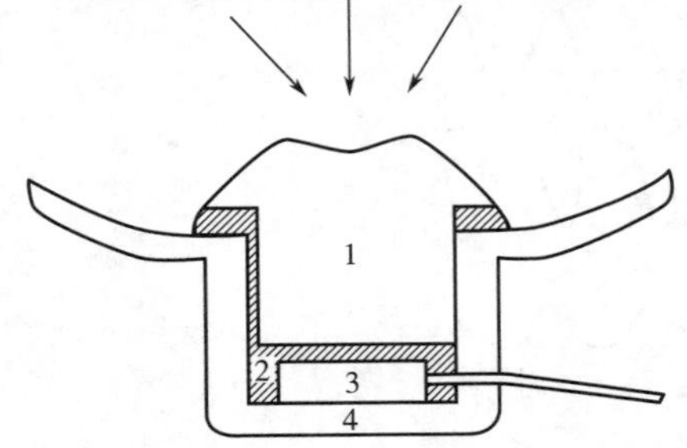

图4-35 埋入压力转换器的义齿及剖面图
1—齿冠部 2—塑料硅 3—压力转换器 4—外框

二、测定应用

（一）固体食品的咀嚼力测定

固体食品需用牙咀嚼，用图4-35所示的仪器能够测定对固体食品的咀嚼力及从开始咀嚼到吞咽所需要的时间和咀嚼次数。进食有柔软感的融化干酪和煮熟马铃薯、有硬感的生胡萝卜和饼的咀嚼力如图4-36所示。由图4-36可知，咀嚼力和咀嚼次数与食品种类有很大关系。柔软感食品的咀嚼力波形比较平滑，最大力小于19.6N；硬感食品的咀嚼力波形尖，最大力超过98N；可见，感觉的硬度与咀嚼力的大小基本一致。咀嚼力越大咀嚼次数就越多，到吞咽所需要的时间也越长。

如图4-37所示，一次咀嚼的咀嚼力

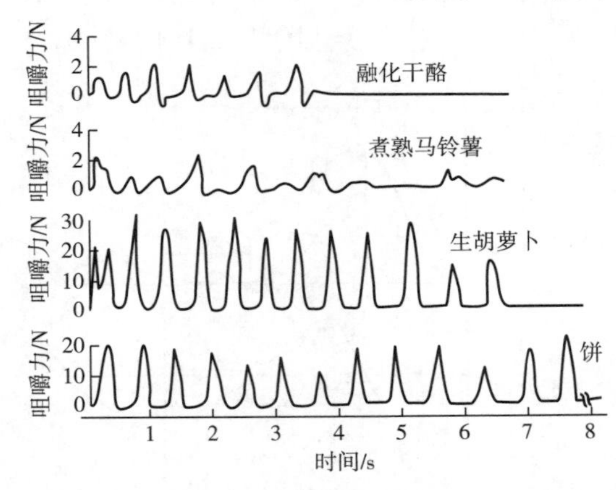

图4-36 固体食品咀嚼开始到吞咽为止的咀嚼力

波形形状也能很好地表示食品的质构。

A组表示饼、面包、米饭等谷类及牛肉、猪肉、金枪鱼等鱼肉类。波形的特点是咀嚼力与时间的曲线只有一个波峰，咀嚼力随时间单调增减。

B组表示煮熟的胡萝卜、马铃薯、萝卜及干酪、羊羹等。波形的特点是有两个比较平滑的波峰。

C 组表示生的萝卜、胡萝卜、黄瓜、苹果及鱼糕、魔芋糕等。波形的特点是有两个比较尖的波峰。

D 组表示煎饼、饼干、花生等。波形的特点是锯齿状。

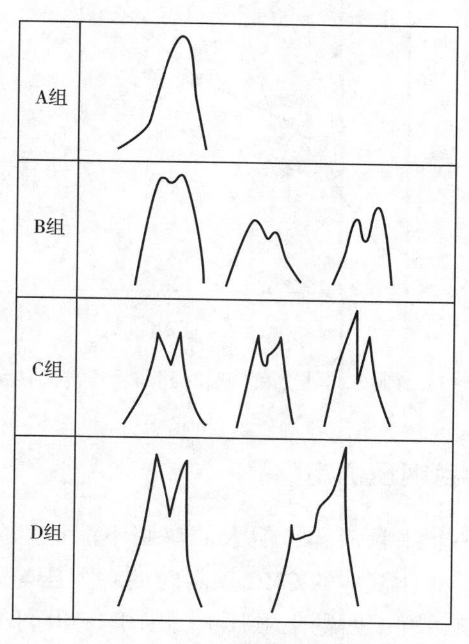

图 4-37 一次咀嚼的咀嚼力波形

（二）固体食品的上颚压测定

食果冻等柔软食品时，与咀嚼固体食品的情况不同，用舌和上颚间的压力粉碎食品后吞咽。此时上颚所受的压力称为上颚压。通过测定上颚压能够评价半固态食品的质构。

咀嚼不同浓度（质量分数为 1%~3%）的羧甲基纤维素（CMC）时，上颚压与时间的关系如图 4-38 所示。图中上颚压呈现连续的不规则波形，说明咀嚼过程中多次用舌压碎凝胶。随着浓度的增加上颚压由约 $1N/cm^2$ 增加到约 $2N/cm^2$，到吞咽为止所需时

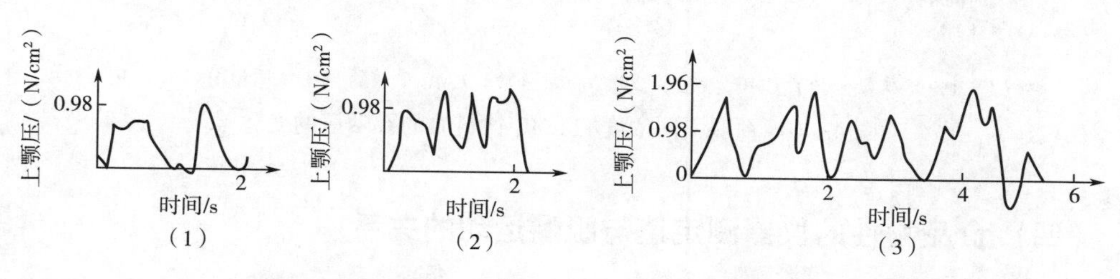

（1）1%（质量分数）CMC，黏度 1.6×10^{-1}Pa·s （2）2%（质量分数）CMC，黏度 1.1Pa·s （3）3%（质量分数）CMC，黏度 7.2Pa·s

图 4-38 从开始咀嚼 CMC 到吞咽为止时上颚压的变化

间也变长。如果浓度再增加，CMC 则变硬，不能用舌压碎，而需用牙咀嚼，上颚压减少，咀嚼时间增加（图 4-39）。

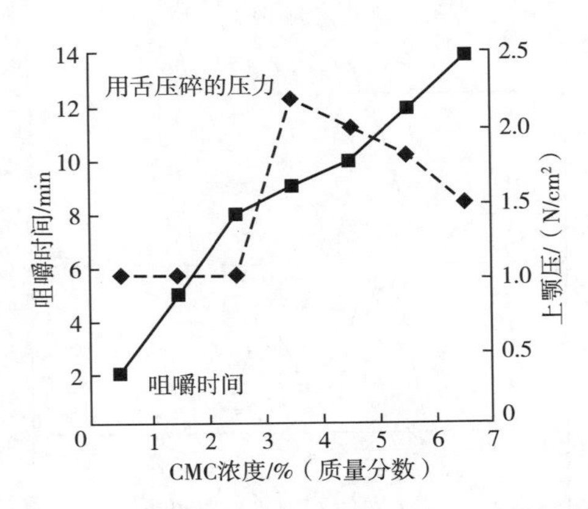

图 4-39　CMC 的硬度和咀嚼时间与舌压碎力的关系

（三）液体食品的吞咽压测定

液体分为牛顿液体和非牛顿液体，但人的口腔不能识别牛顿液体和非牛顿液体。一次喝一小勺（$5cm^3$）非牛顿液体的 CMC 饮料时的吞咽压与时间的关系如图 4-40 所示（吞咽压是指液体入口后吞下时的上颚压）。由图 4-40 可知，浓度为 1%（质量分数）的 CMC 饮料吞咽所需时间是 2s，吞咽压是 $1N/cm^2$；浓度为 3%（质量分数）时吞咽所需时间增加到 6s，吞咽压超过 $2N/cm^2$。可见，液体食品的黏度越高，吞咽压就越大，吞咽所需时间越长，越不易吞咽。

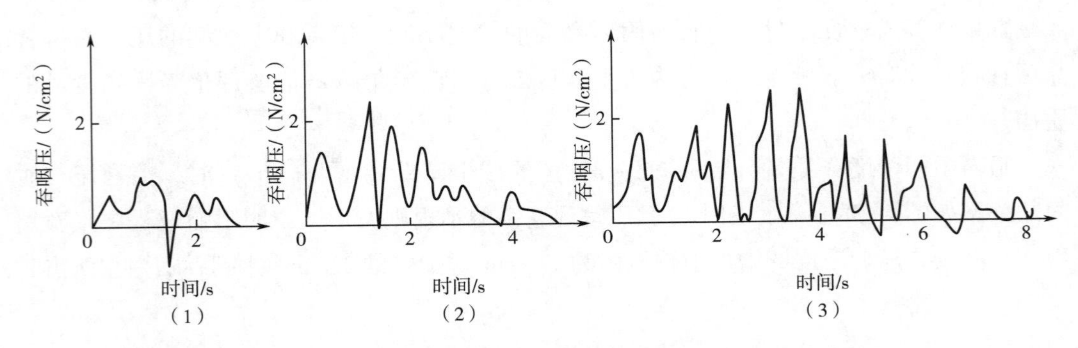

（1）1%（质量分数）CMC　（2）2%（质量分数）CMC　（3）3%（质量分数）CMC

图 4-40　吞咽不同浓度的 CMC 饮料时的吞咽压的变化

（四）食品物性的仪器测定值与咀嚼运动的关系

柳泽幸江对 11 种不同物性的食品用质构仪进行了测定，用肌电图测定了咀嚼肌的活动量。图 4-41 所示为质构仪测定的硬度和咀嚼肌活动量之间的关系。硬度与咀嚼肌活动量有显著相关。图中的直线为回归直线。由图 4-41 可知，试样可分为直线上面的（煮熟猪肉、牛肉糜等）和直线下面的（面包干、苹果、纳豆等）两组，各组试样有其共同的物性。

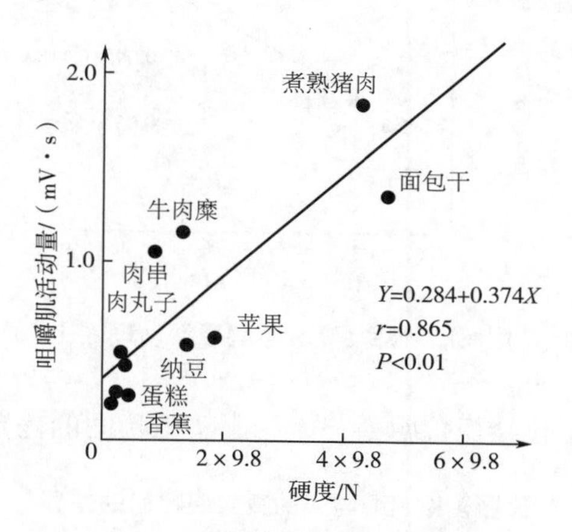

图 4-41 硬度和咀嚼肌活动量的关系

如图 4-41 所示，在咀嚼运动发生时，直线上面试样群的凝聚性和应变性大，直线下面试样群的凝聚性和应变性小，将硬度、凝聚性、应变这 3 种因素对咀嚼肌活动量的贡献率进行相关、重相关系数分析，结果如表 4-19 所示。单因素的影响是硬度的贡献率最大，硬度和应变两种因素的重相关系数高达 0.959。由此得出结论，食品硬度越大食用时咀嚼肌的活动量则越大，而相同硬度的食品，应变越大食用时的咀嚼活动量越大。食用压缩应变大的食品时，从食品开始变形到压断所需时间较长，这段时间相当于肌电图中的放电持续时间。

表 4-19 咀嚼肌活动量各物性的相关系数及重相关系数

物性	和咀嚼肌活动量的相关、重相关系数	物性	和咀嚼肌活动量的相关、重相关系数
硬度	0.865**	硬度-凝聚性	0.944**
应变	0.379*	应变-凝聚性	0.447*
凝聚性	0.440*	硬度-应变-凝聚性	0.959**
硬度-应变	0.959**		

注：* $P<0.05$，** $P<0.01$ 下有显著差异。

应变也与硬度一样是一种独立的质构感觉，能引起与硬度不同的咀嚼运动。前面已讲过咀嚼活动量分破碎运动区域和磨碎运动区域，破碎运动区域以下颚的垂直运动为中心，磨碎运动区域以下颚的横向运动为中心。磨碎运动区域的肌活动量和咀嚼肌活动量之比（E_1/E）与应变大小的关系如图 4-42 所示。由图 4-42 可知，应变越大，E_1/E 也越大。咀嚼中的横向运动容易使义齿从牙床上脱离，因此镶有义齿者下颚的横向运动减少，咀嚼时间更长。

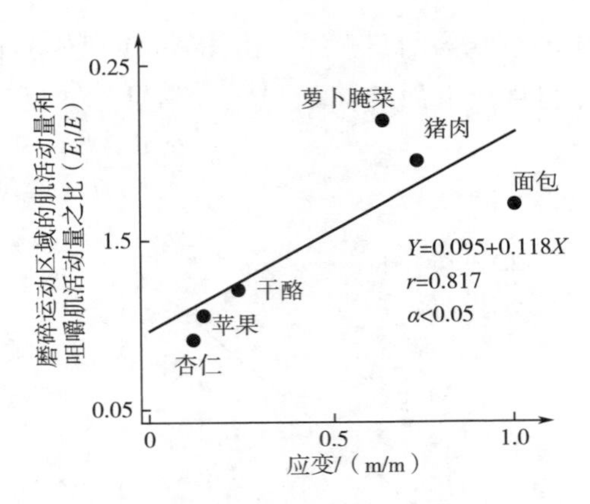

图 4-42　磨碎运动区域的肌活动量和咀嚼肌活动量之比和应变大小的关系

综合以上内容，得出仪器模拟咀嚼与人的真实咀嚼间的差异，见表 4-20。

表 4-20　仪器模拟咀嚼与人的真实咀嚼间的差异

项目	仪器测定	咀嚼
动作	直线或圆弧状	复杂的下颚运动
测定次数	一次或多次，重复相同的动作	根据样品的物性改变次数和动作
横向研磨速度	多数是等速，一般为 10mm/s	第一大臼齿的最大速度是 30～100mm/s，臼前齿更快
上下牙的接触情况	怕损坏传感器，不能直接接触	多数是直接接触
变形情况	忽略不计	虽然牙不变形，但皮肤和肌肉的感觉器变形
传感器情况	稳定，能够测定变形和载荷	不稳定，能够测定变形、压力、温度、痛觉等
温度	恒定，常温	变化，从试样的温度到体温
湿度	恒定	受唾液影响，在口腔内发生变化

第四节　典型食品的质构特性

一、细胞状食品的质构特性

细胞状食品是指蔬菜、水果、大米、小麦粉等，其细胞组织的性状与食品品质有密切关系。水果蔬菜的主要构成细胞为柔细胞。图 4-43（1）所示为柔细胞的结构图。比较大的细胞（如苹果果肉细胞，平均直径 80～250μm），是由很薄的细胞壁组成的多面体结构，随着细胞的成长，细胞之间会形成细胞间隙。细胞间隙按形成的方式分为分离型细胞间隙和崩裂型细胞间隙［图 4-43（2）、图 4-43（3）］。前者是相邻的两个细胞分离时，之间形成的大缝隙，由周围细胞中的果胶质溶化而得到。年幼植物组织的果胶质是以不溶性的原果胶形式存在的，随着植物体的成熟会转变为水溶性的果胶。水果特有的脆嫩口感与果胶的存在有很大关系。苹果这样的水果，柔细胞的间隙约占 26%。一般的高等植物大多是分离型细胞间隙。然而，在植物成长过程中有一部分细胞崩裂破坏，细胞膜被溶解而产生间隙，即崩裂型细胞间隙。这种间隙的特点是，细胞膜的一部分残存在间隙周围，间隙比较大，具有通气、分泌的生理功能。这种间隙常存在于柑橘果肉细胞中。细胞之间的粘接剂除了果胶外还有木质素。细胞间隙中胶层和细胞壁中存在的果胶对水果、蔬菜的质构品质影响很大。

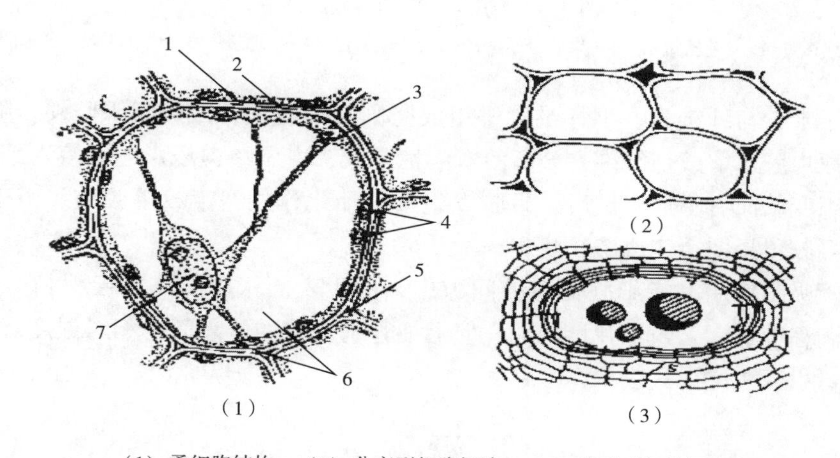

（1）柔细胞结构　（2）分离型细胞间隙　（3）崩裂型细胞间隙

图 4-43　植物细胞构造及细胞间隙

1—细胞壁　2—细胞间质　3—细胞质　4—叶绿体　5—细胞间隙　6—液胞　7—细胞核

植物一次细胞壁的构造如图 4-44 所示。果胶作为细胞间质，与纤维素、半纤维素、糖蛋白一起发挥细胞壁的作用。细胞壁虽然对于溶液具有透过性，但其内侧的细胞膜却是半透膜，水可以透过，溶质则不易透过。果蔬的力学特性不仅与细胞的大小、形状、体积等有关，细胞膨压对其的影响也很大。所谓膨压，就是细胞内液渗透压与细胞外液渗透压之差。细胞的膨压可以用一个简单的模型来说明，即细胞可以看成是充满了液体的、近似于球形的多面体，为弹性膜所结合。假定各细胞排列为最疏充填，变形时细胞液不流动，细胞膜的力学特征符合胡克定律。那么，植物组织的弹性率 E（dny/cm^2）与膨压力 p（dyn/cm^2）存在以下直线关系（此公式为经验公式，$1dny=10^{-5}N$）：

$$E = 3.6p + 2.5 \times 10^7 \tag{4-22}$$

膨压与植物细胞结构中水的保持状态关系很大。植物中水的保持有两种机制，即分子吸附和毛细管作用。分子吸附是靠细胞物质与水的结合性质决定的。例如，大米、玉米、淀粉粒的吸湿膨润现象，即分子吸附作用。未成熟的果实细胞间含有大量原果

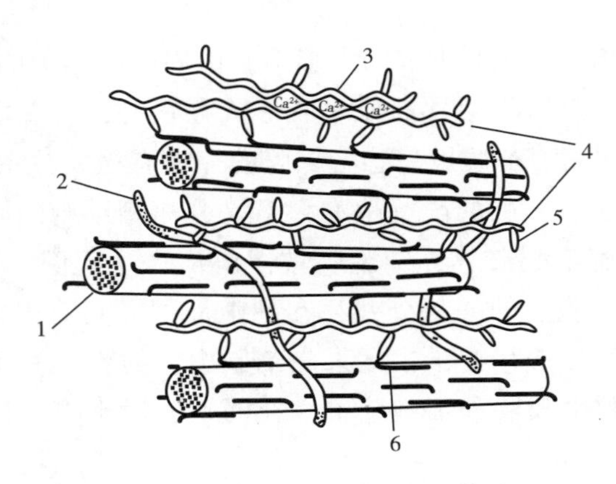

图 4-44　植物一次细胞壁的构造

1—纤维素微纤维　2—糖蛋白　3—果胶分子间的钙离子键结合　4—果胶酸　5—中性果胶　6—半纤维素

胶，不溶于水，与纤维素、半纤维素等组成坚固的细胞壁，因而组织坚硬。随着成熟的进程，原果胶水解成与纤维素分离的水溶性果胶，由于渗透压影响，溶入细胞液内，使果实组织变软而有弹性。最后，果胶发生去甲酯化作用，生成果胶酸。由于果胶酸不会形成凝胶，果实会变成溏软状态。

毛细管吸附作用是指细胞构造的间隙中，由于表面张力的作用会保持一定的水。间隙水充满程度越大，组织弹性越大。但毛细管水受植物体表面的相对湿度影响较大，这一关系可由开尔文公式表示：

$$r = \frac{2\sigma M}{\rho RT\ln(p_0/p)} \tag{4-23}$$

式中，r 为毛细管半径；σ 为表面张力；M 为水分子相对分子质量；ρ 为水的密度；R 为气体常数；T 为热力学温度；p_0 为饱和蒸气压；p 为水蒸气分压。

果蔬的保鲜环境中，温度的高低对其质构品质保持有很大影响。脱水蔬菜复水后的物性与分子的吸附和毛细管吸附都有密切关系。

1. 果蔬的物性测定和压缩强度

果蔬物性的测定往往是判断其成熟程度、新鲜程度和品质的重要手段。测定的指标和方法一般要根据其组织结构的特点选定。例如，对大体为球形细胞组织的试样，可采用压缩、穿透等方法；对细胞呈方向排列，或纤维组织、表皮组织，则可采用剪切、穿孔、弯曲等方法。一般认为，压缩强度是判断水果蔬菜品质的重要指标。压缩强度的测定仪器，使用比较广泛的是“Instron 型”万能测试仪。对于果蔬压缩强度的测定，主要是测定出试样受压缩时，压缩载荷与变形量的关系曲线。由于测定结果与加载方法、速度、环境温度、湿度等条件有关，所以美国农业工程学会（ASAE）对这种试验推荐了一个标准：加载用压头规格如图 4-45 所示，加载速度 25mm/min，室温 20℃，相对湿度（50±5)%，对一种试样最少要求测定 20 次。一般得到的压缩载荷-变形关系曲线，如图 4-46 所示。曲线 1 上出现了一个生物屈服点。这个点表示表皮产生破裂，载荷再加大时，才出现破断点。然而，有许多材料不出现明显的生物屈服点，如曲线 2。从这些曲线便可求出前文所述的各项黏弹性指标。图 4-47 所示为几种果蔬的压缩载荷-变形关系曲线。各种果蔬表现出的力学性质差异较大，一般较软的果蔬，生物屈服点不大出现。图 4-47 所示曲线的测定条件是：圆柱压头直径分别为 6.5mm（柿子、黄瓜、甘薯、马铃薯、胡萝卜、白萝卜、苹果）、8.0mm（茄子、桃、温州蜜橘、八朔蜜柑），加载压缩速度 10mm/min。

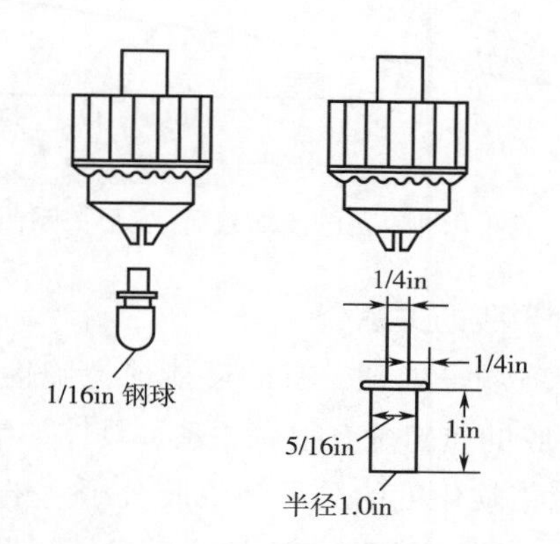

图 4-45　压缩强度标准压头

1in＝0.0254m。

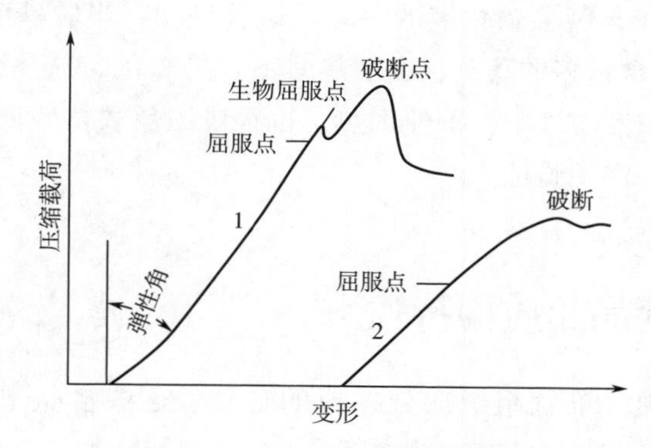

图 4-46　压缩载荷-变形关系曲线

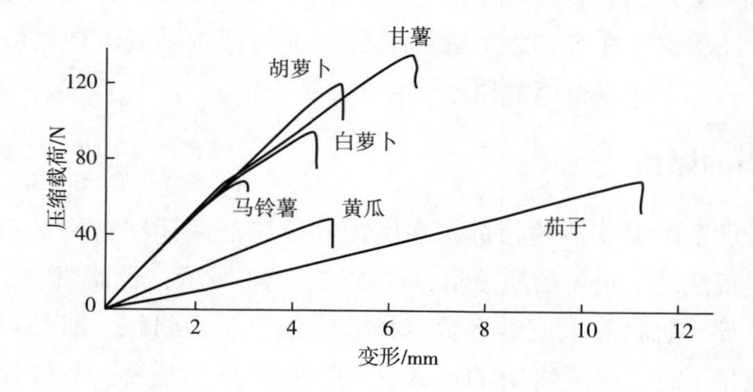

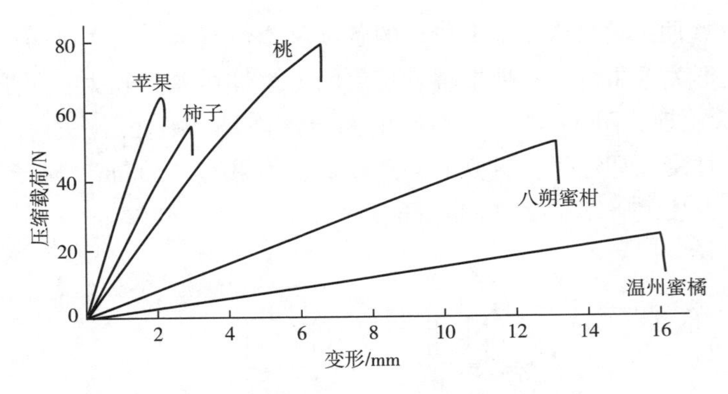

图 4-47　几种果蔬的压缩载荷-变形关系曲线

2. 蔬菜的软化与其所含果胶的关系

烹饪时，蔬菜经加热、煎炒等处理，有的还能保持脆性，有的则很容易软化。蔬菜软化难易性质与其所含果胶的质与量有很大关系，具体如下。

（1）高甲氧基果胶与蔬菜软化度的关系　果胶分子主链的半乳糖醛酸，当甲酯化程度较高，达59%~79%时，加热，果胶就容易因反式位脱离（translocation）作用而分解，于是细胞间黏着力降低。因此，高甲氧基果胶含量多的蔬菜容易软化。对根菜类、茎菜类和果菜类的试验和测定，也证实了这一倾向。

（2）低甲氧基果胶与蔬菜软化度的关系　试验证明，半乳糖醛酸的甲酯化程度为37%~60%的低酯果胶含量多的蔬菜，在加热时不容易软化。这是因为未被酯化的半乳糖醛酸残基过剩，在中性溶液中，即使加热，也很难因反式位脱离作用而分解，因此，使蔬菜组织可以维持一定硬脆性。

二、纤维状食品的质构特性

纤维状食品是指由纤维状组织成分构成的食品。这些食品主要有：畜肉、鱼肉、纤维细胞比较发达的蔬菜（如芹菜、芦笋等），以及经特殊加工，组织为纤维状的加工食品（如组织化大豆蛋白、纤维状干酪等）。由于这类食品的纤维状物质按一定方向排列，所以其物理性质也存在方向性。在各物性中，与纤维垂直方向的咬断口感是最重要的力学性质之一。下面以畜肉为例进行介绍。

（一）畜肉的嫩度

嫩度作为表示畜肉柔软性的指标，在国内外已广泛采用。畜肉的嫩度作为畜肉的品质特性和食味特性是最重要的质量指标。如图 4-48 所示，骨骼肌是由肌纤维、肌纤维束、肌腱、血管、肌膜等组成的还含有结合组织、脂肪组织。肌纤维在结合组织的网状构造中，互相平行，以纤维束的形式存在。肌纤维都是由富有弹性的蛋白质构成的组织。结合组织中存在着的脂肪细胞的含量和分布、结合组织肌膜的硬度、胶原蛋白和弹性蛋白（elastin）的质与量对畜肉嫩度的影响往往比肌纤维还要大。

（二）畜肉的黏弹性

渡边等对猪、羊、马肉进行了如下条件的应力松弛试验。首先用哑铃状型模对肉试样进行整形，在温度（30±1）℃、相对湿度（50±5）%的环境下，用食品流变仪将试样以 2.8mm/s 速度拉伸一定长度后，进行应力松弛测定，得到曲线的形状如图 4-49 所示。τ_M 为松弛时间（DC），A 为松弛开始点，I 为拉伸开始点。$BC = AD \times \frac{1}{e}$，应力松弛曲线的方程可写成如下形式：

$$p(t) = p_0 e^{-\frac{t}{\tau_M}} + s \qquad (4-24)$$

式中，p_0 相当于图 4-49 中 AD 对应的应力；τ_M 相当于图 4-49 中 DC 对应的应力；s 为图 4-48 中 EF 对应的残余应力。测定的数据结果如表 4-21 所示。

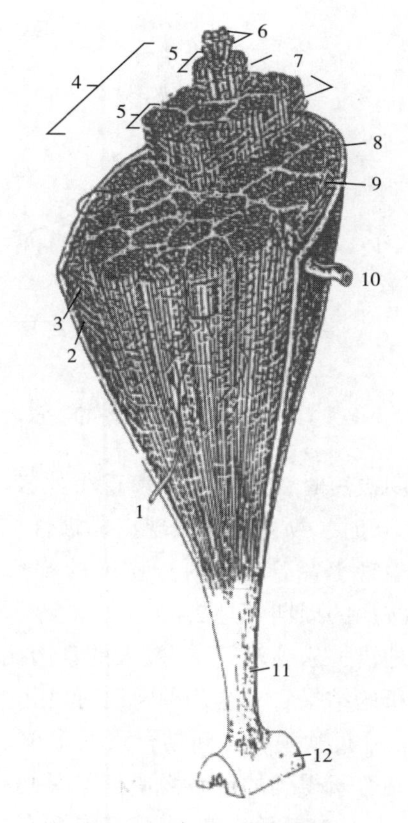

图 4-48 骨骼肌的构造

1—神经 2，8—肌膜 3，9—肌上膜 4—一次肌纤维束 5—二次肌纤维束 6—肌纤维 7—肌周膜 10—血管 11—肌腱 12—骨膜

表 4-21 几种畜肉应力松弛特征值

畜肉品种	测定点数	p_{max}/gw	τ_M/s	(s/p_0)/%	伸长/mm
猪肉	46	10.06±4.64	7.32±2.88	27.02±7.17	15
羊肉	29	19.79±4.27① （14.58±4.58）	10.05±5.96	20.41±4.06	21 （15）
马肉	56	15.52±7.38 （7.28±4.48）①	6.20+2.22	18.49±12.47	21 （15）

注：①括号中的值为换算成伸长为 15mm 时的测值，为最大应力（取试样切片每克的换算值）。

从表 4-21 上数据可以得出以下判断。

（1）将以上 3 种畜肉拉至一定长度（15mm）所需要的应力（0s 时）不同，羊肉最大，马肉最小。这基本与感官评价中的“咬劲”感觉一致。

（2）关于应力松弛时间分析可以认为，与某种物质的固有松弛时间 τ_M 相比，当外

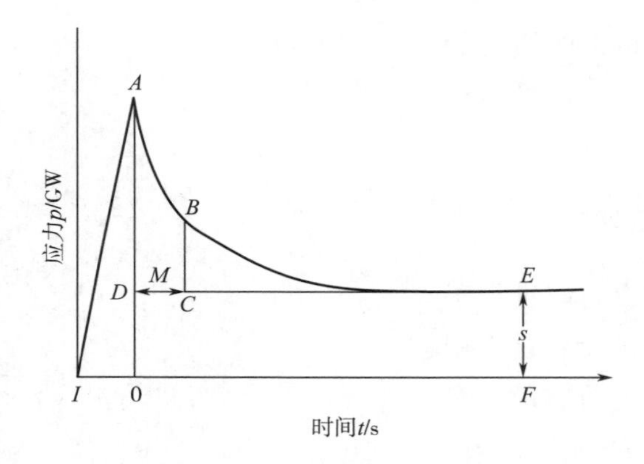

图 4-49　畜肉的应力松弛曲线

力作用时间极短时，弹性变形表现得比较明显，物质几乎可看作弹性体，当外力作用时间比 τ_M 长时，物质可能表现出黏性性质；外力作用时间介于以上两种情况中间时，物质可能表现出黏弹性。对于畜肉的感官判断，一般是靠牙齿的咀嚼，或用手指按，其咬合或按压的周期都是 2～3s。

一般地讲，松弛时间 τ_M 较大的畜肉比 τ_M 较小的畜肉更接近弹性体的性质。然而，从方差分析的结果看，这几种肉没有显著差别。

（3）s/p_0 反映了分子间结合点的多少。s 越大，说明组成肌纤维和结合组织的分子之间，键结合所得到的网络构造越牢固；s/p_0 越大，表明这一网络构遭受外力时越不易断裂。s/p_0 虽然被认为与肉的感官弹性有关，但它是使试样拉伸一定变形后，又经过 6min 松弛试验得到的值。这一特征值也可以用来推测牙齿咀嚼时（压缩肉片，短暂保持，再张开）的感觉，即由进行咀嚼时肉组织被破坏、弹力减少的过程来判断牙齿咀嚼时的感觉。s/p_0 大表示弹力的减少程度小。

（三）仿畜肉制品组织化程度的测定

许多仿畜肉制品，如组织化大豆蛋白，实际上就是要通过加工得到纤维组织构造。换句话讲，纤维组织构造使制品的力学性质出现了方向性。判断组织化程度就是通过对试样的力学测定来确定的。例如，对经螺杆挤压机挤压得到的组织化大豆蛋白进行组织化程度测定时，首先对试样进行如图 4-50 所示的切片取样，即纵向和横向取样。分别对这两种试样进行拉伸试验。比较纵向和横向试样的拉伸强度，便可判断其组织化程度。

三、多孔状食品的质构特性

（一）多孔状食品的概念

从分散体系胶体角度理解，可以认为多孔状食品为：以固体或流动性较小的半固

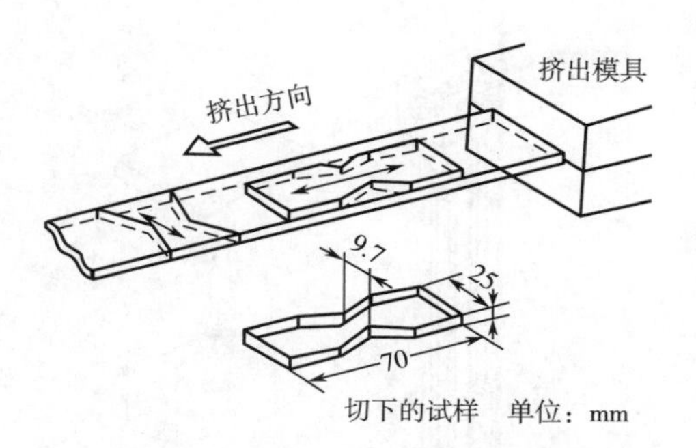

图 4-50　大豆蛋白组织化程度测定时取样

体为连续相，气体为分散相的固体泡食品。所谓多孔状是指像面包、海绵蛋糕、饼干、馒头那样，有大量空气分散在其中的状态。多孔状食品也被称为固体泡食品。多孔状食品主要可分为两大类：一类为馒头、面包、海绵蛋糕那样比较柔软的食品；另一类为饼干、膨化小吃这样比较硬的食品。另外，一些较硬的冰淇淋、掼奶油等泡沫状食品，也可算作多孔状食品。

（二）多孔状食品质构特性的测定

1. 柔软多孔状食品

（1）全容积（whole volume）的测定　为了测定面包、蛋糕等食品的胀发程度和品质，往往需要对烘烤后的制品进行全容积测定。主要测定方法为种子置换法：使用一个具有一定大小的标准长方体盒子（要求可以使试样全部埋入其中）。先将种子倒进盒子中，使种子高度与盒顶平齐。这时将这些具有与盒子容积相同体积的种子倒出备用。向空盒子中放入多孔状食品试样，把刚才用盒子量过的种子再倒入试样盒中。当盒子装满平齐后，测量剩下种子的体积，就等于试样全容积。种子一般采用易流动、颗粒小的油菜籽或萝卜种子。

由于这种方法测定结果受种子倒入速度、盒子形状等影响较大，所以，又开发了一种专用工具（多用于面包的测定）。如图 4-51 所示，该装置由相同形状和大小的，两个带锥斗的方盒 A、B 组成，方盒顶部各有一盖，A、B 由带有玻璃窗和容积刻度的粗管连通。测定时首先在 B 盒中放入一个与面包体积相近的标准体积空箱，盖上下盖作底，从上倒入种子至一定容积的标准刻度处。这时翻转装置 180°，使 A 盒翻到原 B 盒的位置，B 盒的种子流至 A 盒。这时从 B 盒中取出标准空箱，换上面包试样，盖上盖再翻转至最初位置。这时种子再次流入 B 盒，从种子表面刻度即可读出试样体积与标准体积的差。除种子置换法外，对柔软多孔状食品的物性测定还有石蜡法以及用适当薄膜包裹试样沉入油或水中测定的液体置换法等。

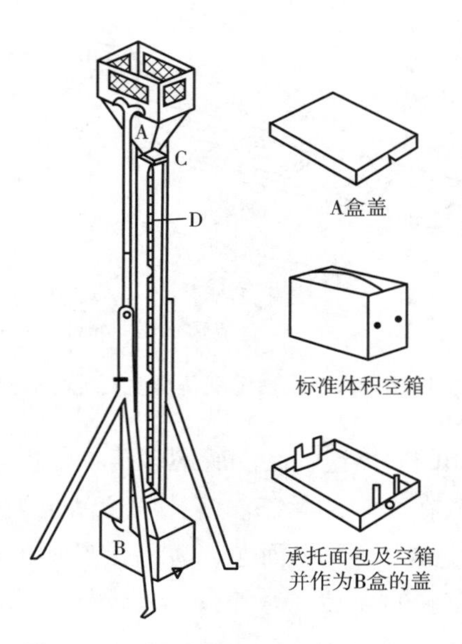

图 4-51　种子置换法面包体积测量器

（2）膨胀度 O_R（over run）的测定　膨胀度的概念与测定，基本与本书第三章关于泡沫膨胀度所述内容相同。多孔状食品的膨胀度，可表示为：

$$O_R = \frac{m_0 - m_t}{m_t} \times 100\% \tag{4-25}$$

式中，m_0 为发泡前一定容积试样的质量；m_t 为发泡后试样在同一容积时的质量。

（3）气泡体积（bubble volume）的测定　多孔状态食品中，气泡的分布状态也是影响食品柔软性质的重要因素。气泡体积是根据对多孔食品断面泡孔的统计求得的。一般采用断面的适当倍率放大相片，测定单位面积试样分布的泡孔数 n，再根据式（4-26）求出全部气泡数 N：

$$N = n^{\frac{3}{2}} \times (V_0 + V_t) \tag{4-26}$$

式中，V_0 为成品发泡前（例如，面包发酵前的面团）的体积；V_t 为成品（烘烤后）的体积。平均每个气泡的体积 $\bar{V}$ 为：

$$\bar{V} = \frac{V_t}{N} = \frac{V_t}{V_0 + V_t} \times \left(\frac{1}{n}\right)^{\frac{3}{2}} \tag{4-27}$$

一般柔软糕点类的特有质构性质就可以用膨胀度和气泡平均体积表示。目前，这样的测定已采用计算机画像处理技术，用自动计测仪器测定。

气孔率（比体积）：

$$气孔率 = (V/m) \times 100\% \tag{4-28}$$

式中，V 为试样体积；m 为试样质量。胀发好的面包气孔率一般为250%以上。

2. 硬质多孔状食品

硬质多孔状食品有时也称为膨化食品。膨化食品除了有脆度等测定外，还有对其膨化效果的测定，即膨化率（measurement of expansion）。对于爆米花品质，美国还制定了膨化率的标准，即将 56.70g 的油加热至 170℃，投入 150g 玉米试样使之膨化。膨化后体积用专用塑料制圆筒测量。求出膨胀后制品体积与原料体积之比为膨化率。一般玉米膨化率可达 30~35 倍，优良品种可达 40 倍以上。对于挤压膨化食品，膨化率测定常用挤出膨化后制品（与出口面平行）断面的面积与出口面积之比表示。

（三）多孔状食品质构的评价

1. 海绵蛋糕的质构特性

海绵蛋糕的黏弹性受许多因素影响。此处仅以黄油、鸡蛋的配比与海绵蛋糕品质的关系为例，分析海绵蛋糕黏弹性的特点。

海绵蛋糕的黏弹性。准备除黄油和鸡蛋的含量，其他条件一律相同的试样 A、B、C、D，按 A、B、C、D 顺序将试样中的黄油比例增加，鸡蛋含量减少。对试样作蠕变试验测定，得到如图 4-52 所示的八要素力学模型和蠕变曲线，具体数据如表 4-22 所示。

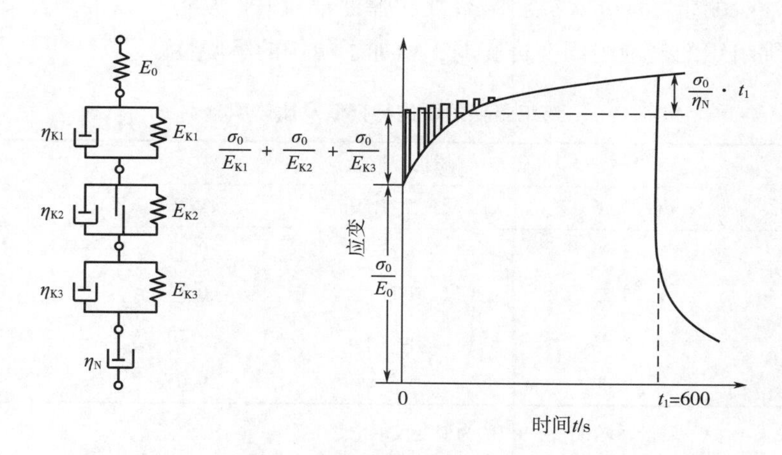

图 4-52　海绵蛋糕的八要素力学模型和蠕变曲线

表 4-22　海绵蛋糕的力学模型参数（25℃）

参数	A	B	C	D
E_0	1.6×10^3	3.9×10^3	5.9×10^3	7.0×10^3
E_{K1}	0.82×10^4	1.8×10^4	2.7×10^4	3.4×10^4
τ_{K1}/s	10^9	10^5	10^5	10^3
η_{K1}	0.9×10^6	1.9×10^6	2.6×10^6	3.5×10^6
E_{K2}	1.1×10^4	3.0×10^4	3.4×10^4	4.4×10^4
τ_{K2}/s	16.2	16.2	15.6	15.6
η_{K2}	1.8×10^5	4.9×10^5	5.3×10^5	6.9×10^5
E_{K3}	0.96×10^4	3.1×10^4	3.9×10^4	4.0×10^4

续表

参数	A	B	C	D
τ_{K3} /s	2.82	3.22	3.11	3
η_{K3}	0.27×10^5	1.0×10^5	1.2×10^5	1.2×10^5
η_N	0.60×10^7	1.6×10^7	2.0×10^7	2.6×10^7

从试验结果可以看出，蛋糕中的材料配比，随着黄油增加，鸡蛋减少，试样的瞬时变形弹性率，即胡克体弹性率呈增加趋势，蛋糕由软变硬。开尔芬-沃格特模型所对应的弹性率 E_{K1}、E_{K2}、E_{K3} 及黏度 η_{K1}、η_{K2}、η_{K3} 同样也逐渐增加。牛顿模型部分的黏度 η_N 也逐渐增大。从而可以看出黄油少，鸡蛋多的蛋糕，黏弹性常数都比较小，容易产生弹性变形和流动变形，即这样的蛋糕比较柔软。

海绵蛋糕用质构仪测定的质构特征值如表 4-23 所示。从得到的数值可以看出，海绵蛋糕的质构随着黄油的增加和鸡蛋的减少，逐渐发硬。相反凝聚性和弹性逐渐减少。鸡蛋多、黄油少的蛋糕质构柔软，凝聚性和弹性都较好。从此可以推知：黄油的增加，使得蛋糕海绵组织的气泡组织变得脆弱，增加了质构的酥脆性。

表 4-23　　海绵蛋糕的质构特征值及比体积

试样	质构特征值			比体积/%
	硬度/R. U.	凝聚性/R. U.	弹性/R. U.	
A	5.03	0.73	0.78	424
B	5.25	0.71	0.73	414
C	8.91	0.65	0.70	374
D	9.00	0.61	0.63	331

注：比体积=（体积/质量）×100%；R. U. 为流变仪单位。

从材料配比的影响来看，蠕变试验解析得到的试样 D 黏弹性值为试样 A 的 4 倍，而试样 D 的质构特征值的硬度仅为试样 A 的 2 倍。这是因为蠕变曲线试验是在变形很微小的范围内，一定应力作用下进行的；而质构特征值是质构仪模拟咀嚼动作做大范围正弦运动压缩所得到的阻抗值。

2. 饼干等酥脆多孔状食品的质构特性

对饼干、酥饼、膨化脆片等酥脆食品品质的评价，酥脆性是最重要的指标。确定酥脆性既有感官评价法，也有仪器测定法。仪器测定法中有基于基础物性测定的破断曲线测定法、基于经验测定的脆度计测定法和基于模拟测定的质构仪测定法等。

破断曲线测定法是测定并记录试样在定速压缩、破断过程中，应力-应变的曲线，并由此分析试样的酥脆性。如图 4-53 所示，对 3 种油、鸡蛋、糖配方不同的酥性饼干，进行酥脆性测定得到的应力-应变曲线。从曲线可以看出，这 3 种试样都属于脆性断裂。破断应力的最大值在曲线的最高点。断裂能为曲线与应力轴所包围的面积。曲

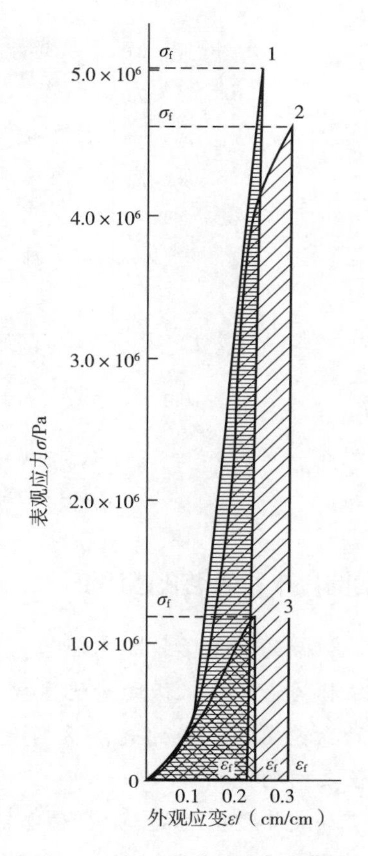

图 4-53 饼干的应力-应变曲线

线 1、2、3 所反映的 3 种配方中，配方 1 含砂糖量最大，配方 2 含鸡蛋的量最大，配方 3 含黄油的量最大。曲线反映出试样 1 的破断应力比试样 2 稍大一些，对应变和断裂能，试样 2 比试样 1 大。感官评价表明试样 1 比试样 2 虽硬一些，但脆一些，而试样 3 是最酥脆的饼干。

为了检验仪器评价的准确程度，对多种不同配方饼干，分别进行了仪器的破断曲线测定和感官测定。测定数据的比较结果如图 4-54（1）所示。图中○、●、△分别表示小麦粉含量为 40%、45%、50%（质量分数）的试样测定值。感官测定值为硬度得分 S_H，仪器测定值为破断应力 σ_f。将 S_H 和 $\lg\sigma_f$ 对应的点，画在直角坐标系上。可以看出，不管配方如何，这些点显示了 S_H 和 $\lg\sigma_f$ 之间的直线关系。这种感觉量与物理量对数之间的直线关系，也再次说明了感觉强度与刺激强度之间的威伯-菲赫那定律（Weber-Fechner law）①。

测定值的统计分析表明，口感的酥硬感觉只与破断应力相关。感官评价中“酥感”所对应的破断应力为 2.45×10^6Pa 以下。高于 2.45×10^6Pa，则口感发硬。脆度与破断应力、断裂能都有相关关系。感官脆度得分（S_B）与断裂能的对数（$\lg E_n$），也存在着直线关系［图 4-54（2）］。

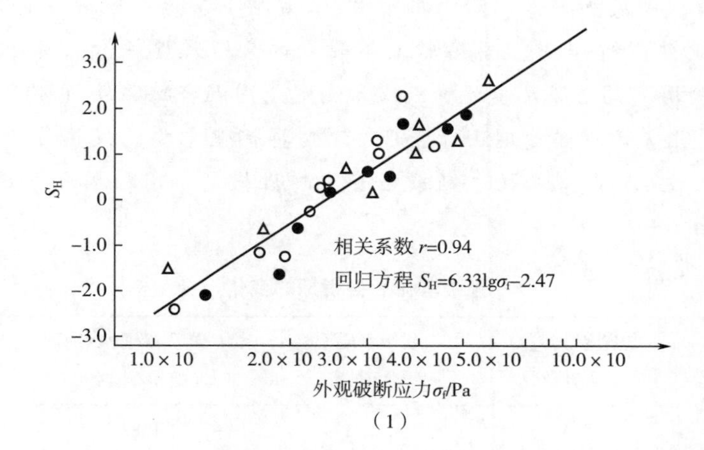

（1）

① 威伯-菲赫那定律（Weber-Fechner law）：威伯-菲赫那定律（Weber-Fechner law）在威伯定律基础上提出的一个关于心物关系的定律，即刺激引起的感觉量 S 的大小和刺激的物理强度 R 的对数成正比。其中 dS 为感觉差，dR 为刺激的增量。

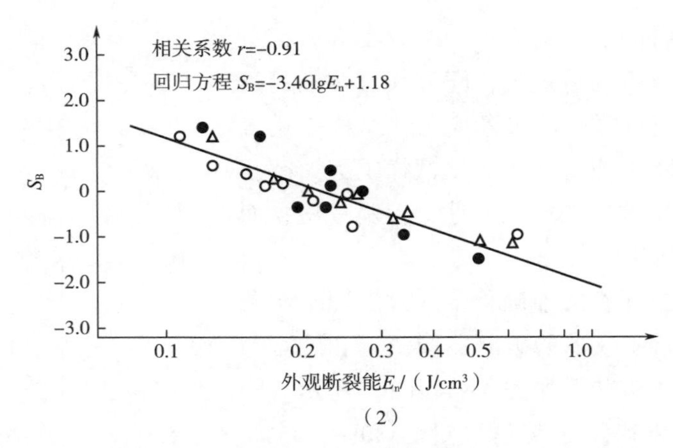

（2）

（1）破断应力-感官硬度得分 （2）断裂能-感官脆度得分

图 4-54 饼干的感官评价与仪器测定值的关系

【案例】米饭的老化感评价

刚做的米饭柔软而有黏性。但随着时间的延长，米饭失去黏性变得干巴巴，这种现象称为老化。米饭的老化主要由米淀粉的老化引起。大田等把摄食米饭时的不喜欢吃的感觉用“米饭的老化感”表示，并研究了米饭的老化感与糊化度、物性等仪器测定值之间的关系。

如表 4-24 所示，把 6 种支链淀粉含量不同的大米作为试样，调节加水比，尽量使做出来的米饭硬度相同。日本晴的炊饭水质量/米质量取 1.1，1.3，1.5，1.7，1.9。煮好饭后在 5℃ 中保存 0~48h（保存中尽量不使水分含量发生变化），再把品温恢复到 20℃ 作为试样。让 10 名评价员对米饭的老化感用 0 分（无老化）到 4 分（非常老化）的 5 级尺度评价；硬度和黏性以炊饭水质量/米质量 1.5 的日本晴为基准（0 分），用 +4分（非常硬或黏）到-4 分（非常软或不黏）的 9 级尺度评价；嗜好欲望用“能食用”和“不能食用”的 2 级尺度评价。仪器测定是用混合酶系法（BAP）测定米饭中淀粉的糊化度，用差示扫描量热法（DSC）测定再糊化需要的吸热量，用质构仪和流变仪测定硬度、黏性、断裂应力、断裂应变、弹性模量，用扫描电子显微镜（SEM）观察米饭的断面。

表 4-24 米饭老化后各指标的变化

类品种	支链淀粉含量/%（质量分数）	炊饭水质量/米质量	米质量增加率（熟米/生米）	硬度/T. U.
糯实	2.4	1.0	1.88	2.83
短茎 2019	13.7	1.2	2.06	3.04
关东 168	14.8	1.3	2.17	2.86

续表

类品种	支链淀粉含量/%（质量分数）	炊饭水质量/米质量	米质量增加率（熟米/生米）	硬度/T. U.
短茎 2024	18. 5	1. 4	2. 27	3. 06
日本晴	20. 9	1. 1，1. 3，1. 5 1. 7，1. 9	1. 96，2. 16，2. 36 2. 54，2. 73	3. 71，3. 57，3. 13 3. 01，2. 71
星丰	27. 2	1. 5	2. 34	3. 33

如图 4-55 所示，不同品种大米米饭的老化感有区别，但总的来看，老化感随保存时间的增加而增加。保存 40h 后所有米饭都不能食用。特别是标准米日本晴，保存初期就有明显变化，保存 5h 后有显著老化感。如图 4-56 所示，用 BAP 测定时间和淀粉糊化度的关系，发现保存初期变化缓慢，当时间超过 15h 后糊化度急剧下降。图4-57 所示为老化感和糊化度的关系，当老化感超过 2 时，糊化度迅速下降。用 DSC 测定的再糊化所需要的吸热能与 BAP 测定结果相似。

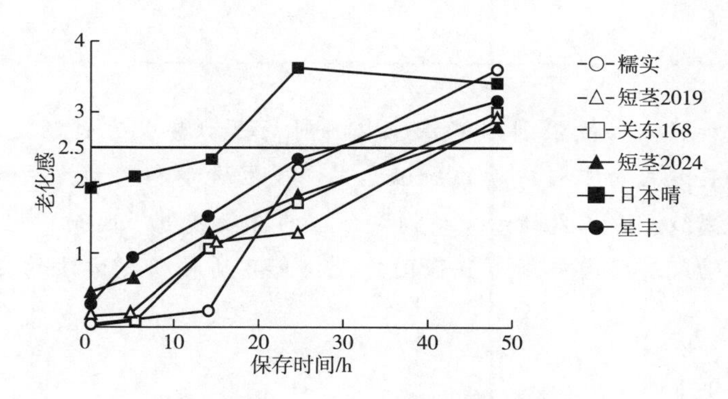

图 4-55　保存时间和老化感之间的关系

纵坐标值：0—不老化　1—稍微老化　2—中等老化　3—很老化
4—严重老化；老化感>2. 5 说明不能食用。

以上结果表明，米饭的糊化度可用 BAP 和 DSC 测定，而老化是一种宏观特性，可用物性测定值来表示。以断裂应力、断裂应变、弹性模量、硬度和黏性等物性参数为自变量，感官检验的米饭老化感为因变量，用变数增减法做多元回归分析结果如下：

$$Y = 0.86X_1 - 3.15X_2 - 0.48 \tag{4-29}$$

式中，Y 表示米饭的老化感（0 表示未老化，4 表示严重老化）；X_1、X_2 分别表示质构仪测定的硬度与黏性。

由此可见，用上述回归式计算的结果与实测值非常一致。

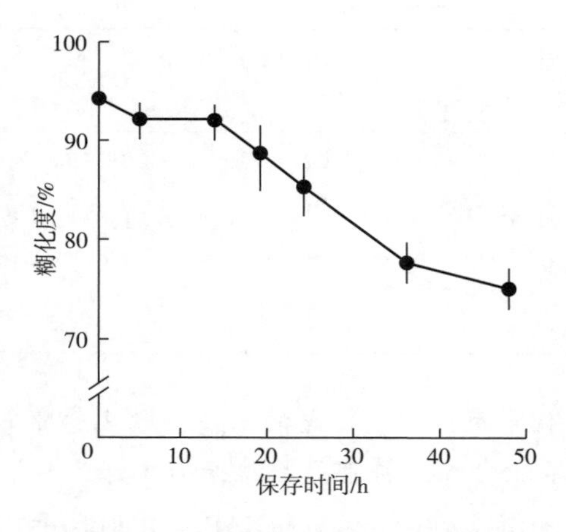

图 4-56 保存时间和糊化度的关系

图中试样为5℃以下保存的日本晴米饭

（炊饭水质量/米质量为1.5）。

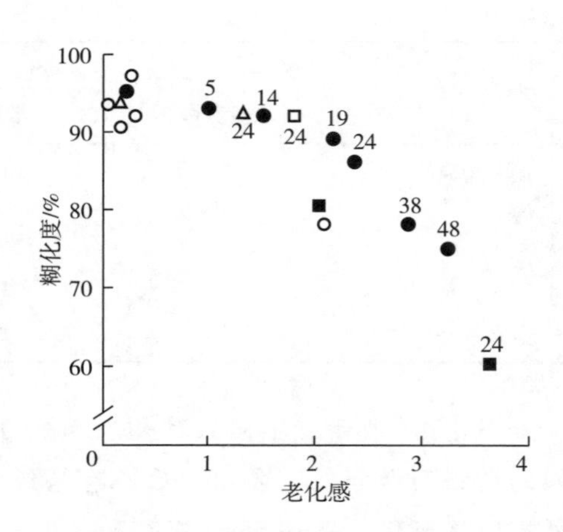

图 4-57 老化感与糊化度的关系

图标旁边的数字表示保存时间（h）。

课程思政

科技兴则民族兴，科技强则国家强。中国创新驱动要成为引领发展的第一动力，从根本上推动发展方式向依靠持续的知识积累、技术进步和劳动力素质提升转变，促进经济向形态更高级、分工更精细、结构更合理的阶段演进。因而，中国只有科技强，才能从供给侧推动经济强国与制造业强国建设。食品质构研究方法的发展正推动食品行业的进步。

思考题

1. 什么是食品的质构？它与食品的品质有何关系？
2. 食品质构感官测定与仪器测定有何优点和局限性？使用时如何选择适当的方法？
3. 简述食品质构的生理学测定方法及其原理。

第五章

食品的热学性质及其研究方法

学习目标

1. 掌握食品加热、冷却过程中与食品热学性质有关的基本概念、公式。
2. 掌握食品主要成分在热处理过程的变化规律。
3. 了解食品的基本热学性质、传热学性质的测定方法。

食品的加工、贮藏和流通往往都需要进行加热、冷却或冷冻等与食品热学性质有关的处理。因此，食品的热学性质也是食品工程研究的重要领域。另外，食品热学性质也与食品的分子结构、化合状态有很密切的关系。所以，它也是研究食品微观结构的重要手段。本章介绍食品的基本热学性质及测定方法、食品的传热学性质，以及食品热学性质的研究方法举例等。

第一节　食品热学性质概述

一、食品热学性质基本概念

（一）质量平均温度

食品因为具有一定体积，加热或冷却时，不同部位会产生一定温度梯度。温度梯度开始较大，随时间增加逐渐减小。为了用一个数值代表加热过程中食品温度的变化，采用质量平均温度比较方便。许多研究都涉及食品温度的变化，然而一些研究报告却没有明确定义食品温度的测量方法，使得数据失去客观意义。还有一些研究取食品的中心点温度，代表该食品的温度，这对那些中心不可食的果蔬（中心为果核或空心等）也不合适。对于包括农产品在内的形状复杂的食品，进行热学性质研究时，有必要求出内部位置和温度的关系，明确定义它的代表温度点。

对于半径为 R 的球形均质物体，当温度分布由中心到表面为直线时，定义其质量平均温度点是半径为 R_i 的球表面；半径为 R 的球质量是半径为 R_i 球质量的 2 倍，两球同心，即 R 与 R_i 的关系为：

$$\left(\frac{4}{3}\right)\pi R^3\rho = 2\,\frac{4}{3}\pi R_i^3\rho \tag{5-1}$$

$$R_i = 0.79R \tag{5-2}$$

史密斯和班尼特为了准确求出质量平均温度表示点，将球的温度分布用半径 r 的多项式表示。对任意时间的温度分布 $T(r)$ 表示为：

$$T(r) = a + br + cr^2 + dr^3 \tag{5-3}$$

式中，a、b、c、d 为常数，质量平均温度可表示为此多项式系数的函数。设质量平均温度为 T_{ma}，半径为 R 的球的热量为：

$$Q = \rho CVT_{ma} = \frac{4}{3}\pi\rho CR^3 T_{ma} \tag{5-4}$$

式中，ρ 为密度，C 为比热容，V 为体积。

由于 $\mathrm{d}Q=\rho CT(r)\mathrm{d}V$，如果 $T(r)$ 已知，$\mathrm{d}V=4\pi r^2\mathrm{d}r$，则：

$$Q = 4\pi\rho C\int_0^R T(r)r^2\mathrm{d}r \tag{5-5}$$

$$T_{ma} = \frac{3}{R^3}\int_0^R T(r)r^2\mathrm{d}r \tag{5-6}$$

将式（5-3）代入得：

$$T_{ma} = \frac{3}{R^3}\int_0^R (a + br + cr^2 + dr^3)r^2\mathrm{d}r \tag{5-7}$$

$$T_{ma} = a + 0.75bR + 0.6cR^2 + 0.5dR^3 \tag{5-8}$$

为求式中的系数，可把温度作为时间和位置的函数，对实验数据进行 3 次项以内的回归分析。例如，设桃的初温为 T_i，在 T_a 的环境温度下冷却。取 $Y=(T-T_a)/(T_i-T_a)$（T 为某一冷却时间，桃内任意半径点的温度）为纵坐标，半径比率 r/R（桃内任意点的半径为 r，桃半径为 R）为横坐标，对不同时间的温度分布可测得如图 5-1 所示的曲线。冷却初期 T_{ma} 的位置为 0.76R，但随时间经过逐渐靠近 0.79R。图 5-2 为尺寸不同的 6 种桃子质量平均温度随时间的变化。

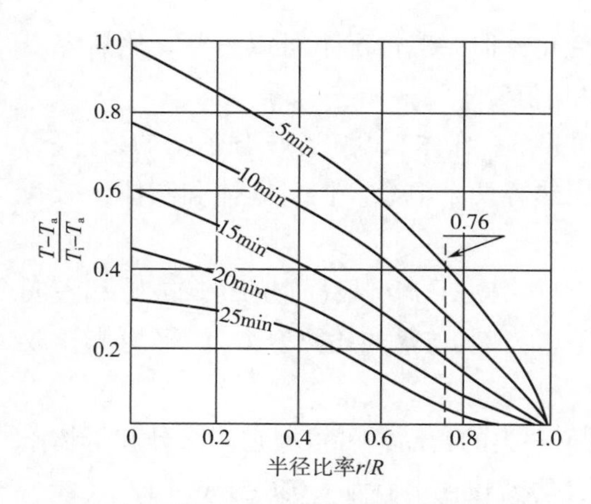

图 5-1　桃在冷却时质量平均温度的温度分布

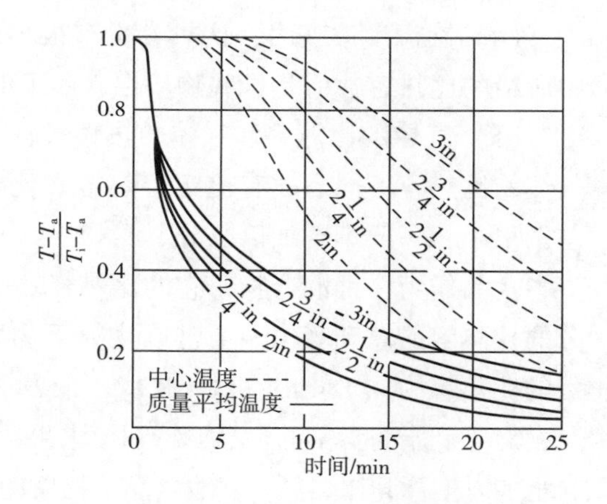

图 5-2　尺寸不同的 6 种桃子质量平均温度及中心温度随时间的变化

1in=2.54cm。

（二）比热容

1. 定义

比热容是指单位质量物体温度改变 1K（1℃）所需提供的热量（或冷量）。即加热

一个质量为 m 的物体，使其从温度 T_1 变到终温 T_2 所需的热量为：

$$Q = mC(T_1 - T_2) \tag{5-9}$$

式中，C 为比热容，J/（kg·℃）；Q 为吸收或放出的热量，J；m 为物体的质量，kg；T_1、T_2 分别为初始温度和最终温度，℃。

物质的比热容与所进行的过程有关。在工程应用上常用的有比定压热容 C_p、比定容热容 C_v 和比饱和热容 C_{sat} 3 种。实际使用时常用比定压热容。

（1）比定压热容 C_p　是单位质量的物质在压力不变的条件下，温度升高或下降 1K 或 1℃所吸收或放出的热量。

（2）比定容热容 C_v　是单位质量的物质在容积（体积）不变的条件下，温度升高或下降 1K 或 1℃吸收或放出的热量。

（3）比饱和热容 C_{sat}　是单位质量的物质在某饱和状态时，温度升高或下降 1K 或 1℃所吸收或放出的热量。

2. 比热容的影响因素

（1）不同的物质有不同的比热容，比热容是物质的一种特性，因此，可以用比热容的不同来（粗略地）鉴别不同的物质（注意有部分物质比热容相当接近）。

（2）同一物质的比热容一般不随物质质量、形状的变化而变化。如一杯水与一桶水，它们的比热容相同。

（3）对同一物质，比热容大小与物质状态有关，同一物质在同一状态下的比热容是一定的（忽略温度对比热容的影响），但在不同的状态时，比热容是不相同的。例如水的比热容与冰的比热容不同。

（4）在温度改变时，比热容也有很小的变化，但一般情况下可以忽略。比热容表中所给的比热容数值是这些物质在常温下的平均值。

（5）气体的比热容和气体的热膨胀有密切关系。在体积恒定与压强恒定的条件下，气体的比热容不同，故有比定容热容和比定压热容两个概念。但对固体和液体，二者差别很小，一般不再加以区分。

食品作为一种混合物，它的比热容 C [J/(kg·K)]，可根据它的组成成分和各成分的比热容的总和算出。通常以物料干物质比热容 $C_{干}$ 与水的比热容 $C_{水}$ 的平均值 [取水的比热容为 4.184 kJ/(kg·K)] 来表示。

对于低脂肪含量的食品，特别像水果、蔬菜一类的食品，可根据它的水分和干物质含量加以推算其比热容。一般食品干物质的比热容变化很小，为 1.046~1.674 kJ/（kg·K），如大麦芽的比热容为 1.210 kJ/（kg·K），马铃薯的比热容为 1.420 kJ/（kg·K），胡萝卜的比热容为 1.300 kJ/（kg·K），面包的比热容为 1.550~1.670 kJ/（kg·K），砂糖的比热容为 1.040~1.170 kJ/（kg·K）。

所以，低脂肪含量的食品比热容可按下式进行计算：

$$C = C_{水} W + C_{干}(1 - W) = 4.184W + 1.464(1 - W) \tag{5-10}$$

式中，$C_{水}$ 为水的比热容，即 4.184 kJ/（kg·K）；$C_{干}$ 为干物质的比热容，一般可以取 1.464 kJ/（kg·K）；W 为食品的含水率,%。

一般情况下，食品湿物料比热容与其含水率 W 之间具有线性关系。如 20℃时，天然淀粉的比热容为：

$$C_{天然淀粉} = 1.215 + 0.0297W \tag{5-11}$$

糊化淀粉的比热容为：

$$C_{糊化淀粉} = 1.230 + 0.0295W \tag{5-12}$$

随着温度的升高，食品湿物料的比热容一般也升高。如糖和马铃薯干物质比热容与温度 T 的关系式为：

$$C_{干糖} = 1.160 + 0.00356T \tag{5-13}$$

$$C_{干马铃薯} = 1.101 + 0.00314T \tag{5-14}$$

需要特别注意，食品未被冻结时，食品的比定压热容一般很少会因温度变化而变化，但是脂肪含量比较高的食品则不同，这主要是因为脂肪会因温度的变化而凝固或熔化，脂肪相变时有热效应，对食品的比定压热容有影响。

对于脂肪含量比较高的食品如肉和肉制品等的比定压热容计算公式如下：

$$C_{肉}=4.184+0.02092W_{蛋}+0.4184W_{脂}+(0.003138W_{干}+0.00732W_{脂})(T_{初}-T_{终})-2.929W_{干} \tag{5-15}$$

式中，$C_{肉}$ 为肉和肉制品的比定压热容，kJ/（kg·K）；T 为肉和肉制品的热力学温度，K；$W_{干}$、$W_{蛋}$、$W_{脂}$分别为肉和肉制品的干物质、蛋白质、脂肪的含量,%（质量分数）。

若食品的温度降低到冻结点以下，食品中的水分冻结成冰，冻结以后的食品的比定压热容可按式（5-16）计算：

$$C_{T} = C_{冰}\, W_{W} + C_{干}(1 - W) + C_{水}\, W(1 - w) \tag{5-16}$$

式中，C_{T}为食品在冻结点以下的比定压热容，kJ/（kg·K）；$C_{干}$为食品中的干物质比定压热容，$C_{干}=1.464+0.0067(T-273)$，$T$ 为冻结食品的平均温度,℃；$C_{冰}$为冰的比定压热容，即 2.092 kJ/（kg·K）；$C_{水}$为水的比定压热容，即 4.184 kJ/（kg·K）；W 为食品中含水率,%；w 为食品中的水分冻结率,%。

3. 比热容测定方法

食品比热容的测定方法是在恒温槽中直接测量使食品材料温度升高 1K 所需的热量。比较常用的是热混合法和护热板法。

（1）热混合法　把已知质量 m_1温度 T_1的样品，投入盛有已知比热容 C_2、温度 T_2和质量 m_2的液体量热计中。在绝热状态下，测定混合物料的平衡温度 T_3（图 5-3）。由以上已知量计算试样的比热容 C_1。

（2）护热板法　将质量为 m 的试样，放入电热护热板框中，同时给护热板框和试样加热，使试样处在无热损失的理想状态（图 5-4）。即护热板和试样温度始终保持一致。设在 t 时间内，供给样品的能量为 Q；试样温度升高 ΔT,℃；I 为电流，A；U 为电压，V；R 为电阻，Ω；m 为试样质量，kg。则：

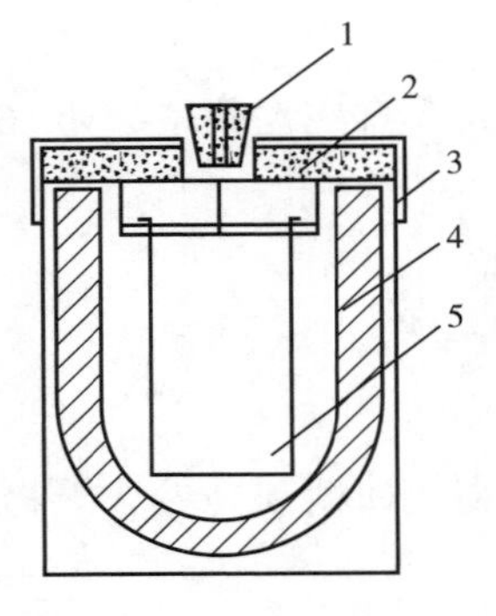

图 5-3 热混合法测比热容

1—塞 2—隔热材料 3—盖

4—真空夹套 5—试样容器

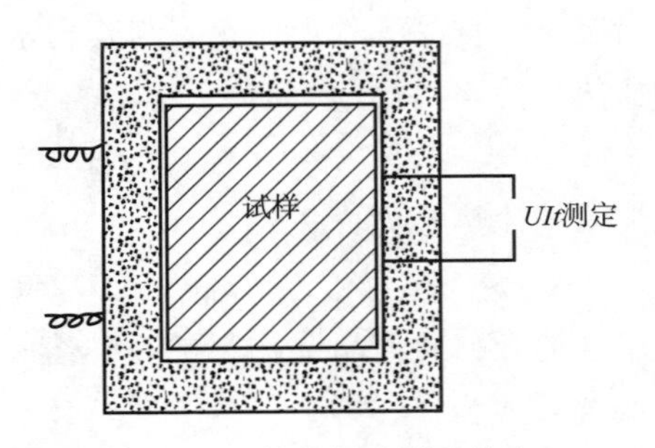

图 5-4 护热板法测比热容

$$Q = 0.24IUt = Cm\Delta T \tag{5-17}$$

$$Q = 0.24I^2R \tag{5-18}$$

试样的比热容 C 为：

$$C = \frac{0.24IUt}{m\Delta T} \tag{5-19}$$

（三）焓

1. 焓的定义

焓是热力学中表征物质系统能量的一个重要状态参量，常用符号 H 表示。对一定质量的物质，焓定义为：

$$H = U + pV \tag{5-20}$$

式中，U 为物质的内能；p 为压力；V 为体积。单位质量物质的焓称为比焓，表示为：

$$h = u + p/\rho \tag{5-21}$$

式中，u 为单位质量物质的内能（称为比内能）；ρ 为密度，$1/\rho$ 为单位质量物质的体积。焓是具有能量的量纲，一定质量的物质按定压可逆过程由一种状态变为另一种状态，焓的增量便等于在此过程中吸入的热量。

2. 焓的影响因素

焓是相对值，过去的教材中多取-20℃冻结态的焓为其零点；近年来多取-40℃的冻结态的焓为其零点。

过去，物质的焓一般均按冻结潜热、冻结率和比热容的数据计算而得，直接测量的数据很少。但对于食品材料，实际上很难确定在某一温度时食品中被冻结的比例，不同的冻结率对应不同的焓，所以，食品的焓较难确定。不同温度、含水量下一些食品的焓如图 5-5、图 5-6、图 5-7 所示。

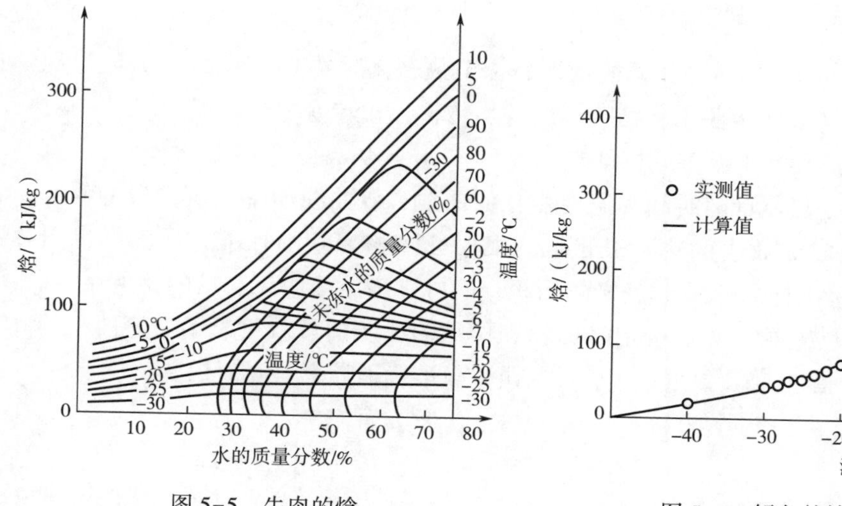

图 5-5　牛肉的焓

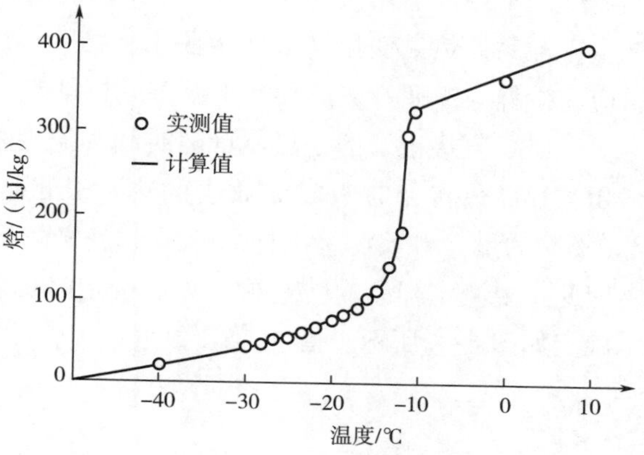

图 5-6　鳕鱼的焓与温度的关系

对于冷冻食品，运用焓评价其热学性质非常方便，因为冷冻食品的潜热（物质在相变过程中温度不发生变化吸收或放出的热）和显热（物质在不发生相变和化学反应的条件下，因温度的改变而吸收或放出的热）难以分开，冷冻食品中常含有部分在非常低的温度下也不冻结的水分。例如，将质量为 m 的物料从温度 T_1 加热到 T_2 所需的热能量 Q 可以通过用两个温度下对应的比焓 h_1 和 h_2 计算得出：

$$Q = m(h_1 - h_2) \qquad (5-22)$$

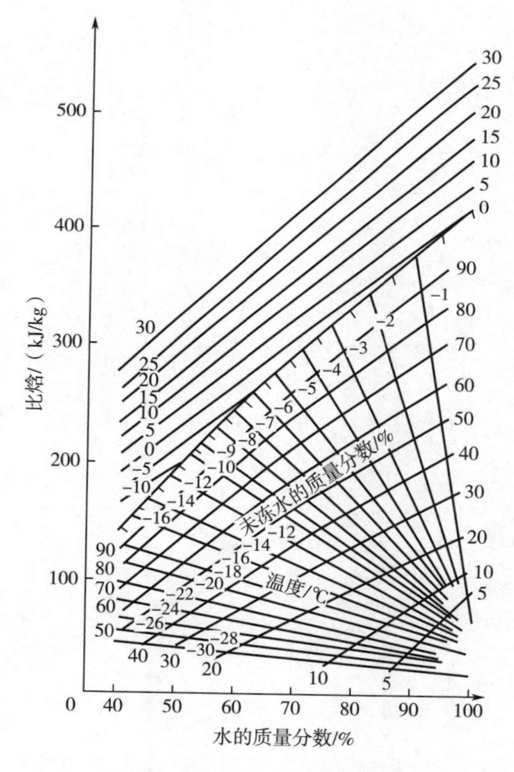

图 5-7　水果汁和蔬菜汁的焓

3. 焓的测定

赫尔德曼和戈尔比（1975）报道过用估计食品非冻结水含量途径预测食品焓的方法。近年来发展了用差示扫描量热技术对食品进行-60℃（此时，几乎所有的水均已冻结）到1℃（此时，所有的水为液体）范围的扫描，从而确定其焓。

部分食品的焓与冷冻速率有关。例如，就食品的冷冻而言，即使是“恒”温冻结阶段，焓也会改变，其原因是冻结过程中食品内的非冻结水比例发生了变化。此外，大多数工业化冻藏设施的温度实际上是有波动的，这就会导致冰晶结构的变化、传质，甚至是非冻结水含量上的改变。

差示扫描量热仪（DSC）装填试样的量为1mg至数毫克，或10~70 μL。升温过程中，样品的热量变化（如发生脱水、结合、变性、转移、相转变等）与其焓变化相对应，试样与参照样之间会产生温差或热量差。

DSC直接记录的是热流量随时间和温度变化的曲线，该曲线与基线所构成的峰面积与样品热转变时吸收或放出的热量成正比。根据已知相变焓的标准物质的样品量（物质的量）和实测标准样品DSC相变峰的面积，就可以确定峰面积与焓的比例系数。因此，要测定样品的转变焓，只需确定峰面积和样品的物质的量就可以了。峰面积的确定如图5-8所示，借助DSC数据处理软件，可以较准确地计算出峰面积。

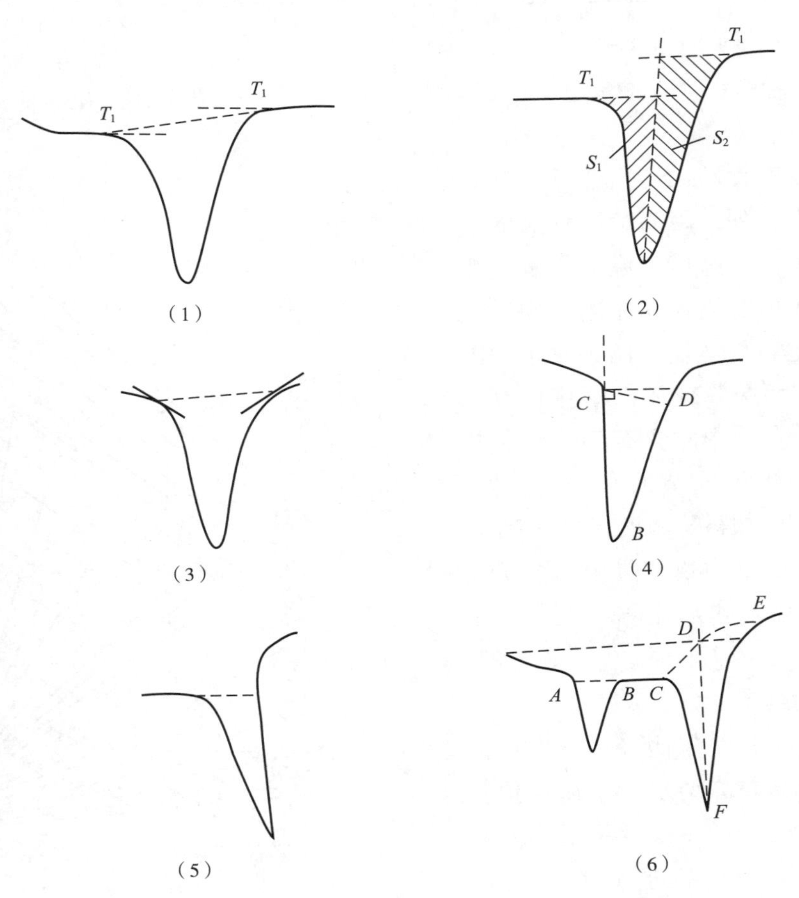

图5-8　DSC装置峰面积确定方法

（1）~（6）为常见DSC曲线形状与面积分割方法。

（四）单位表面传热系数

单位表面传热系数是表示加热或冷却时，假定附着于固体表面的流体界膜传热性质的物理量，一般以h表示。单位表面传热系数的定义为：当流体与固体表面温度差为 1K 时，单位时间通过固体单位表面积的热流量，因此它是对流传热的参数。

$$q = hA\Delta T \tag{5-23}$$

式中，q 为热流量，W；A 为有效表面积，m^2；ΔT 为固体表面温度与流体平均温度差，K；h 主要由流体的黏度、密度、比热容、导热系数、流速、流体的平均温度等因素决定，它是由流体的热学性质和流动物性决定的物理参数，$W/m^2 \cdot K$。

（五）导热系数

导热系数（coefficient of thermal conductivity）也称热导率，是物质导热能力的量度，符号为 λ。按照傅里叶定律，其定义为单位温度梯度（在 1m 长度内温度降低 1K）、单位时间内经单位导热面所传递的热量。即在稳定传热条件下，1m 厚的材料，两侧表面的温差为 1K（℃），在一定时间内，通过 $1m^2$ 面积传递的热量，单位为 W/（m·K）或 W/（m·℃）。通常导热系数针对仅存在热传导的传热形式，当存在其他形式的热传递时，如热辐射、对流等多种传热形式时的复合传热关系，该性质通常被称为表观导热系数、显性导热系数或有效导热系数。不同物质导热系数各不相同，相同物质的导热系数与其结构、密度、湿度、温度、压力等因素有关。同一物质的含水率低、温度较低时，导热系数较小。一般来说，固体的热导率比液体的大，而液体的又要比气体的大。

傅里叶在总结前人工作基础上，提出固体物质中的导热定律，可用式（5-24）表示：

$$Q = \lambda A \Delta T / d \tag{5-24}$$

式中，Q 为热量，W；λ 为导热系数，W/（m·K）；A 为接触面积，m^2；d 为热量传递距离，m；ΔT 为温度差，K。

对非均质分散系统的热传导，如果以分散相的大小尺寸为尺度来判断其传热机制，是非常困难的。可以将其客观地看成均质物质，使用均质系统的传热公式，如式（5-24），这时体现非均质系统的特征可以靠物性反映。有效导热系数就是这样在宏观上把非均质物质看成均质物质而引入的概念。不能看作均质物质时，就必须使用不含有效导热系数概念的传热模型。

1. 基本传热模型和有效导热系数理论公式

与食品的构造、组成对应的有效导热系数，可以表示为如下函数关系：

$$\lambda_e = f(\lambda_w, \lambda_p, \lambda_c, \lambda_f, X_w^v, X_p^v, X_c^v, X_f^v) \tag{5-25}$$

式中，λ_e［W/（m·K）］代表食品的有效导热系数；右边项的 λ 为各成分的固有导热系数，X^v 为各成分所占体积比率，它们的下标 w 表示水，p 表示蛋白，c 表示糖质，f 表示脂质。

由测定值通过式（5-25）求食品的有效导热系数时，将会碰到两个未知因素。第一个未知因素为蛋白质和糖质的固有导热系数（λ_p 和 λ_c）；第二个未知因素为函数 f 的具体表现式。由于纯蛋白质或糖质多为粉末，所以很难求出其导热系数。水和脂质因为不是粉末，可以求出其导热系数。第二个未知因素并非没有理论公式或经验公式，只是具体的食品与哪个公式对应还是未知。这两个未知因素只要知其一，便可解析出另一个。矢野俊正等为了确定蛋白质、高分子多糖类物质的固有导热系数，归纳了 4 种传热模型。模型及其理论表达式如表 5-1 所示。

表 5-1　　4 种传热模型和理论表达式

传热模型	理论表达式	模型名称
q	$\lambda_e = \lambda_1 X_1^v + \lambda_2 X_2^v + \lambda_3 X_3^v (\sum X_i^v = 1)$	并列模型
q	$\lambda_e = \dfrac{1}{\dfrac{X_1^v}{\lambda_1} + \dfrac{X_2^v}{\lambda_2} + \dfrac{X_3^v}{\lambda_3}} (\sum X_i^v = 1)$	串列模型
q	$\lambda_e = \dfrac{\lambda_c[\lambda_d + 2\lambda_c - 2\phi(\lambda_c - \lambda_d)]}{\lambda_d + 2\lambda_c + \phi(\lambda_c - \lambda_d)}$	Maxwell-Eucken 模型
q	$\lambda_e = \lambda_c \left(\phi + \dfrac{1 - \phi}{\eta + \dfrac{2}{3} \dfrac{\lambda_c}{\lambda_d}} \right)$	Kunii-Smith 模型

（1）并列模型式的所有组成对于传热方向平行排列，当组成有 n 个成分时，公式还可写为：

$$\lambda_e = \sum_{i=1}^{n} \lambda_i X_i^v \quad (\sum_{i=1}^{n} X_i^v = 1) \tag{5-26}$$

（2）串列模型式各成分与传热方向垂直排列。当成分有 n 个时：

$$\frac{1}{\lambda_e} = \sum_{i=1}^{n} \frac{x_i^v}{\lambda_i} \quad (\sum_{i=1}^{n} X_i^v = 1) \tag{5-27}$$

当仅有热传导传热时，该式给出了有效导热系数的下限。

（3）Maxwell-Eucken 模型式最早是麦克斯韦对连续相中球状粒子稀薄分散体系的外观电容推导出的公式。后来发现外观电容和有效导热系数有数学上的等效关系。欧肯则把它引入到有效导热系数上。公式中的下标 c 表示连续相，下标 d 表示分散相，ϕ 表示分散相所占体积比。麦克斯韦-欧肯公式适用于分散系统，只适于分散相是一种物质的场合。对于多相分散系统，可以先算出 λ_{e1}，然后把连续相和第一分散相再当成连续相，按公式计算出 λ_{e2}，即第二分散相在前两相连续系统中的有效导热系数，以此类推。

（4）Kunii-Smith 模型是将多孔岩石作为模型推导出的理论公式。它适用于充填层中没有流动的传热情况。公式中，ϕ 表示空隙率，η 表示由 λ_d/λ_c 的函数决定的值。此函数可从图 5-9 中由 λ_d/λ_c 求出对应的 η_1 和 η_2，再由 ϕ 的范围求出 η：

$$\eta = \eta_2 + (\eta_1 - \eta_2)[(\phi - 0.260)/0.216] \quad 0.260 \leqslant \phi \leqslant 0.476,$$
$$\eta = \eta_1 \quad \phi \geqslant 0.476, \ \eta = \eta_2 \quad \phi \leqslant 0.260 \tag{5-28}$$

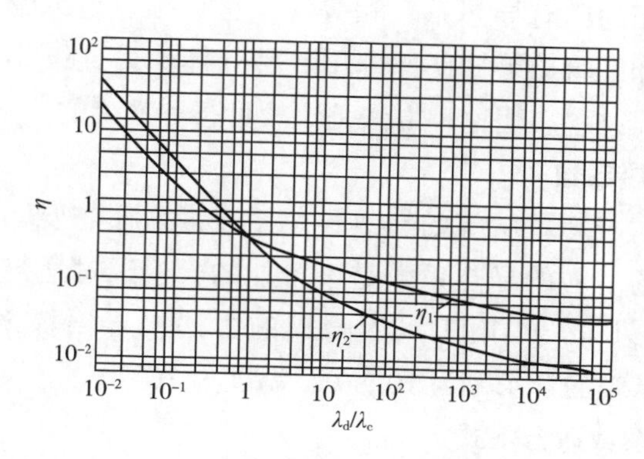

图 5-9　求 η 的曲线图

2. 蛋白质与高分子多糖类的固有导热系数

研究表明，含水率在 70%以上的各种蛋白质和水组成的二成分系统，及高分子多糖类和水组成的二成分系统的传热，都适用表 5-1 所示的串列模型公式。一些常见食品蛋白质和多糖类物质的固有导热系数按串列模型式推算结果如表 5-2 所示。

表 5-2　　一些常见食品蛋白质及多糖类物质的固有导热系数的推算值

成分名称	未冻结状态的固有导热系数/(W/m·K)	冻结状态的固有导热系数/(W/m·K)
水	0.568②	2.30③
明胶（359）①	0.28	0.61
肉鱼蛋白（未测定）	0.34	0.58
大豆蛋白（868）①	0.30	0.49
蛋清（979）①	0.24	0.40
小麦面筋（990）①	0.22	0.32
干酪蛋白（1153）①	0.20	0.27
土豆淀粉	0.25	0.38
琼胶	0.26	0.39
脂质	0.14~0.19	0.14~0.19

注：①括号内数字为蛋白质的平均疏水度。
②2℃时的值。
③-10℃时的值。

可以看出蛋白质、高分子多糖类物质的固有导热系数的推算值，都在水和脂质之间。成分栏中括号内数字表示蛋白质的平均疏水度，由氨基酸组成算出，数字越大疏水性越强。除了未冻结的明胶，蛋白质疏水性越强的成分其固有导热系数越小。

还有一种推算粉体物质固有导热系数的方法，即将粉体作为分散相，改变连续相物质。当粉体与连续相的固有导热系数相等时，这个推算值无论分散构造如何，都等于有效导热系数。例如，哈珀等据此原理用 6 种气体作为连续相测定了干燥牛肉和干燥梨的有效导热系数。结果表明这种方法是比较可行和准确的。

3. 固体单粒的导热系数

要从整体上了解谷粒充填层等的有效导热系数，往往需要知道单粒谷粒的平均导热系数。直接测定单粒谷粒的导热系数是不可能的，但通过适当的传热模型或前文所述的哈珀等的方法可以求出。山田采用哈珀的方法推导出糙米粒的导热系数 λ_d 为 0. 29w/(m · K)（糙米粒的含水率为 10. 8%，温度为 35℃）。

大豆籽粒的导热系数适合下式：

$$\frac{1}{\lambda_d} = \frac{B}{2[C(\lambda'_c + C)]^{1/2}} \ln \frac{(\lambda'_c + C)^{1/2} + C^{1/2}}{(\lambda'_c + C)^{1/2} - C^{1/2}} + \frac{1-B}{\lambda'_c} \tag{5-29}$$

$$B = (1.5\phi'_d)^{1/2} \tag{5-30}$$

$$C = B(\lambda'_d - \lambda'_c) \tag{5-31}$$

式中，λ_d为一定含水率大豆的表观导热系数；λ'_c为含水率为零的大豆籽粒表观导热系数，即 0. 267W/（m · K）；λ'_d为水的导热系数，ϕ'_d为大豆籽粒中水的体积分数；C 为比热容。

4. 各种食品有效导热系数的推算方法

（1）水溶液　水溶液可以按均质系统处理。函数的形式可以认为水与溶质具有对称性。糖液、果汁都可按里贝尔经验式计算：

$$\lambda_m = (0.565 + 0.0018\theta - 0.581 \times 10^{-5}\theta^2)(1 - 0.54 X_s^w) \tag{5-32}$$

式中，λ_m 为溶液的导热系数，X_s^w 为固形物成分的质量分数；θ 为温度，适于 0~80℃。

对于电解质溶液，考虑到离子的影响，对含有极性较强成分（如乙醇）的有机溶液，常用的有效导热系数式为以下菲利波夫公式：

$$\lambda_m = \lambda_1 X^{w_1} + \lambda_2 X^{w_2} - 0.72 X^{w_1} X^{w_2} | \lambda_1 - \lambda_2 | \tag{5-33}$$

式中，λ_m为溶液的导热系数，λ_1为溶液的导热系数，λ_2为溶液的导热系数，X^{w_1}为固形成分的质量百分率，X^{w_2}为固形成分的质量百分率。

（2）凝胶状食品（豆腐、蛋白凝胶、糖质凝胶、肉糜）　这类食品的有效导热系数，可用串列模型式（5-28）和表 5-2 中的固有导热系数来进行推算。对表中没有列出的蛋白质，如果从氨基酸组成可以计算平均疏水度，那么可用来推算其固有导热系数。

水（或冰）每升高（或降低）10℃导热系数大约增加 0. 32%。但蛋白质、糖质的固有导热系数受温度影响不大。肉类传热方向如果与肌纤维方向一致，那么有效导热系数比以上方法算出的值高30%左右。

（3）颗粒或液滴分散系统　该系统可以用麦克斯韦-欧肯（Maxuen-Eucken）公式计算。在颗粒、液滴接触不明显的分散相体积比（0~0.5）范围内，分散相大小、分布和形状都不影响麦克斯韦-欧肯式对分散系统食品的适用。这是因为食品的有效导热系数仅限于比较狭窄的范围［空气的有效导热系数为0.02W/（m·K），最小；冰的有效导热系数为2.5W/（m·K），最大］。对于高浓度分散体系食品，布鲁格曼对分散系统电容推导出的公式，也适合于其有效导热系数的计算：

$$\left(\frac{\lambda_e}{\lambda_c}\right)^{1/3}(1-\phi)=\frac{\lambda_e-\lambda_d}{\lambda_c-\lambda_d} \tag{5-34}$$

（4）气泡分散系统　低水分的气泡分散系统与颗粒液滴分散系统一样适用麦克斯韦-欧肯公式。对于高水分气泡分散系统，气泡内水蒸气移动的潜热也包括在有效导热系数的值中，其大小如果按水蒸气在平板间空气层中移动假定，可由下式计算：

$$\lambda_v=\frac{D}{RT}\frac{P}{P-A_wP_s}LA_w\frac{dP_s}{dT} \tag{5-35}$$

式中，A_w为水分活度；D为气相中水蒸气的扩散系数，m^2/s；L为水的蒸发潜热，J/mol；P为全压，Pa；P_s为在计算温度下饱和水蒸气压，Pa；R为气体常数，J/mol·K；T为绝对温度，K；λ_v为由于水蒸气传递潜热而引起的导热系数增加部分，W/m·K。

因此，对高水分的气泡分散系统，其有效导热系数用$\lambda_d+\lambda_v$代替麦克斯韦-欧肯公式的λ_d，可写成如下形式：

$$\frac{\lambda_e}{\lambda_c}=\frac{(\lambda_d+\lambda_v)+2\lambda_c-2\phi[\lambda_c-(\lambda_d+\lambda_v)]}{(\lambda_d+\lambda_v)+2\lambda_c+\phi[\lambda_c-(\lambda_d+\lambda_v)]} \tag{5-36}$$

经过试验证明当$\phi<0.4$，温度低于50℃时，式（5-36）是适用的；当$\phi>0.4$，温度在50℃以上时，式（5-36）得出的计算值比实测值大一些。

（5）多相分散系统　对于脂肪球和气泡分散在凝胶连续相的多相分散系统，如前文所述，可以反复使用麦克斯韦-欧肯公式计算其有效导热系数。关系式中，注意对各分散相是对称的，而连续相与分散相是非对称的。

$$\frac{\lambda_e}{\lambda_c}=\frac{1-2\sum_i\phi_i\frac{1-\sigma_i}{2+\sigma_i}}{1+\sum_i\phi_i\frac{1-\sigma_i}{2+\sigma_i}} \tag{5-37}$$

$$\sigma_i=\frac{\lambda_{di}}{\lambda_c} \tag{5-38}$$

式中，i指第i种分散相，其他符号与式麦克斯韦-欧肯公式中的相同。

5. 导热系数的影响因素

导热系数很大的物体是优良的热导体，导热系数小的是热的不良导体或为热绝缘体。λ受温度影响，随温度增高而稍有增加。若物质各部分之间温度差不大，则对整个物质可视λ为一个常数。

对于食品物料而言，它的组成成分、孔隙度、形状、尺寸和空穴排列、均匀度、纤维取向等都会影响其导热系数。图 5-10、图 5-11 所示为食品的导热系数与温度和食品含水率的关系。

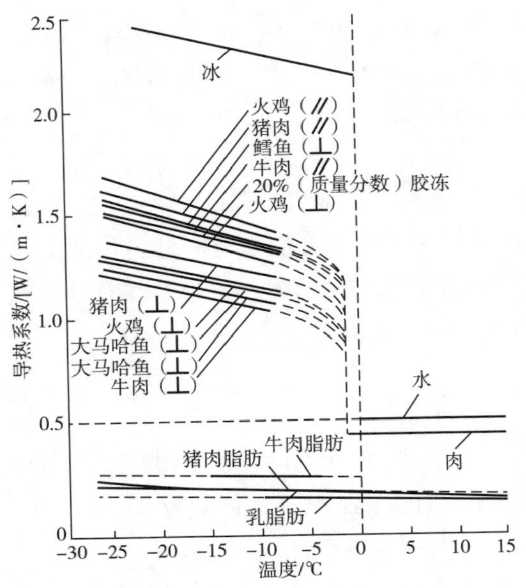

图 5-10 食品导热系数和温度的关系

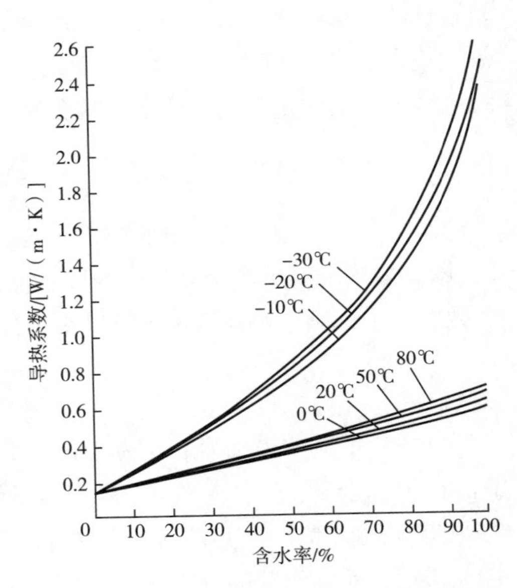

图 5-11 食品导热系数和含水率的关系

由于食品物料中蛋白质、糖类等成分的存在，故可形成固体间架，但在固体间架孔隙中存在的水对固体间架的热导系数有影响。此外，食品物料进行热传递时与物料内部水的直接迁移也密切相关，所以热量可以通过食品内含气体和液体的孔隙以对流方式传递，也能依靠孔隙壁与壁间的辐射作用传递，故有导热系数和当量导热系数之分。

导热系数 λ 是傅里叶方程中的比例系数：

$$q = -\lambda \Delta T \tag{5-39}$$

式中，q 为各向同性固体中的热流密度，W/m^2；ΔT 为温度梯度，K/m。

当量导热系数，也称有效导热系数 $\lambda_{当}$，表示湿物料以上述各种方式传递热量的能力：

$$\lambda_{当} = \lambda_{固} + \lambda_{传} + \lambda_{对} + \lambda_{迁} + \lambda_{辐} \tag{5-40}$$

式中，$\lambda_{固}$ 为物料固体间架的导热系数，W/（m·K）；$\lambda_{传}$ 为物料孔隙中稳定状态存在的液体和蒸汽混合物的导热系数，W/（m·K）；$\lambda_{对}$ 为靠物料内部空气对流的传热系数，W/（m·K）；$\lambda_{迁}$ 为靠物料内部水分质量迁移产生的传热系数，W/（m·K）；$\lambda_{辐}$ 为辐射导热系数，W/（m·K）。

当量导热系数 $\lambda_{当}$ 直接受物料湿度、不同物料的结合方式、物料孔隙直径 d 和孔隙率（或物料密度 ρ）等因素影响。当物料含水率 W 很低时，体系主要由空气孔和固体间架组成，随 W 的增加，$\lambda_{当}$直线增加，且颗粒越大，它的增长速度越大；当物料含水率 W 很高时，水充满所有物料颗粒中间孔隙，并使其饱和，$\lambda_{当}$的增加逐渐停止（对大颗粒），或仍在直线增长（中等分散物料），或其增加速度明显增加（小颗粒物料）。物料的密度越大，$\lambda_{当}$越大；孔隙越大，$\lambda_{当}$越大；组成粒状物料间架的颗粒越大，$\lambda_{当}$越大。

一般认为，当孔的直径<5mm 和温度梯度相当于 10℃时，对流热交换忽略不计（即$\lambda_{对}\approx0$）；当孔隙的直径<0.5mm，辐射热交换与热传导相比也可忽略不计（即$\lambda_{辐}\approx0$）。实际上，影响物料 $\lambda_{当}$的主要因素是物料固体间架的导热系数 $\lambda_{固}$和水分的导热系数 $\lambda_{水}$以及物料的孔隙率，可以用式（5-41）计算物料 $\lambda_{当}$：

$$\lambda_{当} = (1-\lambda)\lambda_{固} + \gamma\lambda_{水} \tag{5-41}$$

$$\lambda = \frac{v_{孔}}{v_{孔} + v_{固}} \times 100\% \tag{5-42}$$

式中，γ 为物料的孔隙率,%；$\lambda_{水}$为水分的导热系数，即 0.58W/（m·K），当孔隙中充满的是空气，则用 $\lambda_{空}$=0.0232 W/（m·K）代替 $\lambda_{水}$；$\lambda_{固}$为物料固体间架导热系数，食品的 $\lambda_{固}$比无机材料小得多，例如面包固体间架的 $\lambda_{固}$为 0.116 W/（m·K）；$V_{孔}$、$V_{固}$分别为孔隙和固体间架的体积，m^3。

面包瓤（W=45%）的 λ=0.248W/（m·K），面包皮（W=0）的 λ=0.056W/（m·K），小麦（W=17%）的 λ=0.116W/（m·K），即食品的导热系数 λ 都小于水的导热系数。因此，在干燥过程中，随着食品的湿度降低，空气进入物料的孔隙中，空气的导热系数比液体的导热系数小得多，故物料的导热系数将不断下降。

湿物料的导热系数与温度的关系也和干物料的一样：随着温度的提高，导热系数增加。气体的导热系数也会随压力的增加而增加，故压力也会影响到物料的导热系数。

6. 导热系数的测定

通常，物质的导热系数可以通过理论和实验两种方式来获得。

理论上，从物质微观结构出发，以量子力学和统计力学为基础，通过研究物质的导热机制，建立导热的物理模型，经过复杂的数学分析和计算可以获得导热系数。但由于理论的适用性受到限制，而且随着新材料的快速增加，人们迄今仍尚未找到足够精确且适用范围广泛的理论方程。

各种物质的导热系数主要靠实验测定，其理论估算是近代物理和物理化学中一个活跃的课题。导热系数一般与压力关系不大，但受温度的影响很大。纯金属和大多数液体的导热系数随温度的升高而减小，但水例外；非金属和气体的导热系数随温度的升高而增大。传热计算时通常取用物料平均温度下的数值。此外，固态物料的导热系数还与它的含水率、结构和孔隙度有关。一般含湿量大的物料导热系数大。

测量食品材料导热系数要比测量比热容困难得多，因为导热系数不仅和食品材料的组分、颗粒大小等因素有关，还与材料的均匀性有关。一般用于测量工程材料的标准方法，如平板法、同心球法等稳态方法已不能很好地用于食品材料。因为这些方法需要很长的平衡时间，而在此期间，食品材料会产生水分的迁移而影响导热系数。

目前认为测量食品材料导热系数较好的方法是探针法（图 5-12）。

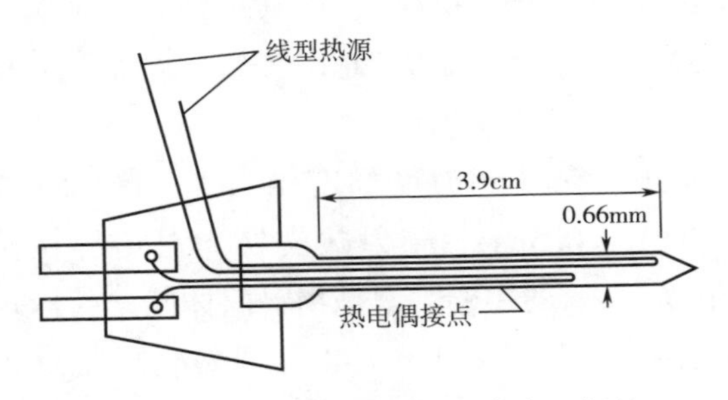

图 5-12　线型热源热传导传感头（探针）

被测食品材料原处于某一均匀温度，当探针插进后，加热丝提供一定的热量，使测量温度变化。经一段过渡期后，温度和时间的自然对数出现线性关系。根据此直线的斜率可以求出食品材料的导热系数。探针法原理如图 5-12 所示，线型热源棒插入样品，核样品起初具有均匀温度。该样品以稳定速率被加热，邻近线型热源棒的温度被记录下来。经过简短的变化期后，时间自然对数对温度的作图将呈线性关系，其斜率为 $k=\frac{Q}{4\pi}$，因而导热系数可以写成：

$$\lambda = Q\frac{\ln[(t_2 - t_1)(t_1 - t_0)]}{4\pi(T_2 - T_1)} \tag{5-43}$$

式中，λ 为样品的导热系数，W/（m·K）；Q 为探棒加热器产生的热量，W/m；t_1、t_2 为棒加热器供能开始后的时间，s；t_0为时间修正因子，s；T_1为时间 t_1时的棒温，K；T_2为时间 t_2时的棒温，K。

该类仪器的特点是测定操作简易、快速、需用的样品尺寸较小，它要求有较精密的数据采集手段。

（六）热扩散系数

1. 热扩散系数的定义

热扩散系数（thermal diffusivity）又称为导温系数，是表征物料热惯性的主要热特性参数，也是研究和计算物料加热、冷却、干燥和吸湿等过程的不可缺少的基础参数。

热扩散系数表示物体在加热或冷却中温度趋于均匀一致的能力，即物料热传导能力对其贮热能力的比。在物体受热升温的非稳态导热过程中，进入物体的热量沿途不断地被吸收而使局部温度升高，持续到物体内部各点温度全部相同为止。

热扩散系数可以通过计算得到：

$$\alpha = \frac{\lambda}{C_p\rho} \tag{5-44}$$

式中，α 为热扩散系数，m²/s；λ 为导热系数，W/（m·K）；C_p为比热容，kJ/

(kg·K)；ρ 为密度，kg/m^3。

热扩散系数 α 是 λ 与 $1/(C_p\rho)$ 两个因子的结合。α 越大，表示物体内部温度趋于一致的能力越大，即从温度的角度看，α 越大，材料中温度变化传播得越迅速。可见 α 也是材料传播温度变化能力大小的指标。

热扩散系数可由 λ、C_p、ρ 的值算出，或由试验获得。大多数食品物料（温度高于0℃）的导热系数为0.2~0.6 W/(m·K)，密度为900~1500kg/m³，比热容为1.2~4.2kJ/(kg·K)，因此，按照式（5-44），热扩散系数为（0.02~0.60）$\times10^{-6}m^2/s$。大多数情况下，热扩散系数常为（0.1~0.6）$\times10^{-6}$ m^2/s。其他特别的情况则多见于实验室热渗透的试验现象中。

2. 热扩散系数的测定

热扩散系数的测试方法有周期热流法、热线法、热带法、热波法、热针法等。

（1）周期热流法　周期热流法最早是由昂斯特伦在1861年提出，是一种经典的非稳态热学性质测试方法。根据热流方向的不同，可分为径向周期热流法和纵向周期热流法，以后者的应用较多。

纵向周期热流法的原理是，在一个半无限长圆柱体试样的一端加一个温度呈周期性变化的热源，则圆柱体试样上某点的温度也将以与热源相同的周期变化，只是温度变化的幅度有所下降。而且当温度波沿着试样以一定的速度传播时，试样上某些点之间的温度波存在着相位差。通过测量温度波振幅的衰减和温度波之间的相位差，就可以得到热扩散系数。

径向周期热流法中，温度波被加到长圆柱体试样的轴上或四周。温度波在试样径向振幅的衰减和传播速度，都只是该试样导温系数的函数。当纵向热损失足够小时，测出以上任何一个量即可求出热扩散系数。

周期热流法具有测试时间短、计算简单等优点。但是该法对温度在试样中的传输要求为正弦或余弦波，而在试验中要得到较标准的正弦或余弦温度波比较困难。这种方法测定的热扩散系数的测量误差在±5%以内。

（2）热线法　热线法也是一种非稳态测试方法，根据热线温升方法的不同，可分为平行热线法、交叉热线法和热电阻式热线法3种。热线法原理是将一根均匀细长的金属丝（即热线）放在待测试样中，测试时，在热线上施加一定的电流，热线就有热量产生，热量沿径向在试样中传导。测量并记录热线本身的温度随时间的变化或距热线某个距离处的温度随时间的变化，然后根据传热数学模型及温度变化的理论公式就可计算出被测试样的热扩散系数。热线法温度响应的理论公式为：

$$\Delta T_{rt} = \frac{q}{4\pi\lambda}\left[-E_i\left(-\frac{r^2}{4\alpha t}\right)\right] \tag{5-45}$$

式中，ΔT_{rt} 为温度与系统初始平衡温度之差，°C；E_i 为指数积分函数；q 为热线上单位长度的加热热流，W/m；λ 为热导系数，W/(m·K)；α 为热扩散系数，m^2/s。

该方法的优点是可以测量固体、粉末和液体的热扩散系数，被测材料可以是各向同性的，也可以是各向异性的，既可以是均质的也可以是非均质的；缺点是测量误差比较大。

（3）热带法　热带法全称为瞬态热带法。如图 5-13 所示，其测量原理是将一条很薄的金属带夹持在被测量材料中间，在热带中施以恒定电功率加热金属带，则与热带相邻的被测材料受到加热而温度升高，测量并记录热带的温度响应曲线，根据温度变化的理论公式可以得到被测材料的热扩散系数和导热系数。

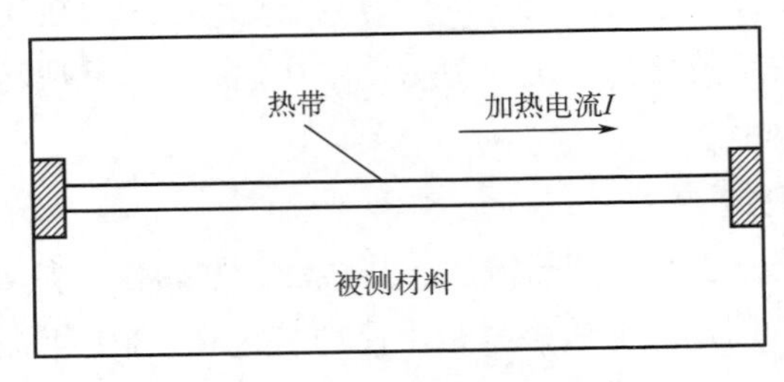

图 5-13　热带法示意图

热带法温度响应的理论公式为：

$$\Delta T(t) = \frac{q}{2\sqrt{\pi}\lambda}\left\{\tau erf\ (\tau^{-1}) - \frac{\tau^2}{\sqrt{4\pi}}[1 - exp(-\tau^{-2})] - \frac{1}{\sqrt{4\pi}}E_i(-\tau^{-2})\right\} \tag{5-46}$$

$$\tau = \frac{\sqrt{4\alpha t}}{w_A} \tag{5-47}$$

式中，w_A为热带宽度，m；*erf* 为误差函数；q 为热带单位长度的加热热流，W/m；λ 为导热系数，W/（m · K）；α 为热扩散系数，m^2/s。

热带法特点是可以测量液体、松散材料、多孔介质及非金属固体材料，适用范围较广，装置易于实现，其测温范围为 77～1000K。热带法测量材料的热导率误差一般在±3%，热扩散系数的测量误差一般可以控制在±4%。

（4）热波法　热波法也叫激光闪光法，是由帕克等于 1961 年提出的，是目前非稳态法中应用最广泛和最受欢迎的方法。激光闪光法的物理模型，是在一个四周绝热的薄圆片试样的正面，照射一个垂直于试样正面的均匀的激光脉冲，测出在一维热流条件下试样背面的温升曲线，进而求出热扩散系数。根据激光闪光法的物理模型得到热扩散率的计算公式为：

$$\alpha = \frac{1.37 \times L^2}{\pi^2\sqrt{t}} \tag{5-48}$$

式中，α 为热扩散系数，cm^2/s；t 为试样背面温度达到最大值的一半时所需的时间，s；L 为样品厚度，cm。

激光闪光法具有测量材料种类广泛，样品尺寸小，测试温度范围宽等优点，其测量误差在百分之几的水平。

（5）热针法　热针法是指在均匀、各向同性的无限大介质中，放置一根长直热线，形成沿径向方向的一维圆柱面传热模型。如图 5-14 所示，热针法采用瞬态测量方法，可以在非稳态传热过程中直接测量材料的热扩散系数。测量过程不要求环境恒温，不需要达到热平衡的苛刻条件，受环境变化的影响小，因此该方法是一种绝对测量方法。

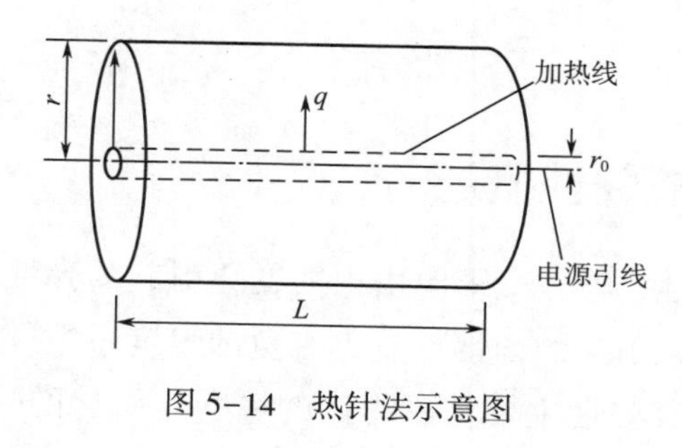

图 5-14　热针法示意图

二、食品的可加性物性和非可加性物性

（一）可加性物性

从宏观上考虑由 n 个成分组成的系统的比热容 C [J/（kg·K）] 时，假定各成分固有的比热容分别为 C_1、C_2、…，各成分质量所占比例分别为 X_1^w、X_2^w、…，于是：

$$C = C_1X_1^w + C_2X_2^w + \cdots C_nX_n^w = \sum_{i=1}^{n} C_iX_i^w \tag{5-49}$$

这一关系无论是混合系统还是具有连续相的分散系统都成立。把这种系统全体的宏观物性（这里的 C）可以用各成分同样物性的和（这里指 $C_iX_i^w$；$i=1, 2, \cdots n$）来表示的性质，称为可加性。由式（5-49）可以看出，有可加性的物性，仅成分组成就可以决定其物性。对于式（5-49），即使用成分 j 替换成分 i，函数的形式还是不变。也就是各成分的物性对称。式（5-49）中的 C 即宏观混合系统（或分散系统）的平均比热。此外，密度也是具有可加性的物性。

（二）非可加性物性

对于多成分非均质系统，仅知道成分组成还不能确定其宏观导热系数的值。对此，导热系数属于非可加性物性。多成分、非均质分散系统的宏观导热系数不仅与成分组成有关，也与这些成分分散的结构有关，平均值在这里没有意义。非均质分散系统的宏观导热系数称为有效导热系数。应该指出的是，即使是非可加性物性，如果是像溶液那样的均质构造（或没有构造）系统、混合系统，系统的宏观物性也可能对各成分、各相具有对称性（可加性）。

分子扩散系数、黏度等与速度有关的物性，虽与导热系数不同，但也属于非可加性物性。

第二节　能弹性与熵弹性

一、能弹性与熵弹性概述

能弹性又称内能弹性，物体变形时由内能变化引起的弹性。一般情况下物体的弹性均属于能弹性。能弹性引起的弹性恢复力有负的温度系数。处于橡胶态的高聚物变形时，内能变化很小，其弹性主要是由物体的熵变化引起的。这种弹性叫做能弹性。在橡胶态高聚物的弹性中能弹性的贡献约为10%。

能弹性的基本特点是：①应力与应变之间保持单值的关系，与加载路径无关，且符合胡克定律，所以能弹性材料也可称为胡克弹性体；②弹性变形与时间无关，即弹性变形是瞬时达到的；③弹性变形量较小，一般为0.1%~1%；④弹性模量较大，可达105MPa；⑤绝热伸长时变冷（吸热），回复时放热。

对于天然橡胶或线性非晶态聚合物的高弹态（温度高于玻璃化温度），变形主要是由原处于卷曲状态的长分子链沿应力方向伸展而实现，伸展的分子链由于构象数较少，因而熵较小。当外力去除后，熵增大的自发过程将使分子链重新回复到卷曲状态，产生弹性回复。这种由熵变化为主导致的弹性变形称为熵弹性。熵弹性的基本特点与能弹性刚好相反。由于属于能弹性的材料在工程上居多，故一般把能弹性简称为弹性，它具有线弹性特点，符合胡克定律。

能弹性和熵弹性的特征区别：①能弹性体的模量高，可逆变形值小，例如钢的模量达$2.1\times10^7 N/cm^2$；熵弹性体的模量低，可逆变形值大，如橡胶的模量为$20 \sim 80N/cm^2$，其伸长可达百分之几百。熵弹性体的模量低值与气体相似，约为$10N/cm^2$。②能弹性体（如钢）伸长时变冷（吸热而增加内能），熵弹性体（如橡胶）伸长时变热（熵减小而放出热量）。③负荷下的钢加热时膨胀，而只有很轻微拉伸下的橡胶才会加热时膨胀，一般，伸长较大的橡胶加热时收缩。因此，熵弹性体的弹性模量因加热而增大。食品的力学性质与温度状态有密切的关系。物体变形时分子或原子间的平均距离由应力的大小决定。当物体受应力σ（N/m^2）作用产生ε应变时，外力对单位体积物体所作之功W（J/m^3）。可用下式表示：

$$W = \int_0^{\varepsilon} \sigma d\varepsilon = \int_0^{\varepsilon} E\varepsilon d\varepsilon = E\frac{1}{2}\varepsilon^2 = \frac{1}{2}\frac{\sigma^2}{E} \tag{5-50}$$

式中，E代表弹性率，此式适于符合胡克定律的物体，即$\sigma = E \cdot \varepsilon$。这时，对物体所作之功$W$，当应变在绝热可逆下产生时，就成为内能$U$（$J/m^3$）的增加；应变在等温可逆下产生时就是亥姆霍兹自由能F（J/m^3）的增加。

二、等温可逆的弹性变形

在等温条件下，$W=F$。设物体的熵为 S（J/K·m³），温度为 T（K），则 $F=U-TS$。由此可得：

$$\mathrm{d}F = \mathrm{d}U - T\mathrm{d}S \tag{5-51}$$

$\mathrm{d}F$ 为自由能的变化。弹性力的热力学意义就是由变形引起的自由能的变化。在等温变化条件下，δF 就表示了自由能的增加，即在绝对温度为 T 时：

$$\sigma = \left(\frac{\partial F}{\partial \varepsilon}\right)_T \tag{5-52}$$

据热力学定律，自由能 δF 与内能 U 及熵变 δS 的关系如式（5-53）：

$$\delta F = \delta U - T\delta S \tag{5-53}$$

由式（5-51）可以看出，自由能既可由内能的变化 $\mathrm{d}U$（增加）产生，也可由熵的变化 $\mathrm{d}S$（减少）产生。将式（5-50）左的 W 代换为 F，在温度不变下对 ε 微分，由式（5-51）可得：

$$\sigma = \left(\frac{\partial v}{\partial T}\right)_\varepsilon = \left(\frac{\partial \sigma}{\partial T}\right)_\varepsilon - T\left(\frac{\partial v}{\partial T}\right)_\varepsilon \tag{5-54}$$

或：

$$E = \left(\frac{\partial F}{\partial Z}\right)_T = \left(\frac{\partial^2 F}{\partial Z^2}\right)_T = \left(\frac{\partial^2 U}{\partial Z^2}\right)_T - T\left(\frac{\partial^2 S}{\partial^2 Z}\right)_T \tag{5-55}$$

由式（5-54）和式（5-55）可知，等温条件下的弹性变形由内能变化和熵变化两者决定。把由内能变化所影响的弹性称为能弹性（energy elasticity），把由熵决定的弹性称为熵弹性（entropy elasticity）。

等温能弹性：

$$\sigma = \left(\frac{\partial U}{\partial \varepsilon}\right)_T,\ E = \left(\frac{\partial \sigma}{\partial \varepsilon}\right)_T = \left(\frac{\partial^2 U}{\partial \varepsilon^2}\right)_T \tag{5-56}$$

等温熵弹性：

$$\sigma = -T\left(\frac{\partial S}{\partial \varepsilon}\right)_T,\ E = \left(\frac{\partial \sigma}{\partial \varepsilon}\right)_T = -T\left(\frac{\partial^2 S}{\partial \varepsilon^2}\right)_T \tag{5-57}$$

一般来说，结晶性物质由变形引起结晶格子间隔的伸缩是典型的能弹性。蛋白、橡皮这样的高分子物质，原子间的共价键几乎不受伸缩变形的影响，而变形却受到高分子键的无规则热运动制约。图 5-15 所示表示熵弹性的概念。一条高分子链作无规则热运动的结果，如图 5-15（1）所示。设它的平均长度为 L_0，末端间平均距离为 r_0（最大熵状态）。这个高分子链被拉长到如图 5-15（2）所示的平均长为 L，末端平均距离为 r 时，各段分子的热运动就会产生使这个高分子恢复到图 5-15（1）状态（最大熵状态）的回复力。即使高分子链伸长（或压缩）需要力，去掉力后，高分子会恢复到原来状态。这种弹性，显然不是由原子间结合距离引起的能量改变造成的，而是由与无规则热运动有关的熵的反抗引起的。

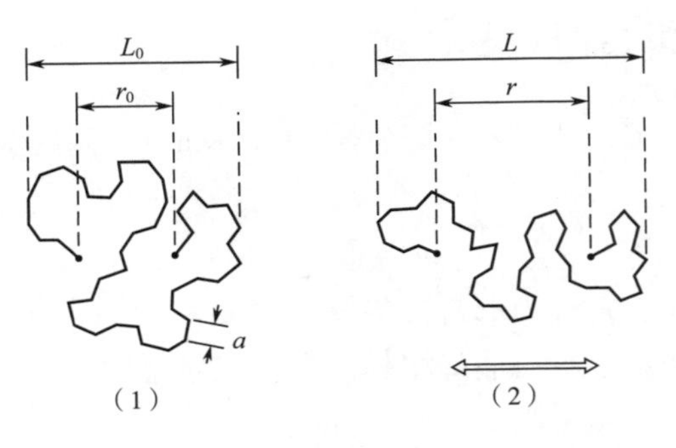

(1) 无应力　(2) 拉伸应力

图 5-15　熵弹性概念示意图

区别能弹性和熵弹性的简单方法，就是测定弹性率与温度之间的关系。定性的分析可以做以下理解：当分子内或分子间的结合比较强，结合能不随温度的变化而变化时，式（5-56）的 σ 和 E 都与温度无关。但是，当分子间的结合是氢键这样的弱结合，结合能就会由于温度的上升而减弱。所以，随着温度上升，变形引起的内能变化 $(\partial U/\partial \varepsilon)_T$ 变小，即如式（5-56）所示的 $(\partial\sigma/\partial T)_\varepsilon<0$，$(\partial E/\partial T)_\varepsilon<0$。故能弹性一般随温度上升不变或降低。由式（5-57）可以看出熵弹性的 σ 和 E 都几乎与绝对温度成正比，即 $(\partial\sigma/\partial T)_\varepsilon>0$，$(\partial E/\partial T)_\varepsilon>0$。

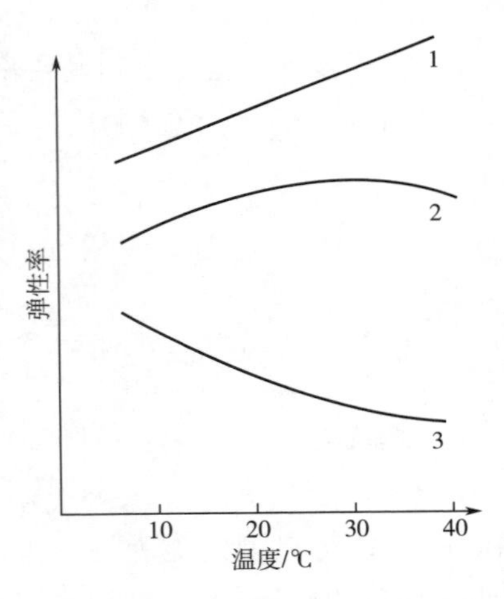

图 5-16　弹性率与温度的关系

1—熵弹性占主导　2—熵弹性和能弹性的影响同时存在　3—能弹性占主导

如果将弹性率与温度的关系作比较，如图 5-16 所示，图中的曲线 1 是熵弹性占主导的情况，如橡皮这样的高分子网络构造，结合能较强。随温度上升，基本网络构造虽然不变，但全体的无规则运动加强了。相反图中的曲线 3 是能弹性占主导，明胶、海藻胶和琼胶（浓度低）的凝胶属于这种类型。这些凝胶随温度升高，网络构造的各结合点会发生松弛，弹性率降低，最终熔化。曲线 2 表示熵弹性和能弹性的影响同时存在，糖琼胶（agarose）、聚乙烯醇（polyvinylalcohol）等属于此类。在低温域，弹性率之所以随温度升高而增大，是因为形成网络结合点螺旋构造的聚合松弛，引起自由键量的增加。因此，它加强了熵弹性的影响。另一方面，在高温域之所以升温使弹性率减少，是因为网络结合点松弛，能弹性减少了。在这种情况下曲线会出现极大值，这也可能是两种相反作用机制的综合影响。

三、能弹性与熵弹性分析的应用

在了解能弹性和熵弹性机制后，应用对这两种弹性的分析可以对食品的组织状态进行判断。例如，图 5-17 所示为一种鱼糜糕按式（5-54）测定出的熵弹性和能弹性。横轴为伸长率 α，设 $\alpha=(L+\Delta L)/L$，试样原长为 L，应变为 $\Delta L/L$。拉伸时 $\alpha>1$，压缩时 $\alpha<1$。图中 σ 表示全应力，σ_s 为对应于熵的应力部分，σ_E 为对应于能的应力部分。从图中可以看出，对于一定伸长率所需全部应力，熵的部分总是大于能的部分。由此可以断定鱼糜糕组织已形成了大分子网络结构。当鱼糜中添加淀粉时，随着淀粉量的增加，熵的部分减少，而能的部分增大。可以推知，这是由于糊化膨润的淀粉团块使蛋白质网络状分子结构的一部分趋于整齐的晶格排列，所以能弹性部分增大。

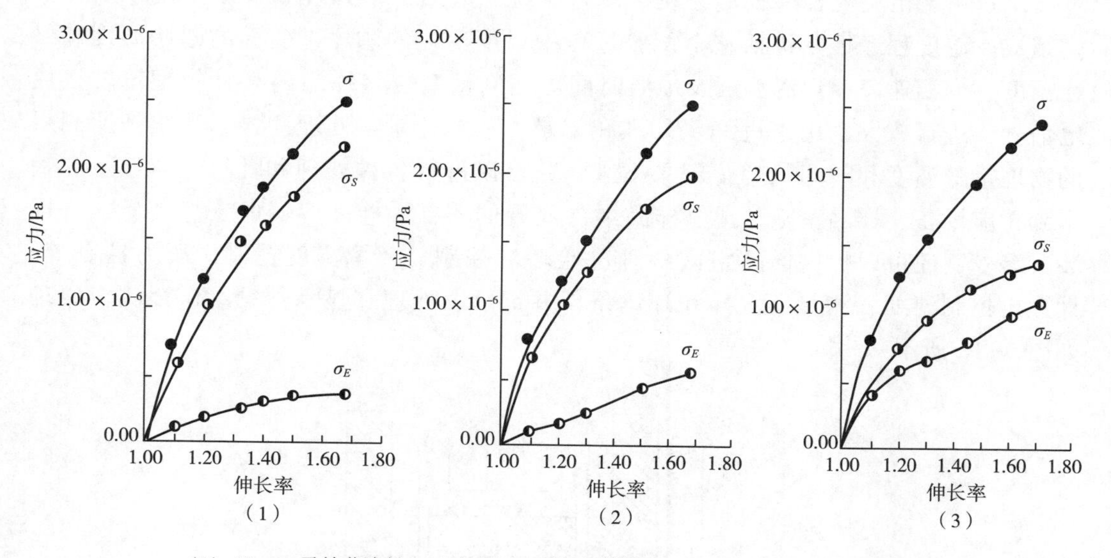

（1）30g/kg 马铃薯淀粉　（2）70g/kg 马铃薯淀粉　（3）110g/kg 马铃薯淀粉

图 5-17　拉伸的鱼糜糕熵弹性与能弹性对应力的影响

σ 为全应力，σ_S 为熵弹性应力，σ_E 为能弹性应力。

第三节　食品热学性质研究方法

物质在升温或降温的过程中，结构和化学性质发生变化，其质量及光、电、磁、热、力等物理性质也会发生相应的变化。量热技术就是在改变温度的条件下测量物质材料的物理性质与温度变化关系的一类技术。在食品科学中，利用这一技术检测脂肪、水的结晶温度和融化温度以及结晶量与融化量，通过蒸发吸热来检测水的性质，检测蛋白质变性和淀粉凝胶等物理乃至化学变化。

量热技术包括差示扫描量热仪（differential scanning calorimeters，DSC）、动态热机械分析（dynamic mechanical analysis，DMA）、热重分析（thermogravimetry analysis，TGA）、介电热特性分析（dielectric thermal analysis，DEA）、差示热分析（differential thermal analysis，DTA）和温度分析（thermal analysis，TA）等。近年来，食品工业中DSC、DMA和TGA应用最为广泛。

一、差示扫描量热仪（DSC）

（一）DSC的组成结构

DSC主要由温度程序控制系统、测量系统、数据记录处理和显示系统以及样品室组成。温度程序控制包括整个试验过程中温度变化的顺序、变温的起始温度和终止温度、变温速率、恒温温度及恒温时间等。测量系统将样品的某种物理量转换成电信号，进行放大，用来进一步处理和记录。数据记录、处理和显示系统把所测得的物理量随温度和时间的变化记录下来，并可以进行各种处理和计算，再显示和输出到相应设备。样品室除了提供样品本身放置的容器、样品容器的支撑装置、进样装置等外，还可以提供样品室内各种试验环境控制、环境温度控制、压力控制等。计算机控制温度、测量、进样和环境条件并记录、处理和显示数据。DSC测定原理如图5-18所示。

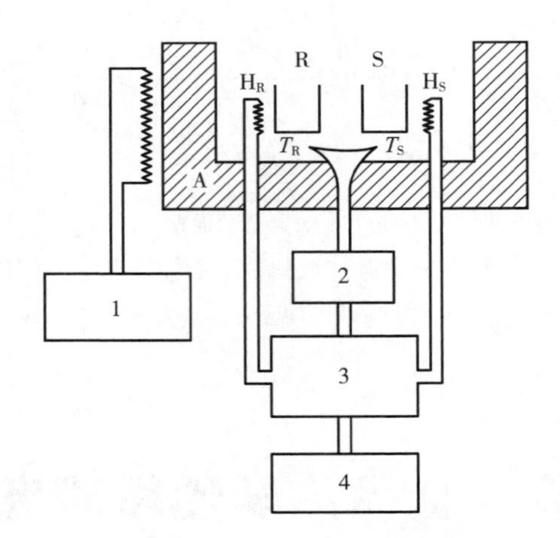

图5-18　DSC测定原理

1—升温装置　2—放大器　3—热量补偿回路　4—记录仪　A—炉腔　S—试样容器

R—参照样容器　H_R、H_S—电热丝

根据测量的方法不同，DSC 分两种类型：温差测量型和功率补偿型。

（1）温差测量型 DSC 的原理　温差测量型 DSC 的原理如图 5-19 所示。

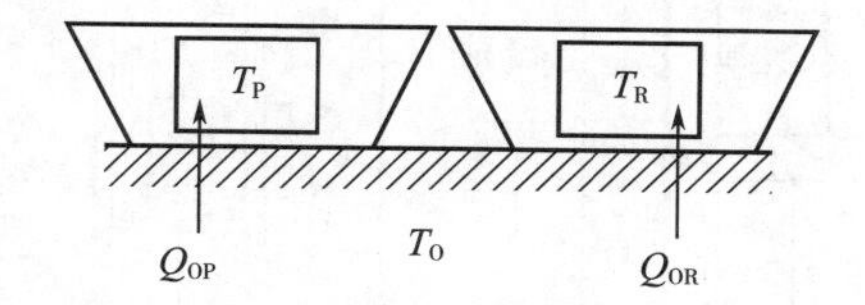

图 5-19　温差测量型 DSC 结构及温度示意图

T_P—样品温度　T_R—参照物温度　T_O—加热腔体温度　Q_{OP}、Q_{OR}—热流量

温差 ΔT 指的是参照物温度与样品温度之间的差值 $T_R - T_P$。由式（5-58）、式（5-59）可见。热流量的测定与参照物与样品之间的温差 ΔT 的测定可同时进行。

$$Q_{OP} = KA(T_O - T_P) \tag{5-58}$$

$$Q_{OR} = KA(T_O - T_R) \tag{5-59}$$

$$Q = Q_{OP} - Q_{OR} = KA[T_O - T_P - (T_o - T_R)] = KA(T_R - T_P) \tag{5-60}$$

$$Q = KA\Delta T \tag{5-61}$$

式中，Q_{OP}为加热腔体对样品传递的热量，W；Q_{OR}为加热腔体对参照物传递的热量，W；Q 为参照物与样品之间的热流量，W；K 为总传热系数，W/（m^2 · K）；A 为传热面积，m^2；ΔT 为参照物与样品之间的温差，K。

图 5-20（1）为 DSC 运行期间样品、参照物和加热腔体的各自温度变化，图 5-20（2）为参照物与样品之间的温差，由此温差可获得被测样品的热流量。

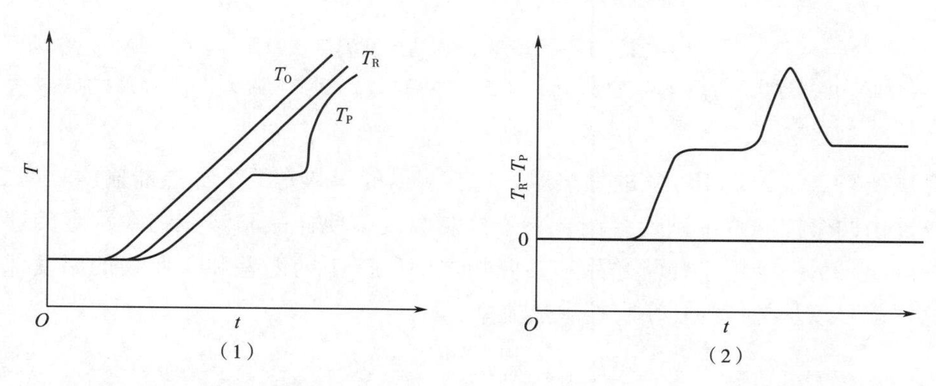

（1）参照物和加热腔体的温度与时间的关系曲线　（2）参照物与样品的温差与时间的关系曲线

图 5-20　DSC 运行期间温度-时间变化关系曲线图

样品室有圆盘形和圆柱形两种形式。如图 5-21 所示，圆盘形样品室中被测材料放置于圆盘上，用以测量温差的热电偶也固定于圆盘上。热电偶形状为圆柱形，如图 5-22 所示，此类型样品室可放置更多的被测材料。

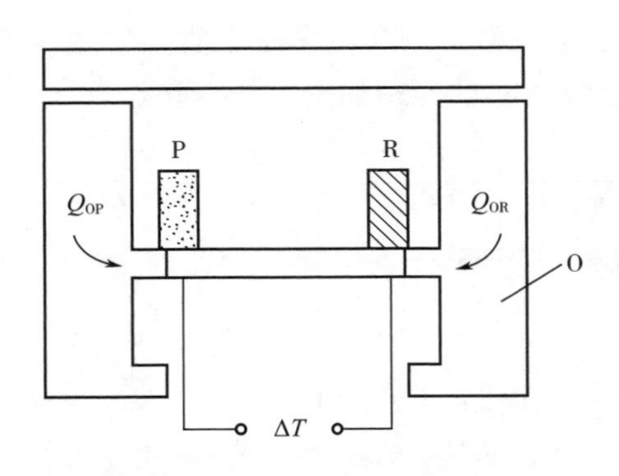

图 5-21　DSC 圆盘形样品室系统

O—炉腔　P—样品　R—参照物

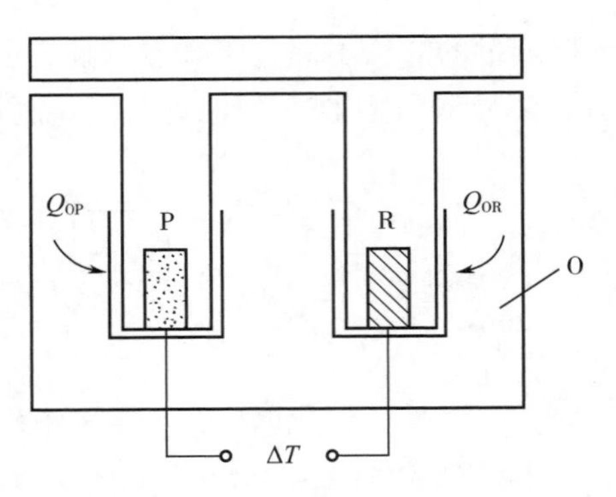

图 5-22　DSC 圆柱形样品室系统

O—炉腔　P—样品　R—参照物

（2）功率补偿型 DSC 的原理　图 5-23 所示为功率补偿型 DSC 结构及温度示意图。

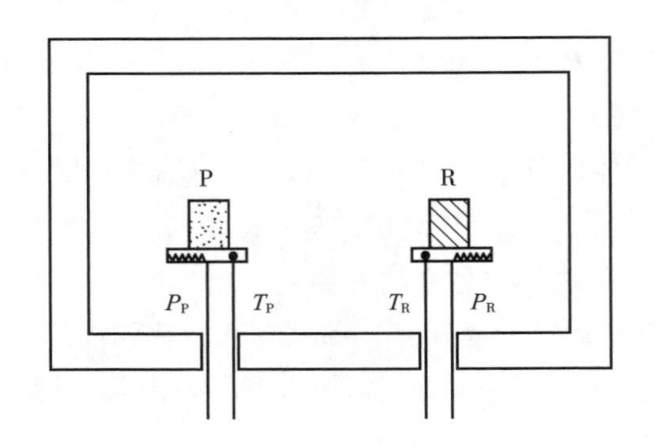

图 5-23　功率补偿型 DSC 结构及温度示意图

P—样品　R—参照物　T_P—样品温度　P_P—样品加热功率　T_R—参照物温度　P_R—参照物加热功率

其主要特点是分别用独立的加热器，它所测量的参数是两个加热器输入功率之差。整个仪器由两个控制系统进行控制。一个控制温度，使样品和参照物在预定的速率下升温或降温。另一个用于补偿样品和参照物之间所产生的温差和参照物的温度保持相同，这样就可以从补偿的功率直接求热流率，即：

$$\Delta W = \frac{dQ_P - dQ_R}{dt} = \frac{dH}{dt} \tag{5-62}$$

式中，ΔW 为补偿的功率，W；Q_P 为样品的热量，W；Q_R 为参照物的热量，W；$\frac{dH}{dt}$ 为单位时间内热量的变化量，J/s。

（二）DSC 曲线分析与评价

DSC 直接记录的是热流量随温度变化的曲线，从曲线中可以得到一些重要的参数。如图 5-24 所示，在样品和参照物加热过程中，热流量没有变化，表明在加热过程中物质结构并没有发生变化。当对该样品和参照物继续加热时，热流量曲线突然下降，样品从环境中吸热，表明其结构发生一定程度变化，如图 5-25 所示。再继续加热，样品出现了放热峰（图 5-26），随后又出现了吸热峰（图 5-27）。图 5-28 所示为上述全过程的一个典型 DSC 曲线，把图 5-25 所对应的吸热现象称为该样品的玻璃化转变，对应的温度称为玻璃化转变温度 T_g。此转变不涉及潜热量的吸收或释放，仅提高了样品的比热容，这种转变在热力学中称为二次相变。二次相变发生前后，样品物性发生较大变化，例如，当温度达到玻璃化转变温度 T_g时，样品的比体积和比热容都增大，而刚度和黏度下降，弹性增加。在微观上，出现该现象的原因目前较多地认为是链段运动与空间自由体积间的关系。当温度低于 T_g时，自由体积收缩，链段失去了回转空间而被“冻结”，样品像玻璃一样坚硬。当样品继续被加热至图 5-26 所对应的 T_c时，样品中的分子已经获得足够的能量，它们可以在较大的范围内运动。在给定温度下每个体系总是趋向于达到自由能最小的状态，因此，这些分子按一定结构排列，释放出潜热，形成晶体。当温度达到图 5-27 所对应值 T_m时，分子获得的能量已经大于维持其有序结构的能量，分子在更大的范围内运动，样品在宏观上出现熔化和流动现象。对于后面两个放热和吸热所对应的转变，热力学上称为一次相变。

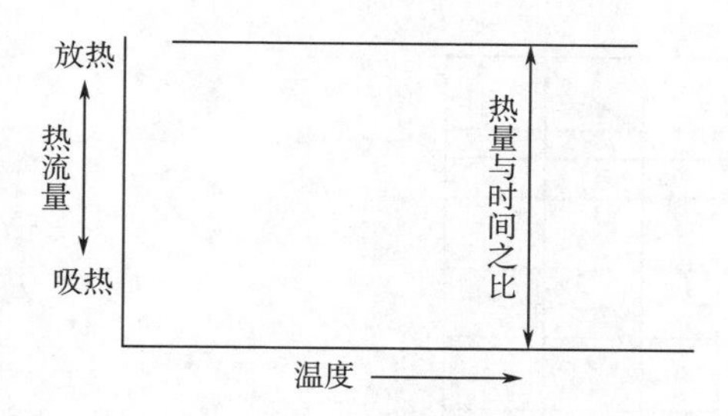

图 5-24　样品加热初始阶段的 DSC 曲线

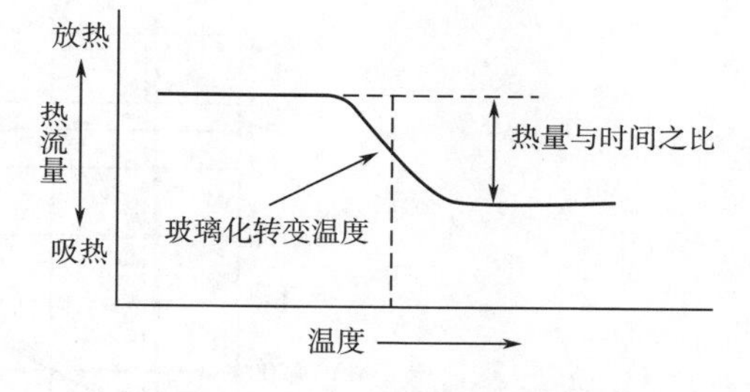

图 5-25　样品出现吸热现象

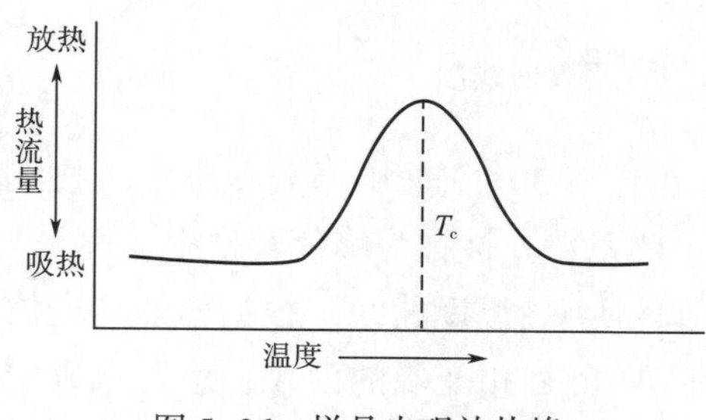

图 5-26　样品出现放热峰

T_c—结晶温度

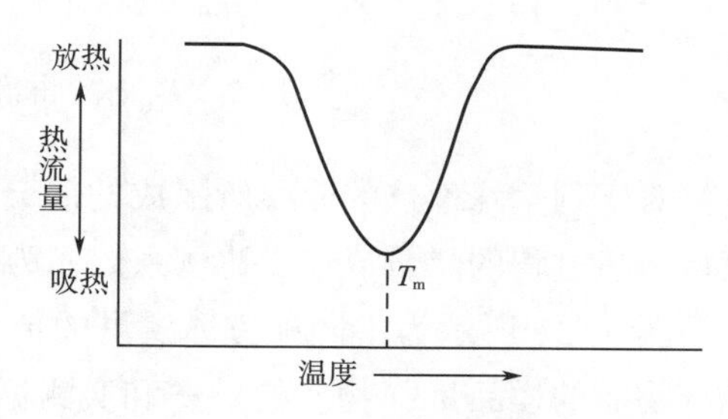

图 5-27　样品出现吸热峰

T_m—熔解温度

在 DSC 试验中，样品温度的变化总是与时间相对应，因此，样品吸热或放热过程的焓即可通过与时间相对应的热流量变化而获得。

DSC 直接记录的是热流量随温度变化的曲线，该曲线与基线所构成的峰面积与样品转变时吸收或放出的热量成正比。在热量分析中，采用积分法从图 5-28 所示的包含峰值点在内的全部曲线所围成的面积中可获得热量或焓的转折点，例如蒸发或熔解。

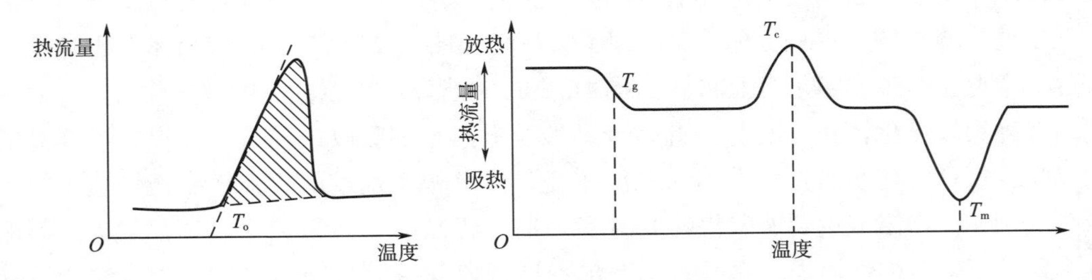

图 5-28　加热中热流量变化的 DSC 曲线

T_o—起始温度　T_g—玻璃化转变温度　T_c—结晶温度　T_m—熔解温度

图 5-29 所示为冰淇淋混合物的焓-温度曲线图。图中显示焓随温度降低而降低。由于焓是相对值，为便于后续计算有必要引入一个焓为零的参考点，这个参考点可选摄氏温度为零时的焓，即 h（0℃）= 0；也可以选择其他温度为参考点。一个热力系统中不同状态之间焓的变化往往需要结合热动力特性分析和热量传递的计算，因此，焓的零参考点的选择位置就不那么重要了。

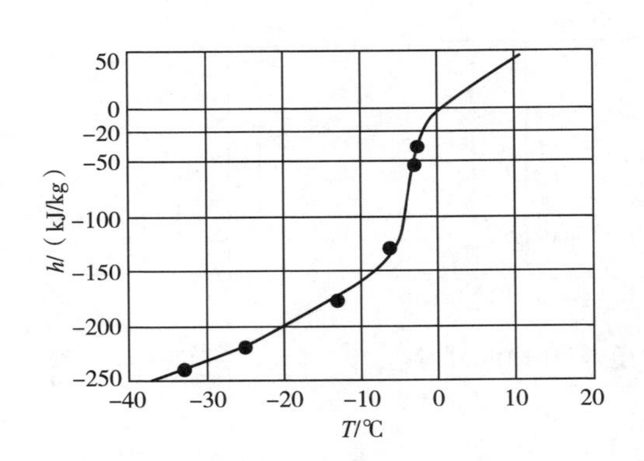

图 5-29　冰淇淋混合物的焓-温度曲线图

对于到达峰值点的曲线所围成的部分面积（图 5-30），采用部分积分法可按比例获得传热过程的热量或焓，比例系数 a 为 0~1，此系数 a 被称为峰值转换率。

图 5-31 所示为不同配方冰淇淋的传热峰值转换率-温度曲线。根据已知转变焓的标准物质的样品量（物质的量）和实测标准样品的 DSC 相变峰的面积，就可以确定峰面积与焓的比例系数。因此，要测定未知样品的转变焓，只需确定峰面积和样品的物质的量就可以了。

（三）影响 DSC 测定结果的因素

差示扫描量热法的影响因素与具体的仪器类型有关。一般来说，影响测量结果的主要因素有以下几方面。

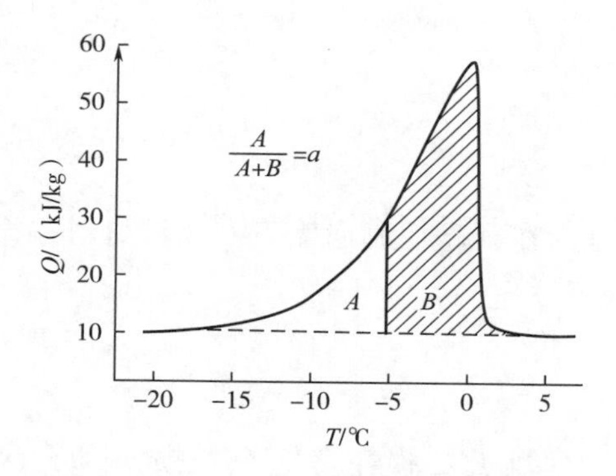

图 5-30　不同温度峰值转换率计算图

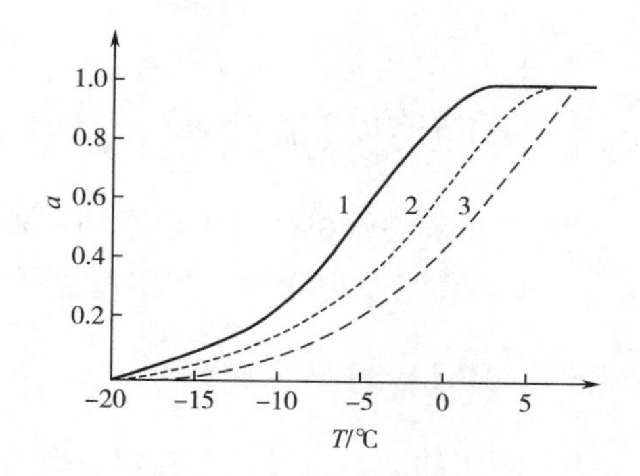

图 5-31　不同配方冰淇淋的传热峰值转换率-温度曲线

（1）试验条件　如起始和终止温度、升温速率、恒温时间等。试验中常会遇到对于某种蛋白质溶液样品而言，升温速率高于某个值时，某个热变性峰无法分辨；而当升温速率低于某个值后，就可以分辨出这个峰。升温速率还可能影响峰温和峰形。因此，改变升温速率也是获得有关样品的某些重要参量的重要手段。

（2）样品特性　如样品用量、固体样品的粒度、装填情况、溶液样品的缓冲液类型、浓度及热历史等，参照物特性、参照物用量、参照物的传热历史等。一般来说，样品量太少，仪器灵敏度不足以测出所得到的峰；而样品量过多，又会使样品内部传热变慢，使峰形展宽，分辨率下降。实际中发现样品用量对不同物质的影响也有差别。一般要求在得到足够强信号的前提下，样品量要尽量少一点，且用量要恒定，保证结果的重复性。

（3）固体样品的几何形状　样品的几何形状如厚度、与样品盘的接触面积等会影响热阻，对测量结果也有明显影响。为获得比较精确的结果，要增大样品盘的接触面积，减少样品的厚度，并采用较慢的升温速率。样品盘和样品室要接触良好，样品盘或样品室不干净或样品盘底不平整，也会影响测量结果。

（4）固体样品粒度　样品粒度太大，热阻变大，样品熔融温度和熔融焓偏低；粒度太小时，由于晶体结构的破坏和结晶度的下降，也会影响测量结果。对于带静电的粉末样品，由于静电引力使粉末聚集，也会影响熔融焓。总的来说，粒度的影响比较复杂，有时难以得到合理解释。

（5）样品传热过程　许多材料往往由于传热过程的不同而产生不同的晶型和相态，对测定结果也会有较大的影响。

（6）溶液样品中溶剂或稀释剂的选择　溶液或稀释剂对样品的相变温度和焓也有影响，特别是蛋白质等样品在升温过程中有时会发生聚沉的现象，而聚沉产生的放热峰往往会与热变性吸热峰发生重叠，并使得一些热变性的可逆性无法观察到，影响测定结果。选择适合的缓冲系统有可能避免聚沉。

二、动态热机械分析（DMA）

DMA 属于动态热机械分析技术的一种，是指在程序控制温度下，测量材料在振动载荷下的动态模量及力学损耗与温度关系的技术。

（一）DMA 的测定原理

DMA 测定的动态机械特性参数主要有储能模量 E'、损耗模量 E'' 及损耗因子 $\tan\delta$。E' 反映材料黏弹性中的弹性成分，表征材料的刚度；E'' 与材料在周期中以热的形式消耗的能量成正比，反映材料黏弹性中的黏性成分；$\tan\delta$ 是 E' 与 E'' 的比值，表征材料的阻尼性能。通过测定材料的动态力学性能（动态储能模量 E'、耗能模量 E'' 和损耗因子 $\tan\delta$ 随外界频率、温度或时间的变化），可以获得材料的结构、性能及其相互关系参数，并给出应用范围和加工参数。

一般而言，DMA 试验对高分子及其复合材料施加一个正弦交变应变（或应力），测定其应力（或应变）的变化。对于线性黏弹性行为，平衡时应力、应变都是按正弦形式变化，如图 5-32 所示。

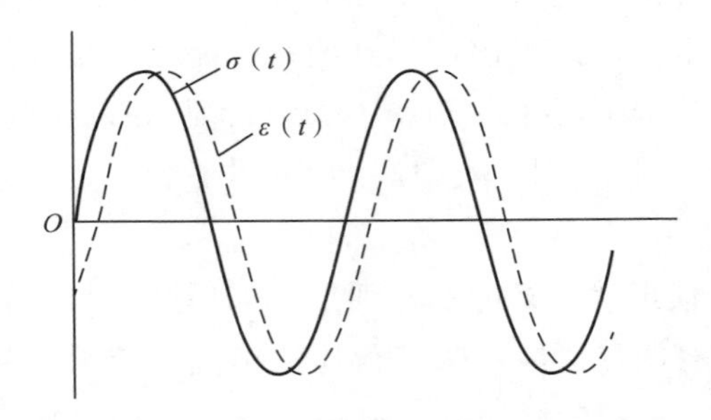

图 5-32　高分子材料在交变应力下的应力-应变关系

若施加的是一个正弦应变，则数学表达式为：

$$e = e_0 \sin\omega t \tag{5-63}$$

式中，e 为电势能；e_0 为电势能的最大值；ω 为角频率；t 为时间。

通常对于高分子材料，其应力响应将超前于应变一个相位角 δ（$0° < \delta < 90°$），数学表达式为：

$$s = s_0 \sin(\omega t + \delta) \tag{5-64}$$

则材料的动态模量为：

$$E = \frac{s_0}{e_n}(\cos\delta + i\sin\delta) \tag{5-65}$$

储能模量为式（5-65）的实部：

$$E' = \frac{s_0}{e_n}\cos\delta \tag{5-66}$$

耗能模量为式（5-65）的虚部：

$$E'' = \left(\frac{s_0}{e_n}\right)_i \sin\delta \tag{5-67}$$

式中，s 为应力；s_0 为应力幅值；δ 为应力和应变的相位差，称为相位角。

在强迫非共振的动态测试中，由于应变变化落后于外应力一个相位角，故在每一变形周期中，能量会以热的形式被消耗，其净值正比于动态力学性能上的耗能模量。从分子运动的观点出发，耗能模量的最大值以及对应的模量曲线上的拐点是在测试频率 ω 等于高分子链段运动的平均频率或平均松弛时间的倒数时出现。

（二）DMA 测定材料玻璃化转变温度

玻璃化转变温度 T_g 是度量高分子材料链段运动的特征温度。DMA 能模拟实际使用情况，而且它对材料的玻璃化转变温度、结晶、交联、相分离及分子链段各层次的运动都十分敏感，所以它是研究高分子材料分子松弛运动行为极为有用的方法，目前已经成为研究高分子材料性能的重要方法之一。

高分子材料典型的 DMA 温度曲线如图 5-33 所示。在 DMA 曲线中，有三种定义 T_g 的方法：第一种是以 E' 曲线上 E' 下降的转折点对应的温度为 T_g；第二种是以 E'' 的峰值对应的温度为 T_g；第三种是以 $\tan\delta$ 的峰值对应的温度为 T_g。从图 5-33 中可以看出，依三种方法所测得的 T_g 依次升高。在国际标准化组织（ISO）标准中建议以 E'' 峰值所对应的温度为 T_g。实际应用中，如果以 T_g 表征结构材料的最高使用温度，用第一种方法较为保险，因为只有这样才能保证结构材料在使用温度范围内模量不会出现大的变化，从而保证结构件的稳定性。在研究阻尼材料性能时，通常以 $\tan\delta$ 峰值作为 T_g。

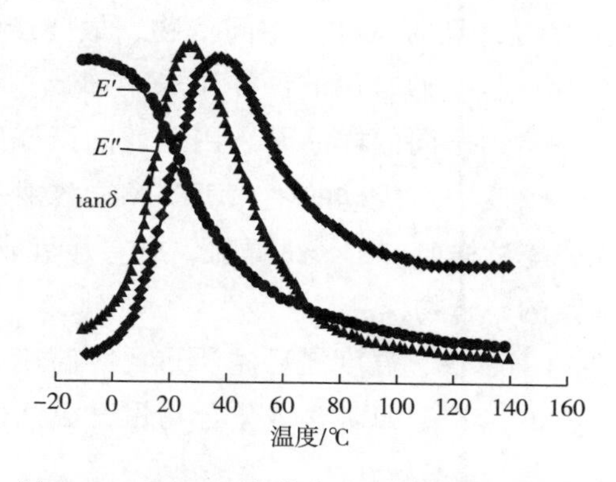

图 5-33　DMA 温度曲线中的玻璃化转变温度

三、热重分析（TGA）

热重分析法是一种测量样品在加热、冷却或恒温过程中重量变化的技术，热重分析仪的“心脏”是天平，主要由天平、炉子、程序控温系统、记录系统等几个部分构成。

（一）TGA 的测定原理

热重分析法最常用的测量原理有两种，即变位法和零位法。变位法是根据天平梁倾斜度与质量变化成比例的关系，用差动变压器等测得倾斜度，并自动记录。零位法是采用差动变压器法、光学法测定天平梁的倾斜度，然后去调整安装在天平系统和磁场中线圈的电流，使线圈转动恢复天平梁的倾斜。由于线圈转动所施加的力与质量变化成比例，这个力又与线圈中的电流成比例，因此只需测量并记录电流的变化，便可得到质量变化的曲线。

热重分析法试验得到的曲线称为热重曲线（TG 曲线），TG 曲线以质量为纵坐标，从上向下表示质量减少；以温度（或时间）为横坐标，自左至右表示温度（或时间）增加。当被测物质在加热过程中有升华、汽化、分解出气体或失去结晶水时，被测物质的质量就会发生变化，这时 TG 曲线就不是直线而是有所下降。通过分析 TG 曲线，就可以知道被测物质在多少温度时产生变化，并且根据失重量，可以计算失去了多少物质。TG 试验有助于研究晶体性质的变化，如熔化、蒸发、升华和吸附等物理现象；也有助于研究物质的脱水、解离、氧化、还原等化学现象。

（二）TGA 的影响因素

（1）试样量和试样皿　热重法测定时，试样量要少，一般为 2~5mg。一方面是因为天平灵敏度很高（可达 0.1μg）；另一方面，试样量越多，传质阻力越大，试样内部温度梯度越大，甚至试样产生热效应会使试样温度偏离线性程序升温，使 TG 曲线发生变化。此外，粒度越细越好，尽可能将试样铺平，如粒度大，会使分解反应移向高温。

试样皿的材质，应耐高温，且对试样、中间产物、最终产物和气氛都是惰性的，即不应具有反应活性和催化活性。通常用的试样皿采用铂金、陶瓷、石英、玻璃、铝等材料加工而成。特别要注意，不同的样品要采用适宜的试样皿，例如，$NaCO_3$ 在高温时会与石英、陶瓷中的 SiO_2 反应生成硅酸钠，所以像碳酸钠一类的碱性样品，测试时不要用石英、玻璃、陶瓷等试样皿。铂金试样皿，对有加氢或脱氢的有机物有活性，不适合用于含磷、硫和卤素的聚合物样品。

（2）升温速率　升温速率越快，温度滞后越严重，升温速率快，会使曲线的分辨力下降，丢失某些中间产物的信息。如对含水化合物慢升温，可以检出分步失水的一些中间物。

（3）气氛影响　热天平周围气氛的改变对 TG 曲线影响显著，例如，$CaCO_3$ 在真空、空气和 CO_2 三种气氛中的 TG 曲线的分解温度相差近 600℃，原因在于 CO_2 是 $CaCO_3$ 的分解产物，气氛中存在 CO_2 会抑制 $CaCO_3$ 的分解，使分解温度提高。

（4）挥发物冷凝　分解产物从样品中挥发出来，往往会在低温处再次冷凝，如果冷凝在吊丝式试样皿上会造成测得失重结果偏低，而当温度进一步升高，冷凝物再次挥发会产生假失重，使 TG 曲线变形。常用的解决办法是加大气体流速，使挥发物立即离开试样皿。

（5）浮力　浮力变化是由于升温使样品周围的气体热膨胀从而相对密度下降，浮力减小，使样品表观增重。如，300℃时的浮力可降低到常温时浮力的1/2，900℃时可降低到约1/4。实用校正方法是做空白试验（空载热重实验），消除表观增重。

（三）TG 曲线关键温度的表示方法

失重曲线上的温度常用来比较材料的热稳定性，所以如何确定和选择曲线上的温度十分重要。对此，至今还没有统一的规定，但为了分析和比较的需要，目前认可的确定方法有：起始分解温度，即 TG 曲线开始偏离基线点的温度；外延起始温度，即曲线下降段切线与基线延长线的交点；外延终止温度，即这条切线与最大失重线的交点；终止温度，即 TG 曲线到达最大失重时的温度；半寿温度，失重率为50%的温度。其中外延起始温度重复性最好，所以多采用此点温度表示材料的稳定性。当然也有采用起始分解温度的，但此点由于诸多因素一般很难确定。针对 TG 曲线下降段切线有时不好画的问题，美国材料与试验协会（ASTM）规定把过失重率5%与50%两点的直线与基线的延长线的交点定义为分解温度；ISO 规定，把过失重率20%和50%两点的直线与基线的延长线的交点定义为分解温度。

【案例】食品主要成分（淀粉、蛋白质、脂肪）的热学性质变化规律

（1）淀粉的热学性质　淀粉的糊化、老化、玻璃化相变等都与热有关，都伴随着焓或比热容的变化。DSC 可以定量分析淀粉在热相变过程中的热流变化。

不同种类淀粉的糊化温度不同，主要原因在于不同种类淀粉中直链淀粉与支链淀粉的比例不同、淀粉结晶度及颗粒结构不同。表5-3所示为不同种类淀粉的 DSC 参数。

表5-3　不同种类淀粉的 DSC 参数

淀粉	T_o/℃	T_p/℃	T_c/℃	ΔH/（J/g）
马铃薯淀粉	60.83	64.05	72.21	14.10
木薯淀粉	61.49	66.14	74.83	6.12
红薯淀粉	69.85	76.12	82.80	12.81
小米淀粉	67.42	74.92	84.86	23.04
小麦淀粉	57.43	62.04	67.74	6.89
玉米淀粉	66.11	70.62	77.57	10.55
青稞淀粉	54.60	58.71	67.78	9.65
绿豆淀粉	58.18	67.31	74.85	6.63
红小豆淀粉	60.74	66.92	76.49	15.16
豌豆淀粉	61.84	66.29	75.82	8.05

注：T_o，起始温度；T_p，样品温度；T_c，结晶温度；ΔH，热焓。

含水率不同时淀粉的糊化温度也不同，如图 5-34 所示，在高含水率条件下，淀粉的糊化只有一个较大的吸热峰。当含水率减少到一定程度，在较高温度下开始出现第二个吸热峰，且随含水率的进一步减少，第二个吸热峰向更高的温度方向移动，但第一个吸热峰出现的温度基本不变，表明随着含水率的下降，淀粉糊化温度范围变宽。淀粉在过量水中加热时，糊化起始温度为 50~68℃，糊化温度区间为 7~10℃。

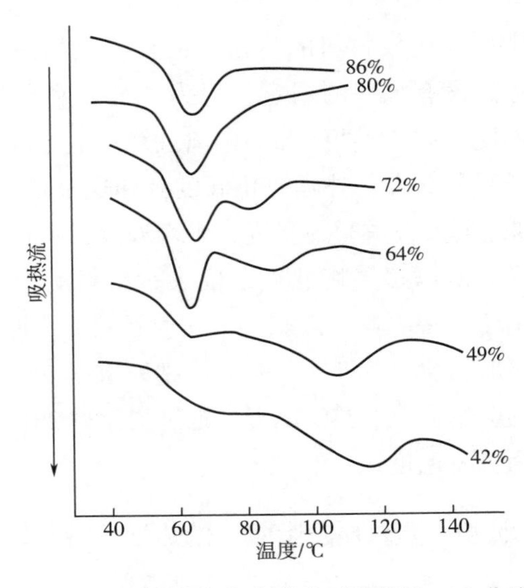

图 5-34　不同含水率光滑豌豆淀粉的 DSC 曲线

直链淀粉含量不同时淀粉糊化特性也不相同，如图 5-35 所示，糯玉米淀粉几乎不含直链淀粉，普通玉米淀粉、Hylon Ⅴ、Hylon Ⅶ 直链淀粉含量逐渐升高。高直链玉米淀粉的起始糊化温度高于普通和糯玉米淀粉。糯玉米淀粉和普通玉米淀粉在 60~90℃ 有明显的吸热峰 M_1；普通玉米淀粉在 90~110℃ 出现了另一个吸热峰 M_2；Hylon Ⅴ 在 70~90℃ 和 100~115℃ 分别形成了一个吸热峰；而 Hylon Ⅶ 淀粉在 70~115℃ 形成了一个较宽的吸热峰，此峰一般认为是由 M_1 峰和 M_2 峰叠加所形成。

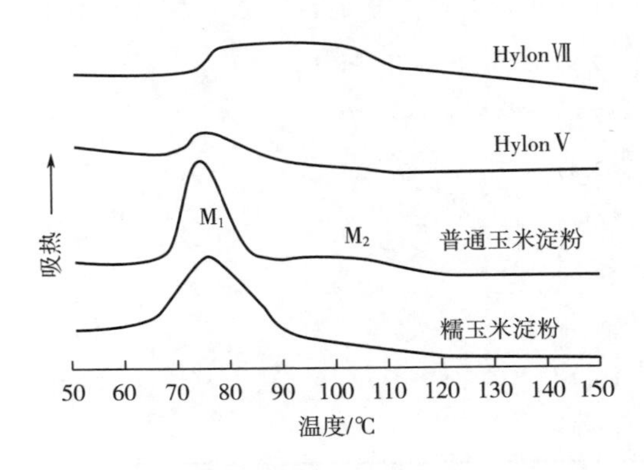

图 5-35　不同直链淀粉含量玉米淀粉的 DSC 曲线

由表5-4可以看出直链淀粉含量不同的玉米淀粉糊化具有如下规律：糯玉米淀粉在DSC图中观察不到M_2峰，其他淀粉的M_2峰的焓值随着直链淀粉含量的升高而增大，说明M_2峰主要与直链淀粉有关；而M_1峰的吸热焓随支链淀粉的含量增加而升高，说明M_1峰主要与支链淀粉有关。

表5-4　不同直链淀粉含量玉米淀粉的热力学特征值

样品	直链淀粉	吸热峰 M_1				吸热峰 M_2				总 ΔH/
	含量/%	T_o/℃	T_p/℃	T_c/℃	ΔH/（J/g）	T_o/℃	T_p/℃	T_c/℃	ΔH/（J/g）	（J/g）
糯玉米淀粉	0.6	64.5	75.2	91.7	15.55	—	—	—	—	15.55
普通玉米淀粉	23.6	66.2	74.2	85.5	14.42	93.0	103.8	108.9	0.82	15.23
Hylon Ⅴ	56.1	72.8	80.5	89.1	12.09	104.5	107.8	112.5	2.85	14.87
Hylon Ⅶ	73.1	73.6	79.6	102.9	7.37	98.4	100.2	110.5	3.63	11.00

注：T_o，起始温度；T_p，样品温度；T_c，结晶温度；ΔH，热焓。

（2）蛋白质的热学性质　不同的蛋白质有着不同的功能性质，而功能性质与蛋白质的结构有着密切的关系。蛋白质的变性程度将影响蛋白质的结构，从而进一步影响蛋白质的功能性质。在食品加工中蛋白质会变性，DSC可以用来评价蛋白质的变性。由于蛋白质从天然状态到变性状态的变化伴随着能量的变化，因此会出现热吸收或热释放，从获得的蛋白质DSC曲线上可以直接得到三个参数：焓变（ΔH）、比热容（ΔC_P）和变性温度（T）（图5-36）。

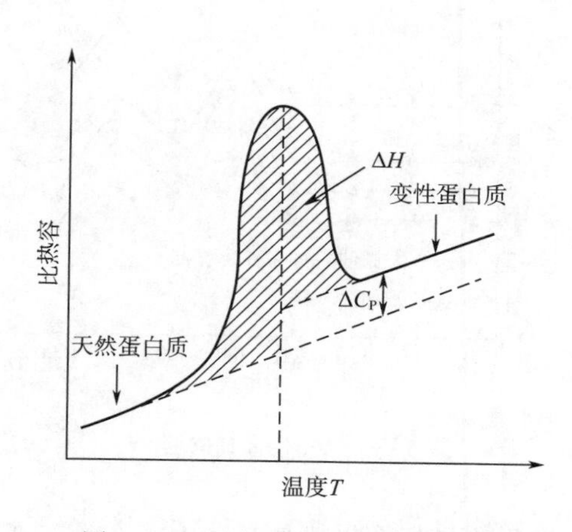

图5-36　蛋白质变性的DSC曲线

使用DSC检测虾肉蛋白质的热变性（图5-37），DSC曲线上发现三个吸收峰，Ⅰ峰值对应肌球蛋白变性温度，Ⅱ、Ⅲ峰值分别对应肌浆蛋白和肌动蛋白变性温度。

一个典型的鸡肉热分析图谱有三个热转变区域，随着温度的升高，第一个热吸收峰是由于肌球蛋白受热转变而引起的，第二个热吸收则是胶原质或肌浆蛋白变性引起的，最后一个吸收峰则是由肌动蛋白变性引起的。鸡肉蛋白质同样有三个吸热峰（峰

Ⅰ~峰Ⅲ)，峰Ⅰ出现在54.40~68.01℃，ΔH 为0.4243J/g，其与肌球蛋白、肌浆蛋白变性有关。峰Ⅱ变性温度为78.92~88.22℃ ΔH 为0.111J/g，可能与肌动蛋白变性有关，峰Ⅲ可能是由于水蒸气吸热形成（图5-38）。

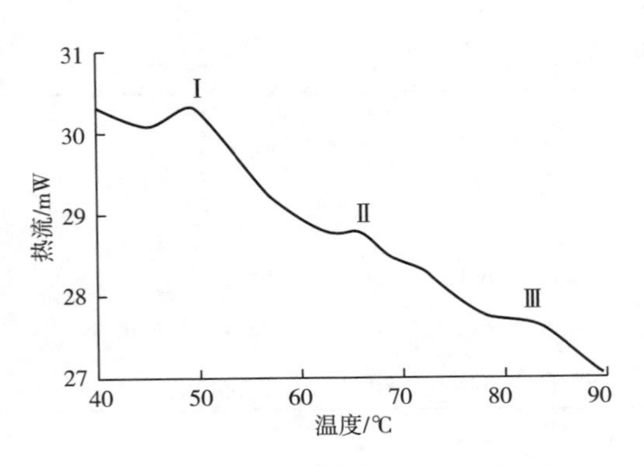

图5-37 虾肉蛋白质DSC热力学曲线

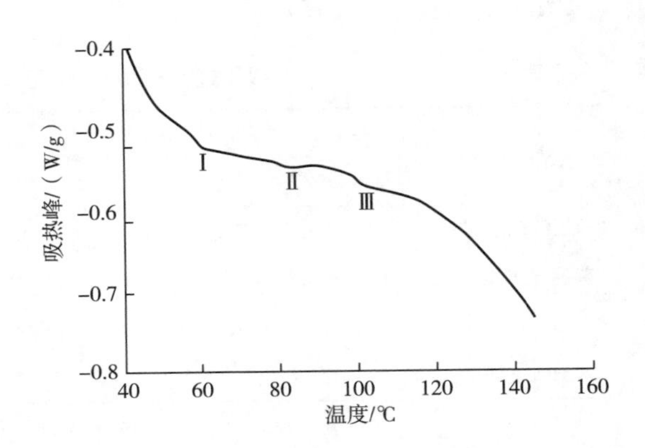

图5-38 鸡肉蛋白质的DSC图谱

（3）脂肪的热学性质 DSC可以记录油脂样品随温度的变化而发生的结晶、熔化、晶型转变等相变所引起的热流变化。油脂在加热过程中，温度与热流量曲线含有两个峰值（图5-39），当温度达到300℃附近曲线出现第一个峰值，温度上升至500℃附近曲线出现第二个峰值，可以看出油脂在加热过程中发生了氧化反应。

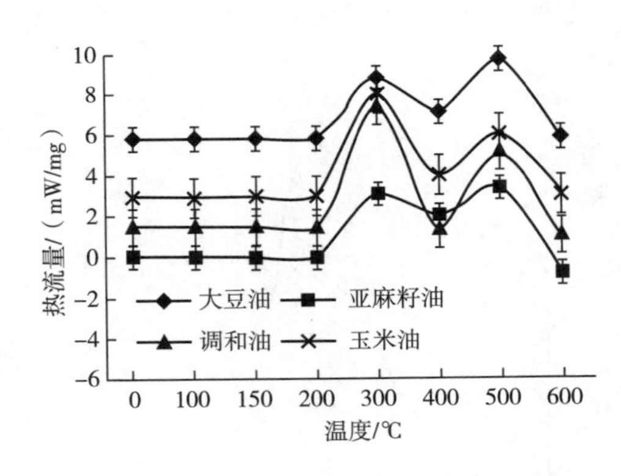

图5-39 油脂的DSC曲线

如图5-40所示，菜籽油的起始氧化温度高达191.62℃。亚麻籽油的起始氧化温度明显降低，仅为161.61℃，比菜籽油的起始氧化温度低30℃，与其多不饱和脂肪酸含量高于菜籽油有关。

巧克力一旦软化，再放入冰箱中，即使凝固，也不能恢复原味。巧克力中通常含有300~400g/kg的可可脂，其熔点在常温附近。如图5-41所示，曲线1为刚购回的巧克力，在28℃和34℃出现了两个热吸收峰。曲线2~4为加热到50℃使巧克力融化，10℃分别放置1h、48h、600h；曲线5为30℃条件下保存984 h的试样。无论哪一条曲线都没有恢复到刚购入的巧克力状态，这表明可可脂存在多种结晶状态。不同的冷热处理会使巧克力中可可脂结晶状态不同，引起吸热曲线的差异。因此，巧克力在保存过程中的软化，对其品质有很大影响。

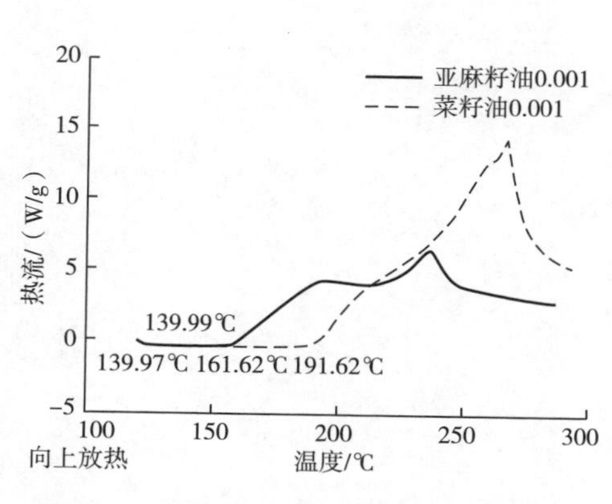

图 5-40　亚麻籽油和菜籽油起始氧化温度

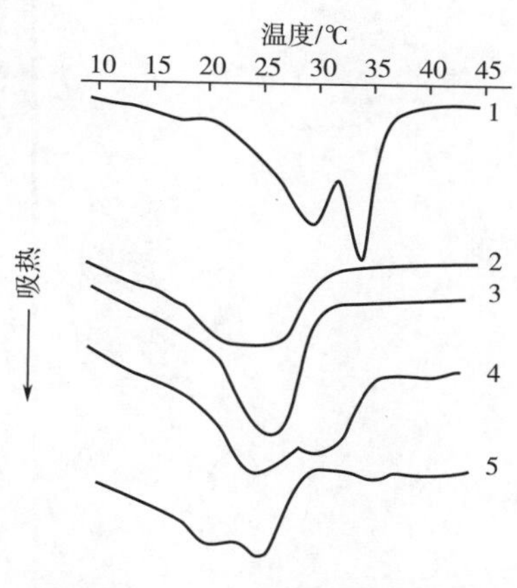

图 5-41　巧克力的 DSC 曲线

课程思政

随着我国食品工业的快速发展和产业结构的不断优化，食品消费观念正逐步由“吃饱、吃好”向“吃得安全、健康”转变。大健康背景下要求食品的原料、加工、包装和销售向“绿色、安全、健康”方面转型，食品的加工和流通以及食品品质与食品热学性质变化息息相关。明确食品品质中热学性质这一主要矛盾，从食品原料、组成、结构以及加工条件入手，通过辩证思维和科学假说明确食品在加工和食用中的物性学变化基础，进一步结合先进的手段、设备以及加工方式改善食品的营养价值和商业属性，可以为丰富和优化我国居民膳食指南，建设绿色、新型、健康、可持续食品现代产业体系提供理论参考和科学依据。

思考题

1. 简述各种量热技术在食品工业中的应用。
2. 简述热扩散系数的测定方法及应用。
3. 简述 DSC 的测定原理、方法和应用。

第六章

食品的光学性质及其研究方法

学习目标

1. 了解颜色的物理表示方法；掌握食品光学性质的概念及测定原理。
2. 掌握食品光学性质在食品加工及品质控制中的应用。
3. 了解食品常用的光谱分析技术及计算机视觉技术。

利用食品的力学性质可以对食品品质进行测定。但这些测定一般不仅费时费事，而且多为破坏性测定。取样的食品往往受力或变形后不能再利用，所以在生产线上很难实现全面、迅速的检测。对食品光学性质的测定，最大的优点就是可以实现对食品快速、无破坏、无损伤的检测。本章的内容可为食品色光无破坏测定奠定基础知识。

第一节　颜色光学基础

视觉、味觉、听觉、嗅觉、触觉等都是人的感官对外界刺激的反应，唯独光对眼睛的刺激能够用数字表达出来。颜色光学就是以物理学、光学为主体，结合心理学、生理学、生物物理学的交叉科学，是人类第一次用数学定量地计算感官受外界刺激传到大脑的感觉，并用数学关系表现这种感觉。因此，颜色光学不仅为物体颜色的测定提供了极重要的手段，同时也在生物物理学、心理学、仿生学、生理学和医学上占有非常重要的地位。本节仅就最基本的颜色光学知识进行讲述。

一、视觉生理与光度

早在1704年，牛顿就提出了“光线并不带色”的著名论断，即蓝色并非天空的本性，绿色也不是草木的性质，它们不过是一定波长的散射波或反射波刺激人的视觉器官而产生的感觉。然而，并非所有电磁波都能引起人的视觉。各种动物视觉所感受到的电磁波波长范围不尽相同。例如，引起人类视觉的电磁波频率为400万~800万次/s（即波长为380~780nm）（图6-1）；蜜蜂的视觉波长范围为300~650nm，也就是说蜜蜂能看到人眼看不到的紫外线，却看不到人眼能看到的红色。

（一）眼睛的构造与视觉的传递

为了理解视觉生理，应该对眼睛的构造和视觉的产生有所了解。眼睛近似于一个球状体，人眼的构造如图6-2所示。如前所述，眼睛观察物体时，进入眼睛的并非各种颜色，而是各种波长不同的电磁波，即光线。这些光线通过角膜、前房、瞳孔、晶

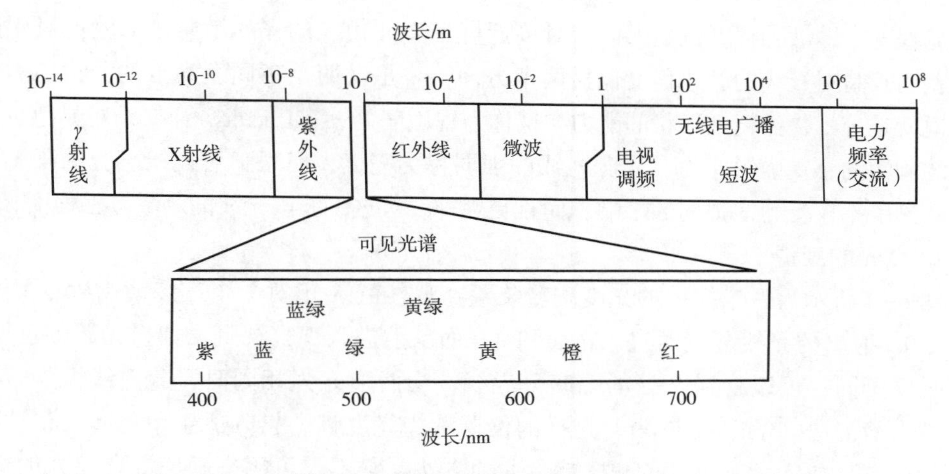

图 6-1　各种电磁波及可见光范围

状体、玻璃体聚焦到达视网膜，对网膜上的视细胞产生刺激，引起光化学作用后，在网膜上产生电位变化，并引起电冲动，经网膜第二层、第三层神经元组织，第三层神经元汇合成束的视神经将电冲动传入大脑皮层，这就是人体对色彩感觉的过程。由于在综合分析时引入了心理因素，人眼观察颜色时，与仪器观察有着不同的结果和差异。

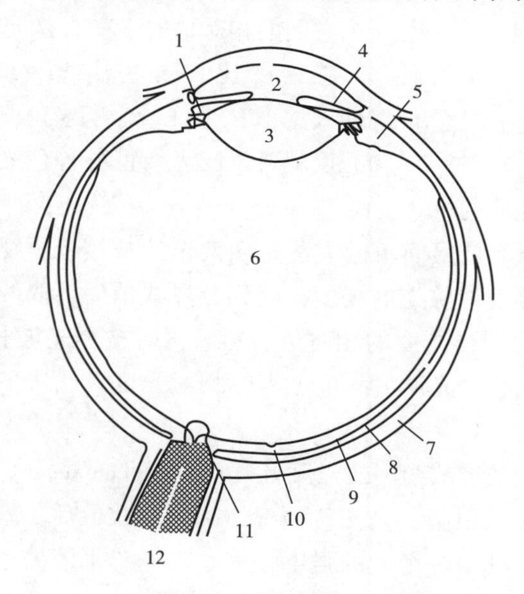

图 6-2　人眼的构造

1—悬韧带　2—前房　3—晶状体　4—虹膜　5—睫状肌　6—玻璃体　7—巩膜
8—脉络膜　9—视网膜　10—中央窝　11—视网神经乳头　12—视神经

（二）色光感觉的量化

1. 异色光度

人眼不仅对 380~780nm 波长以外的电磁波视而不见，对可见光范围的不同波长光线的视见程度，即敏感程度也不一样。对接近可见光波边缘的光的敏感度，就比对中间部分的差。眼睛对光线的敏感程度包括两个方面：一是对两个不同发光点的分辨能力，换句话说就是分辨物体精细形状的能力，也称为视敏度（visual acuity）；二是对异色，即各种光波刺激的感受敏锐能力。光源光线的强弱称为亮度，而眼睛对光线感受的程度称为光度。光度不仅受光线强弱的影响，而且与视神经对这一波段光线的刺激敏感程度有关。

2. 色光的度量

图 6-3 所示为一个简单的光度测量装置：观察窗 A 正对一个三棱镜 *MPN*，两边光源 L_1、L_2 射出的光线分别通过 *MP* 面和 *NP* 面反射进入观察视野。如果光源颜色相同，光的强度不同，可以看到 *P* 处的明暗分界线；当两边光强相同时，分界线消失。这种方法称为衡消法（null method），这样的仪器称为光度计。它既适于单色光，也适于混合光的比较。色度学所用颜色配比就是这种方法，它不仅可用来配比混合色光的光度，还可用来配比混合色光的颜色。

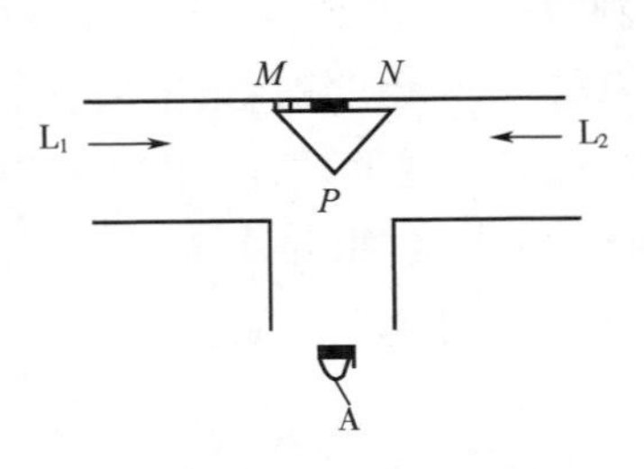

图 6-3　衡消法光度测量示意图

比较不同颜色光的光度时，问题就比较复杂。因为颜色不同使它们之间的界限不会消失。尽管颜色不同，观察者却能在一定程度上说出 L_1 比 L_2 亮些，或 L_2 比 L_1 亮些。对于不同颜色的光 L_1 和 L_2，当它们的相对辐射强度 I_1/I_2 超过一定范围，就会使人感觉 L_1 比 L_2 亮些。当 I_1/I_2 小于一定范围时，又使人觉得 L_2 比 L_1 亮。这样尽管测定范围因人而异，光度就可以成为衡量各种色光的视见度尺度，并且成为一个可以比较和加减的量。

从理论上讲，测量光度最简单的方法是用两个波长接近、视觉难辨其颜色差别的光进行光度计比较：分别调整光的亮度，直到分界线消失，取两者的比例强度作为这两种单色光对人眼产生同样光度的相对值。然后再对被测光波长移动 1～2nm 进行比较。由此，可逐步求出整个光谱每一单色光的相对光度。此法虽然理论上成立，但测定次数多、误差大。

测量光度较为实用的方法为闪变光度计（flicker photometer）测定法。这种方法是将两个光源的光交替投入眼睛，当交替频率达到一定数值后，颜色感觉首先消失，只有明暗的闪烁感。改变其中一个光的强度，直到闪烁感也消失，就说明此时两个光源引起的光度相等。

3. 光视效率与视野

（1）光视效率　辐射强度相同的两种单色光，给人感到光度不同，称为发光效率不同。一般取具有极大光度的单色光的发光效率为 1，其余波长发光效率与它的比例称为相对发光效率或光视效率，用 V_λ 表示。国际照明协会（Commission International de I'Eclairage，CIE）定义了各不同波长光的 2°视野标准观察者相对发光效率。相对发光效率的峰值在 555nm 波长处，此处 $V_\lambda=1$。相对发光效率是 CIE 对许多人观察试验的平均结果。虽然人与人之间由于生理的和心理的差异，无法统一，但通过这样的规定，使发光效率数据标准化，对于光度学乃至颜色光学具有非常重要的意义。

（2）明光与弱光视觉　1925 年，浦肯野（Purkinje）发现将两个明光照射下等光度的蓝色和红色再放到弱光下比较，蓝光竟显得比红光要亮。由此可见，蓝光在弱光下发光效率比明光下相对要高，即 V_λ 曲线在明光和弱光下有所不同。经生理学研究知道，明光视觉与弱光视觉是由眼内两种不同接收器——锥体细胞和视杆细胞所造成的。锥体细胞有辨色能力，但对光的灵敏度不如视杆细胞，它在微光中不受感应。由于两种视觉是由截然不同的接收器作用，比较两者光度就比较困难。所以，CIE 规定弱光光度学的一切符号，均与明光的相同，但需要在符号上加一撇以示区别。明光与弱光相对发光效率如图 6-4 所示。

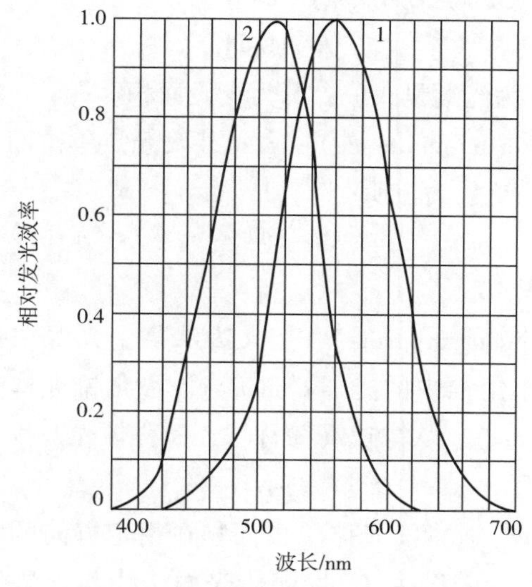

图 6-4　明光与弱光的相对发光效率

1—明光视觉　2—弱光视觉

（3）2°视野与 10°视野　发光效率既然是视觉的一个特性，那么它就与观察的范围有关。表示眼睛观察范围的量称为视野，如图 6-5 所示。在颜色光学的许多测定中都规定了观察的标准视野，常见的有 2°视野和 10°视野。一般在短波段 10°视野的视见程度比 2°视野好些，但 2°视野的测定比较稳定可靠。

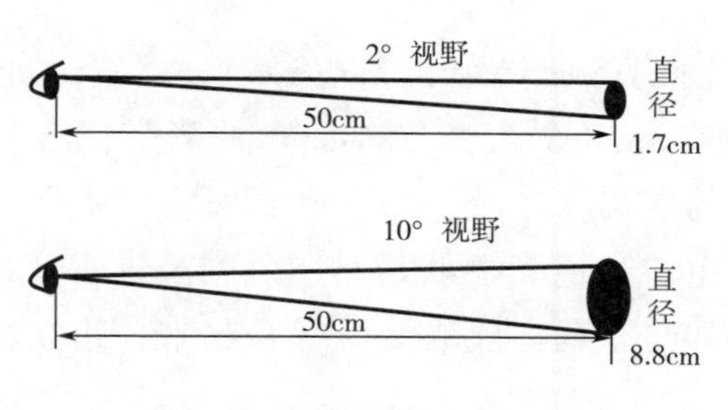

图 6-5　2°视野与 10°视野

（三）光度学基本物理量

（1）光度与光通量　由于在通常范围内，光度的大小与辐射强度成正比，并适合加法定律。因此，设在波长 λ 与 $\lambda+d\lambda$ 之间光的辐射通量为 $E_\lambda d\lambda$，则光度 ϕ_λ 的定义式为：$\phi_\lambda=V_\lambda E_\lambda d\lambda$。对于波长为 $\lambda_1\sim\lambda_2$的连续光谱有式（6-1）：

$$\phi = k\int_{\lambda_1}^{\lambda_2} V_\lambda E_\lambda d\lambda \tag{6-1}$$

式中，k 为常数。光度因为是辐射通量产生光感的特性，因此也称为光通量（luminous flux），其单位为流明。流明是光度量的基本单位，符号为 lm。

（2）照度（illumination）　表示某一受光点单位面积的光通量，单位为流明/米^2（lm/m^2）或勒克司（lx 或 lux），如式（6-2）：

$$E=d\phi/dA_2 \tag{6-2}$$

式中，E 为照度，ϕ 为光通量，lm；A_2为受光面积，m^2。

（3）光出射度（luminous emittance）　表示某发光点单位面积的发光光通量，又称为面发光度，符号为 M，单位为流明/米^2（lm/m^2）：

$$M=d\phi/dA_1 \tag{6-3}$$

式中，A_1为发光面积，m^2。

（4）发光强度（luminous intensity）　定义为从某个光源在指定方向上发射出包含该方向在内的一个无限小角锥中的光通量 $d\phi$ 与该小角锥立体角 $d\omega_1$的商，符号为 I，单位为流明/球面度（lm/sr）、坎德拉（简称坎，又称烛光，符号为 cd）：

$$I = d\phi/d\omega_1 \tag{6-4}$$

（5）亮度（luminance）　指发光体单位面积在指定方向的明亮程度。设发光体表面积为 A，观测方向的发光强度为 I，发光体表面法线与观测方向夹角为 θ 时，亮度（符号为 L 或 B）的定义如式（6-5）：

$$L = \frac{dI}{dA\cos\theta} \tag{6-5}$$

亮度的单位为坎（德拉）/米^2（cd/m^2）或尼特（nit）。

二、色度学基础

300 多年前牛顿用棱镜将白光分为红（red）、橙（orange）、黄（yellow）、绿（green）、青（blue）、蓝（indigo）、紫（violet）的彩带，第一次揭示了白光是由许多波长不同的光混合成的事实。然而，无论怎么训练，单靠人眼是不能从白光或其他颜色中分析出光谱的组成。色度学就是对颜色刺激进行度量、计算和评价的一门学科，是将主观颜色感知与客观物理测量值联系起来，建立科学、准确的定量测量方法。

（一）颜色的本质与色光匹配

1. 颜色的分类和属性

颜色可分为非彩色和彩色两大类。非彩色是指白色、黑色和由两者按不同比例混合而产生的灰色。彩色是指非彩色以外的各种颜色。所有物体的颜色都有三个共同的特性，又称颜色三属性，即色调、明度和彩度。

（1）色调（hue）　也称色相，色调是彩色彼此相互区别的特征取决于光源的色谱组成和物体表面所发射的各波长对人眼产生的感觉，可区别红、黄、绿、蓝、紫等特征。

（2）明度（value）　也称亮度，是表示物体表面明暗程度变化的特征值。明度与光的亮度成正比，即光的亮度越高明度越高。彩色物体表面的光反射率越高，它的明度也越高。

（3）彩度（chroma）　也称饱和度，是指颜色的纯度。可见光谱的各单色光是最饱和的彩色。光谱色掺入白色成分越多就越不饱和。

非彩色只有明度的差别，没有色调和饱和度这两种属性。越接近白色，明度越高，反之明度越低。

2. 颜色的色光匹配

（1）混色效应（color mixture）　视觉是靠眼睛的晶状体成像，感光细胞感光，并且将光信号转换为神经电流，传回大脑引起的，这就需要一定的时间；同时感光细胞的感光是靠一些感光色素，而感光色素的形成也需要一定时间，这就是视觉暂留的机制。当两种不同的色光间隔时间很短，先后对视网膜刺激，视网膜分不出刺激的先后，只能产生一个总体的刺激知觉，这就是所谓的视觉的时间混色效应，快速转动的七色光盘的色光混合就是利用了视觉的这一特性；而当两束不同的色光同时对视网膜的极小范围刺激时，视网膜在某一极小范围就无法分辨这两种刺激，只能产生总体的刺激知觉，此即为视觉的空间混色效应，彩色电视就是利用这一视觉特性成像的。

（2）异谱同色　任意两种色光只要给人的刺激总体效果相同，不论这两种色光的光谱组成是否相同，人们都会感觉这两种色光的颜色相同。当色彩视觉相同的色光光谱也相同时，称为“真同色”（nonmetameric color）；当色彩视觉相同的色光，光谱不同时，称为“异谱同色”或“假同色”（metameric color），而假同色是色度学的主要研究对象。

（3）色光三原色　一种颜色可以由无数单色光合成，那么最少需要几个光谱要素就可以合成任何颜色呢？19 世纪初物理学家托马斯·杨提出了三色学说。即，人眼的色觉由红、绿、蓝三种感觉组合而成。因此，通过红、绿、蓝三种颜色的适当配比，就可以得到任意一种自然颜色。这个原理可以用同色实验仪得到验证。如图 6-6 所示，在白色屏幕上，人眼观察到的是一个视野中的圆。圆的上下两半用黑色的垂直于屏幕的薄板分开。上半圆色光由红、绿、蓝三种单色光合成，下半圆为一种颜色的光源。

这种实验可以证明如下事实：①下半圆的任意一种颜色，都可以由上半圆通过调节三原色光相对量的配比得到；②由三原色混合成的同色的亮度等于各三原色亮度之和，即符合加法定律（Abney′s law）；③三原色的亮度按原比例同时增加或减少时，得到的混合色不变，而亮度按三原色增加或减少变化。即符合乘法法则（Grassman′s law）。

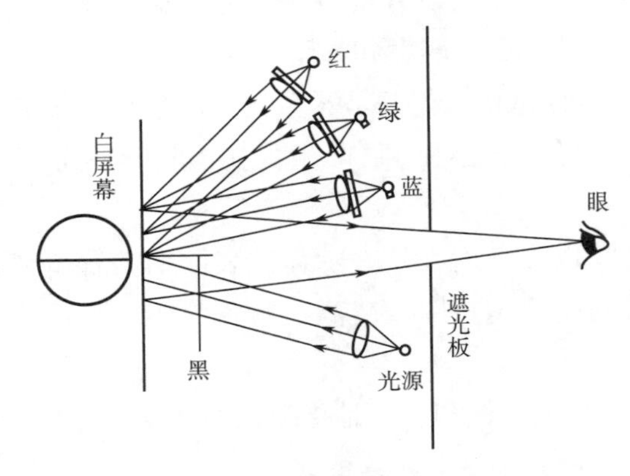

图 6-6　同色实验仪示意图

（4）互补色　牛顿为了了解单色光与混色的关系，建立了图 6-7 所示的牛顿色盘（color circle）。色盘将光谱的两端首尾连接成环，按 7 色在光谱彩带所占宽幅的比例将色盘分成相应的 7 个扇形。类似于用力学和重心原理来推断混色效果。也就是各种色光的中心分别为 P～X 点。色盘的最外缘为纯的单色光，越向中心，各色光逐渐相混，色彩变灰（不纯），到中心为白色光。色盘上任一点的混色效果，由距 P～X 点的距离而定。例如，等量的绿光与蓝光混合，产生的颜色相当于 S 与 V 连线中点的颜色。由于色盘中心为各色的混合色——白色，因此在牛顿色盘的对径点上，两种颜色的混合色就是圆心的白色。这些以适当比例混合而能产生白色的两种色光（单色光或复合光），称为互补光，相应的这两种颜色称为互补色。例如，656nm 的红色光和 492nm 的青色光就是互补色。

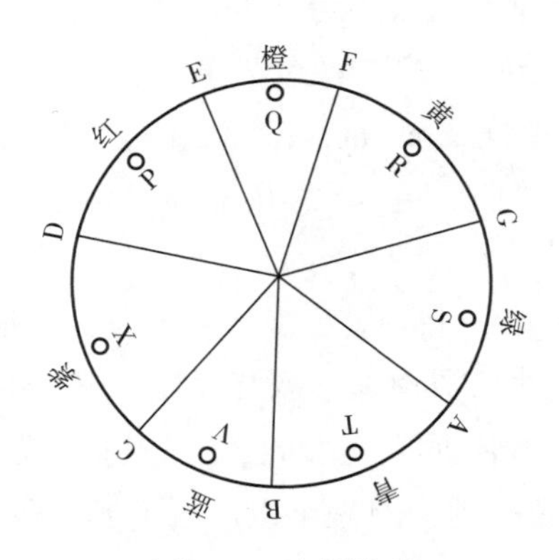

图 6-7　牛顿色盘

（5）白光　物体能够呈现各种颜色，是因为物质在光源提供的能量作用下，构成物质的离子中的电子发生跃迁，选择性地吸收或反射某些特定波长的光，从而显示其特有颜色。除了物体对各种色光的反射率，光源的光线（光谱组成）也是决定物体颜色的因素。而白光正是我们观察物体的最普遍的光源条件。太阳光是白光，白炽灯光也是白光，晴天的光线，多云下的光线都可以称为白光。因此，色度学研究需要对白光加以定义，对光源有一个标准。色度学对白光的最初定义是 CIE 于 1931 年规定的，即白光为等能量光。等能量光的意义是，以辐射能作纵坐标，波长作横坐标，则它的光谱曲线是一条平行于横轴的曲线。从理论上讲，以上定义似乎有物理根据，比较科学。然而，自然界却很难找到这样的白光。在色度学中，为了统一颜色测量标准，有必要在共同约定的具有代表性的光源下标定物体的颜色。为此，CIE 还推荐了几种标准光源。

（6）色温　在介绍标准光源之前，还需要了解一个概念——色温，即用温度来表示色光颜色，单位为开尔文（K）。在理想状态下，各波长光谱的强度分布与物质无关，而由其温度所定。根据普朗克定律，波长光谱（包括可见和不可见电磁波）分布与温度的关系如图 6-8 所示。当温度在 1000K 左右，辐射的电磁波中可见光极少，大部分为红外线。然而，随着温度的增高，可见光的能量逐渐增加，光的颜色呈暗红→红→橙→黄→白变化。因此，即使不是温度辐射发出的光，也可以用温度与颜色的关系来形容。此外，由于各种色温给人以不同的冷暖感觉，因此，有时也用冷色（cold colors），暖色（warm colors）来表现色光（表 6-1）。

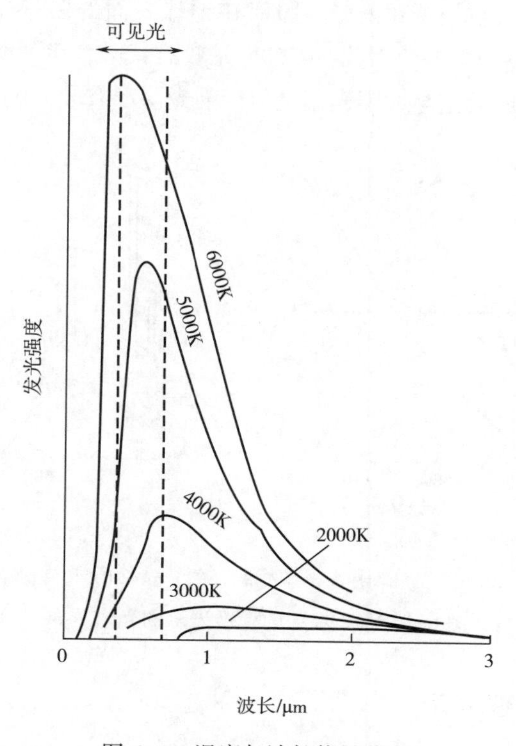

图 6-8　温度与波长能量分布

表 6-1 色温与感觉

色温/K	感觉
>5000	冷色
3300~5000	温色
<3300	暖色

（7）标准光源　如前所述，白昼光的光谱虽然是连续光谱，使用方便，但随时间、季节和大气情况的变化而不稳定。为了模仿几种日光，CIE 规定了几种标准光源，如 A、B、C、E、D_{65}等，如图 6-9 所示。标准光源 A 为熔凝石英壳或玻璃壳带石英窗口的充气钨丝灯，可以产生色温为 2854K 的辐射。标准光源 B 为标准光源 A 前加一组特定的戴维斯-吉伯逊液体滤光器，以产生色温为 4874K 的辐射，它模仿了太阳直射光，即近似中午直射光。标准光源 C 所用的透过溶液虽然也是戴维斯-吉伯逊滤色液，但各物质配比与标准光源 B 稍有不同，为的是模仿阴天或阳光和蓝天混合的光。光源 D 相当于白天直射阳光与散射光混合后的光源，常称为光源 D_{65}。标准光源 E 是一种理想的等能量白光光源，它的光谱能量分布是一条平行于横轴线的水平直线，在可见光波长范围内波长具有相同的辐射功率，采用光源 E 有利于分析问题和色度学中的计算，但光源 E 在实际中是不存在的。1967 年，CIE 建议用 D_{65}作为标准光源，它相当于色温 6500K 的白昼光。由于 6500K 与太阳表面色温接近，所以它的相对光谱能量分布与地球表面受天空和太阳光同时照射的相对光谱能量分布非常一致。从日出 2h 后到日落 2h 前这段时间，无论太阳多高，天空是否有云彩，照射在地球表面的白昼光相对光谱能量分布变化都很小，色温为 6000~7000K。因此，6500K 是较有代表性的平均值。荧光灯虽然似乎也是白光，但其光谱组成无论与太阳光还是与标准光源都有较大区别［图 6-9（2）］。

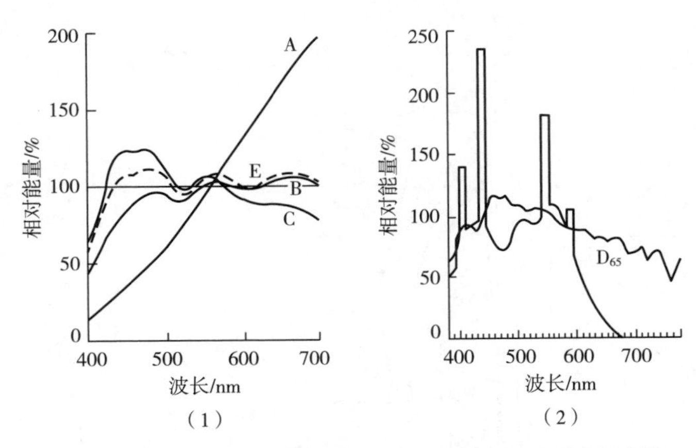

（1）CIE 规定的几种标准光源光谱　（2）光源 D_{65}和荧光灯光谱

图 6-9　CIE 规定的标准光源的光谱分布

（二）颜色的物理表示

对于视觉来说，三原色实际上就是三种单色光波能量对视觉细胞的刺激。因此，三原色的能量强度又称为三刺激值，通过改变它们的相对量配比和亮度，可以配出任何一种颜色和亮度的光。那么，任何一种颜色就可以用三刺激值作为变量表示，这就是颜色数值表示的原理。

1. 色度与色度图

颜色可由三个变量表示，那么用矢量空间就可以表示一切色光。如图 6-10（1）所示，矢量 ***OC*** 的长度代表色光的强度，也称为色度，矢量的方向代表颜色。矢量的方向可用它与坐标系的（1，1，1）平面交点 S 坐标表示：

$$s_1 = \frac{p_1}{p_1 + p_2 + p_3},\ s_2 = \frac{p_2}{p_1 + p_2 + p_3},\ s_3 = \frac{p_3}{p_1 + p_2 + p_3} \tag{6-6}$$

式中，p_1、p_2、p_3为 C 点的坐标；s_1、s_2、s_3为 S 点坐标。

表示各单色光刺激在色光总刺激中所占比例，称为三色系数或三刺激比值（trichomatic coefficients）。显然，矢量 ***OC*** 上色光具有相同的三色系数，而色度不同。

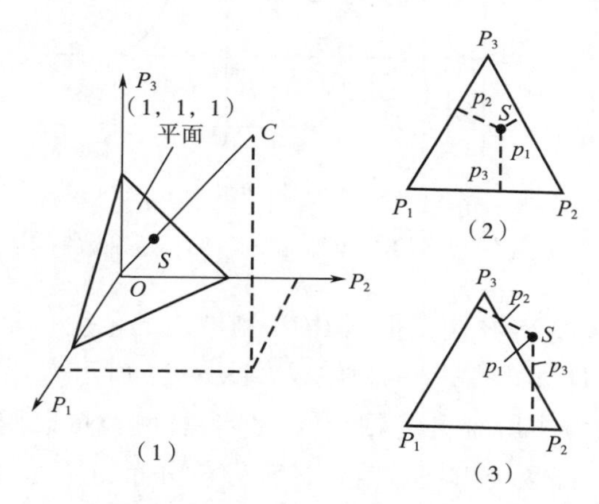

（1）色度三角三坐标示意图　（2）色度坐标俯视图　（3）色度坐标轴测图

图 6-10　色光矢量与色度坐标

由于三刺激值的配比 s_1、s_2、s_3决定了颜色的色调，而矢量 ***OC*** 的长度决定色光亮度。为了将一切色调绘制在平面上，麦克斯韦采用几何学三线坐标的方法代替直角坐标的方法表示颜色的色调。具体做法是：以三原色 P_1、P_2、P_3为顶点作成一个等边三角形称为色度三角（又称麦克斯韦三角）。取色度三角的高度 $h=1$，那么，三角形内任意一点 S 距三边的距离 p_1、p_2、p_3也可以表示各单色光刺激在色光总刺激中所占比例，即为色度［图 6-10（2）］。各单色光色度所连成的曲线称为光谱轨迹（spectrumlocus）。色度轨迹所围成的表示各种色调的图形称为色度图。

2. CIE-RGB 表色系

1931 年，CIE 建立了 RGB 表色系，即取三原色［红色（red）：700nm，绿色（green）：546.1nm，蓝色（blue）：435.8nm］为色度三角的三个顶点。对等能量单色光谱用标准观察者求出它们的同色光三刺激值曲线（图 6-11）。图中三刺激值相当于眼睛三种感光细胞对各种等能量单色波长光的感度曲线。因为是采用同色试验测得的，因此称为“同色函数”，又称“等色函数”。如图 6-11 所示，即使从现实的色光谱中求三原色，为取得某同色光谱配比，会有一个原色出现负值。表现在色度三角上时，此色可能在三角形之外［图 6-10（3）］。例如，在用同色试验仪配黄色时，普通的红色与绿色混色后得到的黄色，总与纯黄色有一点不同。此时如果给同色试验仪屏幕对面的半圆标准黄色上加一点蓝原色，那么就可得到纯黄的同色。这样，给同色试验色加原色达到同色时，称为混合色的负原色的加法混色。

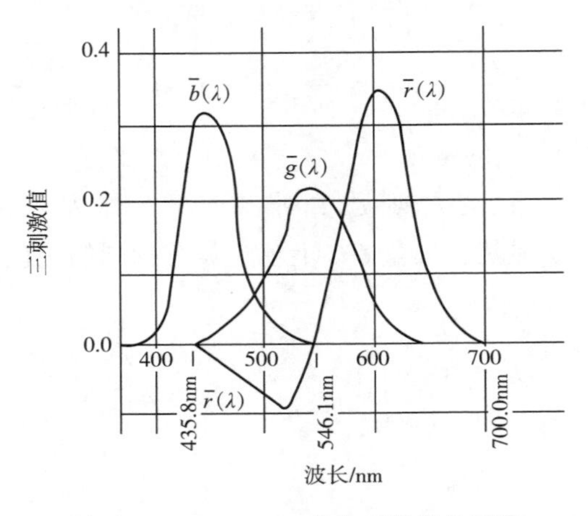

图 6-11　CIE-RGB 表色系的等色函数

CIE-RGB 表色系又称 RGB 制。根据 RGB 制绘制的色度三角，许多颜色坐标会落在三角形之外的线上，即图 6-12 中的粗实线。图 6-12 所示为 CIE 的 RGB 色度图。在光谱轨迹包围的图中包含了所有自然界颜色，即各种颜色可以用三坐标值表示。然而 CIE-RGB 表色系的同色函数会出现负值，各种颜色分布也不尽合理。因此，CIE 又建立了更方便的 XYZ 表色系，又称 XYZ 制。

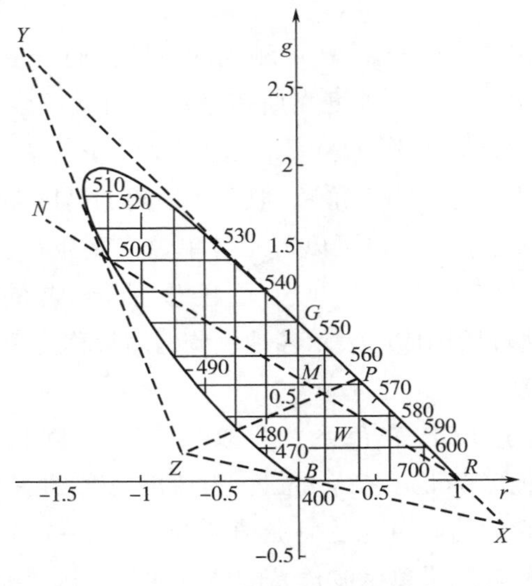

图 6-12　CIE 的 RGB 色度图

3. CIE-XYZ 表色系

之所以成为目前唯一通用的国际标准制表色系，是因为 CIE-XYZ 表色系有以下优点：①所有实际颜色的色度坐标都是正值。②CIE-RGB 表色系的 G（绿色）最亮，而其他原色亮度很低。CIE-XYZ 表色系改正了这一缺点，使 Y 坐标代表明度，而 X 坐标和 Z 坐标与明亮度无关。即所有色光的明亮度都由 Y 值决定。③原色 X、Y、Z 等量时，也可得到等能量光谱的白光。CIE-XYZ 表色系的等色分布曲线如图 6-13 所示。等色分布函数也称单位能量单色光分布函数，它是将每一个单色光对应的三刺激值绘制成的色度分布曲线。

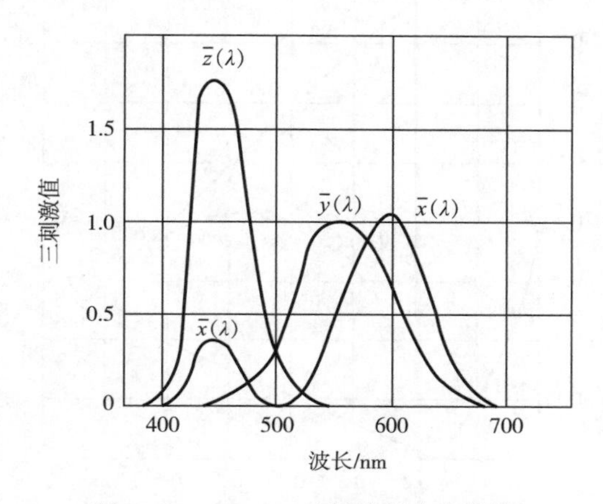

图 6-13　CIE-XYZ 制等色分布曲线

CIE-RGB 表色系与 CIE-XYZ 表色系既然可以表示同样的颜色，那么这两种坐标制当然存在着可以互相转换的关系。如图 6-13 所示，假设 P_1、P_2、P_3为分别代表 RGB 制三坐标方向 R、G、B。实际上 XYZ 制是，由 RGB 制的坐标原点 O 向（1，1，1）平面引垂直线作为 Y 轴。Y 轴上所有点的坐标为 $Y_R=Y_G=Y_B$。这些点代表白光。因此，Y 轴上的变化表示明度的变化。X、Z 轴为互相垂直且与 Y 轴垂直的两个坐标轴。CIE 确定的 RGB 表色系与 XYZ 表色系坐标变换关系如式（6-7）：

$$\left.\begin{aligned} X&=2.7689R+1.7517G+1.1302B\\ Y&=1.0000R+4.5907G+0.0601B\\ Z&=0+0.0565G+5.5943B \end{aligned}\right\} \tag{6-7}$$

可见不仅三原色可以匹配成各种色光，只要是三个独立的色光变量，例如，Y 是亮度不同的白光，X、Z 也不是单色光，通过这三个色光变量，就可以匹配或表示任何颜色。这就是视觉的三变数性质。在发现视觉三变数性质后，才把三色学说上升到三参考色学说，即任何三种不同的色光都可以作为三参考色。只要其中任何一种都不能用另外两种匹配得到，它们就可以成为配合成任何颜色的三参考色。

在 CIE-XYZ 表色系中，某色光的坐标位置为（X、Y、Z）时，其色度，即各参考色所占配比如果用 x、y、z 表示，则：

$$x = \frac{X}{X+Y+Z},\ y = \frac{Y}{X+Y+Z},\ z = \frac{Z}{X+Y+Z} \tag{6-8}$$

因为 $z=1-(x+y)$ 不算独立变量，x、y 则可以表示所有颜色。将表示的所有颜色绘制在直角坐标系中，就得到了如图 6-14 所示的 CIE 于 1931 年制定的国际标准 x，y 色度图（chromaticity chart）。x，y 称为色度坐标（chromaticity co-ordinates），其外缘的单色光分布便是光谱轨迹。

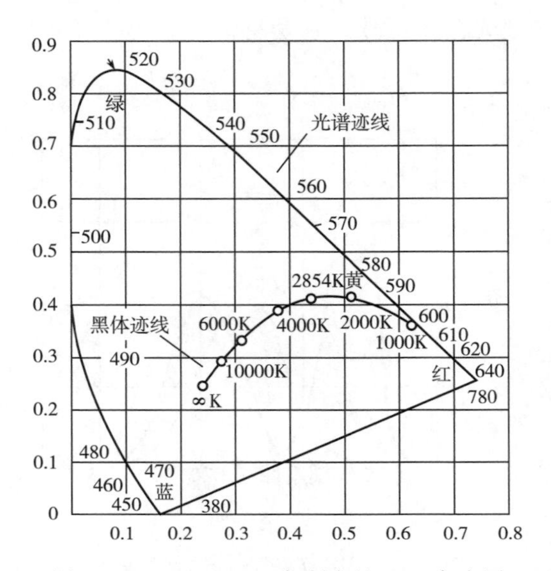

图 6-14　CIE 于 1931 年制定的 x，y 色度图

在 CIE-XYZ 表色系中，用 x，y 表示色度，即实际的颜色。颜色的明亮程度用 Y 表示，称为明度。因此，某个色光的表示应用色度坐标和明度，即 x、y、Y 三个数值表现。有了国际标准的色度图，任何颜色都可以用色度坐标值准确表现。

上述 CIE-XYZ 表色系为 2°视野情况，适于 1°~4°的观察视角范围。对大于 4°视角的情况，CIE 在 1964 年制定了 10°视野 $X_{10}Y_{10}Z_{10}$表色系。

4. CIE-LAB 表色系

CIE-LAB 表色系，又称 $L^*a^*b^*$ 表色系，是于 1976 年制定的均匀色立体表示系统。这个系统虽然还是以色度学为基础建立的，但吸收了孟塞尔颜色系统表示方法的直观优点。CIE-LAB 表色系如图 6-15 所示，中轴是明度轴，上白下黑，中间为亮度不同的灰色过渡。此轴称为 L^* 轴。L^* 称为明度指数，$L^*=0$ 表示黑色，$L^*=100$ 表示白色。中间有 100 个等级。与孟塞尔颜色立体有较大差异的是，色圆上颜色排列不同。这里色圆有一个直角坐标。即 a^*，b^* 坐标方向。$+a^*$ 方向越向圆周，颜色越接近纯红色；$-a^*$ 方向越向外，颜色接近纯绿色。$+b^*$ 方向黄色增加，$-b^*$ 方向蓝色增加。沿半径方向，颜色彩度发生变化，中心彩度为 0，呈灰色，纯色彩度为 60。沿圆周红、黄、绿、蓝之间是其他单色光。CIE-LAB 表色系统中，a^*、b^* 决定色调，$c^*=\sqrt{(a^*)^2+(b^*)^2}$ 表示颜色的彩度（metric chroma）。c^*越大色越纯。$h=\tan^{-1}(b^*/a^*)$（°）称为色调角（metric hue-angle）。a^*、b^*也称为彩度指数。

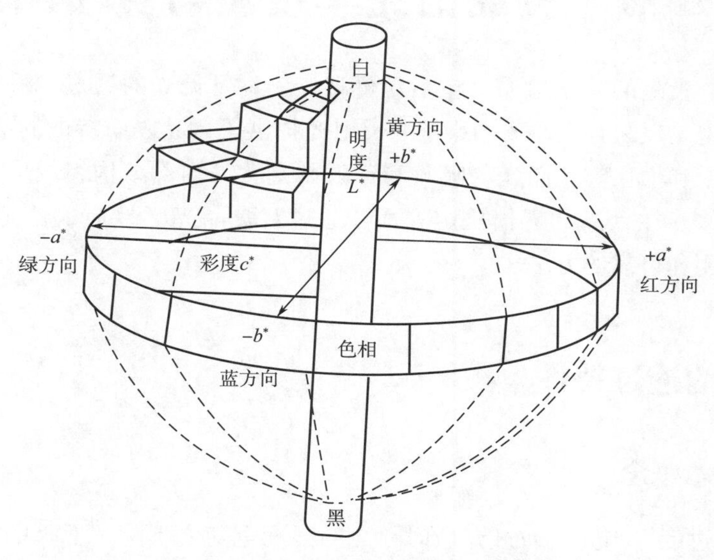

图 6-15　CIE-LAB 表色系

CIE-LAB 表色系多为色彩测定仪器测定时采用的表色系统，所以比较精确。它与 CIE-XYZ 表色系存在如式（6-9）的换算关系：

$$L^* = 116\left(\frac{Y}{Y_0}\right)^{1/3} - 16,\ a^* = 500\left[\left(\frac{X}{X_0}\right)^{1/3} - \left(\frac{Y}{Y_0}\right)^{1/3}\right],\ b^* = 200\left[\left(\frac{Y}{Y_0}\right)^{1/3} - \left(\frac{Z}{Z_0}\right)^{1/3}\right] \quad (6-9)$$

式中，X_0、Y_0、Z_0为照明光源的三刺激值。

CIE-LAB 表色系不仅可以精确地表示各种色调，它也可以表示两种色调之间的差，为色差的表示带来了方便。尤其是在研究或测定近似颜色的差别程度，或食品的变色程度时，匀色空间 CIE-LAB 表色系上两点间的距离ΔE_{ab}^*就可以表示两对应颜色的差：

$$\Delta E_{ab}^* = \sqrt{(\Delta L^*)^2 + (\Delta a^*)^2 + (\Delta b^*)^2} \quad (6-10)$$

ΔL^*、Δa^*、Δb^*分别为两点间三坐标值的差。ΔE_{ab}^*为实际的色空间两点距离，又称 NBS（national bureau of standards）单位。它与观察感觉到的色差程度的关系如表 6-2 所示。

表 6-2　ΔE_{ab}^*与感觉到的色差程度的关系

ΔE_{ab}^*	感觉到的色差程度
0~0.5	极小的差异
0.5~1.5	稍有差异
1.5~3.0	感觉到有差异
3.0~6.0	较显著差异
6.0~12.0	很明显差异
12.0 以上	不同颜色

第二节　食品的光学性质与食品品质

除色彩外，食品的光学性质，包括对可见光、不可见光的透过、反射、折射、吸收特性，往往也是反映食品品质的指标。反射光提供了食品表面特征的信息，如颜色、表面缺陷、病变和损伤等，而光的吸收和透射则是食品内部结构组成、内部颜色和缺陷等信息的载体。在食品的无损检定方面，通过对食品光学性质的测定检验其品质，是目前比较常用和可靠的方法。

一、光的透过特性

（一）基本概念

（1）光透过度　当光波通过介质时，光的强度也随之下降。下降的原因主要有介质材料对光能的吸收、反射、散射等。如图 6-16 所示，设光穿过介质的路程为 b，则介质的光透过度［又称透光率（transmittance）］定义为 $T=I_2/I_1$，I_1为到达试样表面的光强，I_2 为光穿过试样后从试样中透出的光强。物质内部光透过度（internal transmittance）$T_1=I/I_0$，I 为穿过试样到达第二表面的光强，I_0为进入试样的光强。

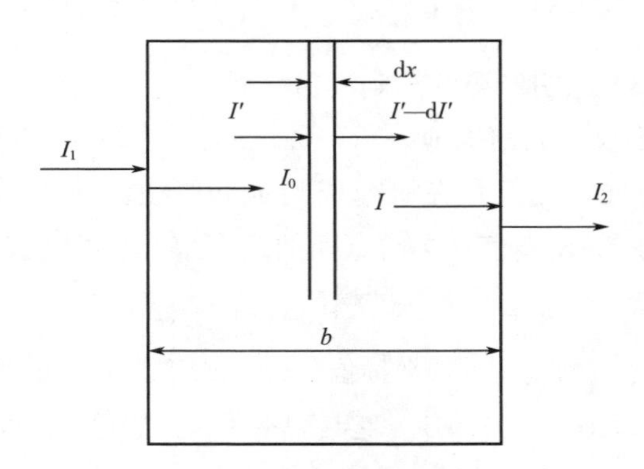

图 6-16　光直线透过物体示意图

内部光透过度 T_1的负对数值称为吸光率或吸光度（absorbance）：

$$A_\lambda=-\lg T_1=-\lg(I/I_1) \tag{6-11}$$

（2）光密度（optical density，OD），其定义式为：

$$OD=\lg(1/T) \tag{6-12}$$

即 OD 为透光率倒数的对数。A_λ 就是在特定情况下的光密度。一般用光透过法测定食品中吸光物质（如叶绿素等）的量，可先把吸光量与吸光物质量做成关系直线，然后通过吸光量推定吸光物质浓度。但是，*OD* 对于非透明食品，由于入射光向各方向散射，因此，与吸光物质的量不成比例，这一点就与透明试样有所不同。

（二）光的透过特性测定原理

光透过一定厚度的介质材料后，其光强减弱程度与光在介质中经历的路程和介质的特性有关。取厚度为 dx 的一层介质，当光通过这层介质时，如图 6-16 所示，强度由 I'减少为 $I'-\mathrm{d}I'$。实验表明，在相当广阔的光强范围内，光强的减少与光强及介质厚度成正比即：

$$-\mathrm{d}I'=\alpha_\lambda I'\mathrm{d}x \tag{6-13}$$

式中，α_λ 为与光强无关的比例系数，也称吸光系数或消光系数（absorption coefficient）。将式（6-13）整理可得式（6-14）：

$$\mathrm{d}I'/I'=-\alpha_\lambda \mathrm{d}x \tag{6-14}$$

此式积分：

$$\int_{I_1}^{I_2}\frac{1}{l'}\partial I' = \int_0^b -\alpha_\lambda \mathrm{d}x \tag{6-15}$$

$$\ln\frac{I_2}{I_1} = -\alpha_\lambda b\ ,\ I_2 = I_1 \mathrm{e}^{-\alpha_\lambda b} \tag{6-16}$$

此式称为朗伯定律式（Lamber's law 式）。吸光系数 α_λ 的单位为 m^{-1}，$\alpha_\lambda=1\mathrm{m}^{-1}$表示光波透过 1m 厚的物质后，光强衰弱到原来光强的 1/e 倍。

当光波被透明溶液中溶解的物质吸收时，吸光系数 α_λ 与溶液浓度 c 成正比，即：

$$\alpha_\lambda=k_\mathrm{i}c \tag{6-17}$$

式中，k_i是一个与波长有关而与浓度无关的常数，式（6-16）可变为：

$$I_2 = Ie^{-k_\mathrm{i}cb} \tag{6-18}$$

这一关系式称为比尔定律式（Beer's law 式）。比尔定律式表明被吸收的光能与光路中吸光的分子数成正比。比尔定律就是通过测定吸光系数 α_λ 求透明液体食品浓度的根据。然而，要使比尔定律成立，要求光路中吸收光的每个分子对光的吸收不受周围分子影响。即当溶液浓度大到足以使分子间的相互作用影响吸光能力时，比尔定律所表现的关系就会出现误差。以上便是吸取光谱分析原理。

实际测定时，常使用光密度（*OD*）作为测定指标。根据比尔定律，溶液的某特定波长的光密度正比于吸光物质浓度和它在该波长时的吸收常数。

$$OD=\lg（I_1/I_2）=\alpha_\lambda\cdot b/2.303=k_\lambda\cdot c\cdot b/2.303 \tag{6-19}$$

如果光程单位用 cm，吸光物质浓度单位用 $\mathrm{mol/cm^3}$，则吸收常数 k_λ 单位为 $\mathrm{cm^2/mol}$ 或 1/mol · cm。当采用 1/mol · cm 单位时，k_λ 称为摩尔吸收常数。当液体中有一个以上的吸光成分时，式（6-19）也可写为：

$$OD=\sum（k_{\lambda i}c_ib）/2.303 \tag{6-20}$$

式中，c_i为第 i 个成分的浓度，$k_{\lambda i}$为波长为 λ 时的第 i 个成分的吸收常数。

以光密度 OD 为纵坐标，波长为横坐标，绘制的曲线称为摩尔吸收光谱曲线。

对食品品质实际测定利用 OD 并不方便。应用较多的是用两个波长的光密度差ΔOD（或ΔA_λ）来确定食品的光透过特性。

设$A_{\lambda 1}$和$A_{\lambda 2}$是试样在两个波长λ_1和λ_2时的 OD。$A^{S}_{\lambda 1}$、$A^{S}_{\lambda 2}$分别为样品中某待测成分对应于波长λ_1、λ_2的 OD。$A^{R}_{\lambda 1}$、$A^{R}_{\lambda 2}$分别为样品中其他成分相应的 OD，则：

$$A_{\lambda 1}=A^{S}_{\lambda 1}+A^{R}_{\lambda 1},\ A_{\lambda 2}=A^{S}_{\lambda 2}+A^{R}_{\lambda 2} \tag{6-21}$$

$$\Delta A=\Delta OD=(A^{S}_{\lambda 1}-A^{S}_{\lambda 2})+(A^{R}_{\lambda 1}-A^{R}_{\lambda 2}) \tag{6-22}$$

当选择合适波长λ_1和λ_2，使$A^{R}_{\lambda 1}=A^{R}_{\lambda 2}$，则：

$$\Delta OD=(A^{S}_{\lambda 1}-A^{S}_{\lambda 2})=(k_{\lambda 1}-k_{\lambda 2})\ cb/2.303 \tag{6-23}$$

式（6-23）避免了其他成分引起的测量误差。分光光度计（spectrophotometer）就是以光透过度为测量基础的光谱分析仪器。

（三）光的透过特性测定方法

1. 测定装置

检测食品的透过性或光反射特性所用仪器最典型的构造由以下几部分组成：光源、可以把特定波长光分离出来的光谱分离器、光波检测器、示波器记录仪等。

（1）光源　一般采用标准白光源提供可见光范围的连续光谱。

（2）光谱分离器　到达试样的光的纯度或特性取决于分光手段。一般分光手段采用棱镜或衍射光栅做的单色仪（monochromator），也可以使用滤光镜达到同样效果。例如，珀丝（Birth）和诺里斯（Norris）在开发单色仪时，采用了光片干涉滤光器（wedge-inter-ference filter）。

（3）光波检测器　检测器选择时要考虑反应速度、光谱响应、灵敏度、杂波水平、电阻抗、尺寸、价格等因素。一般测定透光或反射的检测器，在可见光领域常用硫化铅光敏电阻（lead sulfide photoconductive cell）。

（4）示波记录仪　把检测器感知的信号放大，并进行显示、记录。

以一种ΔOD 测定仪——差分仪（difference meter）为例，简述这种装置。如图 6-17所示，光源发出的光通过缝隙、滤光转盘、反射镜和透镜射入试样。入射光的波长由滤光盘上 A、B 滤光器决定。即同步马达转动时，A、B 滤光器使得从光源发出的光变成不同波长的两个特定光波，交替射入试样。图中的校正屏也叫校正滤光镜（calibrating screens），用它可以校正试样的光密度。当光线通过试样，被光电管感知得到两种脉冲信号。信号由光电开关（光控继电器）控制，分别送入记忆电容中。记忆电容按照由光电管传来的电信号强弱产生相应电压。这两者电压的差可以通过电压计刻度盘读取。经过换算就可以测定出光密度差ΔOD。

2. 光密度差的测定与两种波长的选择

为了提高测定精度，如前文所述，在测定光密度差时要选择两种特定波长的光。一种波长应该对于待测成分的变化十分敏感，另一种波长相反，应是对待测成分变化

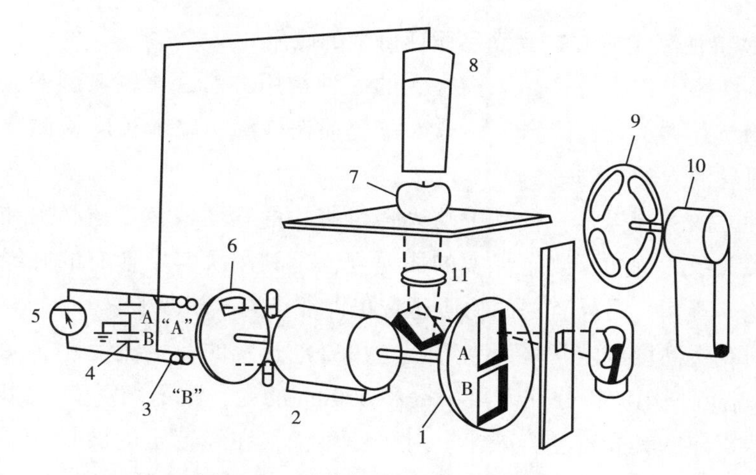

图 6-17 差分仪的构造及测定示意

1—滤光盘 2、10—同步电机 3—光电开关 4—记忆电容 5—电压计 6—同步开口 7—试样 8—光电管 9—校正屏 11—透镜 A、B—滤光器

几乎没有反应。由于两种波长一般都对试样尺寸、光源、检测器等因素的变化反应敏感，后一种波长就作为参照波长，用来抵消这些因素的影响。例如，当对温州蜜橘进行颜色选果时，如使用的两种波长分别为 681.5nm 和 700.0nm，那么得到的ΔOD 与叶绿素含量有着很好的相关关系［图 6-18（1）］。即使橘果的大小（质量）有差异，但对ΔOD 几乎没有影响［图 6-18（2）］。也就是说，使用这两种波长光测定时，果实的尺寸即使大小不齐，也可以完成颜色选果。

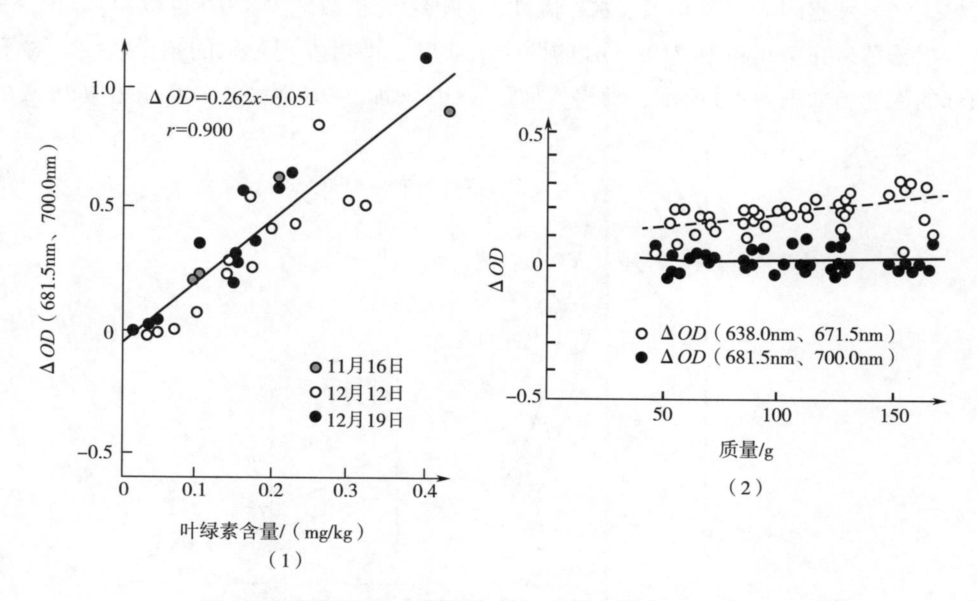

（1）叶绿素含量与 ΔOD 的关系 （2）蜜橘质量与 ΔOD 的关系

图 6-18 温州蜜橘光密度差测定结果

3. 光透过特性测定方法在食品品质评价中的应用

光透过特性测定方法是食品无损检测的一种常用方法，比较典型的应用有：果蔬成熟度的检测、谷类水分含量测定、玉米霉变损伤检测、碎米程度检测、食品颜色检测、鸡蛋内血丝混入的检测等。

应用这种方法的前提是，食品中与光透过有关的物质或色素，必须和食品的品质有较强的相关关系。例如，测定果实的成熟度，是利用果实中含有的叶绿素量与成熟度明显相关这一规律。另外有关的物质还有花青素苷类、胡萝卜素等。

例如，对花生熟度测定常采用克莱默（1963）开发的花生熟度计（peanut maturity meter）。该仪器就是用波长分别为 480nm 和 510nm 的光，测定光密度，判断花生熟度，因为花生随着成熟，其光密度会减小。对于花生油，在经特定的波长光照射时，成熟花生的油比生花生的油透光性要好，其差异在 425nm、455nm 和 480nm 处最为显著。

利用透光特性对食品水分测定也较多。例如，诺里斯开发了以水的吸收光谱曲线为基础的水分计。水的吸收光谱中有 5 个吸收带，波长分别为 760nm、970nm、1190nm、1450nm 和 1940nm。

对谷物的甲醇提取物水分测定使用 1940nm 处的吸收带，其测定结果与化学试剂法的测值相比，标准偏差为 0.24%。诺里斯等利用此原理对花生豆水分测定，发现Δ*OD*（970~900nm）与含水率相关。在含水率 30%左右的试样范围内，测定精度在 0.7%公差以内。

对于大豆水分测定，采用Δ*OD*（1940~2080nm）法，测定的标准偏差仅为 0.1%。

果实内部的空洞、褐变、病变等也可以通过透光法测定。例如，对于苹果的糖蜜病，由于糖蜜病区细胞间的空隙充满了水，因此，对入射光扩散减少，*OD* 也减少。如图 6-19 所示，根据苹果在 760nm 和 810nm 处的两个吸收峰，即可发现苹果的糖蜜病变。对于苹果内部的褐变，如图 6-20 所示，随褐变加重，*OD* 增加。*OD* 取波长 600nm 和 740nm 处。

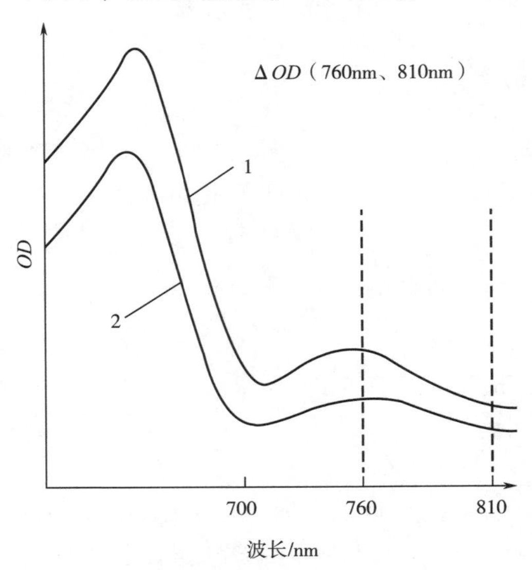

图 6-19　苹果的糖蜜病与 *OD* 关系图

1—正常果　2—糖蜜果

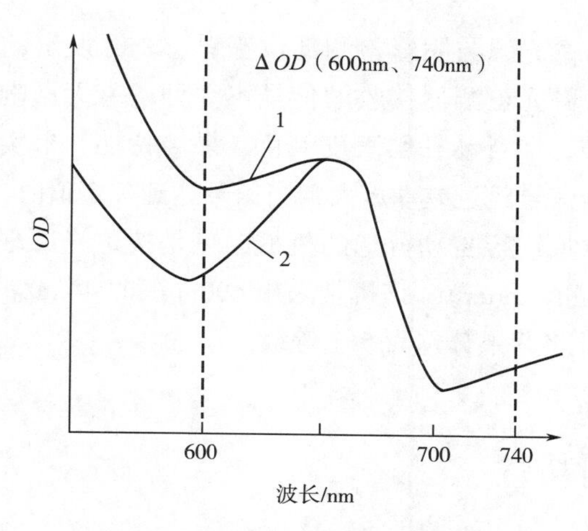

图 6-20　苹果内部褐变与 *OD* 关系图

1—内褐变果　2—正常果

透光检测在自动选果机上也得到了广泛应用。1968 年，纳尔逊利用光密度差原理成功地开发了玉米选别机。主要是将菜用的甜玉米（yellow sweet corn）与饲料玉米（yellow field corn）分开。这两种玉米虽然表面颜色相同，但内部组成有显著差别，用人眼难以分辨。用透光检测就可以正确判断。1966 年，艾伦等根据透光原理开发了检测果实中种子有无的选果机。如图 6-21 所示，机器下方为透光检测部分，称为阴影检

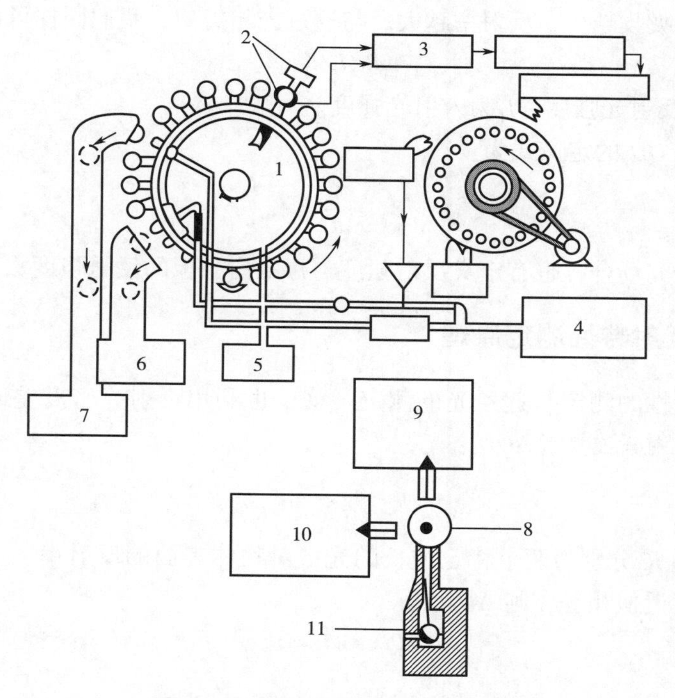

图 6-21　樱桃种子有无分拣装置

1—光源　2—检测器　3—识别回路　4—加压空气　5—真空泵　6—接收料斗

7—排除料斗　8—樱桃　9—阴影检测器　10—辉光检测器　11—光源

测器（shadow detector）。光源与阴影检测部位正对。光源发出的光通过散射也可以传到旁边的辉光检测器。辉光检测器接收的信号不受种子有无影响，只给出判断果实有无阴影的一个参照信号，即自动补偿表皮颜色、果肉特性、果实大小和光源变化等引起的误差。把两检测器信号经过差动放大，当信号达到一定值时，由排除料斗去除。

将苹果按叶绿素含量进行自动分选的机械，也是按透光原理设计的，称为内部品质分选机（internal quality sorter）。该机常采用690nm 和 744nm 的单色光对无损伤果实进行测定，并根据ΔOD将苹果分选为5个等级。

二、光的反射特性

（一）基本概念

光反射率（reflectance）的定义为：从物体上反射出来的辐射能与向物体表面入射能之比。由于反射出来的光线没有方向限制，这种反射率称为全反射率（total reflectance），它随入射光方向的变化而变化。

还有一种镜反射率（specular reflectance），定义为：在镜反射方向上的反射光能与入射光能之比。镜反射率随入射角的变化而变化。食品物质很少有镜反射。

对于一般食品物质来说，入射角（入射线与界面法线之间的夹角）越大，物体表面越光洁，光的吸收越少，反射率越大。与透过光相类似，我们同样可以定义反射率：

$$R=I_r/I_1 \tag{6-24}$$

式中，I_r为反射光强度；I_1为入射光强度。

反射光密度 OD_r的定义式为：

$$OD_r = \lg\frac{1}{R} = \lg\frac{I_1}{I_r} \tag{6-25}$$

一些应用研究场合，也有定义反射强度与标准白色板的反射强度之比为反射率。

（二）光反射特性测定原理

光反射光特性的测定与透射光的测定类似，也利用反射光密度差来进行测定。两个特定波长的反射光密度差ΔOD_r：

$$\Delta OD_r=\lg\frac{1}{R_2}-\lg\frac{1}{R_1} \tag{6-26}$$

式中，R_1和 R_2分别为两个特定波长的光，对物体表面的反射率。如果选定两个波长入射光的强度近似相等，则 ΔOD_r为：

$$\Delta OD_r=\lg I_{r_2}-\lg I_{r_1} \tag{6-27}$$

（三）光反射特性测定在食品品质评价中的应用

对食品光反射特性的测定，除了对色彩进行定量测定外，在食品品质判断上，作为一种检测手段也得到了广泛应用。

光反射特性的应用之一就是对水果表皮的颜色或伤疤的检测。测定的一般原理是，用传感器测定物料在光源照射下的反射光，通过反射率 R、减光度 lg（$1/R$）或反射光的分光光谱来判断物料的反光特征。

以上方法已在柑橘、柠檬、桃、梨、柿子、香蕉、草莓、菠菜、萝卜等食品上得到广泛应用。其中温州蜜橘和柿子的分光反射特性如图 6-22 所示。可以看出，无论是温州蜜橘还是柿子在波长 660nm 附近都出现了一个反射低谷，这是叶绿素吸收的结果。因此，如图 6-22（3）、图 6-22（4）所示，叶绿素含量越多（越绿），反射强度就越小。因此，为了消除条件因素的影响，同ΔOD一样，也可采用两单色光反射率之比（$R_{\lambda 1}/R_{\lambda 2}$）来确定食品表面颜色。如图 6-23 所示，利用这种方法，可以准确地由光电二极管的输出信号差来判断温州蜜橘的熟度；由光电二极管和滤光片的组合输出信号判断番茄的熟度。

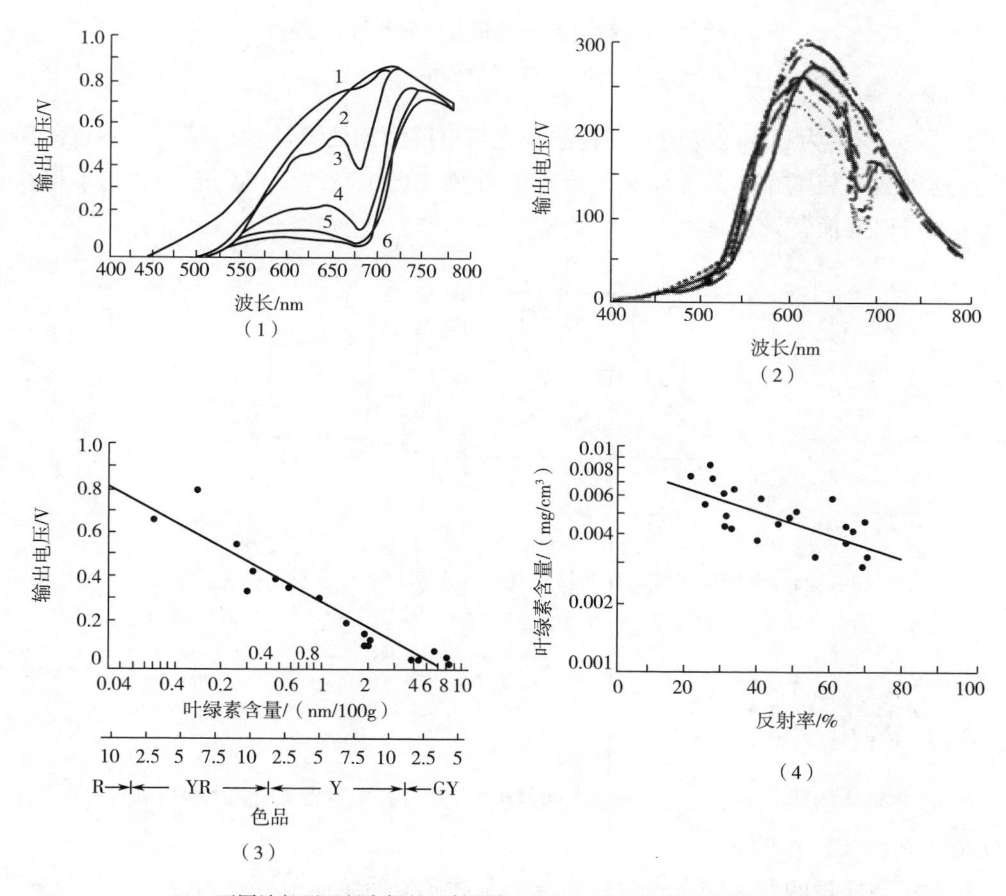

（1）不同波长下温州蜜橘的反射强度　（2）不同波长下柿子的反射强度

（3）温州蜜橘叶绿素含量和反射强度之间的关系　（4）柿子叶绿素含量和反射率之间的关系

图 6-22　温州蜜橘和柿子的分光反射特性与叶绿素含量的关系

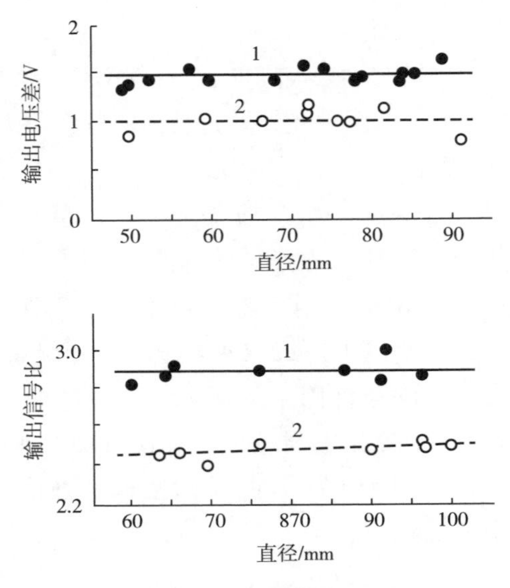

图 6-23　光电管测定温州蜜橘和番茄果皮色

1—适熟　2—未熟

图 6-24 所示为利用滤光镜对两种波长光反射度测定的食品反射特性检测仪的结构原理。这种测定装置在加工番茄和苹果等的着色分选生产线上得到应用。为了提高识别精度，可以变换背景色。

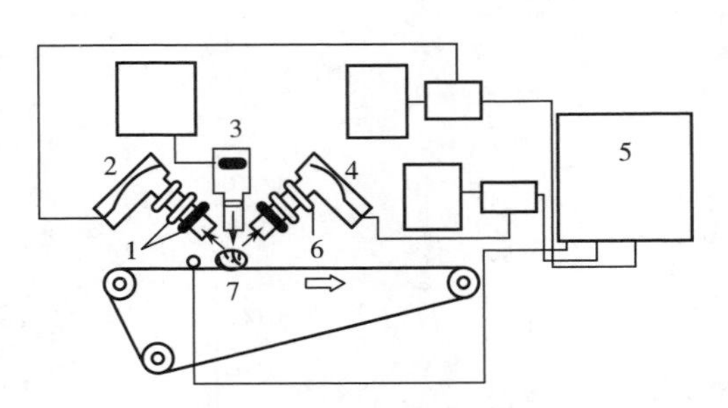

图 6-24　利用滤光镜对两种波长光反射度测定的食品反射特性检测仪

1、6—滤光管　2、4—光电管　3—光源　5—记录仪　7—传输带

三、荧光

荧光现象是指当一种波长的光能照射物体时，可以激发被照射物发出不同于照射物波长（其他波长）的光。

通常将高能量的紫外线作为激发光源，通过光学系统照射到待检测的食品物料上。由于某些化学成分（如叶绿素）和某些微生物（或霉菌）在紫外线的激励下会发出荧光，物体发出的荧光（或磷光）的波长和强度与物体的构成、某些成分的含量以及激励紫外线的频率（波长）和强度（振幅）等外界因素有关。分子由基态激发到激发态，所需激发能可由光能、化学能或电能等供给。分子吸收光能而激发到高能态，在返回基态时，发射出与吸收光相等或不相等的辐射，这一现象称为光致发光。最常见的两种光致发光现象是荧光和磷光。虽然荧光和磷光的光致发光过程的机制不同，但通常可从现象上加以区分。荧光是在激发后马上发生，当激发光停止照射后，发光过程几乎立即停止（10^{-9}~10^{-6}s），而磷光则将持续一段时间（10^{-4}~10^{-2}s），荧光分析和磷光分析就是基于这类光致发光现象而建立起来的分析方法。

除了紫外线光源外，其他光源也可激发荧光。根据荧光物质在激发光照射下所发出的波长不同，荧光又可分为X射线荧光、紫外线荧光、可见光荧光和红外线荧光。用于食品与农产品快速检测的荧光，主要是由紫外线光源激发的。

根据发射荧光的粒子的不同，荧光可分为原子荧光和分子荧光，这里主要介绍分子荧光。

分子在基态时通常具有多对自旋成对的电子。根据泡利不相容原理，在一个轨道上的两个电子的自旋方向是相反的。电子的自旋状态可以用自旋量子数 s 表示，$s=\pm 1/2$。由于自旋对的结果，电子自旋总和是零。如果一个分子所有自旋是成对的，那么这个分子所处的电子能态称为单重态，即 $2s+1=1$，以 s_0 表示。基态分子配对电子的一个电子吸收光辐射而被激发的过程中，通常自旋不变，则称为激发单重态，以S表示。如果激发态的电子自旋不成对，即自旋相互平行，$s=1$，则 $2s+1=3$，这种状态称为激发三重态，以T表示。

激发单重态与激发三重态的性质明显不同。单重态分子是反磁性分子，而三重态分子是顺磁性分子；激发单重态的平均寿命约为 10^{-8}s，而激发三重态的平均寿命长达 10^{-2}s 以上；基态单重态到激发单重态的激发容易发生，为允许跃迁；而基态单重态到激发三重态的概率只相当于前者的 10^{-6}，实际上属于禁阻跃迁。

当分子吸收了能量，就会跃迁到高一级的能态 S_1 或 S_2。处于激发态的分子是不稳定的，它首先通过碰撞将多余的能量转移给其他分子，以极快速度无辐射跃迁至同一能态（S_1 或 S_2）的最低振动能级上，这一过程称为振动弛豫。处于激发单重态最低振动能级的分子，若以 10^{-9}~10^{-6}s 的时间发射光量子回到基态的各振动能级，则产生荧光，这一过程称为荧光发射。

在荧光的产生过程中，由于存在各种形式的无辐射跃迁，损失了部分能量，故它们的最大发射波长都向长波方向移动，尤以磷光波长移动最多，而且它的强度也相对较弱。

四、延迟发光

（一）基本概念

延迟发光（delayed light emission，DLE）现象是当用一种光波照射物体，在照射停止后，所激发的光仍能继续放射一段时间的现象。大量研究结果表明，DLE与叶绿素含量密切相关，因此可以利用 DLE 特性，对含有叶绿素的果蔬食品的成熟度及颜色等内、外品质进行无损检测和分级。

利用 DLE 特性对果蔬进行分选具有以下优点：①选择光源的范围大，因此装置简单（在 625~725nm 处的光激发作用较强）；②照射和测定 DLE 的时刻可以在不同场所进行，为机械的设计带来方便；③除光电管外，不需要其他光学元件，装置比较简单。

以上优点，都使得在食品加工或精选工程中应用 DLE 非常方便。DLE 的利用在迅速测定生鲜农产品的叶绿素含量和判断新鲜程度方面也有一定优势。

（二）DLE 测定装置及应用

DLE 测定装置原理如图 6-25 所示。光源发出的白光由反射镜反射到试样上。光源照射时间由快门控制。照射一段时间后，快门关闭，同时反射镜顺时针转 45°。打开 DLE 的通道，这时试样发生的 DLE 经过滤光镜由光电增幅器感知。滤光箱中设有干涉滤光镜、高次光阻遮滤光器和聚光镜等。在试样前还有遮板。遮板上的孔面积可以调节照射面积。光电管可测出照射光的一部分，把向试样照射的开、闭转变为电信号经放大器在数据记录仪上的另一频道记录。数据记录仪上的两个信号在扩大时间轴后，由笔式记录仪记录。

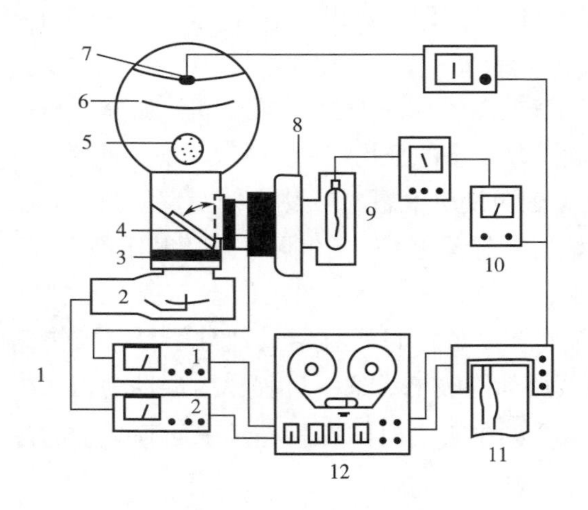

图 6-25　DLE 测定装置

1—放大器　2—光电倍增管　3—滤光箱　4—反光镜　5—试样　6—挡热板　7—热源　8—快门　9—光源　10—直流电源　11—笔式记录仪　12—数据记录仪

测定操作为：先将试样在暗室中放好，20min 后，进行一定时间的预照射（pre-illuminance），再进行暗期处理。然后开始正式激发照射。照射后立刻由光电增幅器在衰减时间内测定 DLE，并由放大器记录仪记录数据。

用图 6-25 所示装置对番茄 DLE 测定得到如下结果。

（1）对番茄来说，暗期长短不同，DLE 强度与衰减时间关系曲线稍有差异。一般选暗期为 10min 以上，衰减时间取 0.7s 以上为好（图 6-26）。

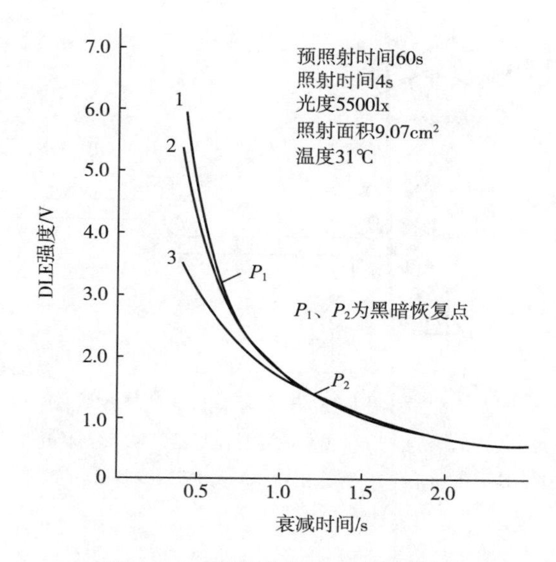

图 6-26　绿熟番茄 DLE 衰减曲线

1—暗期时间 20min　2—暗期时间 10min　3—暗期时间 0min

（2）使用 5500lx 强度光照射，对绿熟番茄只要 3~6s 即可使其 DLE 达饱和状态。

（3）照射面积与 DLE 强度成正比。

（4）番茄的 DLE 与温度有关。在 13~17℃，DLE 达最大，正好与番茄的贮藏适温一致。

（5）番茄叶绿素含量 x（μg/cm²）与 DLE 强度有一次直线关系：$y=0.163x+0.298$（$r=0.916$，衰减时间为 0.7s）。

（6）应用 DLE 测定装置对番茄绿熟果分级精度达 94%~100%；对番茄红熟果分级精度稍差一些。绿熟果在果肉 6mm 厚的区域 DLE 较强，红熟果只在内部有绿色部分时有 DLE。

（7）番茄 DLE 光谱在 695nm 处出现高峰。因此，光电传感器应在 695nm 附近有较高感度。

另外，DLE 强度还与果皮颜色有一定对应关系。柿子的 DLE 强度与其孟塞尔色品的关系如图 6-27 所示。将 DLE 测定用在生产线上进行选果的生产线示意图如图 6-28 所示。

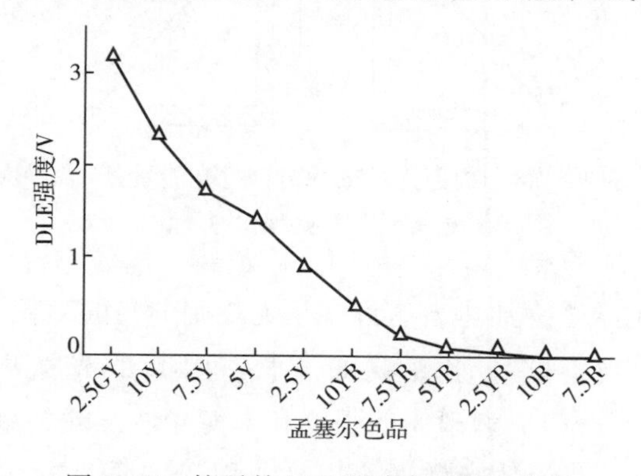

图 6-27　柿子的 DLE 强度与孟塞尔色品

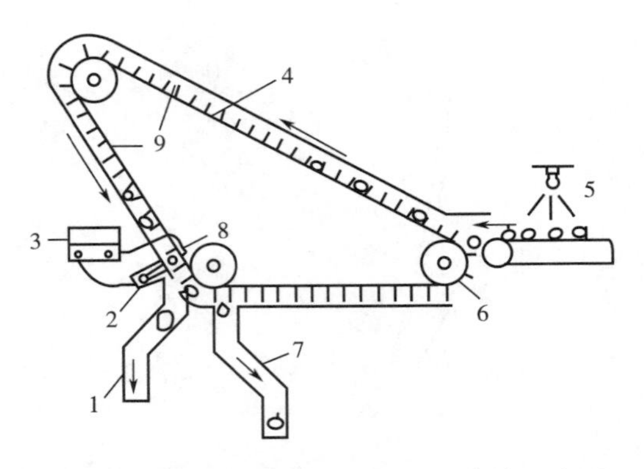

图 6-28 利用 DLE 进行选果的生产线示意图

1—差果排出 2—影像检测器 3—电源及控制器 4—物料传送带 5—灯
6—均速传动轮 7—好果出口 8—偏转螺线管 9—暗室

五、食品的光散射现象

大多数食品既非透明物质，又非全反射的镜面物质，而是半透明物质。因此，当光线射到食品上时，一部分被反射，一部分被吸收，还有一部分发生了散射。光的散射（scattering of light）是指光通过不均匀介质时一部分光偏离原方向传播的现象，偏离原方向的光称为散射光。如图 6-29 所示，对番茄用单色光进行局部照射时，番茄的透光强度和透光方向都会发生变化。根据光散射的原因不同可将光散射分为悬浮质点散射和分子散射两类。

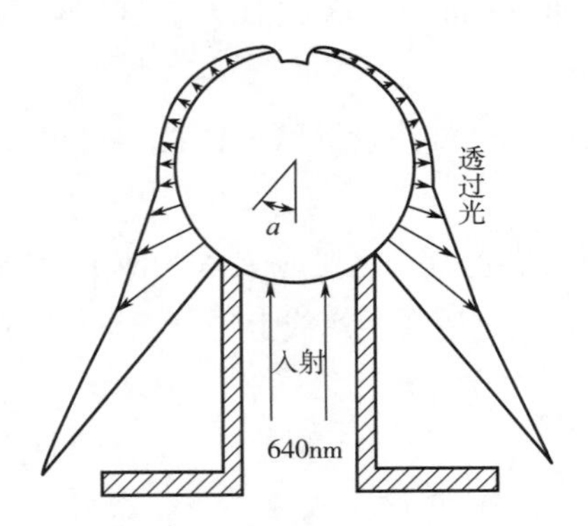

图 6-29 番茄内部光扩散性对透过光能量分布的影响

图中箭头线长与透过光能成正比。

（1）悬浮质点散射 若介质中含有许多呈无规则分布的微粒（称为散射体），且这些微粒的线度在数量级上略小于光波的波长，引起的光散射称为悬浮质点散射（suspended particle scattering）。散射光的强度和入射光波长的关系不明显，散射光的波长和入射光的波长相同。悬浮质点散射可以从入射光的垂直方向观察到介质里出现的一条光亮的“通路”，该现象称为丁达尔现象，也称丁达尔效应（Tyndall effect），因此，这种散射也称为丁达尔散射。可见光透过胶体时会产生明显的散射作用；而有光线通过悬浊液时有时也会出现光路，但是由于悬浊液中的颗粒对光线的阻碍过大，因此悬浊液中产生的光路很短。此外，散射光的强度还随分散体系中粒子浓度的增大而增强。显然，丁达尔散射对判断食品（特别是液体食品）的感官品质具有重要影响。

（2）分子散射　某些从表面看来是均匀纯净的介质，当有光波通过时，也会产生散射现象，只是它的散射光强度比不上混浊介质的散射光强。散射光的强度随散射粒子体积的减小而明显减弱。对于真溶液，其分子或离子很小，因此，真溶液对光的散射作用很微弱。这种散射现象是由线度远小于光波长的介质分子热运动而造成的密度的涨落所引起，称为分子散射（molecular scattering）。分子散射的光强度和入射光的波长有关，但散射光的波长仍和入射光相同。

第三节　食品光学性质研究方法

近年来，随着对食品光学性质研究的深入，以及电子技术、光学检测技术等的进步，以光谱分析为代表的食品无损检测技术飞速发展，被广泛应用于食品外观、内部状态，特别是食品成分的检测中。本节选取光谱分析技术和计算机视觉技术，对其基本概念、原理、应用等方面进行论述。

一、光谱分析技术

具有特定结构的物质有特定的特征光谱，该特征光谱对应于该物质自身的结构，所以以物质所表现出来的特征光谱为参考依据，相关人员可对物质的结构进行分析，并测定其化学成分，此即光谱分析。以获得光谱的具体方式作为划分依据，光谱分析方法通常可被分为吸收光谱法、发射光谱法和拉曼散射光谱法 3 种基本类型；此外还可以根据被测成分的形态分为原子光谱分析技术与分子光谱分析技术。

（一）原子光谱分析技术

土壤污染造成有害物质在农作物中积累，并通过食物链进入人体，引发各种疾病，最终危害人体健康，如“镉大米事件”“儿童血铅超标事件”等。据估算，全国每年受重金属污染的粮食达 1200 万吨，造成的直接经济损失超过 200 亿元。而原子光谱分析是目前常用的一类重金属检测方法，具体包括：原子吸收光谱法、原子发射光谱法和原子荧光光谱法。

1. 原子吸收光谱法（AAS）

（1）基本原理　AAS 是利用气态原子可以吸收一定波长的光辐射，使原子中外层的电子从基态跃迁到激发态的现象而建立的一种光谱分析方法。由于各种原子中电子的能级不同，原子将有选择性地共振吸收一定波长的辐射光，这个共振吸收波长恰好等于该原子受激发后发射光谱的波长。当光源发射的某一特征波长的光通过原子蒸气时，即入射辐射的频率等于原子中的电子由基态跃迁到较高能态（一般情况下都是第一激发态）所需要的能量频率时，原子中的外层电子将选择性地吸收其同种元素所发射的特征谱线，使入射光减弱。特征谱线因吸收而减弱的程度称吸光度 A，在线性范围内与被测元素的含量成正比：

$$A=KC \tag{6-28}$$

式中 K 为常数且包含了所有的常数；C 为试样浓度。式（6-28）是原子吸收光谱法定量分析的理论基础。

由于原子能级是量子化的，因此，在所有情况下，原子对辐射的吸收都是有选择性的。由于各元素的原子结构和外层电子的排布不同，电子从基态跃迁至第一激发态时吸收的能量不同，因而各元素原子中电子的共振吸收线具有不同的特征。由此可作为元素定性的依据，而吸收辐射的强度可作为元素定量的依据。

（2）检测装置　原子吸收光谱分析仪对接受测试的样品在高温条件下所变成的原子蒸气进行检测，在由光源灯发射出来的某一特征波长同原子蒸气出现彼此之间的相互结合现象时，会有光谱吸收反应发生。对于所有的元素来说，类型不同，会有不一样的光谱图形成，通过对光谱分析仪器的应用，可以达到对这些不同光谱图区分的目的，进而区分各种不同的元素，在得到具体的区分结果之后，通过相应的逻辑处理将光信号转变为电信号，并最终输出对应的数据以供相关人员查看。原子吸收类型的光谱分析仪可以保证较高的检测准确性，即使浓度较低，分析仪也能将其成分检测出来。此外，此类分析仪还有一定的选择性，能在多种元素同时存在的条件下，完成对某一具体元素含量的检测。

（3）应用　AAS 现已成为无机元素定量分析、有机物分析以及金属形态学分析等中应用最广泛的一种分析方法，主要适用样品中微量及痕量组分的分析，其特点有：①可检测存在于食品、果蔬、鱼以及海鲜中的 Cr、Mn 等 20 多种元素；此外，合金中的痕量重金属、药品中的重金属、水中的微量金属等元素都能通过原子吸收光谱分析仪被检测出来；②可通过与部分金属元素发生化学反应，实现对氨基酸、维生素的有机化合物等多种类型的有机物的间接检测；③可同气相色谱以及液相色谱等相互结合，以此为基础，进行金属化学形态分析，对金属元素相同的不同类型有机化合物实现分离及检测。

2. 原子发射光谱法（AES）

（1）基本原理　在外界能量的作用下试样变成气态原子，气态原子的外层电子激发至高能态时，处于激发态的原子不稳定，一般在 10s 后便跃迁到较低的能态，这时原子将释放出多余的能量而发射出特征的谱线。由于样品中含有不同的原子，会产生不同波长的电磁辐射。把所产生的辐射用棱镜或光栅等分光元件进行色散分光，按波长顺序记录在感光板上，可得有规则的谱线条即光谱图。检定光谱中元素的特征谱线的存在与否，可对试样进行定性分析；进一步测量各特征谱线的强度可进行定量分析。

（2）检测装置　目前最常用的是电感耦合等离子体发射光谱仪，运行过程分为3步：①等离子体通过能量的提供对样品进行蒸发处理，形成气态性质的原子（或离子），之后，使其激发而产生光辐射；②在色散分解作用之下，使光源发出的复合光按照波长由短至长的顺序分解为对应的谱线，并在此基础上形成光谱；③用检测仪器对光谱中谱线的强度进行检测，根据已知条件（温度一定时，谱线强度会正相关于待测元素的浓度），通过定量分析将待测元素的具体含量确定下来。电感耦合等离子体发射光谱仪的主要特点是：①高效稳定，能对多种元素进行连续而又快速的测定，检测精确度比较高；②中心气化温度可以达到10000K，有利于样品的充分气化；③工作曲线所表现的线性关系简洁明了，有较广的线性范围；④与计算机软件的结合能实现全谱直读结果，方便性与快捷性可以保证。

（3）应用　AES可测量的元素种类有70多种，其灵敏度高，选择性好，分析速度快。在食品中，AES主要用于铜、锰、铁、锌、钙、镁、钾等微量金属元素的分析。

3. 原子荧光光谱法（AFS）

（1）基本原理　原子荧光光谱法是介于原子发射光谱和原子吸收光谱之间的光谱分析技术。它的基本原理是基态原子（一般蒸气状态）吸收合适的特定频率的辐射而被激发至高能态，而后激发过程中以光辐射的形式发射出特征波长的荧光。

（2）检测装置　原子荧光光度计是一种以原子荧光光谱学理论为基础的原子荧光检测仪器，运行过程如下：将硼氢化钾或硼氢化钠作为还原剂，针对样品溶液中的待分析元素，通过相应的反应将它们还原为带有挥发性的共价气态氢化物或原子蒸气，在此基础之上，基于载气的支持将它们导入至原子化器中，经过氩-氢火焰的原子化处理最终得到基态原子。在此工作完成之后，基态原子会对光源的能量进行吸收，从而变为激发态，这时，激发态原子又会在进一步地去活化处理中以荧光的形式对所吸收的能量进行释放，此时，荧光信号的强弱同样品中待测元素的含量会表现出线性相关关系，基于这一前提，通过对荧光强度的测量便能完成对样品中待测元素含量的检测任务。原子荧光光度计有基于光程短、结构相对简单、有比较高的灵敏度、原子化效率可以得到可靠的保证、受到基体的干扰很小等优点。

（3）应用　原子荧光光度计现已逐渐发展为国内外进行重金属元素检测最常用的检测仪器之一，在卫生防疫、食品安全、地质勘探、水质监测以及环境保护等诸多领域均有应用，可以检测出各种样品中很多有着严重危害的重金属元素的含量，且检测精度有很高的保证。

（二）分子光谱分析技术

原子光谱是气态原子发生能级跃迁时，能发射或吸收一定频率（波长）的电磁辐射，经过光谱仪得到的一条线状光谱；而分子光谱则是由于处于气态或溶液中的分子发生能级跃迁时所发射或吸收的一定频率范围的电磁辐射组成的带状光谱。近年来分子光谱分析技术同样在食品成分检测、质量管控等领域发挥了举足轻重的作用。常见的分子光谱分析技术包括紫外吸收光谱法、红外光谱法、拉曼光谱法等。

1. 紫外吸收光谱法

(1) 基本原理　紫外吸收光谱和可见吸收光谱都属于分子光谱，它们都是由价电子的跃迁而产生的。在有机化合物分子中有形成单键的 σ 电子，有形成双键的 π 电子，有未成键的孤对 n 电子。当分子吸收一定能量的辐射能时，这些电子就会跃迁到较高的能级，此时电子所占的轨道称为反键轨道，而这种电子跃迁同原子内部的结构有密切的关系。

在紫外吸收光谱中，电子的跃迁有 $\sigma\rightarrow\sigma^*$、$n\rightarrow\sigma^*$、$\pi\rightarrow\pi^*$ 和 $n\rightarrow\pi^*$ 四种类型；各种跃迁类型所需要的能量为：$\sigma\rightarrow\sigma^* > n\rightarrow\sigma^* > \pi\rightarrow\pi^* > n\rightarrow\pi^*$

由于一般紫外可见分光光度计只能提供 190~850nm 范围的单色光，因此，我们只能测量 $n\rightarrow\sigma^*$ 跃迁、$n\rightarrow\pi^*$ 跃迁和部分 $\pi\rightarrow\pi^*$ 跃迁的吸收，而对只能产生 200nm 以下吸收的 $\sigma\rightarrow\sigma^*$ 跃迁无法测量。

紫外吸收光谱是带状光谱，分子中存在一些吸收带已被确认，如 K 带、R 带、B 带、E_1带和 E_2带等。K 带是两个或两个以上 π 键共轭时，π 电子向 π^* 反键轨道跃迁的结果，可简单表示为 $\pi\rightarrow\pi^*$；R 带是与双键相连接的杂原子（例如 C ═O、C ═N、S ═O等）上未成键电子的孤对电子向 π^* 反键轨道跃迁的结果，可简单表示为 $n\rightarrow\pi^*$；E_1带和 E_2带是苯环上三个双键共轭体系中的 π 电子向 π^* 反键轨道跃迁的结果，可简单表示为 $\pi\rightarrow\pi^*$；B 带也是苯环上三个双键共轭体系中的 $\pi\rightarrow\pi^*$ 跃迁和苯环的振动相重叠引起的，但相对来说，该吸收带强度较弱。以上各吸收带相对的波长位置由大到小的次序为：R 带、B 带、K 带、E_2带、E_1带，但一般 K 带和 E 带常合并成一个吸收带。

与可见光吸收光谱一样，在紫外吸收光谱分析中，在选定的波长下，吸光度与物质浓度的关系，也可用光的吸收定律即朗伯-比尔定律来描述：

$$A = \lg (I_0/I) = \varepsilon bc \tag{6-29}$$

式中，A 为溶液吸光度；I_0为入射光强度；I 为透射光强度；ε 为该溶液摩尔吸光系数；b 为溶液厚度；c 为溶液浓度。

(2) 检测装置及应用　检测装置为紫外-可见分光光度计，在环境监测、农产品与食品分析、植物生化分析以及饲料等的分析中有相对广泛的应用。在进行环境水的监测时，由于环境水成分上的复杂多变性，待测物的浓度与干扰物通常有很大的浓度差别，应用该仪器进行检测必须将分析方法确定好；在农产品与食品的分析中，可借助该仪器将蛋白质、赖氨酸、葡萄糖等诸多成分检测出来；在植物的生化分析中，可用该仪器进行叶绿素、全氮与酶活力的检测；在饲料的分析中可用该仪器进行烟酸、棉酚以及磷化氢等的检测。

2. 红外光谱法

（1）基本原理　红外光谱波长范围包括 3 个谱区，分别为近红外谱区（780～2500nm）、中红外谱区（2500～25000nm）、远红外谱区（25000～1000000nm）。其中在食品检测中应用最广的是近红外光谱检测，其基本原理为：当近红外光照射至接受检测的样本的表面时，样品内部会发生分子振动现象，且由基态向高能级跃迁，对有着特定波长的红外光进行吸收，以此为基础形成红外光谱，所形成的此类红外光谱具有接受测试的样品内部的结构以及组成信息。样品不同，内部的组成及结构也会存在差异，进而生成的光谱所具有的特征也会存在差异。

大多数食品都是由多种成分组成，食品的红外吸收光谱分别受到各种成分含量的影响，是一个叠加而成的曲线。大豆及其主要成分的近红外吸收光谱如图 6-30 所示。

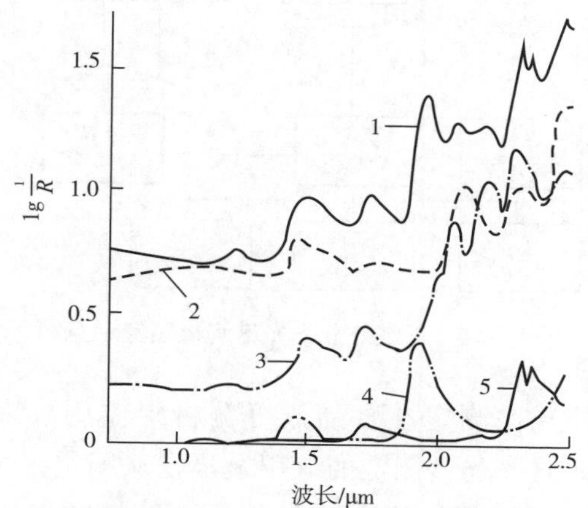

图 6-30　大豆及其主要成分的近红外吸收光谱

1—大豆　2—淀粉　3—蛋白质　4—水　5—油

其中水的吸收波长为 1. 94μm。水以外还有蛋白质、脂质、淀粉等成分对吸收光谱产生影响。因此，必须用多元回归分析的方法对曲线进行解析。例如，大豆中水的吸收光谱受脂质和蛋白质影响时，含水率 c_w 可由式（6-30）求出：

$$c_w = K_0 + K_1 \Delta OD_w + K_2 \Delta OD_o + K_3 \Delta OD_p \tag{6-30}$$

式中，ΔOD_w、ΔOD_o、ΔOD_p 分别为水、脂质和蛋白质吸取带的光密度差。对于脂质质量分数 c_o 和蛋白质质量分数 c_p 也可用类似式表示：

$$c_o = K'_0 + K'_1 \Delta OD_w + K'_2 \Delta OD_o + K'_3 \Delta OD_p \tag{6-31}$$

$$c_p = K_0 + K''_1 \Delta OD_w + K''_2 \Delta OD_o + K''_3 \Delta OD_p \tag{6-32}$$

以上三式中 K 为待定系数，可以用已知成分正确含量的校正试样多元回归的方法求出。

（2）检测装置　应用近红外光谱法对食品成分进行定量，一般要使用多元回归分析。因此，实用型测定仪只要有能检出与多元回归变量有关波长的分光装置就行。但如果对更广泛的新食品进行测定，就需要开发光谱统计解析方法，要求能够扫描近红外谱区的分光器和可以用计算机对光谱曲线进行处理的系统组成测定装置。

美国农业部贝鲁特比尔农业研究中心研制的近红外分光光谱解析装置如图 6-31 所示。该装置分光器可提供 0.7~2.6μm 的近红外光线。试样的光谱以 *OD* 形式由记录仪记录。计算 *OD* 所需的标准板步骤：对反射光使用白瓷板；对透射光使用空气，或相当试样最大 *OD* 的金属网。当测定对象含水率为 15%~20%的低水平时，水分对 *OD* 影响较小，分析主要在 1.6~2.6μm 的长波长域进行。对果蔬、生肉等多水分食品及透过谷粒全粒层光谱那样吸光度较大的试样，使用波长多在 0.7~1.1μm 的短波长域。

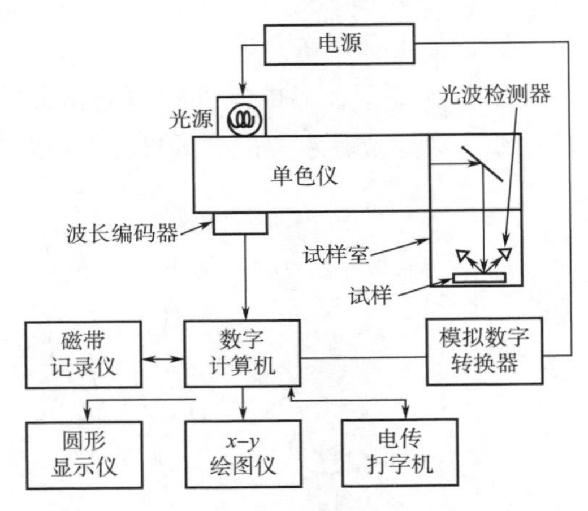

图 6-31　近红外分光光谱解析装置示意图

(3) 应用　近红外光谱测定在食品成分分析中应用较多，目前常见的应用如表 6-3所示。对谷类的近红外光谱测定的应用最早是从测定含水率开始的。经过近 20 年的开发，随着电子技术和计算机技术的进步，目前已能对谷类所含蛋白质、脂质和糖类物质等进行分析测定。

表 6-3　近红外光谱测定的对象和成分

测定品目	分析成分	测定品目	分析成分
小麦	水分、蛋白质、糖类、氨基酸	果汁	糖类、灰分
大豆	水分、蛋白质、糖类、脂质	肉糜	水分、脂质
玉米	水分、脂质	香肠、腊肠	水分、脂质
豌豆	水分、脂质	膨化食品	纤维、糖类
高粱	水分	葡萄酒	酒精
大米	水分、蛋白质	巧克力	水分、脂质
咖啡豆	咖啡碱、水分、糖类、脂质	牛乳	水分、脂质
可可豆	水分、脂质	土豆	水分、蛋白质、糖质
核桃	水分	苹果	糖类
花生	水分	甜瓜	糖类

3. 拉曼光谱法（Raman spectra）

（1）基本原理　拉曼散射即光映射于物质上生成的非弹性散射，其分子振动光散射过程如图6-32所示。单色光束入射光光子和分子互相作用的过程中，光子和分子间无能量互换，光子仅变更运动方向，而且频率无变化，此种散射过程被称为瑞利散射。在非弹性碰撞情况下，光子和分子间产生能量互换，光子不但变更运动方向，而且将部分能量传输给分子，改变了光子频率，此类散射即为拉曼散射。拉曼散射共有两种：斯托克斯散射与反斯托克斯散射。一般的拉曼实验监测到的为斯托克斯散射。拉曼散射光与瑞利散射光频率之差为拉曼位移。拉曼位移是分子振动或转动频率，与入射线频率不发生关系，而和分子结构相关。每一类物质均有自身的特征拉曼光谱，拉曼谱线个数、位移值高低与谱带强度都和物质分子的振动相关。

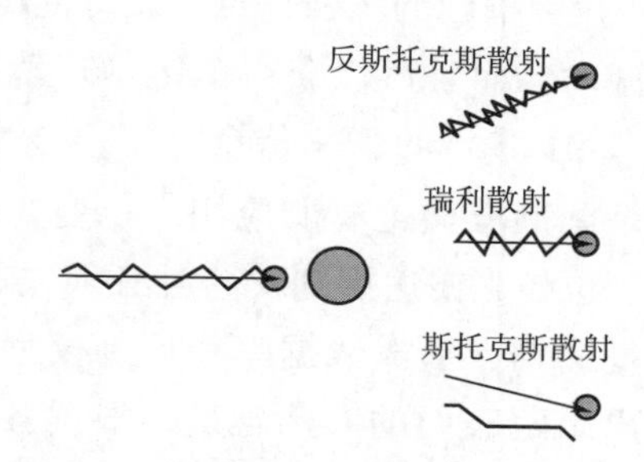

图6-32　拉曼散射中分子振动光散射过程

拉曼光谱和红外光谱的生成原理与机制均不相同，但它们得到的结构信息相差不多，都是针对分子内部各类简正振动频率和振动能级状态，用于判定分子内是否存在官能团。分子偶极矩变化是红外光谱生成的原因，而拉曼光谱是由分子极化率改变所引发，其谱线强度和对应的简正振动流程极化率改变大小有关。在分子结构剖析过程中，拉曼光谱和红外光谱是互相补充的，所以在红外光谱仪内不能检测的信息，都会呈现在拉曼光谱中。

随着拉曼光谱学以及激光技术的发展，拉曼光谱技术作为一种成熟的光谱分析技术，基于它已经发展了多种不同的分析技术，如傅里叶拉曼光谱（FT-Raman）、表面增强拉曼光谱（SERS）、激光共振拉曼光谱（RRS）、共焦显微拉曼光谱等。

（2）检测装置　电化学原位拉曼光谱法的测量装置主要包括拉曼光谱仪和原位电化学拉曼池两个部分。拉曼光谱仪由激光源、收集系统、分光系统和检测系统构成，光源一般采用能量集中、功率密度高的激光，收集系统由透镜组构成，分光系统采用光栅或陷波滤光片，结合光栅以滤除瑞利散射和杂散光。分光检测系统采用光电倍增管检测器、半导体阵检测器或多通道的电荷耦合器件。原位电化学拉曼池一般具有工作电极、辅助电极和参比电极以及通气装置。为了避免腐蚀性溶液和气体侵蚀仪器，拉曼池必须配备光学窗口的密封体系。在试验条件允许的情况下，为了尽量避免溶液信号的干扰，应采用薄层溶液（电极与窗口间距为0.1~1mm），这对于显微拉曼系统很重要，光学窗片或溶液层太厚会导致显微系统的光路改变，使表面拉曼信号的收集效率降低。电极表面粗化的最常用方法是电化学氧化-还原循环（oxidation-reduction cycle，ORC）法，一般可进行原位或非原位 ORC 处理。

（3）应用　拉曼光谱法具有样品无需前处理、操作简便、时间短、灵敏度高等优点，可获得样品的物理化学及深层结构信息，已广泛应用于食品质量安全检测方面。通过拉曼谱图不仅可以定性分析被测物质所含成分的分子结构和各种基团之间的关系，还可以定量检测食品成分含量的多少。例如，糖类一般含有 C—H、O—H、C ═C、C—O 等，虽然基团简单，却是大分子，存在许多同分异构体，所以分析相对困难。利用傅里叶拉曼光谱获得甘蔗糖、甜菜糖的拉曼光谱，采用偏最小二乘（PLS）法和主成分回归（PCR）法对掺杂在枫树糖浆中的甘蔗糖和甜菜糖含量进行建模，准确率达 95%。此外，通过分析蛋白质拉曼谱图的峰强信息以及特征峰位置，不但可以得到蛋白质分子的结构、肽链的骨架振动，而且可以获得侧链微环境的化学信息以及蛋白质受外界环境（温度、离子强度、pH 等）的影响信息等。拉曼光谱法检测在粮食、蔬菜、水果中普遍使用的杀虫剂和杀菌剂方面也有所应用。拉曼光谱法在食品农残中的检测主要是指果蔬上的农残检测。拉曼光谱法识别农药时必须先获得各种果蔬的拉曼光谱，然后测量各种标准农药的拉曼光谱，形成数据库和评判模型，这样就可识别喷有农药的果蔬拉曼光谱，从而检测出果蔬表面的农药含量。根据各种农药的特征峰，可以实时快速地区分各种农药及其在果蔬表面上的残留情况。

二、计算机视觉技术

计算机视觉技术是用计算机来模拟人的视觉功能，从客观事物的图像中提取信息，进行处理并加以理解，最终用于实际检测、测量和控制，是一门涉及人工智能、神经生物学、心理物理学、计算机科学、图像处理、模式识别等诸多领域的交叉学科。

（一）概述

计算机视觉的输入是图像，输出是场景知识，如图像中的物体类别、物体数量、物体运动等。根据输出的场景知识的不同，计算机视觉可以划分为图像识别、图像跟踪、图像理解。

1. 图像识别

图像识别是一种利用计算机识别图像中各种不同模式的目标和对象的技术。在机器学习领域，图像识别的主要任务是图像分类，即对一个给定的图像，预测它属于哪个分类标签。对人类而言，识别物体是一件非常容易的事情，但对于机器而言，读取到的图片实际上是一堆无意义的数据。要从杂乱无章的数据中提取对象的共同特征本身就是一项困难的任务，加之采集中存在姿态、视角、光照、遮挡、背景干扰等影响，识别任务变得更加艰巨。目前，机器的视觉识别能力离人类的识别水平还有一段不小的距离。

2. 图像跟踪

图像跟踪是指通过图像识别、红外、超声波等方式对用摄像头拍摄到的物体进行定位和追踪。在计算机视觉层面，图像跟踪可以细分为目标检测和目标跟踪。目标检测在图像识别的基础上更进一步，可在给定的图像或视频帧中，找出所有目标的位置，并标注出具体类别。目标跟踪在目标检测的基础上又更进一步，可在已知初始帧中目标的大小与位置信息的前提下，预测后续帧中该目标的大小与位置。跟踪运动目标是一项极具挑战的任务。对于运动目标而言，其运动场景可能非常复杂多变，同时目标本身的不断变化也会影响跟踪效果，如遮挡、变形、背景斑杂、尺度变化等。近年来，深度学习的发展使目标跟踪技术获得了突破性的进展，但离精确跟踪还有一段距离。尽管如此，目标跟踪技术已经成功应用于无人机侦查、无人车配送等场景。

3. 图像理解

图像理解主要指对图像语义的理解，是在简单识别的基础上进一步提取深层含义的技术。对同一张图片，图像识别能识别出属于分类集合内的目标，而图像理解能识别出更多的信息，如图像中有什么目标、目标之间有什么关系、图像处于什么场景，以及如何应用场景等。计算机视觉使用的主要技术有图像处理、模式识别和机器学习等。图像处理技术主要集中于计算机视觉的前期工作，如使用边缘检测图像处理技术创建图像描述符，进而将其输入给机器学习算法进行模型训练，用于处理识别等任务。

（二）图像处理

图像处理是计算机视觉的一个子集。图像处理一般指数字图像处理，主要包括图像压缩、增强和复原，图像匹配、描述和图像识别 3 个部分。常见的处理有图像数字化、图像编码、图像增强、图像复原、图像分割和图像分析等。这里主要对图像的表示及图像处理的基本过程进行介绍。

1. 图像的表示

人类视觉系统通过视觉细胞采集和处理图像信息。计算机视觉处理的图像经过数字摄像机、扫描仪等设备的采样后，需要以某种数字化方式进行表示才能进行后续的处理。那么图像在计算机中的表示方法如下。

在计算机中，通常将图像表示为栅格状排列的像素点矩阵，100×100 的点矩阵用于表示 100×100 尺寸的图像，维数为（100，100，4）的多维数组用于表示尺寸为 100×100，通道数为 4 的图像。数组中的元素对应图像相同位置的像素点，元素的值对应图像像素的强度值。点矩阵与图像的对应关系示意图如图 6–33 所示。

像素强度值和通道是数字图像的两个重要概念。像素强度值是图像被数字化时由计算机赋予的亮度值，普通图像通常使用 8 位来表示 1 个像素，取值为 0~255，高档扫描仪采集的深度图使用更多的位数来表示，如 12 位或 16 位。

通道是图像具有色彩的基础，一幅彩色图像通常有多个通道，这些通道组合形成丰富的色彩表现。图像通道主要有 3 种类型：颜色通道、Alpha（即透明度）通道、专

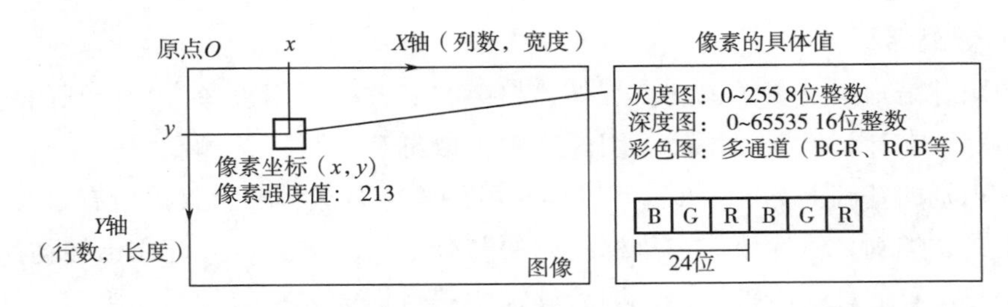

图 6-33　点矩阵与图像的对应关系示意图

色通道。典型的 4 通道图像的组合为：红色通道、绿色通道、蓝色通道、Alpha 通道。

根据图像强度值和通道数的区别，数字图像可分为二值图像、灰度图像、彩色图像等类别。

（1）二值图像　是指像素值只有 0 和 1 两种取值的图像，“0”代表黑，“1”代表白，使用 1bit 即可表示，在实际处理过程中，占用更少的存储空间，获得更高效的处理速度。二值图像存储形式如图 6-34 所示。

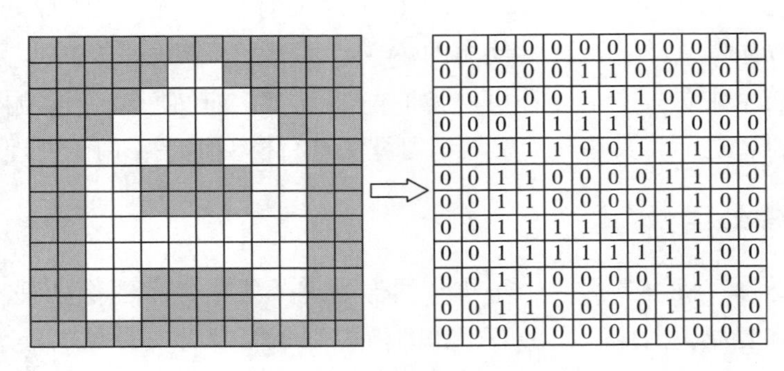

图 6-34　二值图像存储形式

（2）灰度图像　又称灰阶图，是用灰度表示的图像。灰度是一种像素强度分级机制，将白色与黑色之间按对数关系分为多个等级，通常使用 8 位表示，取值为 0~256。灰度图像与二值图像不同，二值图像的每个像素使用 1bit 表示，灰度图像使用 8bit 表示；二值图像只有黑色与白色两种颜色，灰度图像在黑色与白色之间还有许多不同等级的中间色。灰度图像示例如彩图 6-1 所示。

（3）彩色图像　通常由多个叠加的彩色通道组成，每个通道代表给定颜色分量的强度值。典型的 3 通道彩色图像由红色、绿色、蓝色叠加而成。RGB 彩色图像的通道分解示意图如彩图 6-2 所示。图中左边是一张自然染色的图像，右边分别显示的是红色（R）、绿色（G）和蓝色（B）3 个颜色分量的通道。

2. 图像处理的基本过程

计算机视觉系统的结构形式很大程度上依赖于其具体应用方向，但在图像处理过程上具有共性。计算机视觉系统的图像处理过程一般包括图像获取、图像预处理、特征提取、高级处理等，如图 6-35 所示。

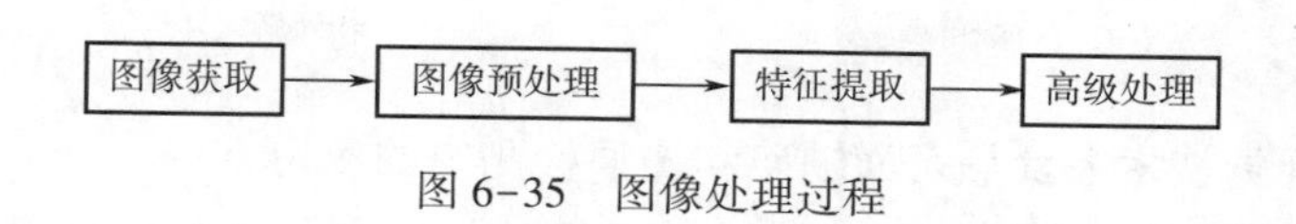

图 6-35 图像处理过程

（1）图像获取 图像获取主要通过图像感知设备，如各种光敏摄像机、雷达、超声波接收器等。使用的感知器不同，采集的图像也会有区别。例如，雷达产生的是二维图像，像素点对应的是无线电波的电平；摄像机产生的通常是 RGB 模式的三维图像，像素点对应的是光在 R、G、B 光谱段上的叠加强度。

（2）图像预处理 直接从图像感知设备获取的图像可能存在噪声、暗区、倒置、尺寸多样等问题，而无法直接用于高级处理，于是一些必要的预处理操作被采用以使图像满足后继分析的要求。常用的图像预处理操作有图像转换、二次取样、图像增强、图像去噪等，如表 6-4 所示。

表 6-4 图像预处理操作及其目的

预处理内容	目的
图像转换	转换为灰度图像或二值图像
二次取样	保证图像坐标的正确，如将倒置的图像转正
图像增强	提高对比度来保证实现相关信息可以被检测到
图像去噪	滤除感知器引入的设备噪声

（3）特征提取 是指从图像中提取对后继分析有用的图像特征。简单的特征提取操作有边缘提取、边角检测、斑点检测等。相对复杂的特征提取与图像中的纹理形状或运动状态有关，有时还需要进行图像分割，从一或多幅图片中分割出含有特定目标的区域。

（4）高级处理 是指计算机视觉中的高阶处理部分，主要任务是理解图像的含义。经过前面的图像预处理和特征提取，获得的数据量已经大幅缩小，如只含有目标物体的部分。高级处理的内容包括但不限于：验证得到的数据是否符合前提要求、估测特定系数（如目标的姿态和体积）、对目标进行分类等。

（三）计算机视觉技术在食品品质检测中的应用

1. 计算机视觉技术在食品分选中的应用

尺寸大小和形状是区分部分食品特别是农产品品质高低的重要因素，在尺寸及形状检测中，通常以面积、周长、长度和宽度等作为样品的特征参数，通过计算图像中目标样本区域的像素个数获取被测样本的特征参数。当前计算机视觉技术在食品分级检测中的应用案例非常多。例如，利用计算机视觉技术提取马铃薯俯视图像的 6 个不变矩参数，再通过人工神经网络模型完成对马铃薯的形状分选，分选准确率高达 96%；利用计算机视觉技术对烟叶的大小形状特征参数进行提取，并选择形成特征向量，去除标准样本中的奇异样本，通过人工神经网络对多个地区的烟叶进行学习和分类，实现烟叶质量分选。

2. 计算机视觉技术在食品表面缺陷和伤痕检测中的应用

计算机视觉技术中还具有图像的缺陷分割算法，能有效地分割出食品的表面缺陷。例如，鸡蛋蛋壳的完整程度是鸡蛋品质评判的重要标准，此外，鸡蛋壳还影响鸡蛋的存放时间，因此鸡蛋壳检测对于检查鸡蛋品质具有重要作用。通过计算机视觉检测技术对连续旋转鸡蛋进行裂纹检测，不仅检测效率较高，结果也十分精准。计算机视觉技术在苹果、马铃薯等果蔬表面缺陷和伤痕检测中也具有重要的应用。例如，利用计算机视觉技术对马铃薯进行自动检测分级，利用R、G、B三个分量的标准差，对马铃薯暗色部分进行缺陷分割和以欧氏距离为标准进行马铃薯绿皮检测分割，缺陷马铃薯检测的准确率较高，达90%。

3. 计算机视觉技术在食品颜色检测中的应用

颜色是食品的重要感官属性，人眼对于颜色的感知存在一段阈值，长时间分辨会出现视疲劳。为了克服人眼的疲劳和差异，可以利用计算机视觉系统对食品颜色作出评价和判断。留胚率是大米品质的一个重要指标，有研究报道利用计算机视觉技术测定大米的留胚率，提出以饱和度 S 作为颜色特征参数进行胚芽和胚乳的识别，其检测结果与人工检测吻合率达88%以上。同样，在肉制品、烘焙食品的品质检测中，颜色也是重要的检测指标，也可以通过计算机视觉技术实现。例如，有研究采用计算机视觉系统对24色色彩测试板测得 L、a、b 值，使用色彩色差计对24色色彩测试板测得 L^*、a^*、b^* 值，对两组数据进行线性回归，该测定方法可以准确测定午餐肉颜色，其效果可以代替色差计。

4. 计算机视觉技术在食品内部品质检测中的应用

在不破坏被检测食品的情况下，可以应用图像处理与分析等相关计算机视觉技术对食品的内在品质加以测定。例如，可通过透射和相互作用模式分别获取甜瓜断裂表面的图像，从而计算甜瓜的可食用率，并采用偏最小二乘（PLS）建立校准模型来预测甜瓜的成熟度指数，结果表明该方法可以很好地预测甜瓜的成熟度。此外，也有研究对胡萝卜抗氧化活性（antioxidant activity，AA）与总酚（total phenols，TP）含量进行相关性研究。利用计算机视觉技术获取胡萝卜的颜色参数，并将颜色参数与两个指标关联建立多变量模型。通过模型，可以根据胡萝卜颜色值，成功地估计胡萝卜的AA和TP含量。

5. 计算机视觉技术在食品腐败变质检测中的应用

食品腐败变质是指食品受到各种内外因素的影响，造成其原有化学性质或物理性质和感官性状发生变质，降低或失去其营养价值和商品价值的过程。引起食品腐败变质的原因有很多，其中微生物是最主要的原因之一。近年来，随着计算机硬件和图像处理技术的快速发展，计算机视觉技术在食品腐败变质中微生物检测方面的应用也越来越广泛。目前已有研究利用计算机视觉技术获取李斯特菌菌落中的形态特征，同时融合模式识别技术、光散射技术对图像进行分析处理从而实现对该菌的分类识别。

【案例1】基于CIE-LAB表色系检测加工工艺对食品颜色的影响

（1）基本方法　基于CIE-LAB表色系，采用色彩色差计测得样品处理前与处理后的L^*、a^*、b^*值，依据式（6-33），计算获得ΔL^*、Δa^*、Δb^*值：

$$\Delta L^* = L^*_{处理后} - L^*_{处理前};\ \Delta a^* = a^*_{处理后} - a^*_{处理前};\ \Delta b^* = b^*_{处理后} - b^*_{处理前} \tag{6-33}$$

接着计算样品的色差值ΔE：

$$\Delta E = [(\Delta L^*)^2 + (\Delta a^*)^2 + (\Delta b^*)^2]^{1/2} \tag{6-34}$$

当$\Delta L^*>0$时，说明样品颜色比对照组颜色浅，明度高，反之则低；当$\Delta a^*>0$时，说明样品颜色比对照组颜色偏红，反之则偏绿；当$\Delta b^*>0$时，说明样品颜色比对照组颜色偏黄，反之则偏蓝。

色差ΔE的单位是NBS（美国国家标准局规定），当$\Delta E=1$时，称为1NBS色差单位。表6-5所示为不同ΔE的色差感觉。

表6-5　不同ΔE的色差感觉

NBS单位	色差感觉
0~0.5	痕迹
0.5~1.5	轻微
1.5~3.0	可察觉
3.0~6.0	可识别
6.0~12.0	大
12.0以上	非常大

（2）应用　基于CIE-LAB表色系检测　采用上述方法测得不同微波处理时间下薯片的L^*、a^*、b^*值，如表6-6所示。

表6-6　不同微波处理时间下薯片的L^*、a^*、b^*值

处理时间/min	L^*	a^*	b^*
0	96.90	0	7.7
2.0	69.63	0.567	39.2
2.5	67.47	2.467	57.1
3.0	63.67	3.033	46.0

根据式（6-33）、式（6-34）计算，得到ΔL^*、Δa^*、Δb^*及ΔE^*值，如表6-7所示。

表 6-7　　不同微波处理时间下薯片的 ΔL^*、Δa^*、Δb^* 及 ΔE^* 值

处理时间/min	ΔL^*	Δa^*	Δb^*	ΔE^*
2.0	-27.27	0.567	32.00	42.05
2.5	-29.43	2.467	37.90	48.05
3.0	-33.23	3.033	38.80	51.17

由表 6-7 可知，薯片经微波处理后，其 $\Delta L^*<0$，说明样品颜色比处理前偏深，明度降低；而 $\Delta a^*>0$，说明样品颜色比处理前偏红；$\Delta b^*>0$，说明样品颜色比处理前偏黄；$\Delta E^*>12.0$，说明色差非常大。可见，薯片经微波处理后颜色加深，且加工时间越长，颜色变化越大。

【案例 2】基于拉曼光谱的食品成分测定方法研究

（1）基本方法　食品是多组分构成的复杂体系，不同食品所含组分各不相同，拉曼光谱技术可应用于对食品中蛋白质、脂质、碳水化合物等组分的检测。

①脂质的检测：脂质中脂肪酸的含量和饱和程度能够影响拉曼光谱中拉曼峰的位置和强度，如 1125cm^{-1}（脂肪族 C—C 面内伸缩振动）、1269cm^{-1}（C—H 面内变形振动）、1302cm^{-1}（CH_2面内弯曲振动）、1443cm^{-1}（CH_2剪式振动）、1655cm^{-1}（C ═C 伸缩振动）和 1750cm^{-1}（C ═O 伸缩模式）是与脂质氧化最密切相关的拉曼峰。据报道，1655cm^{-1}、1670cm^{-1}处的拉曼峰与顺反异构体含量有关，这意味着拉曼光谱可以测定含脂肪或油脂食品中脂质的顺反异构体含量。

②蛋白质的检测：拉曼光谱被认为是监测蛋白质构象变化的有效工具，因为它可以提供有关肽骨架结构、某些侧链氨基酸（如酪氨酸、色氨酸和疏水基团）的微环境、二硫键和甲硫氨酸残基的局部构象等信息。通常，当蛋白质的二级结构改变时，酰胺Ⅰ区［包括 α-螺旋（1645~1658cm^{-1}）、β-折叠（1620~1640cm^{-1}和 1670~1680cm^{-1}）和随机卷曲或无序结构（1660~1670cm^{-1}）］对拉曼光谱非常敏感。此外，940cm^{-1}处拉曼谱带的强度变化也被认为能够反映 α-螺旋结构含量的变化，该拉曼谱带是由 α-螺旋蛋白质主链 ν（C—C）和 α-螺旋蛋白质侧链耦合所贡献的。位于 830cm^{-1}和 850cm^{-1}处的酪氨酸双峰拉曼强度比值也是观察蛋白质氧化变化的重要分子信息，其比值变化受酪氨酸外部微环境的影响。对于暴露在水或极性环境中的酪氨酸残基，I_{850}/I_{830}通常为0.90~1.45，这是由蛋白质中酪氨酸残基暴露引起。然而，当酪氨酸残基位于疏水环境中时，I_{850}/I_{830}通常为 0.7~1.0，即蛋白质中酪氨酸残基被掩埋。疏水基团的暴露是蛋白质氧化/变性的表现形式之一，在 2935cm^{-1}附近关于 ν（C—H）伸缩振动强度的增加也被归因于脂肪族疏水基团的暴露。

③碳水化合物的检测：碳水化合物是大分子结构，有许多同分异构体，其拉曼光谱能提供准确的结构信息，尤其是 C ═N、C ═S、C—C、S—H 等基团的拉曼光谱比较明显。通过拉曼光谱可测定聚糖单元糖基的环振动情况，相比红外光谱，有较强的

特征吸收。应用便携式拉曼光谱仪结合化学计量学技术，建立了浓缩苹果汁掺入梨汁的快速检测方法，发现苹果汁和梨汁在866cm^{-1}和1126cm^{-1}处的拉曼光谱有微小差别，这是由于苹果汁和梨汁中果糖异构体含量不同。

（2）应用　拉曼光谱表征反复冻融牛肉脂肪氧化过程的研究。陈清敏利用拉曼光谱分析了反复冻融过程中脂质氧化所导致的自由基和分子振动信息的变化。反复冻融牛肉脂质样品的拉曼光谱图如图6-36所示。光谱由多种化合物的拉曼峰组成，主要有970cm^{-1}［顺式异构体面外弯曲振动γ（=C—H）］、1080cm^{-1}［脂肪族伸缩振动ν（C—C）］、1068cm^{-1}［脂肪族面外伸缩振动ν（C—C）］、1125cm^{-1}［脂肪族面内伸缩振动ν（C—C）］、1302cm^{-1}［面内亚甲基弯曲振动β（CH_2）］、1442cm^{-1}［亚甲基剪式振动δ（CH_2）］、1655cm^{-1}［碳碳双键伸缩振动ν（C=C）］、1745cm^{-1}［酯键伸缩振动ν（C=O）］、2855cm^{-1}［C—H伸缩振动ν（CH_2）］和2885cm^{-1}［C—H伸缩振动ν（CH_3）］。这些峰都是脂质样品的典型分子振动。

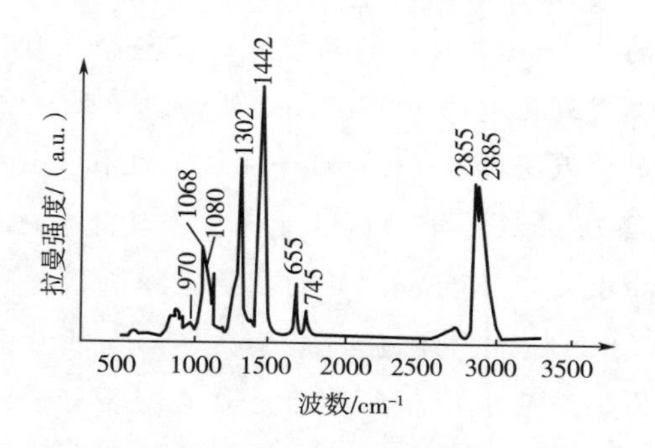

图6-36　反复冻融牛肉脂质样品的拉曼光谱

800~1800cm^{-1}和2800~3050cm^{-1}被认为是拉曼光谱研究脂质氧化的主要分析区域，特别是800~1800cm^{-1}区域。在本研究中拉曼光谱的主要变化也发生在800~1800cm^{-1}区域。图6-37（1）显示了经过冻融循环后脂质样品在750~1200cm^{-1}区域内拉曼光谱的变化。其中，在970cm^{-1}、1068cm^{-1}、1080cm^{-1}和1125cm^{-1}处观察到了强度的变化。随着冻融循环次数的增加，970cm^{-1}和1080cm^{-1}处的拉曼峰强度呈现下降趋势。相反，1068cm^{-1}和1125cm^{-1}处的拉曼峰强度呈上升趋势。研究发现1068cm^{-1}处的拉曼峰强度与脂质的饱和程度成正相关（即与双键的减少有关），970cm^{-1}处的拉曼峰强度被认为与脂质的饱和度成负相关。而1125cm^{-1}的拉曼峰强度被证实与饱和脂肪酸含量成正相关。此外，1080cm^{-1}的拉曼峰强度与碘价成正相关，即与不饱和度成正相关。因此，无论是970cm^{-1}和1080cm^{-1}处的拉曼峰强度随着冻融次数的增加呈下降趋势，还是1068cm^{-1}和1125cm^{-1}处的拉曼峰强度随着冻融次数的增加表现出上升趋势，都说明冻融循环对脂质饱和度的增加有贡献作用。

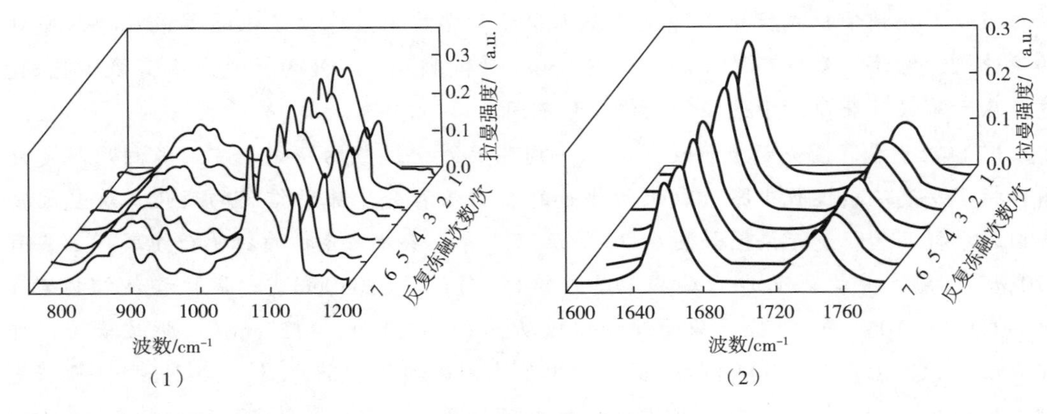

（1）750~1200cm^{-1}处　（2）1600~1800cm^{-1}处

图 6-37　脂质反复冻融后的拉曼光谱

其次，在 1300cm^{-1}处涉及 CH_2 面内弯曲振动，即 1267cm^{-1}附近出现一个较为平坦的肩峰，对应顺式双键的 δ（═C—H）振动模式。在整个反复冻融过程中峰强度没有发现显著减弱。有研究发现氧化过程中 1267cm^{-1}处的拉曼强度会发生减弱。如图 6-37（2）所示，1745cm^{-1}处的涉及振动 ν（C ═O）在氧化过程中变化较小。最明显的变化出现在 1655cm^{-1}处涉及振动 ν（C ═C）的拉曼峰，强度随着冻融次数的增加呈明显下降。橄榄油的氧化过程中也发现 1655cm^{-1}处的拉曼峰降低。

此外，如图 6-38（1）所示，经过 7 冻融循环后，拉曼强度比 I_{1655}/I_{1442} 发生降低。I_{1655}/I_{1442} 变化被认为是脂质不饱和程度的主要监测指标。结果表明，反复冻融导致脂质的总不饱和度降低。同样，如图 6-38（2）所示，随着冻融次数的增加，拉曼强度比 I_{1655}/I_{1745} 也发生降低。而 I_{1655}/I_{1745} 的降低也被证明与总不饱和脂肪酸的减少有关。因此，拉曼光谱监测脂质分子振动信息的变化显示了反复冻融过程中脂质的不饱和度发生降低，即反复冻融会导致不饱和脂肪酸氧化使得脂质的不饱和度下降。

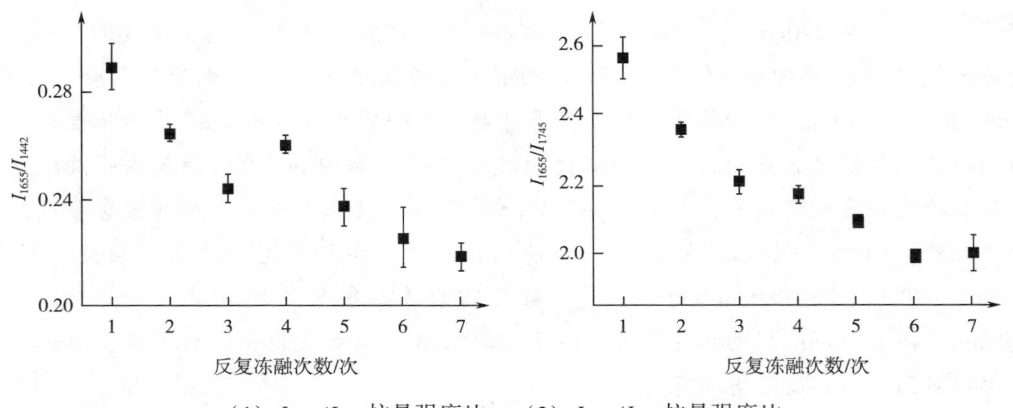

（1）I_{1655}/I_{1442} 拉曼强度比　（2）I_{1655}/I_{1745} 拉曼强度比

图 6-38　脂质反复冻融后拉曼光谱的变化

课程思政

土壤污染造成有害物质在农作物中积累，并通过食物链进入人体，会引发各种疾病，最终危害人体健康，如近年来的“镉大米事件”“儿童血铅超标事件”等。据估算，全国每年受重金属污染的粮食达1200万吨，造成的直接经济损失超过200亿元。原子光谱分析是目前常用的一类重金属检测方法，加以推进其应用有助于深入实施国家粮食安全战略，扎实推进藏粮于地、藏粮于技，夯实粮食安全根基。

思考题

1. 食品有哪些光学性质？
2. 请举例说明食品光学性质在食品加工或品质检测中的应用。
3. 什么是CIE-LAB表色系？在食品颜色测定中如何应用？
4. 粮食加工中分选技术的原理是什么？

第七章

食品的电学性质及其研究方法

学习目标

1. 掌握食品基本电学性质的概念。
2. 掌握食品电学性质的应用原理。
3. 理解如何利用电学性质进行食品贮藏、加工、分析及检测。

随着食品工业的飞速发展，食品电学性质方面的相关研究及应用越来越广泛。并且，随着科技的不断革新，食品电学性质的研究已由食品的直、交流电基本特性的研究发展到分子和化学结构等相关因素对食品电学性质影响机制的解析。相关成果已在食品含水率的无损快速检测、液体食品浓度的在线检测等领域广泛应用。

第一节　食品电学性质概述

和其他物质一样，食品也是由电子、质子和中子组成，也具备一定的电学特性。食品的组织、结构、成分及状态等均与其电学性质有着紧密的联系。食品的电学性质广义上可分为主动电学性质和被动电学性质两大类。主动电学性质是食品材料中因存在某些能源而产生的电学特性，这种存在于食品中的能源可能产生一个电动势或电势差，其在生物系统中表示为生物电势。被动电学性质是食品在直流电场中的导电性、交流电场中的介电性以及由外力作用引起的压电效应、热电效应等，是由食品物料的化学成分和物理结构所决定的固有特性。食品在受到外界的刺激时，就会产生抵抗，其通常表现为食品的电导率、电容率、击穿电位、刺激电位等的变化。

食品电学性质的进一步分类不像主动电学性质和被动电学性质那样明确。但是，在描述电场与食品相互作用方面，电流密度 δ（A/m^2）、磁导率 μ（H/m）、绝对介电常数（电容率）ε_a（F/m）、电导率（S/m）等电场下的电物理特性基本参数是非常有用的参数指标。

一、导电性

通常，食品的导电性是指食品在直流或低频电场中的导电能力，主要与食品在电场作用下的离子和电子迁移有关。

从导电的程度看，一般物体可以分为两类——导体和绝缘体。如果让一个导体同时和电势不相等的两个导体接触，就可以观察到有一定量的电荷流过导体，直到平衡重新建立为止。如果绝缘体处在同样的情况下，就几乎观察不到电荷的流动。但是，导体和绝缘体的差别只是导电程度上的差别而已。一般金属电势建立平衡所需的时间极短，约 10^{-9}s，对于玻璃、陶瓷等绝缘体则需要的较长的时间，通常为数天至数月。

导体可以分为第一类导体和第二类导体。金属为第一类导体，主要通过自由电子导电；盐、酸、碱的水溶液为第二类导体，又称电解质，它们并没有自由电子，却有可以自由运动的正负离子，在外界电场作用下，这些离子可做定向运动。

绝缘体内的分子运动与原子内的电子（包括外层电子）运动相似，通常受原子核吸引力的作用，一般不能脱离它从属的原子，因此，在电力条件的作用下，绝缘体基本上不能导电。绝缘体也有为数极少的自由电子，在通常情况下，显示程度不同的微弱导电性，但在某些特定条件下（强电力作用等），绝缘体的导电能力会发生显著变化，绝缘体也可以变成导体。

一般而言，金属类物质不属于食品，但金属是食品加工设备的主体材料，其电学性质对食品加工也有重要的影响。一些食品中存在一定数量的离子，可以通过离子的定向运动进行导电，因此，一般认为食品由电解质溶液和电介质即导电体和绝缘体组成。直流电场中，电解质可以导电，电介质不导电；交流电场中，电介质也具备一定的导电性，其导电性与电场的频率有关。

不同成分的食品其导电性也有所不同。

（1）高含水量食品的导电性　食品中都存在一定的水分，因此水的性质对食品的电学性质有重要的影响。纯水是不导电的，而食品中的水分往往含有一定量的离子，从而在直流电场和低频交流电场中具备一定的导电性。

（2）小分子电解质的导电性　食品中小分子电解质（柠檬酸、谷氨酸钠、氯化钠等）在水中可以发生解离，从而形成一定形式的电解质。其导电性与一般的电解质区别不大。

（3）离子型高分子化合物的导电性　食品中离子型高分子化合物主要为多糖和蛋白质。脱甲氧基果胶、黄原胶、海藻酸钠等属于离子型碳水化合物。蛋白质是由氨基酸通过肽键连接成的，分子中往往带有一定量的羧基和氨基，因而蛋白质也属于离子型高分子化合物，在不同 pH 溶液中，蛋白质分子可以带上电荷。在酸性介质中，蛋白质以正离子状态存在；在碱性介质中，蛋白质以负离子形态存在；在等电点时，蛋白质整体不显电性。离子型高分子化合物在水溶液中具有一定的导电性，其导电机制可以分为两种，一种是离子型高分子自身移动，另一种是离子型高分子自身不移动，液体发生移动。

（4）非电解质类食品组分的导电性　食品中往往含有大量的非电解质物质如蔗糖、甘油等，它们的导电性很微弱。

（一）电导率与电阻率

电传导是物体的本性，材料的电阻与组成该导体的材料有关，评价材料导电性优劣的指标通常采用电导率和电阻率。电导和电导率也是描述物体传导电流性能的物理量，它们分别是电阻和电阻率的倒数。

导体对电流的阻碍作用即导体的电阻（electrical resistance）。电阻计算如式（7-1）：

$$R = \frac{U}{I} = \rho \frac{L}{S_c} \tag{7-1}$$

式中，R 为电阻，Ω；U 为电压，V；I 为电流，A；ρ 为电阻率，Ω · m；L 为导体的长度，m；S_c为导体的截面积，m^2。

电阻率（electrical resistivity）是指单位截面积及单位长度上均匀导线的电阻值，是材料的固有属性，电阻率越大则材料导电能力越弱。电阻率 ρ 的表达式为：

$$\rho = R\frac{S_c}{L} = \frac{U}{I} \cdot \frac{S_c}{L} \tag{7-2}$$

电阻 R 是与物料的形状或大小有关的物理常数，而电阻率 ρ 是物质常数，即它与组成物体的物质属性有关，与物体的大小或形状无关。

电导率（electrical conductivity）是电阻率的倒数，单位为 S/m，或 $\Omega^{-1} \cdot m^{-1}$，电导率越大，则材料导电能力越强。电导率 σ 的表达式为：

$$\sigma = \frac{1}{\rho} = \frac{L}{RS} = \frac{1}{U} \cdot \frac{L}{S} \tag{7-3}$$

按照电阻率或电导率的大小，所有材料可以划分为三类：导体、半导体和绝缘体（电介质）。绝缘体的导电能力差，通常电阻率高于 $10^8 \Omega \cdot m$ 的材料可以称为绝缘体，如大多数食品、陶瓷、橡胶、塑料等；导体是导电能力强的材料，电阻率一般为 10^{-8} ~ $10^{-5} \Omega \cdot m$，如金属等；导电能力介于导体和绝缘体之间的称为半导体。

（二）影响电导率的因素

1. 温度

温度对食品电导率的影响较大，温度与电导率成正比，随着温度的升高，电导率逐渐增大。电导率与温度呈线性关系：

$$\sigma_T = \sigma_0 + m_T\sigma_0(T - T_0) \tag{7-4}$$

式中，σ_T 为任意温度下的电导率，S/m；σ_0为初始温度下的电导率，S/m；m_T 为温度补偿系数，$℃^{-1}$；T 为温度，℃；T_0为初始温度，℃。

由于较高的温度能够增强离子运动能力，因此升高温度可使电导率提高。一些水果、肉的电导率和温度补偿系数如表 7-1 所示。

表 7-1　一些水果、肉的电导率和温度补偿系数

食品	σ_T /（S/m）	m_T /$℃^{-1}$	食品	σ_T /（S/m）	m_T /$℃^{-1}$
苹果	0.079	0.057	草莓	0.234	0.041
桃	0.179	0.056	鸡肉（胸肉）	0.663	0.020

续表

食品	σ_T /（S/m）	m_T /℃$^{-1}$	食品	σ_T /（S/m）	m_T /℃$^{-1}$
梨	0.124	0.041	猪肉（里脊）	0.564	0.018
菠萝	0.076	0.060	牛肉（臀肉）	0.504	0.019

2. 电场强度

增加电场强度，可增大电荷的受力和运动能力，因此电导率增加。图 7-1 所示为不同电场强度下，番茄汁电导率与电场强度及温度的关系。

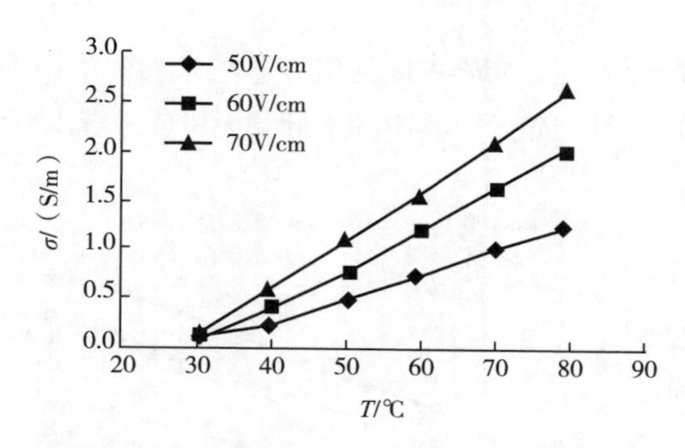

图 7-1　番茄汁电导率与温度、电场强度的关系

3. 含水率

干燥的食品是非常好的电绝缘材料，然而随着红豆汁含水率增加，电导率增大，电阻率减小。图 7-2 为不同浓度红豆汁电导率的变化情况。

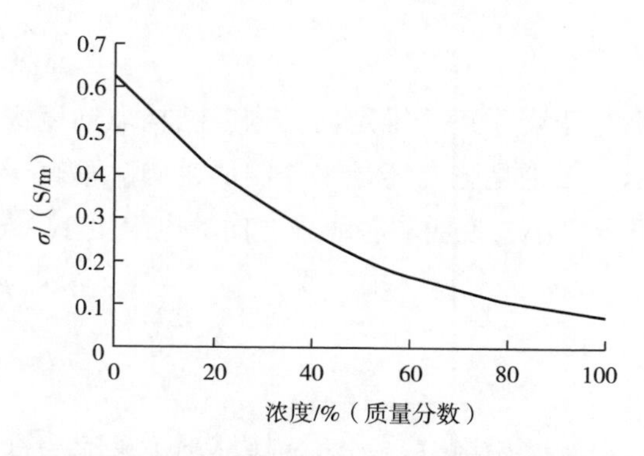

图 7-2　不同浓度红豆汁与电导率的关系

4. 化学组成

在食品中增加油脂（或脂肪）将降低电导率。如图 7-3 所示，在脂肪中添加瘦肉，随着瘦肉比例的增加（即脂肪含量的减少），电导率逐渐增大。当瘦肉比例大于 30%时，电导率非线性快速增大；瘦肉比例为 90%以上时，电导率基本不再变化。

如图 7-4 所示，经食盐腌制的牛肉的电导率较未腌制的明显增大，原因是钠离子带有

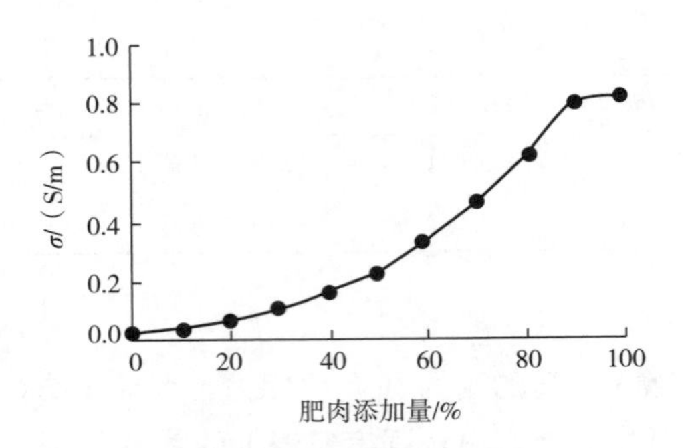

图 7-3　瘦肉与肥肉比例与电导率的关系

正电荷，可以改善食品的导电性。切碎牛肉的电导率较未切碎牛肉的电导率也有一定增加，是由于在斩切过程中牛肉肌纤维破碎，其中的水分和无机成分释出，增强了导电性。

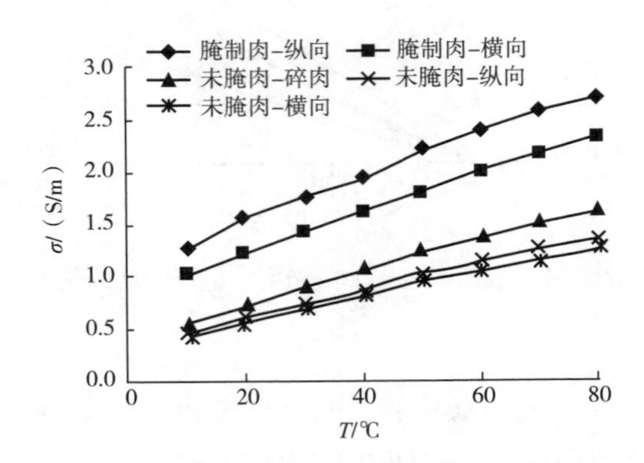

图 7-4　腌制、切碎及纤维取向与电导率的关系

5. 结构取向

许多食品（如瘦肉、芹菜等）纤维定向排列，结构取向度高，对电导率也有一定的影响。如图 7-4 所示，无论是腌制还是未腌制的牛肉，垂直于纤维方向的电导率较沿着肌肉纤维方向的电导率小，说明顺着纤维方向的电阻更小，导电性更好。

二、介电性

介电性是指物质受到电场作用时，构成物质的带电粒子只能产生微观上的位移而不能进行宏观上的迁移的性质。表现出介电性的物质称为电介质。电介质就是绝缘体。其特征就是其中的电子都被紧紧地束缚在它们所属的母原子周围不能离开，因此，在电场作用下通常不会导电，但是在电场的影响下，正负电荷发生位移，将在电介质内形成电偶极子，电偶极子激发的电场叠加于原电场，从而改变原电场的情况。

方向和强度按某一频率周期性变化的电流称为交流电。交流电按其频率的高低，大致可分为低频和射频（高频）。食品的交流电性质，是泛指食品在各种频率的交流电场作用下所呈现的各种特性，主要涉及食品的介电性（dielectric properties）参数［介电常数、损耗角正切，（介电损耗因数）等］的变化规律及影响因素。

（1）低频交流电作用下食品的电热效应　食品的部分电学性质在交流电的低频区域与直流电情况下表现出同样特性。例如，在绝对干燥状态下食品电阻极高，随着含水率的增加电阻显著减小，这种变化直到含水率增大到一定值后又趋于平缓。

在低频交流电场中，欧姆定律也适用于食品介质，食品介质产生的焦耳热和直流电作用下的相同。然而，在交流电情况下电压的大小是用有效值（最大电压的 0.707 倍）来表示的。利用食品在交流电作用下产生的焦耳热对食品进行低频加热时，电压过高有放电的危险，因此需要将电压控制在一定限度内，食品应具有较高的含水率。

（2）射频交流电场下食品的极化和介电性　射频（radio frequency，RF）是一种高频交流变化的电磁波，频率为 10~300MHz。在高频交流电场中，食品的介电性才能得以较充分地体现。

图 7-5 所示为直流电场中导体和电介质中带电粒子的运动。图 7-5（1）所示为金属等良导体在直流电场中通过电子的迁移产生了电流，图 7-5（2）则表示电介质中的带电微粒在外电场的作用下排列发生变化，即发生了极化现象。

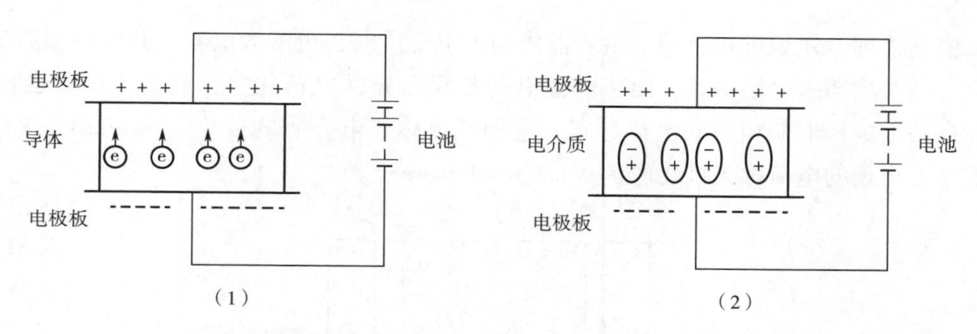

（1）直流电场中导体的电子迁移　（2）直流电场中电介质的极化现象

图 7-5　直流电场中导体和电介质带电粒子的举动

绝对干燥的食品以及含水率较低的食品是电介质。随着含水率的上升，食品中离子的迁移率增大，因此高含水率的食品表现出明显的导电性，而介电性不明显。

（一）介电常数

电容的特点就是储存电荷（电能），电容器是储存电荷的容器。实验表明，当电容器充满某种均匀介质时，电容器的电容将增大。典型电容器的结构如图 7-6 所示。电容器的电容量是在电极施加 1V 电压时电容器蓄积的电荷量为：

$$C = \frac{Q}{V}\varepsilon'_r\frac{\varepsilon_0 A}{d} \tag{7-5}$$

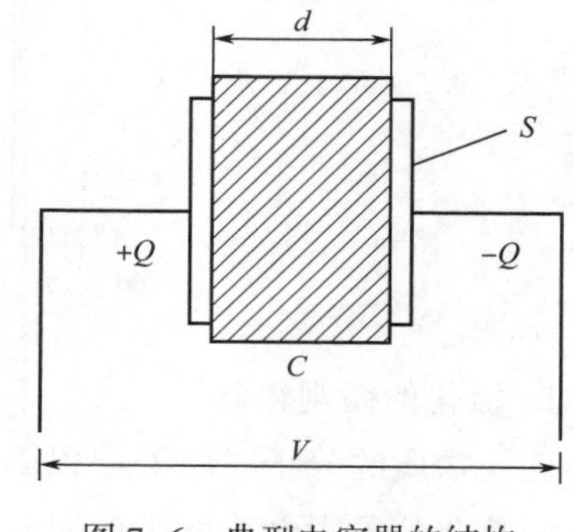

图 7-6　典型电容器的结构

式中，C 为电容器的电容量，F；Q 为电容器蓄积的电量，C；V 为两极板间的电压，V；A 为电极板面积，m^2；d 为两极板之间距离，m；ε_0 为真空介电常数；ε_r 为物料的相对介电常数。

物料的相对介电常数 ε'_r 是物料实际介质时电容器的电容量 C 与真空介质时电容器的电容量 C_0 的比，即：

$$\varepsilon'_r = \frac{C}{C_0} \tag{7-6}$$

将电介质放在电场中，极性分子会产生定向极化，非极性分子也会由于原子核偏离而极化。电介质的极化产生相反电场，电场中两电荷间的作用力会因此减小，减小电容器带电极板的电位差，使电容量增大。电介质都具有固定的介电常数（电容率）。

电介质的实际介电常数 ε 可表示为相对介电常数 ε'_r 和真空介电常数 ε_0 的乘积：

$$\varepsilon = \varepsilon'_r\varepsilon_0 \tag{7-7}$$

一般情况下，$\varepsilon'_r > \varepsilon_0$，空气的相对介电常数为 1.0006，水的相对介电常数为 81.57，食品物料的相对介电常数通常介于两者之间。

（二）电介质的极化与介电损耗

根据物理学知识可知，当给电容器中插入电介质时，可增大电容，其原理如图 7-7 所示。电介质插入电场中后，由于同性电荷相斥、异性电荷相吸，介质表面也会出现与各自贴近极板电荷相反的电荷分布。这种现象称作电介质的极化（polarization）。极板表面上出现的电荷称为极化电荷（polarized charge）。

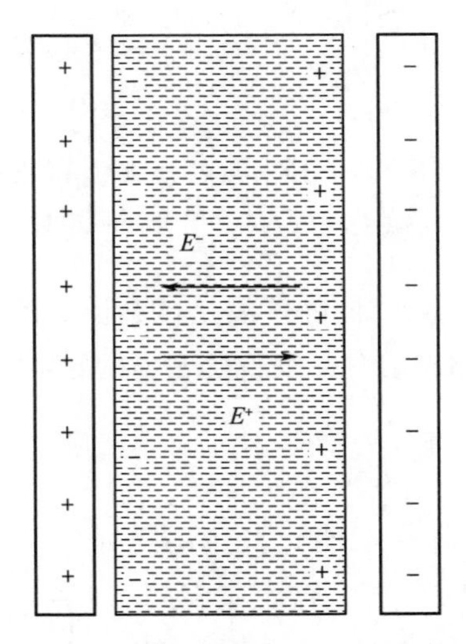

图 7-7　导体电介质使电容增大的原理

1. 极化的微观机制

任何物质的分子或原子（以下统称分子）都是由带负电的电子和带正电的原子核组成。整个分子中电荷的代数和为 0。正负电荷在分子中都不是集中于一点，但在离开分子的距离比分子线度大得多的地方，分子中全部负电荷对于这些地方的影响将和一个单独的负点电荷等效。这个等效点电荷的位置称为这个分子的负电荷“重心”。同样每个分子正电荷也有一个正电荷“重心”。在无外电场存在时，可按正负电荷的“重心”重合与否，把电介质进行分类：正负电荷“重心”重合的电介质称为无极分子；不重合的称为有极分子。有极分子正负电荷“重心”互相错开，形成一个电偶极矩（dipole moment），称为分子的固有电矩。

电场中电介质的极化主要有电子位移极化、原子极化和取向极化。

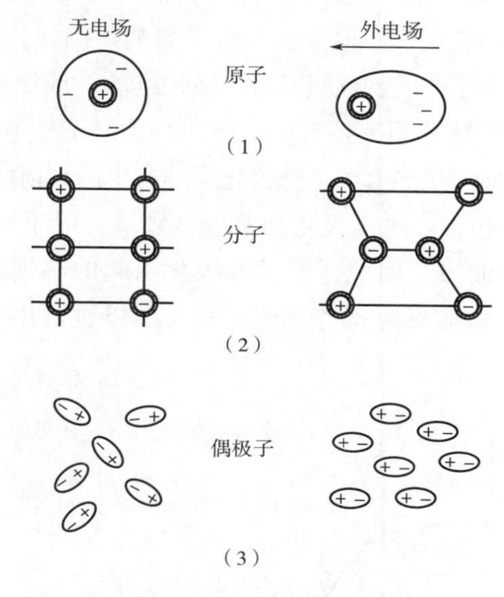

（1）电子位移极化　（2）原子极化　（3）取向极化

图 7-8　各种介电质极化原理

（1）电子位移极化（electronic polarization）　如图 7-8（1）所示，无极分子当处在外电场中时，在电场力作用下，本来处于重合中心的电子（负）电荷“重心”发生了偏离，形成了一个电偶极子（dipole）。分子电偶极矩的方向沿外电场方向。在外电场下产生的电偶极矩称为感生电矩。对于一块电介质整体，由于介质中每一分子形成了电偶极子，沿电场排列，那么在介质与外电场垂直的端面也会形成极化电荷。这种极化就是电子位移极化。高频电场中，只有电子位移极化有效，所以它也称为光学极化。

（2）原子极化（atomic polarization）　原子极化如图 7-8（2）所示，指构成分子的各原子或原子团在外电场作用下发生了偏移而产生极化的现象。各原子的偏移是在像弹性振动那样的振动下进行的原子极化称为红外极化。

（3）取向极化（orientation polarization）　对于由两个以上原子结合的偶极子分子，即使没有电场作用，也有一定固有电矩，因而是有极分子。水分子便是典型的食品中含量较多的极性分子。虽然它们具有固有电矩，但由于分子不规则的热运动，在无电场施加的电介质中，所有分子固有电矩矢量和会互相抵消，宏观上不产生电场。但处于电场中时，分子电矩就会转向外电场方向。虽然分子热运动会使这种转向不完全，但总体排列也会使介质在垂直于电场方向的两端面产生极化电荷。如图 7-8（3）所示，这样的极化称作取向极化，也称为偶极子极化。

2. 极化和介电损耗

无论哪种极化方式，在电场介质的极化都伴随着内部电子、原子或分子跟随电场方向的移动或转动。极化时，由非极化状态到极化状态总需要一定的时间，这个时间称为松弛时间（relaxation time）。与应力松弛时间类似，极化松弛是指处于极化状态的介质，去掉外电场后，极化消失所需要的时间。松弛时间的倒数称为介质的特征频率。

极化现象不仅受电场强度影响，也受电场频率影响。例如，当电场变化时间小于极化松弛时间，即电场频率大于介质特征频率时，极化运动（或偏移）就可能来不及产生。当电介质所处的电场频率与特征频率接近时，极化运动对于外电场就会产生滞后。滞后的程度与引起分子内摩擦而产生热有关，把极化运动产生的热损耗称为介电损耗。

不同极化的特征频率包括：电子极化为紫外线领域；原子极化为红外、远红外域；偶极子取向极化主要在微波域。因此，由各种极化引起的热损耗与电场频率有很大关系，如图 7-9 所示。由于取向极化也存在着滞后，所以也可用复数形式表示电介质的介电常数：

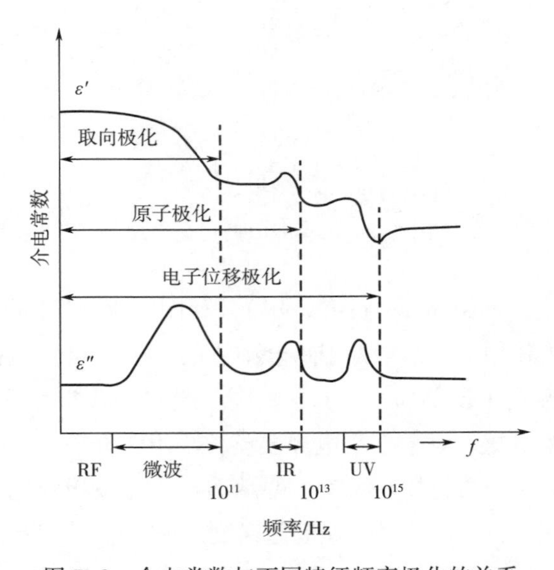

图 7-9　介电常数与不同特征频率极化的关系

$$\varepsilon^{*} = \varepsilon' - i\varepsilon'' \tag{7-8}$$

式中，ε^{*} 为复数介电常数；ε' 为介电常数；ε'' 为介电常数虚部，虚部表示损耗，也称介电损耗因数。因此，如图 7-9 所示，这部分损耗在各极化方式的特征频率段出现较大峰值。从理论上计算有：

$$\varepsilon' = \varepsilon' \tan\delta \tag{7-9}$$

式中，δ 表示极化对于电场变化的滞后角度，称为损耗角（loss angle）。$\tan\delta$ 称为损耗因数或损耗角正切。介电常数 ε' 是衡量极化程度的尺度。当超出特征频率域时，由于极化滞后，ε' 会减小。

由此可知，热辐射其实就是加热物体放出的各种频率电磁波被电介质吸收而产热的现象。那么热产生的多少自然与极化方式和电场频率有关。例如，微波加热是由以水分子为主的偶极子随电场转动得到的分子内摩擦产生的，远红外和红外线加热则是由原子振动产生的内摩擦所致。

（三）影响介电性的因素

不同的食品具有不同的介电性。食品的种类很多，所含的成分存在很大差异，组织结构也有很大不同，介电性也有所不同。就食品成分种类而言，通常水的介电性最好，多糖、蛋白质、纤维素等的介电性较差，油脂的介电性最差，部分食品的介电常数和介电损耗因数如图 7-10 和图 7-11 所示。

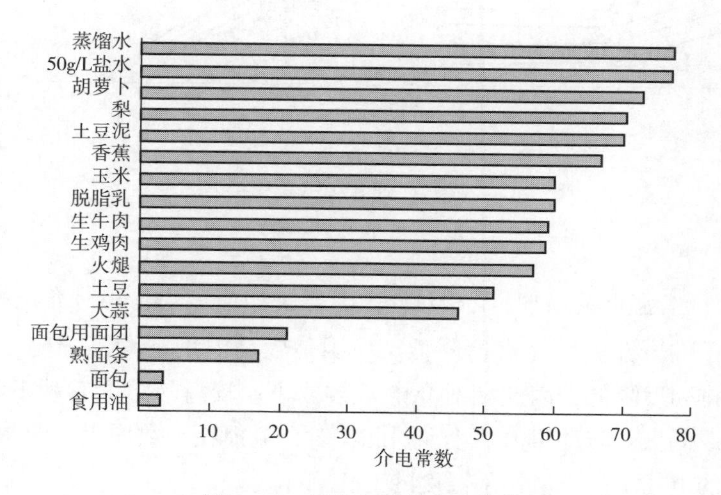

图 7-10 部分食品的介电常数

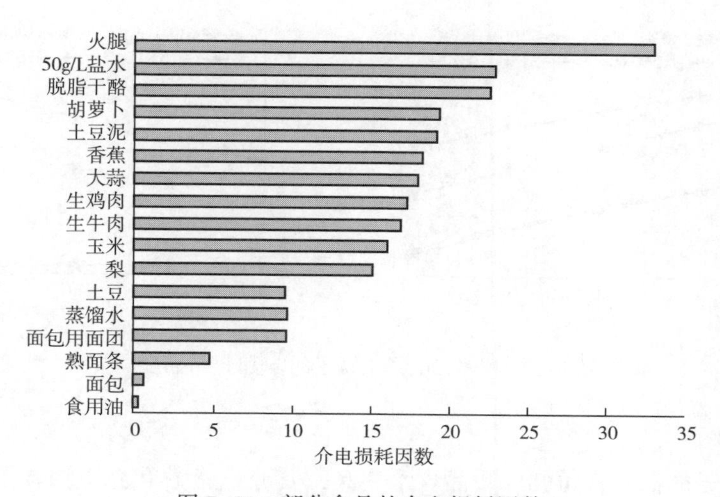

图 7-11 部分食品的介电损耗因数

对大多数食品而言，食品的电场频率、温度、含水率与介电性质之间存在一定的规律性。

1. 频率

电场频率对介电性能有较大的影响。对水果类而言，随着电场频率的增加，相对介电常数 ε_r' 逐渐减小，相对介电损耗因数 ε_r'' 也减小，ε_r' 在低频区（27~40MHz）较高频区（915~1800MHz）时大得多。图 7-12 所示是橘子在不同频率电场中的介电性能变化规律。小麦、豆类等食品的介电性也表现出相似的变化趋势，由于原料成分和结构存在较大的差别，因此介电性参数也有很大的区别。

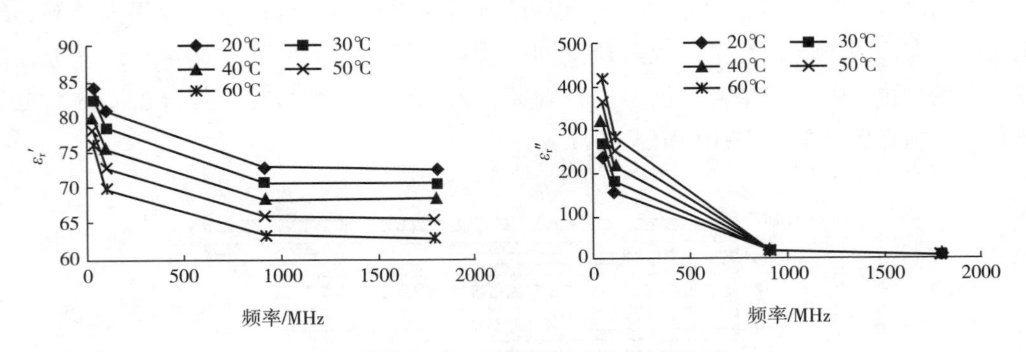

图 7-12 橘子 ε_r' 和 ε_r'' 与电场频率的关系

2. 温度

0℃以上，随着温度的增加，ε_r' 相对介电常数 ε_r' 相应减小，相对介电损耗因数 ε_r'' 增大，说明高温条件下介电性能有所降低。原因是较高温度下食品中分子热运动加速，偶极子的定向排列度降低，因此相对介电常数减小；较高的温度有利于降低食品的黏度，分子运动或偶极子转动阻力减小，因此相对介电损耗因数增大。图 7-13 所示是橘子在不同频率的电场中的介电性随温度的变化规律。

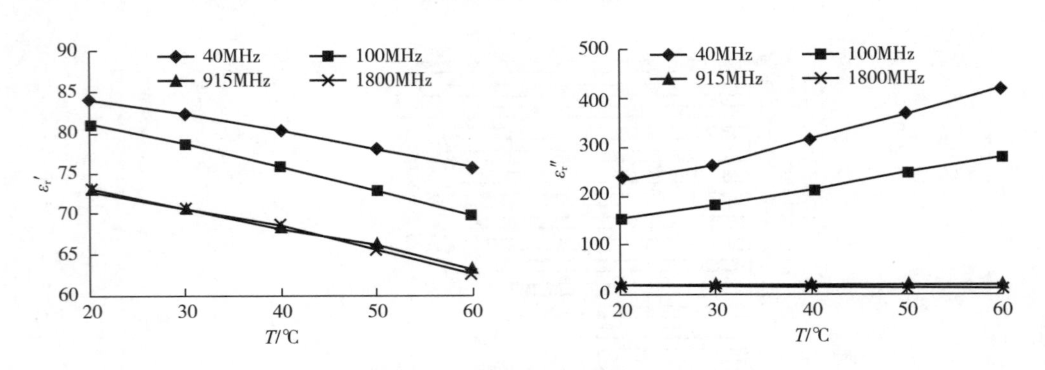

图 7-13 不同频率的电场中橘子的 ε_r' 和 ε_r'' 与温度的关系

3. 含水率

根据水分子的偶极性可知，食品含水率高，其介电常数和介电损耗因数均会增加，

图 7-14 所示是不同含水率小麦相对介电常数的变化情况。由图中可见，在相对较低的含水率范围内，相对介电常数随水分含量的增加而呈线性增加。

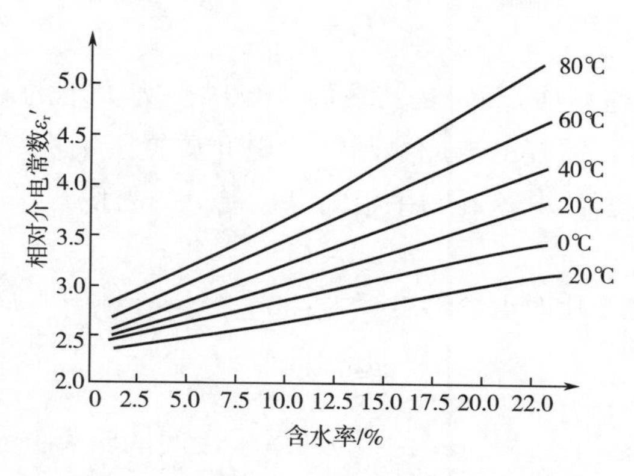

图 7-14　不同含水率小麦相对介电常数

三、荷电特性

荷电特性包括静电起电性质、电荷密度和电荷分布。静电起电主要包括接触静电起电和离子化气体起电。

任何两种不同的物体或处于不同状态的同一种物体，发生接触和分离过程时，都会发生电荷的转移，即发生静电起电现象。只是有的起电过程极其微弱，有的过程中产生的静电荷被中和或转移，在宏观上不呈现出静电带电现象。接触起电大致可以分为固体起电、液体起电和粉体起电。

静电（static）并不是静止的电，而是宏观上暂时停留在某处的电。所谓静电，就是一种处于静止状态的电荷或者说不流动的电荷。当电荷聚集在某个物体上或表面时就形成了静电。当正电荷聚集在某个物体上时就形成了正静电，当负电荷聚集在某个物体上时就形成了负静电。任何物质都是由原子组合而成。在正常状况下，一个原子的质子数与电子数相同，正负电有平衡，所以对外表现出不带电的现象。但是由于外界作用，如摩擦或各种能量（如动能、位能、热能、化学能等）的形式作用，会使原子的正负电不平衡。材料的绝缘性越好，越容易产生静电。

静电现象是由点电荷彼此相互作用的静电力产生的。静电特性的研究是以库仑定律为基础。按库仑定律，相距为 r 的两个点电荷 q_1 和 q_2 之间的相互作用力为：

$$F = K\frac{q_1 q_2}{r^2} \tag{7-10}$$

式中，F 为作用力，N；K 为静电力常量，$K = \frac{1}{4\pi\varepsilon_0} = 9 \times 10\mathrm{N} \cdot \mathrm{m}^2/\mathrm{C}^2$，$\varepsilon_0$ 为真空介电常数；q_1、q_2 为两个点电荷各自的电荷量，C；r 为两个点电荷之间的距离，m。

在静电场中，单位点电荷所受的力是表征该电场中给定点的电场性质的物理量，称为电场强度：

$$E = \frac{F}{q_1} \tag{7-11}$$

物料表面保持荷电能力的不同是其在静电场中受力大小的基础。在静电分离中，应用平行金属电容器，将需要分离的物料作为电介质置于平板之间，这时在任一平板上电荷量 q 都是该电容器的电容 C 与平板间电位差 V 的乘积，即：

$$q = CV \tag{7-12}$$

此时平行板装有电介质时电容器电容为：

$$c = \varepsilon_0 \varepsilon'_r \frac{A}{d} \tag{7-13}$$

式中，A 为每个平板的面积，m^2；d 为两平板之间的距离，m。由于板间的电场强度是均匀的，可得：

$$V = Er = \frac{Fr}{q_1} \tag{7-14}$$

故：

$$F = \frac{Vq_1}{r} \tag{7-15}$$

工业中，除了上述的接触起电方式外，还可以通过气体离子化使散粒物料起电。这是食品工业上静电加工起电的主要方法。常用的气体离子化方法有两种：被激电离法和自激电离法。被激电离法是利用电极间的电离剂（X 射线、短波辐射、紫外线辐射和高温等）进行离子化的方法。当外部电离剂去掉后，离子化便会停止，产生的相反电荷离子又会重新结合。自激电离法是使电路内电压达一定值，在静电场中使荷电粒子加速并与中性气体分子碰撞而产生电离的离子化方法。这样的气体碰撞电离可以在有外部激发源（电离剂）的情况持续进行。这种导电行为也称为气体的自持导电。

食品及其原料，特别是散料，在加工运输过程中，都可能产生静电，有些时候，静电对生产产生危害，必须采取措施进行防止。要消除静电，就需要静电消散。静电消散的主要途径是中和与泄漏，一种是通过空气，使物体上所带的电荷与大气中的异电荷中和，另一种是通过带电体自身与大地相连的物体的传导作用使电荷向大地泄漏，必须指出的是，在静电泄漏过程中，由于静电具有电压高（可以高达数万伏）、电场强等特点，使得物体在传导静电并使其向大地泄漏时所表现出来的导电性与通常意义上的导电性不完全相同。

四、生物电

生物体内由于自身具有能量而产生的电位差称为生物电。一般将生物电分为三类：

①损伤电位，指生物组织的完整部位与损伤部位之间存在的电位差；②膜电位，指生物组织或细胞膜的内外电位差；③动作电位，指当生物体受到刺激而兴奋时产生的电位变化。

生物电现象是生命活动的基本属性。在机体的一切生命过程中都伴随生物电的产生。生物电现象是指生物体内产生的电位变化和电流传导与生命现象和功能的关系。在食品电学性质的研究中，一般把食品的主动电学性质称为生物电。由于生物电与生命有关，而且往往比较微弱，生物电很少用于食品加工，而主要是用于食品保鲜和检测方面。例如，种子发芽期间，在胚芽部位和其他部位间存在电位差。这种发芽电流，是检测发芽势的重要标志。发芽后的子叶带正电，根部带负电。细胞分裂越活跃和生长越旺盛的部位，电位越高。根据这种电位变化，可以测定食品原料的发芽情况。

既然生物体的生命活动都伴随着生物电的产生，通过外加电磁场，就可能影响生物体的生命活动，达到改造食品质构和保鲜的目的。

第二节　电学性质在食品加工中的原理与应用

对食品电学性质的研究，除了可用在食品品质的无损伤检测或品质分析等方面，在对食品进行加工处理的研究和开发方面也取得了很大发展。

一、静电场处理

静电场处理主要有静电净化、静电熏制、静电分离、静电处理防腐、静电扑粉等。它们的原理都是使离子化的气体在电场内移动，向物质的散体微粒（尘埃、熏烟等）传递电荷。这样荷电粒子再受电场作用从一极向另一极进行定向移动，从而达到加工所需目的。

气体的离子化通常采用两种方法，即被激电离法和自激电离法。被激电离法是利用电极间的电离剂（X 射线、短波辐射、紫外线辐射和高温等）进行离子化的方法。当外部电离剂去掉后，离子化便会停止，产生的反荷离子又会重新结合。自激电离法是使电路内电压达一定值，在静电场中使荷电离子加速并与中性气体分子碰撞而产生电离的离子化方法。这样的气体碰撞电离可以在没有外部激发源（电离剂）的情况下持续进行。这种导电也称为气体的自持导电。

（一）静电分离

1. 静电分离原理

静电分离是根据物料在静电场中受到不同电场力、离心力和重力的综合作用，而形成不同的运动轨迹，从而达到分离的目的。在静电分离中，离心力和重力主要用于强化分离过程，影响静电分离的关键因素是电场力，而影响电场力的因素是电场强度和物料的荷电性质。影响荷电性质的主要因素有物料的电导性质、介电性质、几何性质和化学组成等。即使物料在起电过程中带上了相同的电荷，也可能由于物料的静电耗散能力不一样，使得物料达到静电场区时，荷电量也可能不相同。因此利用食品物料荷电性质的不同，可以实现静电分离。

静电分离是电力分级中的一种。目前电力分级机主要有极化型静电分级机、介电型电力分级机、电晕型静电分级机和摩擦型静电分级机 4 种。前两种利用的是极化带电的原理，两者区别在于极化型静电分级机采用静电场分离，而介电型电力分级机采用的是交变电场分离。电晕型静电分级机采用电晕带电，静电场分离。摩擦型静电分级机采用摩擦带电，静电场分离。还有其他不同起电方式的电力分级如感应型电力分级等。

不同静电分离的原理是一样的，主要区别在于荷电方式的不同。下面以茶叶分离为例说明静电分离机的工作过程。

当茶混合物在高压静电场中的荷电区因感应和极化而荷电后，因正极滚筒向右旋转，茶混合物继续向下方运动而进入分离区，荷电的茶混合物会受到静电场正、负极的排斥或吸引。但由于负极直径小、曲率大，正极直径大，曲率小。所以负极电场强于正极，即不均匀电场力 F_1、F_2，它们的合力 $F=F_1+F_2$，但因为有重力 F_g 存在，于是茶混合物实际上按电力和重力的合力方向斜向下运动，即向负极这边偏斜下落。虽然，茶叶和茶梗都会在上述静电场中向负极这边偏移但导电性较强的茶梗自由电子较多，因感应的自由电荷量和因极化的束缚电荷量较多，又因为物体在静电场中的作用等于电荷量乘场强（即 $F=qE$），当场强一定时，电荷量越大，受作用力也越大。因而茶梗偏向负极最多，茶叶则由于内含物的不同，自由电子少于茶梗，入静电场后荷电量较少，受电场力较小，向负极偏斜小些，在分离板引导下，梗叶得以分开。

就茶梗和茶叶在静电场中的受力情况进行定量分析。茶梗和茶叶在静电场中，将受到电力和机械力的共同作用。电力有库仑力 F_1、不均匀电场力 F_2；机械力有重力 F_g、离心力 F_v。

（1）库仑力　$F_1=qE$（q 为茶叶带电量，E 为所处场强）。

（2）不均匀电场力　茶梗和茶叶在静电场中被极化或感应极化而成一电偶极子时，电选机的不均匀电场将它们吸到电场强度大的区域，此吸力称为不均匀电场力：

$$F_2 = \alpha VE^{\frac{de}{dx}} \tag{7-16}$$

式中，α 为茶叶极化率；V 为茶叶质点的体积；E 为茶叶质点所处场强；$\frac{de}{dx}$ 为电场梯度。

根据以上分析，茶梗和茶叶分离的必要条件为①茶梗分离条件：$F_1+F_g<F_2+F_v$；

②茶叶分离条件：$F_1+F_g+F_v>F_2$。

2. 静电分离装置

按结构划分，静电分离装置可分为室型、转鼓型、传送带型和锥桶型，其中以前两种最为常用。室型静电分离装置原理如图 7-15 所示，长方形室内有两列电极，负极由电晕电极组和静电电极组成。食品混合物从料口进入电极空间，电晕放电使物料粒子荷电，然后在重力、静电电极形成的电场中下降，各种不同成分粒子便因轨迹不同而落入下部不同的料斗中，达到分离的目的。室型分离装置的电离放电方式除电晕方式外，还有摩擦生电方式。

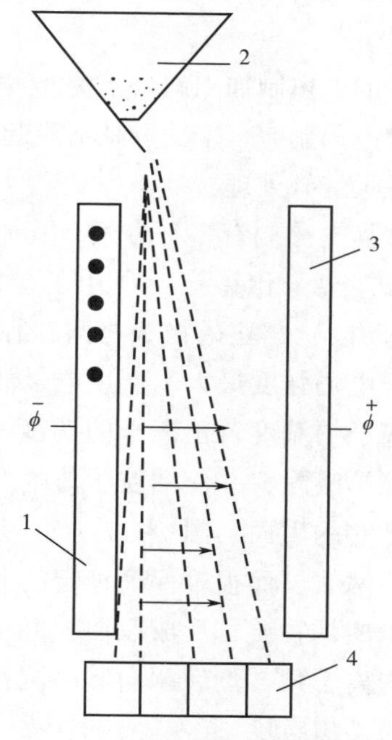

图 7-15　室型静电分离装置

1—负极　2—料口

3—静电电极　4—料斗

转鼓式静电分离装置的类型和原理如图 7-16 所示，其基本原理相同，只是分离能力有所差别。电晕电极放电使从料斗落下的食品粒子带电，静电分离靠转鼓上的沉淀极（正极）和静电极（负极）形成的静电场。由于各种粒子导电性质不同，带电粒子与转鼓的依附力也不同，因此粒子落下的位置产生差异实现分离。

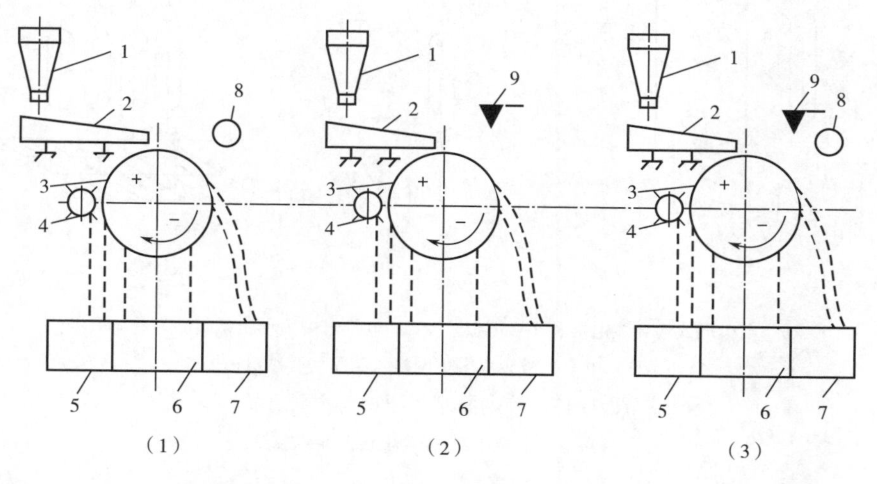

（1）静电型　（2）电晕放电型　（3）电晕静电复合型

图 7-16　转鼓式静电分离装置

1—料斗　2—供料器　3—沉淀电极　4—刷　5，6，7—接料斗　8—电晕电极　9—静电极

（二）静电熏制

静电熏制加工是在静电场内让熏烟雾粒子向各种食品表面或内部渗透，达到快速

均匀熏制的目的。肉制品的熏制不仅可以改善制品的风味，还有防止氧化和霉变的效果。

静电熏制加工的特点是效率高。熏制在中等烟密度条件下非常迅速（2~5min）。但静电熏制有一个缺点是不能起到普通烟熏那样的干燥效果，所以电熏后还要配以微波或远红外处理。

静电熏制有多种方式，其原理也非常简单。如图 7-17（1）所示，工业上为了使自持离子化稳定，利用了导线电极和平板电极产生的非匀强电场。在电晕电极（能动极）与正的极板之间存在一个与制品大小无关的非匀强电场。在能动极附近，由于电场强度最大，产生电晕放电，于是从下方送来的熏烟成分在这里发生离子化。负离子的淌度较正离子的淌度大，所以电晕极采用负极。在电晕域内形成的离子被烟粒子吸附，并使烟粒子荷电。荷电的烟粒子在电场中定向运动，与肉制品碰撞沉积于它的表面。图 7-17（2）的电熏烟方式，由于制品本身成了受动电极，电晕极放在两侧，而很难保证稳定的非匀强电场。因此，制品上锐角突出部分就可能沉积过量的烟物质，形成黑白壳并引起反电晕发生。图 7-17（3）是先将烟在离子化网格内离子化，然后飘向制品沉积。此法的缺点是在距离子化网格较近的地方，制品容易烟熏过度。

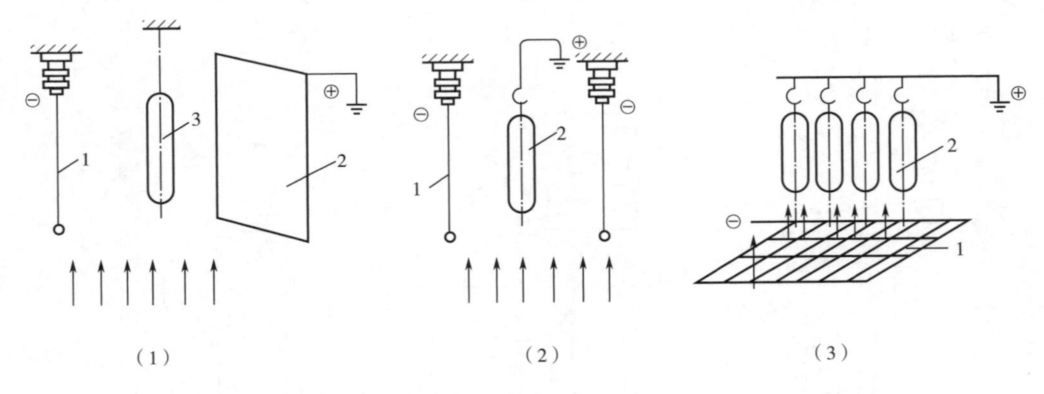

（1）电极形式为导线电极和平板电极　（2）电晕电极为导线，制品为受动电极

（3）电晕电极为离子化网格，制品为受动电极

图 7-17　静电熏制的原理与主要方式

1—电晕电极　2—受动电极　3—制品

（三）静电成型及撒粉装置

静电场除了应用于散料分离、烟熏外，还可以应用成型和撒粉操作。成型和撒粉操作与分离、烟熏基本一样。为了更好地实现成型和撒粉操作，需要设计专用的装置。一种典型的静电成型装置如图 7-18 所示，装置由一组料斗、供料器、原料计量器（配量盐、砂糖、发酵粉、酵母液等）和静电喷洒器、植物油的计量及电喷洒器组成。所

有电喷洒器都与高压电源的负极连接。首先植物油滴成为荷电粒子，在场中飞向加热转筒表面，形成油层。然后，面粉和其他原料液滴形成荷电粒子，在电极之间的空间内交叉混合，喷向转筒表面，形成一定厚度的带状料坯。转筒不仅作为电场的正极，而且还是用电热丝加热的电热体，在转动过程中使喷洒在其上的原料成型、加热、胀发、干燥，最后被切断成为成品。

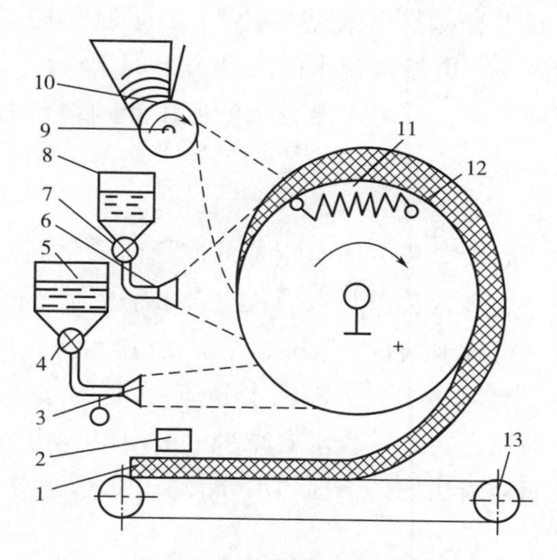

图 7-18　静电带状制品的静电成型装置

1—制品　2—切断器　3，6，9—植物油、盐、砂糖、发酵粉或酵母液等的静电喷洒器
4，7—自动计量器　5—容器　8—料罐　10—补充料斗　11—电热器　12，13—传送带

类似的装置也被用来完成在鱼、肉和其他制品表面撒粉（如面包屑）的加工操作。

二、电渗透脱水

电渗透脱水（electroosmotic dewatering，EOD）技术作为新兴的固液分离技术逐渐被发展和应用。目前，应用于鱼肉的连续脱水、食品植物蛋白的固液分离、牛乳的浓缩、豆渣薯渣脱水后做成饲料等生产中。在日本，一系列的实用型电渗透脱水机已被开发出来并应用。

1. 电渗透原理

食品大多属于胶体系统，物料在与极性水接触的界面上，由于发生电离、离子吸附或溶解等作用，其表面带有正电或带有负电。带电颗粒在电场中运动（电泳和电渗透），或带电颗粒运动产生电场（流动电势和沉降电势）统称为动电现象。在电场作用下，带电颗粒在分散介质中做定向移动称为电泳（electrophoresis），电泳主要用于蛋白质的分离和悬浊液中颗粒的沉降；在电场作用下，带电的分散相固定，带有反电荷的分散介质通过多孔性固体做定向移动称为电渗透（electroosmosis）。电渗透的速度可以用下式计算：

$$u_s = \left(\frac{1}{300}\right)^2 \frac{UE\varepsilon'_r}{k_r \pi \mu} \quad (7-17)$$

式中，u_s 为脱水浆层中液体流速，m/s；ε_r'为液体的相对介电常数；k_r 为粒子形状系数；μ 为液体黏度，m^2/s；E 为脱水层电场强度，V/m。

电渗透脱水的主要特点有：①通过调整电渗透的电压和电流，很容易控制脱水的速度和效率；②电渗透脱水容易与机械脱水相结合，进一步提高脱水效率；③用于胶体中的水分脱除效率很高；④电渗透脱水的驱动力不同于机械过滤的压榨力，过滤介质不会受到严重的破坏和堵塞；⑤电渗透脱水的应用受到物料电特性的影响；⑥电渗透理论上不能脱除所有的水分。

2. 电渗透应用

电渗透在食品脱水或固液分离方面有很好的应用前景。例如，铃木等在单螺杆挤压机上使用电渗透处理方法进行鱼肉脱水，鱼肉含水率由75%降至38%。在静电场下对大豆蛋白、玉米蛋白进行脱水试验，结果如图 7-19 所示。只压榨不加电压时，滤饼的最终水分为60%左右，且滤饼上、下部的水分基本一致；然而加电压后，不仅脱水过程加快，而且随电压的加大，滤饼含水率减少。电渗电压为 80V 时，滤饼含水率可降至 30%以下。此外，可以看出滤饼下部的水分大于上部分水分。

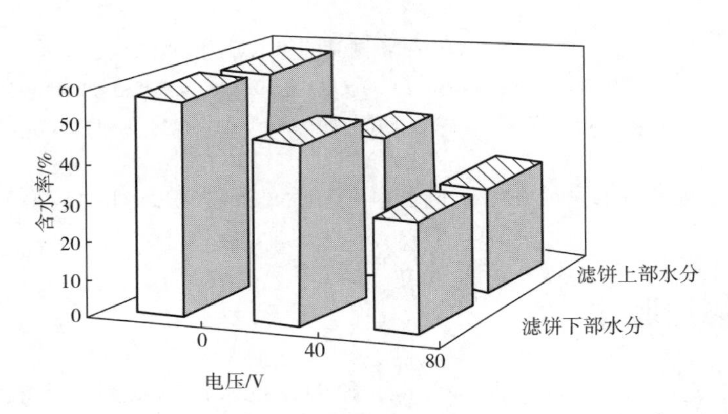

图 7-19　电渗透脱水滤饼水分分布图

电渗透脱水最大的问题在于当脱水达到一定程度后，由于含水率太低，固体物料不再导电，电流就不能通过，因此电渗透脱水技术的应用有一定的局限性。

三、通电加热

通电加热原理如图 7-20 所示，通电加热又叫欧姆加热、电阻加热、电加热等。其原理是当电流通过物体时，由于阻抗损失、介电损耗的存在，最终使电能转化成热能。食品物料种类繁多，而且其组成结构也非常复杂，它们中大多数是由电介质、导体和电解质以各种形式组合成的复合体。通常将物体通入电流时，物体作为载流导体而产生的热量称为焦耳热。但当利用交流电流时，尤其是利用高频电流时，其产生的热并不限于焦耳热，还包括在交变电场中电介质的极化运动产生的热损耗。把食品物料看成一个电路模型，必须同时考虑它的电阻和电容特性，即带电荷离子的传导可以看成一个电阻模型，偶极子的极化可以看成一个电容。

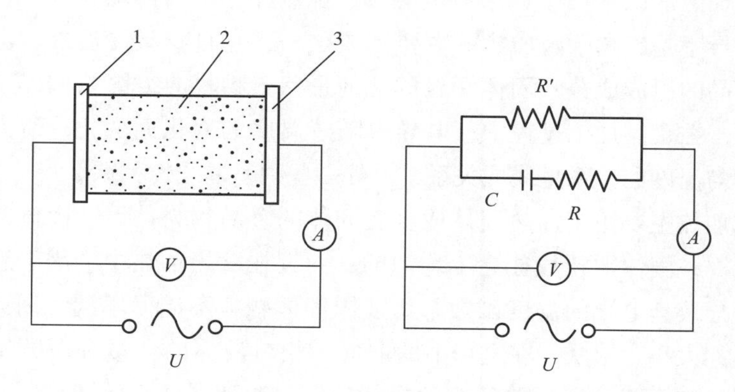

图 7-20　通电加热原理示意图

1，3—电极　2—食品物料　R'—阻抗　C—电容　R—相当于介电损耗的阻抗

欧姆加热按照发热机制可分为阻抗欧姆加热和介电欧姆加热。理论上，利用直流电流加热食品就是单纯的阻抗欧姆加热，但是利用直流电流不仅会引起食品成分的电解变质，还会使电极很快发生电解腐蚀，所以欧姆加热一般采用交流电流。在工频条件下，由于电场的变化而产生的介电加热可以忽略，此时通电加热也可以认为是单纯的阻抗欧姆加热。如果物料不导电并且食品处于干燥状态或水分极低，欧姆加热则不适用。采用低频交流电加工食品物料时，产生的热量可以用下面公式表示：

$$u = |\Delta V|^2\sigma \tag{7-18}$$

式中，u 为产热速率，W/m^3；ΔV 为电压梯度；σ 为电导率。

由式（7-18）可知，在电压稳定时，热量产生的速度与食品物料的电导率成正比。因此电导率在加热过程中起关键作用。很多食品或原料都含有水分，而且在这些分散体系中也同时含有各种电解质，所以电导率都比较大，可以利用欧姆加热。忽略食品内部的热传导，通电加热时，食品各部分的加热速度为：

$$\frac{\mathrm{d}T}{\mathrm{d}t} = \frac{(\Delta V)^2}{RC_p\rho} \tag{7-19}$$

式中，C_p 为各部分物料比热容，J/（kg·℃）；ρ 为物料密度，kg/m^3；R 为电阻；ΔV 为任一点处的电位梯度，V/m；T 为温度，℃；t 为时间，s。

在使用高频交流电加热时，物料受到两端电极电压的作用而发生极化。极化分子随电场的转动相互摩擦而产生热量，使电能转化为热能，这和微波加热的机制类似。食品物料在电场中的极化，不仅受电场的影响，还和电场的频率有很大的关系。其中介电损耗因数 ε'' 与材料单位时间的发热量 W 的关系为：

$$W = \frac{1}{2} f \varepsilon'' S \frac{u_0^2}{d} \tag{7-20}$$

式中，f 为电流频率；S 为电极面积；d 为电极间距离；u_0 为交流等效电压；ε'' 为介电损耗因数。

影响欧姆加热的因素归纳起来有电导率、电场频率、固体颗粒的几何形状、液体的黏度等。电导率是影响欧姆加热的主要因素之一，它自身又受温度、电压梯度、电解质浓度、食品的组成成分、固体颗粒的几何形状、物料的组织结构以及交流电频率和波形的影响。在食品加工过程中，电导率随着温度的变化而变化。研究发现，部分食品的电导率与温度的关系呈线性关系，另外一些则呈非线性关系。

由于欧姆加热主要用于加热固体或含有固体的食品物料体系，固体的形状对加热的影响不容忽视。固体颗粒往往是不均匀的，而且在欧姆加热中，用于悬浮或运载固体的液体的电导及其电导的温度函数都可能因固体颗粒不同而不同。因此，固体颗粒的几何特征，如大小、形状、在电场中的取向、相对液体的含量都对欧姆加热有一定的影响。对固、液两相欧姆加热行为的研究表明，达到同样高的温度，颗粒越大，加热越慢；颗粒越小，加热越快。随着固体含量的增加，达到相同温度的加热时间也随之增加。还有研究显示，两相食品体系固、液加热速率的不同与各自的电导率以及体积浓度有关，低浓度时固体的加热速率相对较慢，而高浓度时，固体颗粒的加热速率比液体要快。

与电场成平行或垂直两种情况下的颗粒加热速率与周围液体的加热速率有时并不相同，这可能是因为，当颗粒垂直于电场时，可以认为颗粒与流体之间成更有效的串联关系，从而在固体的电阻相对较大的情况下，固体的加热速率就比流体快。当固体颗粒的长宽比较大时，其方向对加热有影响，方形和球形颗粒没有方向问题。在连续流体中固体的方向分布取决于一系列因素的相互作用，如连续流体的剪切作用、其他颗粒的限制以及颗粒最初的方向。圆柱形颗粒比立方形颗粒更易于沿流动方向平行排列，伸长性颗粒的这种趋势更明显，固体的浓度过高，或是颗粒尺寸太大，颗粒在流体中的转动会受到限制，不利于颗粒取向的重新排列。同时，流体的流速有利于颗粒的平行排列取向。对于有一定生长方向的食品，即各向异性食品，颗粒与电场的相对方向对加热的影响可能更大。

通电加热的优点主要包括：①由于热量是在物料内部产生的，因此没有加热面，加热体系受热较均匀；②能够较精确地控制产品的加热温度及升温速率；③当切断电源后加热过程没有滞后现象，热损失非常低。

欧姆加热虽然具有很大的发展潜力，但是欧姆加热中还存在一些问题。①加热的均匀性。食品物料是一个复杂的非均质体系，各部分电导率都会不同，在通电时内部电流能否均匀分布，成为影响加热是否均匀的关键。如脂肪、油、空气、乙醇、骨、冰等，这些物质属于绝缘体，不被欧姆加热，所以必须通过热传导获得热量，这就容易造成局部过热细胞结构的食品物料，细胞外液、细胞壁和细胞质的电导率都不同，也造成加热的不均匀性。通过改变电流的频率，可以使物料的阻抗发生改变，达到均匀加热的目的。利用传统加热物料到 60~70℃ 破坏细胞壁的结构，使物料的电导率一致，也可以提高加热的均匀性。还可以通过加热熔化和去除物料中的非导电性物质脂肪、将颗粒浸泡在与介质电导率相同的盐或酸溶液中，提高颗粒的电导率，也利于均匀加热；含有淀粉的颗粒流体加热过程中，采用预热使淀粉提前胶凝，可以保持颗粒的悬浮，使加热均匀。减少颗粒尺寸，也是提高均匀性的一个重要方法。因此利用欧姆加热加工食品，对原料进行预处理和选择合适的加工条件有时能起到较好的效果。②加热速度的控制。食品通电加热时，食品的阻抗会发生变化，根据食品的阻抗变化来调节通电条件，控制加热速率，是欧姆加热应用的难关之一。通过建立数学模型，可以设计和控制欧姆加热过程，确保食品的品质和安全性。但是有限的测定点不足以描述整个物料的温度分布从而准确确定欧姆加热体系的数学模型。有报道称，核磁共振成像（MRI）不仅能够实现无损、实时在线测量，并且获得任一层面的空间信息，因此其非常适用于监测悬浮颗粒样品在欧姆加热过程中的温度变化，快速测定欧姆加热过程中的温度，构建温度瞬时分布图，提高了欧姆加热的数学模型的预测的准确度，为加快欧姆加热的工业化进程提供依据。③电极腐蚀及电解反应。欧姆加热过程中，在理想情况下，电能只用于热量的产生，不发生电极与溶液表面之间的电化学反应。在此过程中，50~60Hz 的低频交流电同直流电一样，电极腐蚀和电解反应都可能发生。根据电化学反应原理，电极材料的性质对欧姆加热过程的电化学作用有很大的影响。选择合适的电极材料，如钛电极、镀铂电极和使用高频电流，可以降低感应电流，减少电极腐蚀和电化学反应。

四、高频加热

高频辐射是非电离辐射的一部分，指频率在 10kHz~300GHz 的电磁辐射，又称无线电波，包括射频和微波，是能量较小、波长较长的频段，波长范围 1mm~3000m。射频是频率为 10kHz~300MHz 的电磁波，微波是频率为 300MHz~300GHz 的电磁波。高频辐射对电介质加热非常有效，其中微波加热技术相对比较成熟，已获得广泛应用。尽管相对于微波加热，射频有许多明显优势，例如较深的穿透性、较简单的设备配置要求以及较高的电磁能量转换率，但在食品科学和加工领域，对其的认识依然非常有限。

美国联邦通信委员会指定应用在工业、科学和医疗的射频技术的使用频率为 13.56MHz、27.1MHz 和 40.68MHz，微波的频率为 915MHz 和 2450MHz。理论上电导率和不同的极化机制（包括偶极子、电子、离子以及多层介质极化的 Maxwell-Wagner 效应）影响着介电加热常用频率范围内的介电损耗因数（图 7-21）。对于含水的食品，离子导电性在频率<200MHz 时起主要作用，而在微波频率数值（915MHz、2450MHz）时则是离子导电和偶极子旋转两种效应一起起作用。

偶极子的水是食品微波处理时主要吸收能量的物质，那么水对微波吸收的性能，即水的介电损耗因数 ε'' 也能在一定程度上代表含水较多食品的微波吸收性质。水与微波频率的关系如图 7-21 所示，在很大的频率范围内，水的 ε'' 都保持较大值。自由水的 ε'' 在微波频率为 17GHz 时最大，但是在数兆赫范围也保持一定有效值。因此，除微波外，高频波对含水食品也有偶极矩的极化加热效应。结合水的频率特性与自由水不同，在较低的频率范围，ε'' 保持较大值。对于干燥食品或考虑微波对食品的非热效应时，应考虑对结合水的作用。食品中的水往往还会有电解质离子，因此这部分的通电加热效果也会加大微波加热的效果。

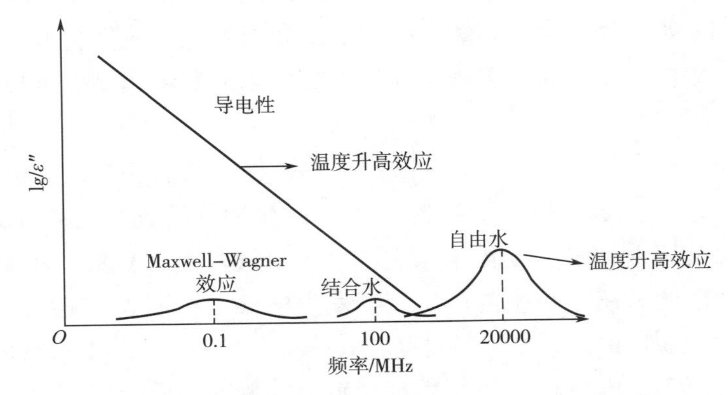

图 7-21　室温下高含水率食品中引起介电损耗的因素

式（7-21）考虑到电介质的电导率 σ 时，介电损耗因数 ε'' 就应该由实效介电损耗因数 ε''_e 代替：

$$\varepsilon''_e = \frac{\sigma}{2\pi f} + \varepsilon'' \tag{7-21}$$

等式右侧第二项表示偶极子的介电损耗，第一项表示电导率引起的损耗，这部分损耗在图 7-21 中是一条斜线，表示与频率成反比。当频率很高时，这部分损耗接近于 0，在高频波作用下，加热主要来自这一项。当食品含有盐时，这两部分效果相加，会产生更多的热。

在食品电介质的特征频率 $1/\tau$ 附近，应该存在最大的介电损耗因数 ε''。这也是选择微波的最佳频率。然而从对实际的电介质测定发现，ε'' 的特征频率往往是一个非常宽的频带。在这一宽的频带域内，改变频率对加热特性几乎没有影响。再考虑到微波除加热外，在通信领域也有极广泛的用途，所以国际上对工业用微波的频率带作了统一规定，称作工业、科学和医疗电波频带。这些微波的频带规定为：（915±25）MHz、（2450±50）MHz、（2800±75）MHz、（24125±125）MHz 等。我国工业用微波或家用微波炉多采用 2450MHz 频率。

Maxwell-Wagner 极化效应发生在各向异性的不同组分电荷集聚的界面上。Maxwell-Wagner 极化效应在大约 0.1MHz 下达到最高，但一般说来相对于离子传导其影响较小，对一定含水率的食品在20~30000MHz的范围内进行介电加热时，结合水起着最主要的作用。

在ISM认定的RF波段下，离子传导和偶极子旋转是最主要的介电损耗因素，可由下式表示：

$$\varepsilon'' = \varepsilon''_d + \varepsilon''_\sigma = \varepsilon''_d + \frac{\sigma}{\varepsilon_0\omega} \tag{7-22}$$

式中，下标 d 和 σ 分别代表由偶极子旋转和离子传导的效应；$\omega = 2\pi f$，代表射频波的角频率。由此可知，射频波加热的介电损耗较高频加热的介电损耗小得多。

单位体积物料损耗功率为：

$$P = 5.56 \times 10^{-11} f\varepsilon''_r E^2 \tag{7-23}$$

式中，P 为物料单位体积消耗功率，W/m^3；f 为电场频率；ε''_r 为相对介电损耗因数；E 为电场强度，V/m。

在介电材料中，电场强度随着距离表面的深度的增加逐渐衰减。穿透深度可定义为当电磁波衰减到原来功率的1/e时到达距离物料表面的距离，其表达式为：

$$d_p = \frac{c}{2\sqrt{2}\pi f\left(\varepsilon'_r\sqrt{1+\left(\frac{\varepsilon''_r}{\varepsilon'_r}\right)}\right)^{\frac{1}{2}}} \tag{7-24}$$

式中，d_p 为穿透深度，m；c 为光的传播速度，3×10^8m/s；ε'_r为物料的相对介电常数，F/m；ε''_r 为相对介电损耗因数。

从式（7-24）可以看出，当电介质一定时，穿透深度与射频波的频率成反比。有研究表明915MHz和2450MHz的微波在室温下对高含水量食品的穿透深度为0.3~7cm，而射频波（13.56MHz、27.12MHz和40.68MHz）的穿透深度要深得多，可达0.4~8.4m。

（一）微波加热

微波是一种超高频率的电磁波，其频率范围为300~300000MHz（相应的波长为100~0.1cm）。它具有波动性、高频性、热特性和非热特性四大基本特性。微波能够透射到食品物料内部使偶极分子和蛋白质的极性侧链以极高的频率振荡，引起分子的电磁振荡等作用，增加分子的运动，导致热量的产生。微波还能够对氢键、疏水键和范德瓦耳斯力产生作用，使其重新分配，从而改变蛋白质的构象与活性。

1. 微波加热的原理

微波加热原理是利用水分子在微波场中的快速旋转而产生摩擦热。对于家用微波炉，在频率2450MHz下，水分子在1s内将发生24.5亿次的转动，从而产生足够的热量。高频波加热原理与微波相同，因此，这两种加热也称为介电感应加热。

微波加热设备主要由电源、微波管、连接波导加热器及冷却系统等部分组成，图7-22为微波加热体系原理示意图。

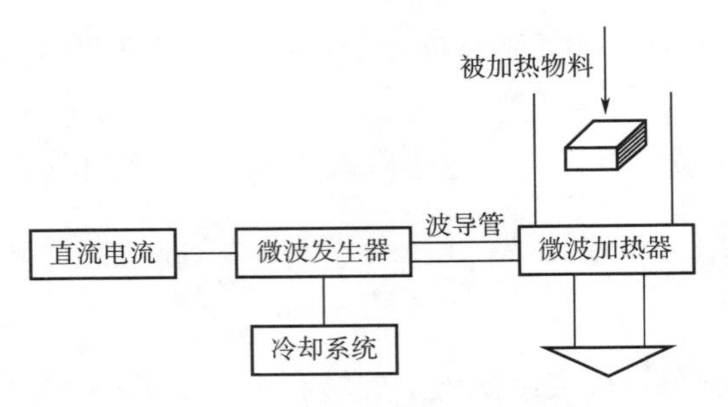

图 7-22 微波加热体系原理示意图

(1) 磁控管（微波发生器） 是微波的发生装置，它由电源提供直流高压电流并使输入能量转换成微波能量。磁控管有线性束管和交叉场型管等多种，食品加热多采用交叉场型管。产生的微波能量最终由能量输出器——波导管引出。

(2) 波导 用于完成微波传送、耦合以及改向等传输任务。空心波导将电磁场限制在波导的空间中以避免辐射损耗。波导按形状和功能分为直波导、曲波导、弯波导和扭波导，后三种用来改变传输方向。微波加热常采用矩形截面波导，其形式为矩形截面的长空心金属管。

(3) 振腔 振腔就是加热器，是完成微波能量与介质相互作用的器件。谐振腔可分为箱型、波导型、辐射型和表面波导型等种。家用微波炉为批量式箱型，而大输出功率的多为隧道式箱型。

在谐振腔内的空间各点能量是以某种模式的场分布，故各点受热并不均匀。因此，在谐振腔体上常用多口耦合馈能来改善均匀性，该方法称为模式互补法，有两种方式，一种是使箱内同时存在多种模式，利用其空间分布的强弱不同而相互弥补叠加；另一种是将叶片搅拌器安装在波导馈能耦合口附近，以一定转速转动，利用金属叶片的反射和扰动作用激励多种模式，实现模式互补，这一方式常见于家用微波炉。

(4) 漏能抑制器 设在隧道式加热器的物料输入、输出处，功能是防止谐振腔中电磁波外泄危及人员安全。

2. 微波加热的特点

(1) 选择性加热 物质吸收微波的能力，主要由其介电损耗因数来决定。介电损耗因数大的物质对微波的吸收能力就强，相反，介电损耗因数小的物质吸收微波的能力也弱。由于各物质的损耗因数存在差异，微波加热就表现出选择性加热的特点。物质不同，产生的热效果也不同。水分子属极性分子，介电常数较大，其介电损耗因数也很大，对微波具有强吸收能力。而蛋白质、碳水化合物等的介电常数相对较小，其对微波的吸收能力比水小得多。因此，对于食品来说，含水量的多少对微波加热效果影响很大。水或含水食品的介电损耗因数，比塑料、玻璃等容器要大数百倍甚至数万倍，水的介电损耗因数比蛋白质，淀粉等食品材料也要大十到数十倍。微波加热的选择性为食品加热带来很多有利因素，在加热包装食品时，绝大部分能量被食品吸收，只有少部分被容器或包装材料吸收。

选择性加热为微波带来的另一个用途就是微波杀虫。由于干燥食品（面粉等粮食）中的害虫含水较多，所以在微波场中会吸收大量的能量而被加热致死。

选择性加热也为微波的利用带来一些不利因素，例如，食品解冻时，由于微波对冰和水的吸收性质截然不同，当一部分冰变为水后，就会大量吸收微波，造成解冻不均匀。

（2）热惯性小　一方面，微波对介质材料是瞬时加热升温，能耗很低。另一方面，微波的输出功率随时可调，介质温升可无惰性地随之改变，不存在“余热”现象，极有利于自动控制和连续化生产的需要。

（3）微波的反射和穿透特性　一般当波动遇到障碍物时，就会发生衍射。波长比障碍物尺寸大得越多，衍射越明显。当波长比障碍物尺寸小很多时，衍射效应可以忽略，这时波的传播服从几何光学规律。微波因波长很小，所以和几何光线很接近。当遇到不吸收微波的物体如金属时，就会像光线一样被反射回来。利用这一性质可对微波的传输进行导波，对不需要加热的食品部分用金属进行屏蔽。

由于微波的反射特性，用微波加热食品时就不需要电极，只需要像反光镜那样把微波射向食品就可进行加热。对于吸收微波的食品，除部分反射外，微波会穿透食品表面，把能量直接传到食品内部，如果微波到达食品表面的能量为 P_0，当穿透深度为 D 时微波能量为初始能量的 1/e，即 63.2%的能量已在深度 D 处被食品吸收，剩余能量仅 36.8%。定义 D 为微波的穿透深度（penetration depth，单位 m）。根据朗伯方程式：

$$Q = Q_0 e^{-2\alpha D} \tag{7-25}$$

式中，Q 为材料表面至 D 深处的微波能；Q_0 为射入材料表面处的微波能；α 为微波衰减系数。

其中：

$$\alpha = \frac{2\pi}{\lambda}\left[\frac{\varepsilon_r}{2}\left(\sqrt{1+\tan^2\delta}-1\right)\right]^{\frac{1}{2}} \tag{7-26}$$

穿透深度 D 处的微波能为，$Q/Q_0=1/e$，即 $2\alpha D=1$，根据微波衰减系数，可知：

$$D = \frac{\lambda}{2\pi}\left(\frac{2}{\varepsilon_r\sqrt{1+\tan^2\delta}-1}\right)^{\frac{1}{2}} \quad \lambda = c/f \tag{7-27}$$

式中，λ 为微波波长，m；c 为真空中光速，3.0×10^8 m/s；f 为微波频率，Hz。

微波的穿透性给微波加热也带来了许多优点：穿透性微波比其他用于辐射加热的电磁波，如红外线、远红外线等波长更长，因此具有更好的穿透性。微波透入介质时，由于介质损耗引起的介质温度的升高，使介质材料内外部几乎同时加热升温，形成体热源状态，极大缩短了常规加热中的热传导时间，且在食品物性条件为介电损耗因数与介质温度呈负相关关系时，物料内外加热均匀一致。微波可把能量直接传给食品内部，尤其是食品内部的水，这就可以使食品内的水分在极短时间内升温甚至汽化，极大加快干燥速度或使食品膨化。

3. 微波加热的优点

（1）加热迅速，均匀，不需要热传导过程，且具有一定的自动热平稳性能，避免过热。

（2）加热质量高，营养破坏少，能较好地保持食物的色、香、味，减少食物中维生素的破坏。

（3）安全卫生无污染，对食品的杀菌能力强。因为微波能被控制在金属制成的加热室内和波导管中工作，所以微波泄露可以被有效抑制，没有放射线危害及有害气体排放，不产生余热和粉尘污染，既不污染食物，也不污染环境。微波杀菌除了热效应之外还可能有生物效应，许多病菌在微波加热不到100℃时就全部被杀死。

（4）节能高效。由于含有水分的物质极易直接吸收微波而发热，没有经过其他中间转换环节，因此除传输损耗外几乎无其他损耗。

（5）具有快速解冻功能。在微波场中，冻结食品从内到外同时吸收微波能量，使其整体发热，从而缩短解冻时间。

4. 微波加热的问题

微波加热的最大问题就是加热不均匀。其原因主要有：①微波加热的选择性。在微波场中不同的食品材料，以及它们的温度、状态不同，都会引起各部分对微波能吸收的差异；②微波虽有好的穿透性，但在实际加热中受反射、穿透、折射吸收等影响，使各部分产生的热量不同；③电场的尖角集中效应。这种效应也称棱角效应（edge effect）。微波场也是电场，因此在加热时，对食品不同曲率的表面，也会产生棱角效应，即在棱角的地方电场强度大，产热多、升温快。由于这些原因，微波加热时，食品往往会出现一些温度上升特别快的热点（hot spot）。对容器中的食品进行适当分割，使热点分散，减少食品的棱角，改善微波照射分布等是解决这一问题的方法。

（二）射频加热

射频加热也属于介电加热。主要加热机制为：射频能量穿透待加热物料内部，使其中的带电离子发生振荡迁移运动，电磁能被转变为热能，从而使物料被加热。射频能量还可通过偶极旋转和传导效应的组合机制，在湿物料内产生体积热，加速干燥过程。由于射频干燥中电磁能与物料中的水分耦合，使物料中的水分受热，而水分遍布物料内部结构中，这种干燥方式使物料整体受热，消除了热量传递阻力。因此，射频干燥可以有效地提高干燥效率，缩短干燥时间。射频干燥还具有选择性加热、加热均匀、易于控制、卫生安全等优点。

射频加热装置也称为涂布器，商业规模的射频系统主要有以下三种配置。

（1）“直通场”涂布器是最简单的形式。如图7-23（1）所示，高频电穿过两个平板电极，形成一个平行的平板电容器，两个电极之间的电磁场相对均匀，这种涂布器经常用来加热厚的物料。

（2）“边缘场”涂布器也可称为漂移场电极。如图7-23（2）所示，“边缘场”涂布器由一系列棒状或盘状电极组成，交替连接在高频发生器上面。这种装置可对薄物料产生高能量密度，适用于加热干燥薄层物料。

（3）“交错直通场”涂布器如图 7-23（3）所示，它由棒状或管状电极组成，交错连接在传送带上。这种装置可对传送带上的物料传输很高的功率，一般可达 30～100kW/m^3，常用来加热中等厚度的物料。

高频发生器的能量转换率是 55%～70%，整个高频系统的效率为 50%～60%。

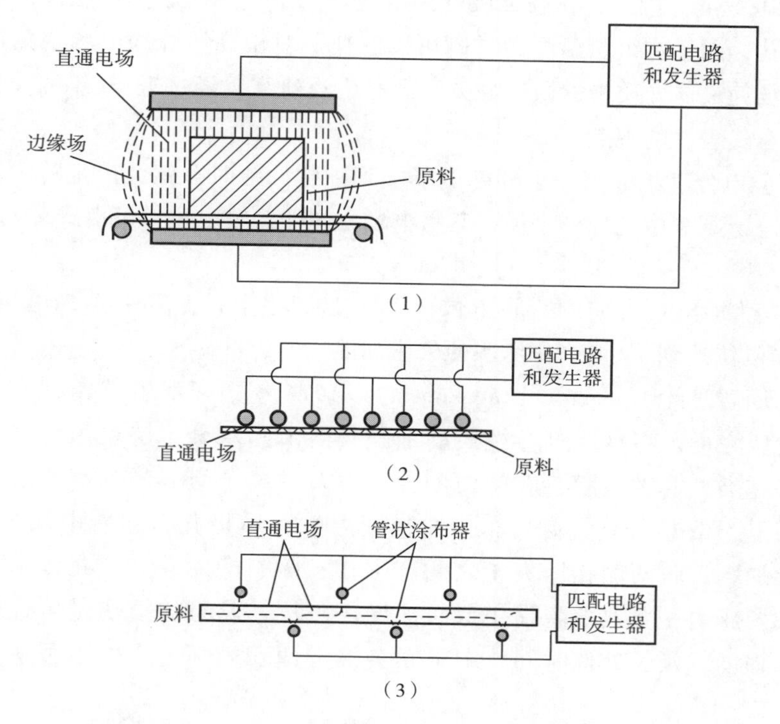

（1）“直通场”涂布器　（2）“边缘场”涂布器　（3）“交错直通场”涂布器

图 7-23　高频涂布器的电极配置

五、脉冲电场技术

脉冲电场（pulsed electric field，PEF）技术是一种非热加工杀菌技术。与传统的食品热杀菌技术相比，具有杀菌时间短、能耗低、能有效保存食品营养成分和天然色、香、味的特征等特点。从 20 世纪 80 年代开始，人们对 PEF 的研究变得频繁起来，如在分子生物学和植物基因转移、细胞融合、细胞膜蛋白质电场嵌入等领域。在食品领域，从 20 世纪 90 年代初逐步开始了将脉冲电场技术用于液态食品杀菌与保藏的研究，近年来，该技术在植物有效成分提取方面的研究取得了长足发展。

（一）脉冲电场杀菌原理

脉冲电场杀菌是指对流经两电极之间的液态或半液态物料施加一定频率的高电压短脉冲放电，从而杀死物料中微生物的处理技术。无论是液态食品杀菌、还是植物有效成分的提取，关键在于细胞的破碎，使得细胞失活，促进细胞内成分的释放。

细胞的破坏与生物膜的选择性破坏有关。细胞膜的电导率非常低，报道的数值范围为 10^{-7}~10^{-6}S/m。因此，在高强度脉冲电场作用下，细胞膜上产生高的电位差，使得细胞膜穿孔，而生物组织温度的升高可以忽略。对于高压脉冲电场杀菌机制应用于高压脉冲电场使液体介质中的微生物失活已有广泛研究。经过近 40 年的探讨，主要形成了几种具有代表性的观点。

（1）跨膜电位理论　当一个外部电场加到细胞两端时，就会产生跨膜电位。对半径 r 处于均匀场强 E 中的球形来说，其沿电场方向的跨膜电位，可由式（7-28）得出：

$$U(t) = 1.5rE \quad (7\text{-}28)$$

式中，U 为沿电场方向的跨膜电位，V；r 为细胞半径，μm；E 为电场强度，kV/mm。当跨膜电位达到 1V 时，细胞膜便失去功能。

（2）电崩解理论（electrical breakdown）　1974 年，齐默尔曼提出了介电破坏理论，该理论认为可以将具有电容性质的细胞膜的磷脂双分子层视为电容器。细胞膜作为一种特殊类型的半透膜，膜的两侧存在着多种离子组成的电解质溶液。在外加电场的作用下，带电离子重新分布，细胞膜内电介质极化，随着电场强度的增大，细胞膜极化加剧，膜两侧相斥离子之间产生相互吸引的库仑力，此作用力相当于在膜两侧施加了压力，导致细胞膜变薄而被局部破坏，此时的损伤是可逆的。若进一步增强电场强度或延长处理时间，细胞膜会被大面积破坏，发生不可逆损伤，从而导致细胞死亡。

（3）电穿孔理论（electroporation）　该理论认为高压脉冲电场会改变脂肪的分子结构和增大部分蛋白质通道的开度，使得细胞膜失去半渗透特性，细胞膨胀而死。宗（Tsong）等提出的电穿孔理论认为：细胞膜的磷脂双分子层结构和膜蛋白均易受到电场的影响。正常生理状态下，细胞的静息电位一般在几十毫伏。当外加强电场使细胞的跨膜电压达到 1V 左右时，膜上的通道蛋白打开，磷脂分子再定位形成许多新的膜孔，起初膜的改变是可逆的，但当脉冲电场使跨膜电压进一步增大，产生脉冲电流将击穿细胞膜，引起微生物细胞膜发生不可逆的改变，从而达到杀灭微生物的效果（图 7-24）。

（4）空穴理论　液体食品流经高压脉冲电场，当主间隙放电时，产生强大的脉冲电流，使液体汽化成温度高达数万度以上的等离子体，形成高压通路。或多或少产生的一些气体，形成极薄“气套”包围着火花，由薄薄的气套将压力传递给液体，产生高速绝热膨胀而形成强大的超声液压冲击波。放电终了瞬间，气套处形成空穴，由于压力突然减少，液体又以超声速回填空穴，形成第二个超声回填空穴冲击波。这种高

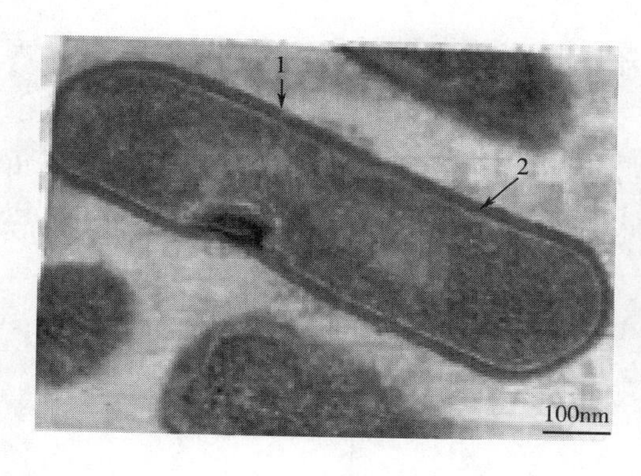

（1）

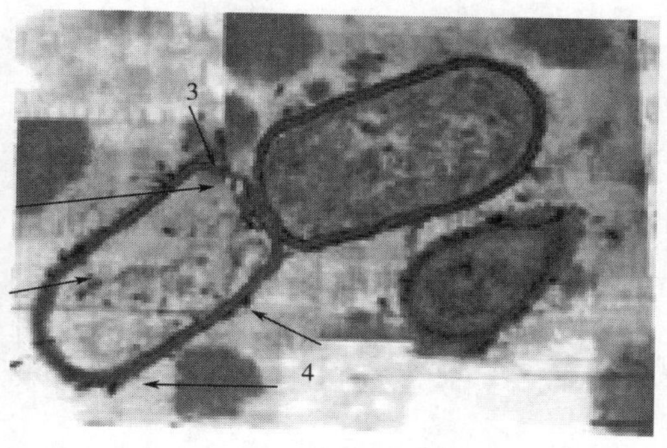

（2）

（1）未处理　（2）PEF 处理（50kV/cm、3.5Hz、32pulses，28℃）

图 7-24　无毒李斯特菌 PEF 处理前后透射电镜（TEM）图（M. L. Calderon-Miranda，1999）

1—细胞壁　2—细胞膜　3—孔　4—细胞外物质

压脉冲能量直接转换成的冲压式机械能引起液体食品中微生物细胞内部的强烈振动和细胞膜破裂等现象，从而产生杀菌效应。

归纳起来，这些机制认为电场对微生物的作用主要表现在电场作用和电离作用两个方面。对于高压脉冲电场杀死菌体的作用，国内外许多学者还提出多种其他的机制模型，如电磁机制模型、类脂物阻塞模型等，但是这些机制需要进一步通过试验得到验证。

影响高压脉冲电场杀菌的主要因素如下。

（1）电场强度　电场强度在各因素中对杀菌效果影响最明显，如增加电场强度，对象菌的存活率明显下降。试验表明，电场强度从 5kV/cm 增至 25kV/cm 时，杀菌对数曲线斜率增加 1 倍；介质电导率提高，脉冲频率上升，脉冲宽度下降，若脉冲数目不变，高压脉冲电场杀菌装置控制系统杀菌效果将下降。

（2）脉冲数　脉冲数增加杀菌效果明显提高。

（3）脉冲形状　脉冲的形状通常使用方形波、指数衰减波和交变波，其中方形波效果最好，指数波次之，交变波处理系统最差。

（4）处理时间　杀菌时间是各次放电释放脉冲时间的总和。随着杀菌时间的延长，对象菌存活率开始急剧下降，然后逐渐平缓，最后延长杀菌时间也无多大作用。

高压脉冲电场杀菌中，若是食品电阻太大，电流就从电阻小的液体介质中通过而无法作用于食品。有些食品由几种物质组成（非匀质），各部分电导率不同，且非匀质食品的电特性经过脉冲处理后会改变，因此不适宜用高压脉冲电场处理。电导率与杀菌效果一般呈同向变化。但也有研究发现，在其他参数不变的情况下，介质的电导率对杀菌效率影响不大。

（二）脉冲电场杀菌装置

脉冲电场杀菌装置如图 7-25 所示，主要由高电压脉冲发生器、控制开关、进料泵、处理室和冷却装置组成，其中脉冲发生器和处理室是装置的关键部分。同轴处理室（图 7-26）两电极一端接高压脉冲电源，另一端接地。采用泵送方式将待杀菌的液态或半液态食品送进处理室，然后经过高压脉冲电场杀菌，处理时会产生一定的热量引起食品升温（一般操作中食品的最高温度低于 50℃），为了使物料温度不过高，可以利用冷却系统降温。

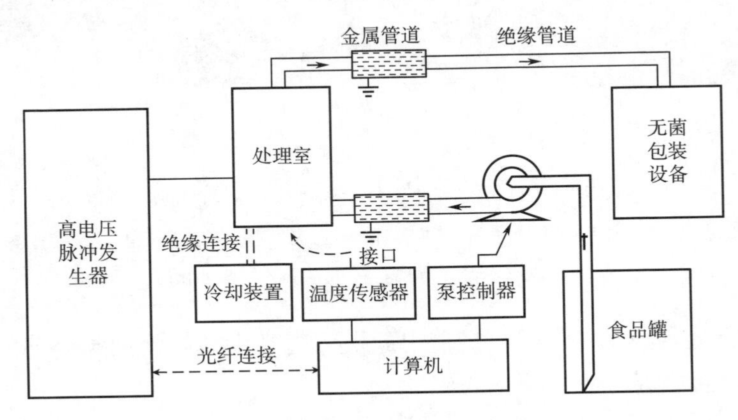

图 7-25　脉冲电场杀菌装置

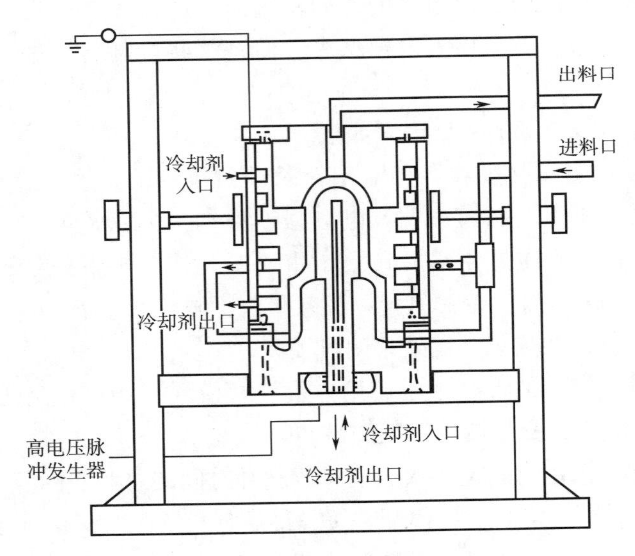

图 7-26　同轴处理室

处理室是 PEF 系统的主要元件。当处理室产生的高电压脉冲运用到一对电极上，就会在放置了待处理样的两个电极之间产生高强度的脉冲电场。

处理器最简单的分类是分批式处理器和连续式处理器。平行板处理器是最常见的分批式静态处理器［图 7-27（1）］，使用这种处理器时，每加工新一批的产品必须装上和卸下处理室。这种处理器多用于实验研究。连续式处理器包含了一条流动的通道，可以泵送液体和半液体食品流经处理室，这种处理室的典型形式有平行板、同轴圆柱体、同场连续等连续处理器［图 7-27（2）～（4）］，适用于工业化应用。

使用该技术应综合考虑电场强度、脉冲波形、杀菌时间、食品电导率和细菌的种类、数量、生长期等多种因素，以确定最佳的杀菌方案。电脉冲杀菌的电场强度一般为 5～80kV/cm，放电频率为 1～20Hz，处理波数为数十到数千个。采用的脉冲波形有指数衰减波、方波和振荡波，其中方波杀灭微生物的效率最高，指数波次之，振荡波最低。

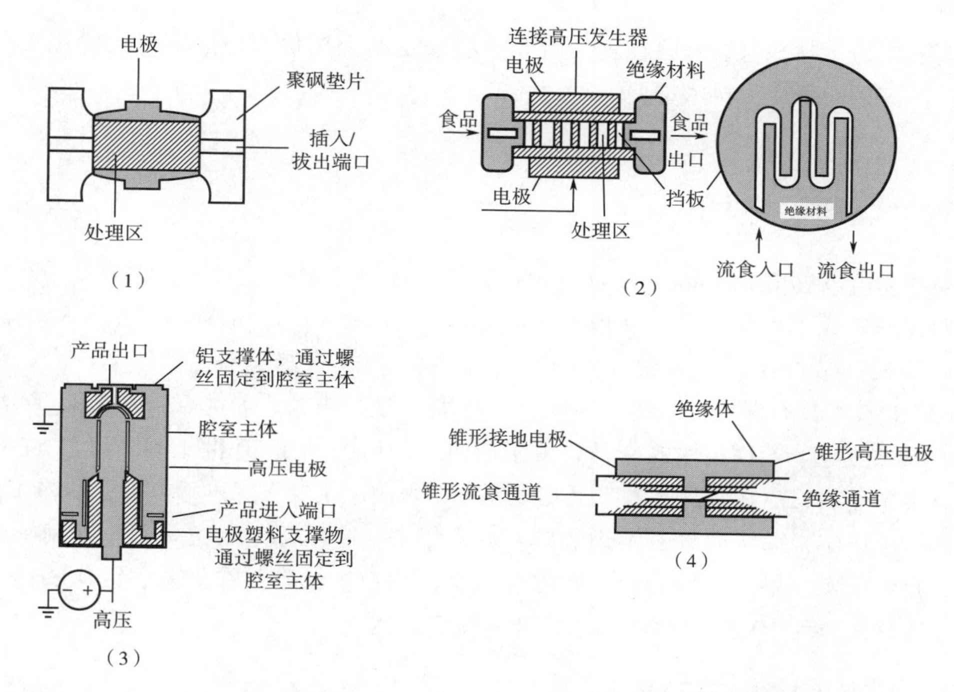

（1）平行板分批式处理器　（2）平行板连续式处理器　（3）同轴圆柱体连续处理器　（4）同场连续处理器

图 7-27　PEF 处理室示意图

（三）脉冲电场在食品加工中的应用

脉冲电场杀菌的优点有：①杀菌时间短（从数微秒到数毫秒），电流产生的热量少，可以尽量保留物料原有的外观、风味和营养价值；②与普通热杀菌相比，脉冲电场杀菌是一种比较节能的杀菌方式，所消耗能量为 100～400kJ/L；③杀菌时对象升温小，并且可以通过冷却系统把处理温度控制在 5～55℃。

因此，脉冲电场杀菌主要用于对热敏感的液态食品，如果汁、牛乳、蛋液、青豆汤、啤酒等。

目前，国际上对于脉冲电场杀菌正处于实验室研究阶段，很少应用于大规模工业生产，其存在的主要问题是：①杀菌效果差异大，受处理条件、食品性质、微生物等多因素影响，脉冲电场杀菌在实际应用中的杀菌效果尚不稳定。②杀菌不彻底，经高压脉冲电场处理后，食品中微生物的数量虽然有报道可降低 2~8 个对数值，但很难像加热杀菌那样能彻底杀灭微生物。研究发现，在相同的电脉冲杀菌条件下，对初始菌数高的样品与初始菌数低的样品分别进行处理，虽然前者菌数下降的对数值远大于后者，但是初始菌数高的样品微生物残留量也高，难以达到商业无菌的要求。③设备实际应用的难题，首先，处理室电极容易被腐蚀；其次，液态食品中如有气泡存在，通过处理室时容易产生电火花，一旦产生电火花会损坏脉冲发生器的控制开关。

综上所述，脉冲电场杀菌在食品行业具有一定的应用价值，但实现规模化生产线应用，尚需进一步克服技术难关。

六、高压静电场

高压静电场（high-voltage electrostatic field，HVEF）是指通过高压电源及不同形状电极形成均匀或不均匀电场，在极化和电晕风（corona wind，也称离子风）等电流体力学（electrohydrodynamics）参数作用下，改变热和质的传递，对生命活动产生一定影响。HVEF 技术具有保持食品物料温度、对环境友好、耗能低等优点，是微能（电场、磁场、电磁波等）处理技术的一种。关于 HVEF 的研究始于 20 世纪 60 年代，主要研究焦点集中于 HVEF 在食品和农产品加工领域的杀菌、干燥、保鲜等方向，以及 HVEF 对生物体的影响，即所谓电磁生物效应。近几年来，高压静电场主要用于抑制微生物生长、物料干燥、果蔬采摘后保鲜贮藏等方面的研究。此外，在催陈、钝化酶活、面包加工等许多方面 HVEF 技术也有着广泛的研究应用。

（一）高压静电场干燥

传统的热风干燥方法会导致蔬菜的热伤害，严重影响其质构、颜色、香气成分及营养价值。冷冻干燥虽然保证了食品的质构，但成本高的问题使其不适用于普通食品的干燥生产。高压静电场干燥技术作为一种新型的干燥技术，以它独特的常温干燥特性，对物料的色泽、营养成分、状态等具有良好的保持作用；含有水分的物料在高压静电场下，其水分蒸发速度加快。然而，由于几乎没有电流通过，所以耗能并没有相应增加，因此人们期待这种操作可以用来实现节能或微能量干燥。

最早发现电场可以促进水分蒸发的是日本学者浅川。浅川在 1976 年发现，水分的蒸发速度在电场强度为数千伏每厘米（kV/cm）的交流电场作用下显著加快；热传导速率在气体物料中提高 1.5 倍，在液体物料中提高 2 倍，在固体物料中提高 1.6 倍；用相同的热源加热，水达到沸点所需时间仅是不施加电场达到沸点所需时间的一半。这一现象被称为“浅川效应”。

“浅川效应”引起了人们对电场节能干燥的关注。种种试验表明，高压电场的电场强度越大，食品物料在电场下暴露时间越长，对水分蒸发的促进效果越明显。此外，选择不同的电压形式、电极形状也会影响水分的蒸发效率。其中，交流优于直流，针电极优于线电极，线电极优于板电极。在室温条件下，静电场下水分蒸发速度比不加电场的对照增加了6倍左右。相同时间内多蒸发掉的水分，按照所需要的汽化热计算，和电场处理所耗电量并不相符，也就是说从理论上讲，物料在电场中并没有电流通过，即使有微弱放电，其耗能也微乎其微。按蒸发相同量水分比较，高压电场干燥消耗的电能不仅远小于热风干燥和冷冻干燥需要的电能，而且小于相等质量的水分蒸发需要的蒸发能。高压静电场干燥电路中通过的电流很小，不仅不会使物料温度升高，而且研究发现，静电场干燥处理期间，物料温度甚至略低于周围的环境温度，显然，利用这种现象有可能产生开发出节能干燥的新技术。

虽然高压电场确实能够促进水分蒸发，但在生产中应用，还需要对电极的样式、电场分布、电场强度、电场频率等做进一步的研究，以提高干燥效率。

（二）高压静电场保鲜

给果蔬类食品施加一个高压静电场，可以起到延长贮藏时间的作用，高压静电场的保鲜作用可能基于如下几个方面的机制。

一是电场改变了果蔬细胞膜的跨膜电位，影响了生理代谢。一般认为，在水溶液中离子要穿过细胞膜，除了需要一定的载体来传递外，更重要的是它受到两种驱动力的作用，一种来自膜内外两侧的化学梯度，另外一种是由于透过膜的电荷运动所造成的电势梯度（膜电位）。这两种综合起来叫作电化学梯度。在外加电场作用下，膜电位的变化可以认为是一个电致过程。若外加电场方向与膜电位正方向一致，则膜电位增大，反之则减少。膜电位差的改变必然伴随着膜两边带电离子的定向移动，从而产生生物电流，带动了生化反应。在适宜的外部电场激励下，氧化磷酸化水平的提高将促进三磷酸腺苷（ATP）的合成，加快其生理代谢过程，在另一适宜电场激励下，也有可能通过降低氧化磷酸化水平来延缓细胞的新陈代谢，从而达到保鲜的目的。

二是外加电场影响了果蔬自身电场。从果蔬内部生物电场的角度来分析，果蔬作为一个生物体，本身存在着它固有的电场，因此当这种固有电场遭到外部干扰时，就可能表现为某种生理上的变化。根据测试，采摘后的果实正常情况下一般表现为果皮带正电，果心带负电，但是当果实的周围加上高压电场后，果皮与果心的带电情况却由于发生电场感应而得到了加强。

三是外加电场影响了水的结构及水和酶的结合状态。在液态水中，水分子由于电偶极子间的静电引力，经常形成由2~3个水分子组成的团。当形成分子团时，各个水分子（偶极子）间的静电相互作用能降低，电势能转变成水分子杂乱运动的动能即热能。当这些分子团与其他分子团或者单个水分子碰撞时，有可能分裂成较小的基团或者单个分子，分裂过程中，热能转变成电势能。当水处于平衡态时，分子团的形成与分裂过程的效果相互抵消。水与其他物质一样存在固有频率，当外加引起谐振的能量场时，水也能引起谐振，而水的这种谐振现象极有可能引起水的结构改变，使它成为活化水。影响果蔬生理反应的主要是果蔬内酶的活性，而酶蛋白周围的水分子不仅是果蔬生长的条件，更是果蔬细胞的重要组成部分。水结构上的任何变化有可能引起果蔬生理上的改变。当外加静电场作用于酶周围的水分使其结构发生变化时，在一定条件下可能改变水与酶的结合状态，使酶的活性不能发挥出来，从而失去活性。酶的失活就可能影响果蔬的生理代谢过程，达到保鲜的目的。

此外，在一定条件下，高静压电场可以产生一定量的空气离子和臭氧，其中的负离子具有抑制果蔬新陈代谢、降低其呼吸强度、减慢酶的活性等作用；而臭氧是一种强氧化剂，除具有杀菌能力外，还能与乙烯、乙醇和乙醛等发生反应，间接对果蔬起到保鲜作用。

高压静电场果蔬保鲜的优点：①经济、节能。由于静电场中电流十分微小，只有0~10μA，而且高电压在无电流时，电场能保持很长时间。因此，耗能很少，可节省资源。②操作灵活。按照实际要求调节开关即可达到所要求的条件。可随时解除高压，随时启闭高压装置装卸产品。③静电保鲜是简单的物理过程，无药物残留，不会造成二次环境污染。但高压静电场保鲜也有缺点：①电压较高，具有一定的危险性；②对环境湿度要求较高，湿度太大电场容易击穿空气，造成电场短路和操作的停顿，所以要控制环境湿度。

（三）高压静电场杀菌

食品腐败变质的主要原因是微生物的繁殖侵染，每年由此造成的损失占食品原料的10%~20%。所以，杀菌是食品加工过程中的一个重要环节。杀菌方法种类繁多，主要分为热杀菌和冷杀菌。长期以来，食品工业中广泛采用加热灭菌法，这一方法虽然效率高、效果好，但会破坏食品中的热敏成分，影响食品的风味。因此，近年来其他杀菌方法得到迅速发展，高压静电场杀菌技术就是一项得到人们广泛关注的新型杀菌技术。生物体时刻都在静电场的作用下生长繁殖，环境电场的变化，特别是外加的高压静电场，必然对构成生物体物质的电荷分布、排列、运动发生作用，从而影响生物体的各个方面，高压静电场已经被用于许多植物、动物的科学实践中。

导致高压静电场具有杀菌作用的原因可能有以下几个方面。

首先是高压静电场在实验中产生电晕，电晕放电会产生臭氧，臭氧具有强氧化作用，它可以使细胞膜氧化破裂失去物质交换能力，而且使酶失活，使生物体不能正常生活。由中国农业大学进行的高压静电场对毛霉的实验可以得出结论，高压静电场所产生的臭氧可以持续存在于高湿度（相对湿度90%）的密闭环境中，但在室温空气条件下，臭氧是不是高压静电场杀菌的主要因素还有待进一步实验，通过实验结果来证明。

其次是菌液中存在的活性氧。当电场中被加速的电子进入菌液，与水中的氧气结合形成超氧自由基 O_2^-，电子与若干水分子形成水和电子 e_{aq}^-；又由于水分子中氢氧键的键能仅为4.64eV，而负电晕高速电子流的能量高达 1.07×10^4eV，它能使氢氧键发生断裂分解成H^+和OH^-，OH^-也很容易失去一个电子变成羟自由基 OH·、OH·之间相互碰撞生成过氧化氢 H_2O_2，因此在水溶液中大量存在 e_{aq}^-、O_2^-、OH·、H_2O_2。活性氧对细菌具有极强的破坏作用，它破坏生物细胞的离子通道，改变细菌的生存生物场，使其丧失生存条件。

再者，可能是电场对细菌细胞膜的击穿作用使得细菌菌液在经电场处理后出现电导率增大的现象，在电场的作用下细菌的细胞膜可能遭到破坏，最终导致整个细菌死亡。至于这 3 种作用哪一种是杀灭细菌的主导作用还不十分明确，有待更进一步深入研究。

此外，高压静电场杀菌对食品的色、香、味、形不会产生不良影响，然而该技术要应用于食品工业，还有许多设备以及处理方式的研究工作需要进行，对食品品质的影响研究也有待进一步地深入。

七、等离子体

（一）等离子体的概念

等离子体（plasma）又称电浆，是由部分电子被剥夺后的原子及原子团被电离后产生的正负离子组成的离子化气体状物质，由离子、电子以及未电离的中性粒子的集合组成，这些离子浆中正负电荷总量相等，因此它是近似电中性的，所以就叫等离子体。尺度大于德拜长度的宏观电中性电离气体，其运动主要受电磁力支配，并表现出显著的集体行为。它广泛存在于宇宙中，常被视为是除固、液、气外，物质存在的第四态。等离子体是由克鲁克斯在 1879 年发现的，1928 年美国科学家欧文·朗缪尔和汤克斯首次将“等离子体”一词引入物理学，用来描述气体放电管里的物质形态。等离子体是一种很好的导电体，利用经过巧妙设计的磁场可以捕捉、移动和加速等离子体。等离子体物理的发展为材料、能源、信息、环境空间、空间物理、地球物理等科学的进一步发展提供了新的技术和工艺。

看似“神秘”的等离子体，其实是宇宙中一种常见的物质，在太阳、恒星、闪电中都存在等离子体。21 世纪，人们已经掌握和利用电场和磁场产生来控制等离子体。最常见的等离子体是高温电离气体，如电弧、霓虹灯和日光灯中的发光气体，又如闪电、极光等。金属中的电子气和半导体中的载流子以及电解质溶液也可以看作是等离子体。在地球上，等离子体物质远比固体、液体、气体物质少。在宇宙中，等离子体是物质存在的主要形式，占宇宙中物质总量的 99%以上。为了研究等离子体的产生和性质以阐明自然界等离子体的运动规律，在天体物理、空间物理，特别是核聚变研究的推动下，近三四十年来形成了磁流体力学和等离子体动力学。

（二）等离子体在食品中的应用

根据离子温度与电子温度是否达到热平衡状态，等离子体可分为高温等离子体和低温等离子体。高温等离子体也称为热力学平衡等离子体，其体系中的气体几乎处于完全电离状态，各组分均处于热力学平衡状态，温度高达 10^6~10^8K；低温等离子体中的气体处于部分电离或未电离状态，又可进一步分为热等离子体（也称局域热力学平衡等离子体）和冷等离子体（也称非热力学平衡等离子体，CP）。热等离子体的温度约为 $2×10^4$K，而冷等离子体的温度则接近室温（300~1000K）。在大气压（常压）条件下产生的冷等离子体即为大气压冷等离子体（atmospheric cold plasma，ACP）。等离子体活化水（plasma-activated water，PAW）是指通过在水中或水表面进行等离子体放电而得到的液体。

1. 等离子体在食品杀菌保鲜中的应用

ACP能够杀灭禽蛋、肉制品、谷物原料及食品、果蔬产品、乳制品等在加工和储存过程中伴生的细菌、真菌、病毒等有害微生物，从而达到食品长期储存和保鲜的目的（表7-2）。

表7-2　ACP在食品杀菌中的应用

研究对象	微生物种类	等离子体种类	处理参数	试验结果
鸡蛋	鼠伤寒沙门菌（*Salmonella*）	DBD等离子体	电压0~30kV，频率5~20kHz，处理时间0~10min，载气He+1% O_2（5L/min）	在相对湿度为40%，O_2 浓度为1%的条件下处理10min，鸡蛋中鼠伤寒沙门菌数量由7.97lgCFU/枚鸡蛋最大降低至4.84lgCFU/枚鸡蛋
牛肉、猪肉和鸡胸肉	鼠诺瓦克病毒（MNV-1）和甲型肝炎病（HM-175）	APPJ等离子体	电压3.5kV，频率28.5kHz，载气 N_2（6L/min），处理时间0.5~20min	等离子体处理5 min后，MNV-1和HM-175病毒的灭活率分别为99%和90%
小麦	细菌和丝状真菌	APPJ等离子体	电压20kV，频率14kHz，载气为空气，处理时间0~600s	等离子体处理600s后，细菌总数由 $5.52×10^4$ CFU/g降至 $1.43×10^3$ CFU/g，丝状真菌（$6.00×10^2$CFU/g）被完全灭活
方便米棒	黄曲霉（*Aspergillus flavus*）	APPJ等离子体	电压10kV，功率0~40W，频率离子体50~600kHz，载气Ar（10L/min）处理时间60s或90s	在40W处理20min，能够抑制黄曲霉在米棒上的生长，有效期为20d
蓝莓	好氧细菌、酵母和霉菌	APPJ等离子体	功率549W，频率47kHz，载气为空气，处理时间0~120s	经等离子体处理90s并于4℃储藏7d后，好氧细菌、酵母和霉菌数均显著降低
UHT乳和原料乳	大肠杆菌（*Escherichia coli* ATCC 25922）	电晕放电等离子体	放电电流10A/cm^2，载气为空气	处理3min后，乳制品菌落总数降低了约46%

对食品原材料进行包装处理能够适当延长保质期，防止其在运输和储存的过程中发生腐烂变质。如果处理不当，可能导致包装材料被微生物入侵，间接污染食品原材料引起腐败变质。包装材料经冷等离子体处理后能够有效地灭活其表面的微生物，并且对某些包装材料还有增强效果。冷等离子体还能够有效地延长包装材料的密封性，并且在聚合物表面沉积阻挡层（如抗菌剂、抗氧化物等物质），减少气体（氧气和二氧化碳）渗透到包装材料中，从而有效地避免微生物入侵。

最新研究表明，PAW 具有广谱杀菌特性，能够有效杀灭存在于环境和食品中的酿酒酵母（*Saccharomyces cerevisiae*）、金黄色葡萄球菌（*Staphylococcus aureus*）、大肠杆菌等食品腐败菌和食源性致病菌。目前，对 PAW 在食品杀菌保鲜领域的研究多集中于果蔬产品，应用于肉制品、禽蛋制品等的研究报道较少。PAW 处理既能有效杀灭消除生鲜食品上的微生物，又能抑制并延缓生鲜食品腐败变质，在食品杀菌保鲜领域具有广阔的应用前景。PAW 的杀菌机制如图 7-28 所示。

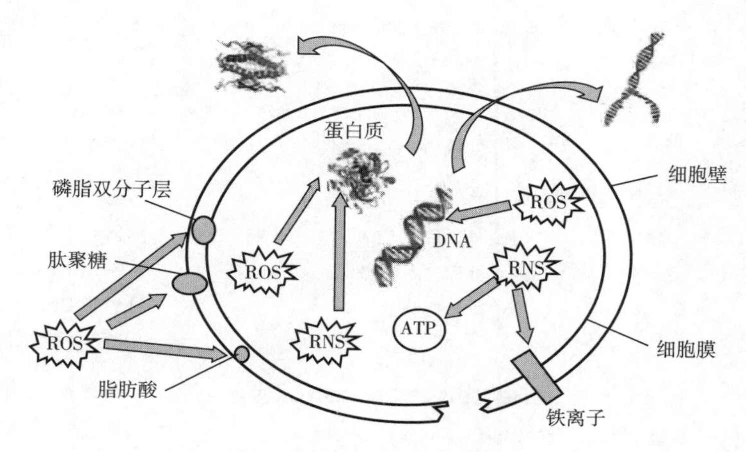

图 7-28　PAW 的杀菌机制

ROS—活性氧自由基　RNS—活性氮自由基　DNA—脱氧核糖核酸　ATP—腺嘌呤核苷三磷酸

2. 对食品组分的改性作用

冷等离子体可用于蛋白质改性。天然蛋白质膜的包装性能相比于传统合成包装材料而言有一定的缺陷，如玉米醇溶蛋白虽然有稳定的生物降解性、成膜性以及良好的活性物质缓释能力，但这类蛋白膜普遍结构较脆、表面性能较差。冷等离子体的高能粒子可以轰击固体表面，在微米或纳米范围内改变材料的表面形态，同时引入各种活性基团。因此，将冷等离子体技术用于改善蛋白膜的包装性能，对推动蛋白质在食品包装领域的应用具有重要意义。

但是冷等离子体对不同蛋白质膜的处理效果是不同的，即便是同种蛋白质膜，由于选择的气体成分不同，处理效果也会存在一定差异。此外，不同的电压和处理时间也会显著影响蛋白膜的改性效果，在实际应用中要合理选择冷等离子体处理条件。

冷等离子体技术也被广泛应用于等食品组分的改性修饰，并能够显著改善面粉等食品原料的加工特性。

3. 降低内源酶活性

天然内源酶广泛存在于众多食品之中，不同种类的酶会对食品品质产生不同的影响。蛋清中的溶菌酶可以酶解微生物细胞壁，能够有效杀灭大部分革兰阳性菌及部分革兰阴性菌（如大肠杆菌等）。但也有部分酶的存在会对食品的质量产生不利影响，如新鲜水果和蔬菜在储藏加工过程中会因多酚氧化酶和过氧化物酶的作用发生酶促褐变。食品中大部分酶的化学本质是蛋白质，具有蛋白质的理化性质和各级结构，因此冷等离子体技术可以用于食品中内源酶的物理改性。表 7-3 为 ACP 对食品体系中内源酶活性的影响，表 7-4 为 ACP 在降低食品中内源酶活性方面的应用。

表 7-3　　ACP 对食品体系中内源酶活性的影响

研究对象	等离子体种类	处理参数	试验结果
鸡蛋清溶菌酶（水溶液）	APPJ 等离子体	电压：-3.5～5.0kV；频率：13.9kHz；处理时间：0～30min；载气：He + O^2（0.50L/s+0.15L/s）	酶活显著降低，二级结构发生变化，分子质量变大
多酚氧化酶（鲜切苹果）	DBD 等离子体	电压：15kV；频率：12.7kHz；处理时间：10，20 和 30min；载气：空气（1.5m/s）	处理 10，20，30min 后，PPO 活性分别降低 12%、32%、58%
脂肪氧化酶（糙米）	DBD 等离子体	气压：800Pa；电压：1～3kV；电流：1.2mA；处理时间：30min；载气：空气	储藏 3 个月后，与未处理组（251AU/min）相比，2kV 和 3kV 处理组脂肪氧化酶活力分别降至 239 和 226AU/min
α-淀粉酶（糙米）	DBD 等离子体	功率：250W；频率：15kHz；处理时间：5，10 和 20min；载气：空气	处理 5～20min 后，α-淀粉酶活性显著升高（P<0.05）
过氧化物酶和果胶甲酯酶（鲜切甜瓜）	DBD 等离子体	电压：15kV；频率：12.5kHz；处理时间：30 和 60min；载气：空气	处理两面，每面 30min 后，过氧化物酶（POD）和果胶甲基酯酶（PME）活性分别降低 18%和 6%

表 7-4　　ACP 在降低食品中内源酶活性方面的应用

类型	研究对象	试验条件	内源酶活性变化	非蛋白质成分含量变化
DBD	橙汁	电压：90kV；时间：30～120s；气体：空气或 MA65（65% O_2 + 30% N_2 + 5% CO_2）；时间：5min、10min、15min	经过 120s 处理后，空气组和 MA65 组中的果胶甲酯酶活性分别下降 74%和 82%	经过 120s 处理后，空气组和 MA65 组的维生素 C 含量分别减少 22.6%和 54.72%

续表

类型	研究对象	试验条件	内源酶活性变化	非蛋白质成分含量变化
辉光放电	Siriguela 果汁	气体：氮气；流速：10mL/min、20mL/min、30mL/min；电压：20kV、24kV	在 20mL/min 气体流速下处理 15min 后，多酚氧化酶（PPO）和 POD 残留活性分别为 78.54%和 92.57%	在 20mL/min、15min 以外的条件组合下处理后，维生素 C 和总酚含量均不同程度减少
DBD	小麦胚芽	时间：5min、10min、15min、20min、25min、30min、35min；电压：24kV；时间：15min	经过 24kV，25min 处理后，脂肪酶和脂肪氧合酶残留活性分别为 25.03%和 48.98%	总酚含量无显著变化
DBD	卡姆果汁	频率：200Hz、420Hz、583Hz、698Hz、960Hz；电压：60kV、70kV、80kV	当频率为 698Hz 时，PPO 活性下降约 30%，POD 活性下降约 40%	总酚含量在 698Hz 时达到最低；随着频率的提高，花青素含量逐渐减少，维生素 C 含量逐渐增加
DBD	胡萝卜汁	时间：3min、4min；气体：空气	在 70kV、4min 的条件下处理后，PPO 残留活性为 11.20%，POD 残留活性为 15.73%	当电压为 80kV 时，果糖和葡萄糖含量显著下降，维生素 C 和总酚含量略有增加

4. 低温等离子体在高分子材料上的应用

低温等离子体在高分子材料上的应用大致可以分为两类：一类是等离子体聚合，另一类是等离子体改性。等离子体聚合是利用聚合性气体，在基底表面生成具有特殊功能（如防水、防腐蚀、结构致密具有特殊物理性能等）的聚合物；等离子体改性是利用各种等离子体系作用于物质表面，在物质表面发生各种物理和化学的作用，如架桥、降解、交联、刻蚀、极性基团的引入及接枝共聚等，从而达到对物质表面改性的目的。用高分子膜作为等离子体聚合物的沉积基质会引起材料表面的交联、化学物理性质以及形态的改变，从而起到对原高分子膜改性的作用。

低温等离子体在食品灭菌、保鲜和改性方面的作用较为显著，能较好地对肉和肉制品、水果类进行杀菌保存，并且能不改变其相应的性质，如味道、颜色等；也能够改善部分谷物在口感、蒸煮时间等方面的缺陷，从而较好地解决部分食品的品质问题。食品研究在低温等离子体技术方面将会有越来越深入的探索，食品各方面的品质将会得到更好的改善和提高。

第三节　食品电学性质研究方法

一、溶液电导率的测定

食品一般属于非均匀分散体系，由电解质和电介质成分组成，在直流电场中，导电主要由离子传导实现。在交流电场中，离子的导电性对介质损耗的影响可由下式表示：

$$\varepsilon''_L = \varepsilon''_0 - \sigma/(2\pi f\varepsilon_0) \quad (7-29)$$

式中，ε''_L 为偶极矩极化产生的介电损耗；ε''_0 为介电常数的实测值；σ 为电导率；f 为测定电导率时所使用的电场频率。

溶液电导率的测量与金属电导率的测量不同，它不适宜选用直流电源，否则就会产生极化现象，严重影响测量精度。极化现象是由于电极电解作用发生化学变化或电极附近电解液浓度与主体浓度的差异而引起的。前者为化学极化，后者为浓差极化。

交流电桥是测定电导率的经典方法。在电解质溶液中，阴阳离子在电场作用下向两极迁移，电解质溶液显然不能满足纯电阻条件，且电阻箱（电阻比例臂）也很难视作纯电阻。故交流条件下，电桥平衡的条件应为各电阻的阻抗（包含电阻、电容和电感）。当交流电频率不太高时，电阻箱的电容和电感影响较小，现在通用的电源频率为 1~4kHz，此频率范围内，在不采用较严格的屏蔽措施前提下，仍可获得比较准确的结果。电导率测定电路示意图如图 7-29 所示。

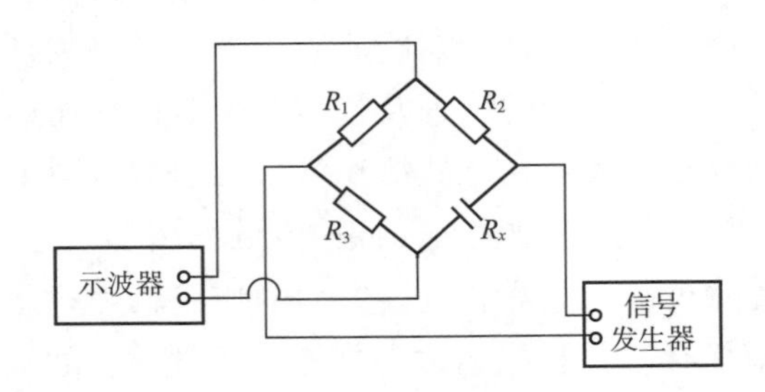

图 7-29　电导率测定电路示意图

二、电阻的测定

果蔬、肉等食品物料电阻的测量多采用套针式点电阻传感器进行测引线尼龙手柄环氧树脂量。套针式传感器的结构如图 7-30 所示。不锈钢针或漆包线（正极）被细塑料管或环氧树脂包裹绝缘，装在不锈钢套针中（负极），再用环氧树脂牢固地锚嵌在尼龙手柄中，接出正负两根导线与电阻表连接构成通路，测量出针尖点的电阻值。

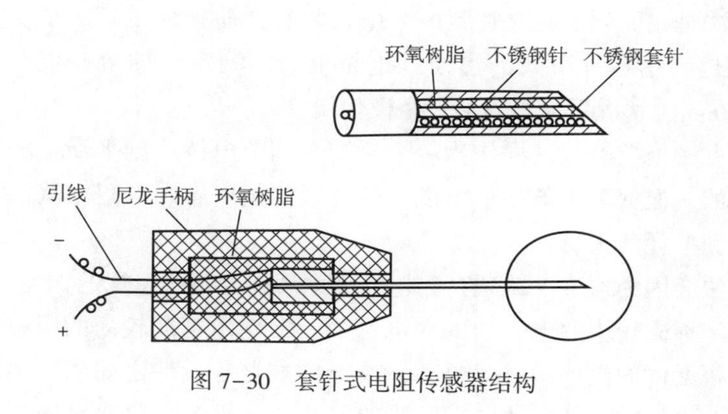

图 7-30　套针式电阻传感器结构

三、介电特性的测定

电场中食品的电学性质与电场频率有关，目前实践中使用的电场频率带为 0~10^{13} Hz。在如此宽的电场频率带内，测定食品的电学性质需要不同的方法。这些方法及其适合的电场频率带如图 7-31 所示。可以看出，各频率带所对应的电学性质测定法可以有多种。选择测定方法时要考虑食品材料形状、性质特点、尺寸和各向异性等。

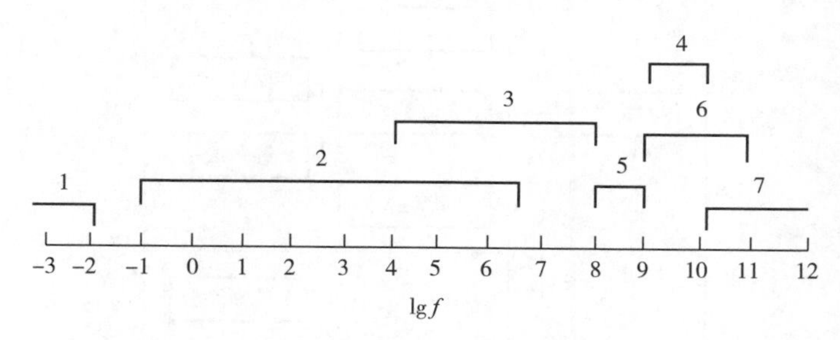

图 7-31　电场频率带与电学性质测定方法

1—冲击电流计法　2—电桥电路法　3—共鸣法　4—恒波法

5—正面间隙同轴谐振器法　6—空洞谐振器法　7—导波管和光学法

（一）直流条件下介电常数的测定

静介电常数由冲击电流计法测定。它的原理是使被测容器带上静电荷，并精确地达到一定静电压，然后用冲击电流计进行放电测定，记录电流计的摆动。根据仪器的参数值，确定电容。如果电荷、电压及电容已知，就可以计算出静态介电常数。这种方法最适于电导率不大的材料。

(二) 交流条件下介电常数的测定

1. 电桥电路法

电桥电路法是在低频下测量物料的介电常数和介质损耗正切的主要方法。这种测定的原理主要是利用各种形式的惠斯顿电桥电路。测定时的电磁波频率通常为 1~10MHz。因为在这种情况下电极不会产生极化现象。

具体测定方法是把被测试样作为一个桥臂，调节电桥达到平衡，因其他三个桥臂的阻抗是已知的，根据平衡条件求出试样的并联等值电容和电阻，从而计算出试样的相对介电常数和损耗角正切。

但这种方法会因为寄生（或残存）电容和电感引起不可忽视的误差。在 500kHz 以内的频率下测定损失较小的电介质的介电常数，常使用精度较高的谢林电路。主要误差来自标准电桥元件的电感和残存电容，或电桥本身各元件之间或与地面之间产生的寄生电容。因此，要求对各元件进行严格的屏蔽。电桥各支路要有屏蔽膜，导线要接地。在变压器电桥开发的基础上，人们成功开发了阻抗测定法。这一方法可以避免其他交流电桥难以避免的问题。

2. 微波介质复介电系数测定法

在高频电磁场中，介电常数是一个综合的量。通过测定装置内载样器的几何尺寸、样品尺寸等与材料电参数之间的关系，可计算出材料的相对介电常数和损耗角正切。微波介电性能参数测定有传输特性法和谐振法两大类型，如图 7-32 所示。

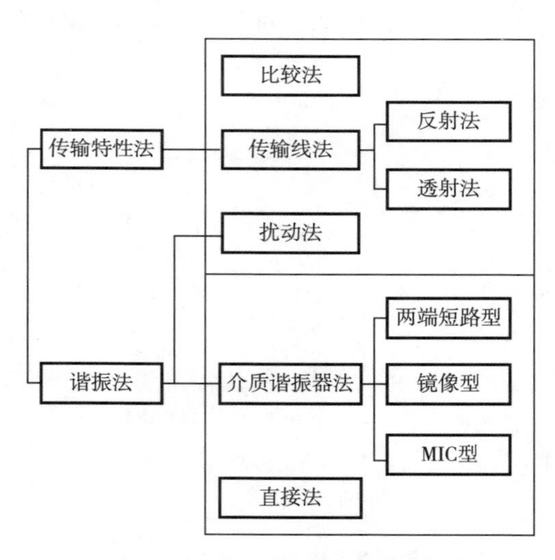

图 7-32 微波介质中几种介电常数的测量

谐振法检测介电常数的方法是通过可调频率的振荡器激励 RLC 谐振电路加以实现的（图 7-33）。当回路加上电压 U 时，调节电容 C 使电路达到谐振（在某个频率下电流最大）$I_{max}=U/R$，记录下此时的 Q_1、C_1；接入被测物料平板电容，调整电路达到谐振，同时记录此时的 Q_2、C_2、ε_r，然后根据下面的计算公式计算出相对介电常数和损耗角正切：

$$\varepsilon_r' = \frac{C_s d}{\varepsilon_0 A} \tag{7-30}$$

$$\tan\delta = \frac{C_1}{C_1 - C_2} \times \left(\frac{1}{Q_2} - \frac{1}{Q_1}\right) \tag{7-31}$$

式中，C_s 为电容器的电容，$C_s = C_2 - C_1$，F；C_1为加物料前的电容，F；C_2为加物料后的电容，F；ε_0 为真空介电常数，8.85×10^{-12}F/m；A 为电容器的平板面积，m^2；d 为板电极间的距离，m；Q_1为加物料前电路谐振时 Q 表指示值；Q_2为加物料后电路振时 Q 表指示值。

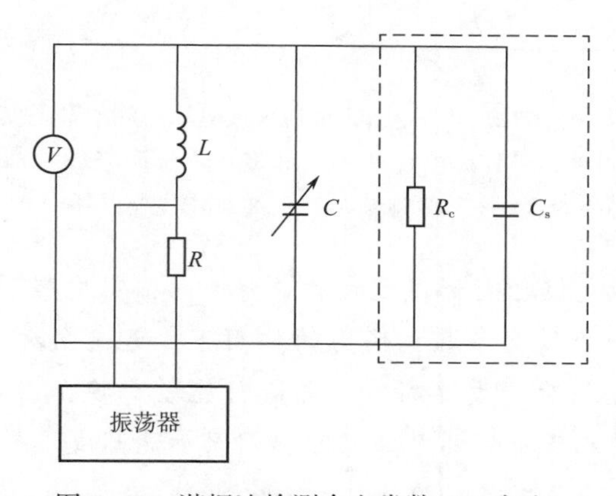

图 7-33　谐振法检测介电常数（Q 表法）

谐振法检测介电常数的方法简单易行，但较难准确地检测出各种谐振频率下的介电常数。上述两种方法都存在物料不能充满极板、介电常数和极板间电容值不呈正比、计算复杂等不足。

微波检测介电常数的方法分为时域检测法和频域检测法两种。时域检测法是通过检测反射系数来推算介电常数的方法，将时域检测得到的响应经傅里叶变换为频域中的响应。频域法检测是在频域范围内，用连续周期电磁波作为探测源，研究被测信号的稳态影响。其具体的方法可分成波导法、谐振腔法和自由空间法等多种。

【案例】高压静电场在食品贮藏与加工中的应用

1. 高压静电场干燥

高压静电场下水分蒸发速度显著加快，热传导速率有所提高，可用于热敏物料的干燥。常见的极板组合方式有三种：针-板电场、线-板电场和板-板电场。在电压15kV、极间距 10cm 的静电场干燥条件下，三种电场检测水蒸发的示意图如图 7-34 所示。针-板电场、线-板电场和板-板电场中的水分蒸发速度分别是水分自然蒸发的5 倍、2. 3 倍和 1. 03 倍，说明在相同的电场条件下，板-板电场对水的蒸发没有促进作用，针-板电场对水分蒸发速率促进最为显著。针-板电极的不均匀系数 f 为 108~826，说明针-板电极是极不均匀的电场，而板-板电场不均匀系数 f 为 1，为匀强电场。在不均匀电场中电极放电产生的离子受电场力的作用，向板电极流动，形成电流，电流也能反映放电的强烈程度，其中针-板电场的电流高于线-板电场，板-板电场并未发生放电现象。

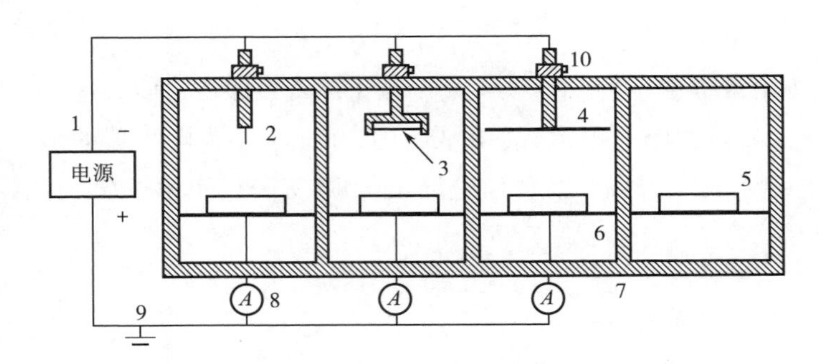

图 7-34 针-板电场、线-板电场和板-板电场检测水蒸发实验示意图

1—电源 2—针状电极 3—线状电极 4—板状电极 5—试样
6—板状电极 7—绝缘实验台 8—微安表 9—接地点

当针状电极与接地电极之间形成较大的电势差时，针电极处的高场强使针电极周围的空气电离，电离产生的离子在电场力的作用下，迅速向对应的板电极发生移动。离子在移动过程中与空气分子发生碰撞，并进行能量交换，因此形成了空气的流动，称为电晕风。电场中的水正是受到电晕风的作用而加速蒸发。针-板电场和线-板电场中风速和风量较大，水分蒸发效果为：针-板电场>线-板电场>板-板电场，如图 7-35 所示，针-板电场的风速大于线-板电极，这与水分蒸发速率一致。

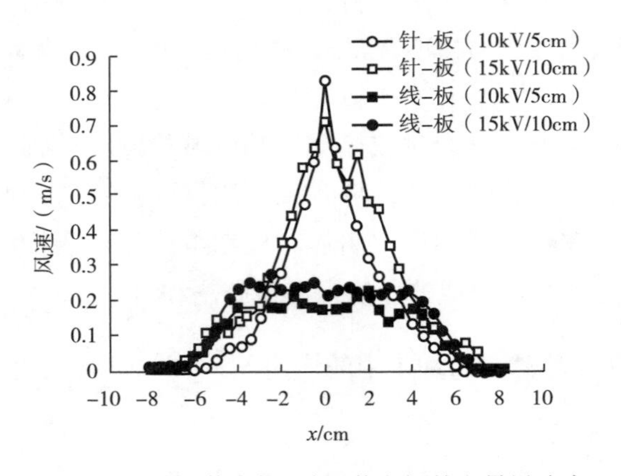

图 7-35 针-状电极、板-状电极的电晕风速度

针板电场中形成的电晕风，方向是从针电极吹向板电极，与针电极和板电极的极性无关。针电极接正极或负极时，电晕风的风量与电场回路的电流值均满足幂函数的关系，其表达式为：

$$Q = \alpha I^{0.2} + \beta \tag{7-32}$$

式中，α 为实验常数，针电极接正、负极时分别取0.195和0.172；β 为实验常数，针电极接正、负极时均取-0.01。

2. 高压静电场解冻

传统的空气、水解冻方式为外部解冻方式，但此方法易造成肉品变质、营养流失和微生物污染等问题。高压静电场解冻作为一种新型的低温解冻方法，越来越受到关注。高压静电场解冻的理论基础是电场对水分子的作用，液体中水分子始终处于依靠氢键作用形成的分子聚合-离散的动态平衡中，当外加电场的微能量作用时，分子的聚合-离散的平衡可能被打破，趋于离散大于聚合的状态，使水分子团结构以及由此形成的冰层结构随着其关键作用的氢键的崩溃而发生较大变化，即冰逐步过渡到仅保持85%氢键的水的状态。

高压静电场装置由上、下两个电极构成基础，改变上电极的电极形状可形成不同的高压静电场，如板状电极、针状电极、线状电极等，而下电极一般为板状电极。用于肉类解冻的高压静电场装置一般采用针-板结构，如图7-36所示。针-板结构形成的电场是典型的不均匀电场，针电极接高压电源，板电极接地，由于针电极所接电压很高（5~20kV），而两电极之间的距离很小（3~10cm），所以形成的电场强度很高。

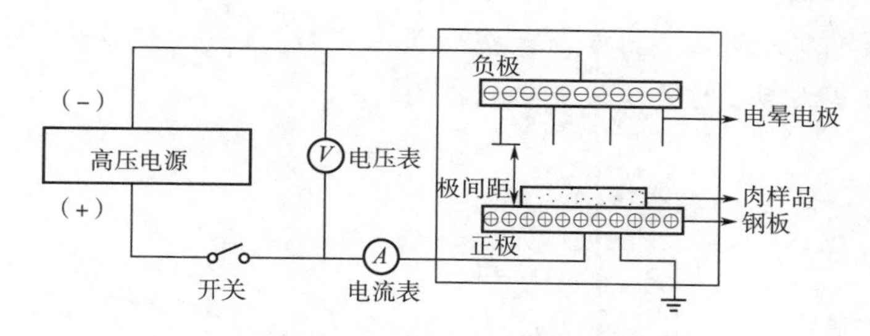

图7-36　针-板结构的高压静电场装置示意图

利用该装置探究高压静电场对猪里脊肉的解冻效果。图7-37所示为不同电压的高压静电场处理冷冻肉解冻过程中的温度变化情况，施加电压分别为-4kV、-6kV、-8kV、-10kV，以空气中自然解冻为对照。在解冻的前30min内，冷冻肉样品的温度快速上升，解冻速度较快。在30min后，不同处理组的温度变化差异显著，温度变化速度随施加电压的增加而增加。大部分解冻时间都消耗在冷冻肉温度从-5℃到0℃，在食品冷冻中，-5~0℃一般被认为是最大冰晶形成区域，所以高压静电场促解冻主要是促进了最大冰晶形成区域的解冻速度。

不同解冻方式的能耗对比如图7-38所示，1，2，3，4分别为高压静电场处理的电场强度（kV/cm），与微波解冻、50℃和20℃水解冻对比。场强为1~4kV/cm的高压静电场能耗为0~190kJ/kg，而微波解冻、50℃和20℃水解冻能耗分别为1104，248和184kJ/kg。因此高压静电场解冻能耗小于其他解冻方式。采用DSC检测冷冻猪肉解冻过程中蛋白质变性程度，如图7-39所示。表7-5通过计算三个峰的变性温度 T_m（℃）

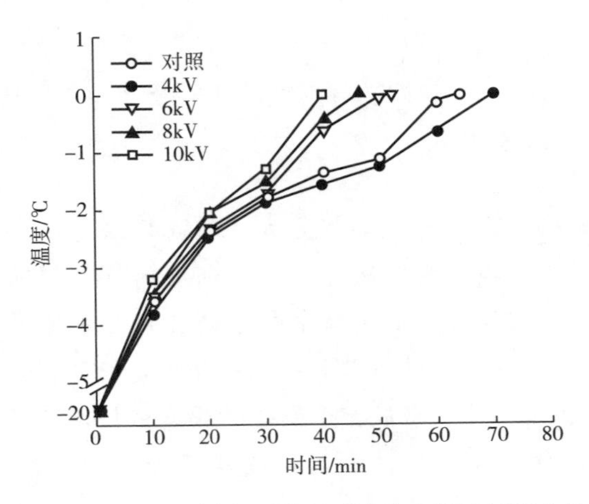

图 7-37　高压静电场下不同电压处理对冷冻肉解冻过程中的温度变化

和变性热焓 ΔH（J/g）来量化不同处理条件的蛋白质变性程度，而蛋白质的变性程度与肉的保水性直接相关。峰 1、峰 2、峰 3 分别对应肌球蛋白头部、肌球蛋白尾部和肌浆蛋白、肌动蛋白的变性。不同处理组之间的变性温度位点基本上都在相同的温度左右，峰 1 在 55℃左右，峰 2 在 63℃左右，峰 3 在 77℃左右，无显著性差异。热焓与蛋白质变性程度密切相关，热焓小，代表蛋白质发生一定程度的变性，峰 2 的热焓最小且峰不明显，说明肌球蛋白尾部和肌浆蛋白最易变性。DSC 初步检测说明高压静电场处理没有对肉品蛋白质变性产生较大影响。

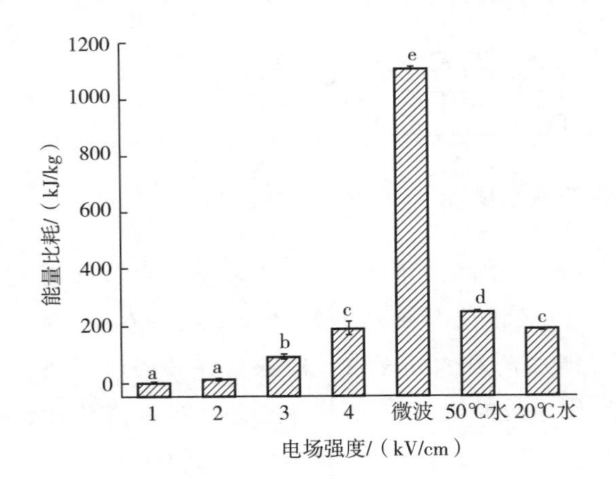

图 7-38　不同解冻方式能耗对比

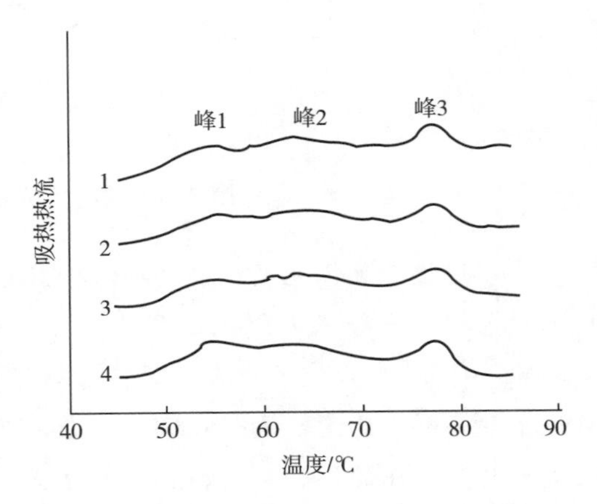

图 7-39　不同解冻方式下猪肉的 DSC 曲线

1—-15kV　2—-10kV　3—-5kV　4—对照

表 7-5　冷冻肉解冻后 DSC 扫描三个峰的变性温度 T_m 和变性热焓 ΔH

处理条件	变性温度 T_m/℃			热焓 ΔH/（J/g）		
	峰 1	峰 2	峰 3	峰 1	峰 2	峰 3
对照	55.11±0.52	63.97±1.53	77.67±0.06	0.40±0.12	0.24±0.00	0.46±0.04

续表

处理条件	变性温度 T_m/℃			热焓 ΔH/（J/g）		
	峰 1	峰 2	峰 3	峰 1	峰 2	峰 3
-5kV	55. 34±1. 01	62. 83±0. 95	77. 53±0. 03	0. 39±0. 04	0. 34±0. 02	0. 49±0. 02
-10kV	55. 13±0. 01	64. 81±0. 92	77. 60±0. 11	0. 34±0. 01	0. 33±0. 03	0. 39±0. 05
-15kV	55. 16±0. 41	64. 04±0. 87	77. 48±0. 18	0. 42±0. 02	0. 29±0. 08	0. 44±0. 07

采用扫描电镜观察解冻后肉的微观结构，如图 7-40 所示，20℃空气中自然解冻的猪里脊肉肌细胞间隙较大，且细胞内肌原纤维排列杂乱疏松，而高压静电场解冻猪里脊肉细胞结构完整，细胞间排列致密，微观结构较为清晰完整，说明高压静电场解冻处理对肌细胞的损伤较小。

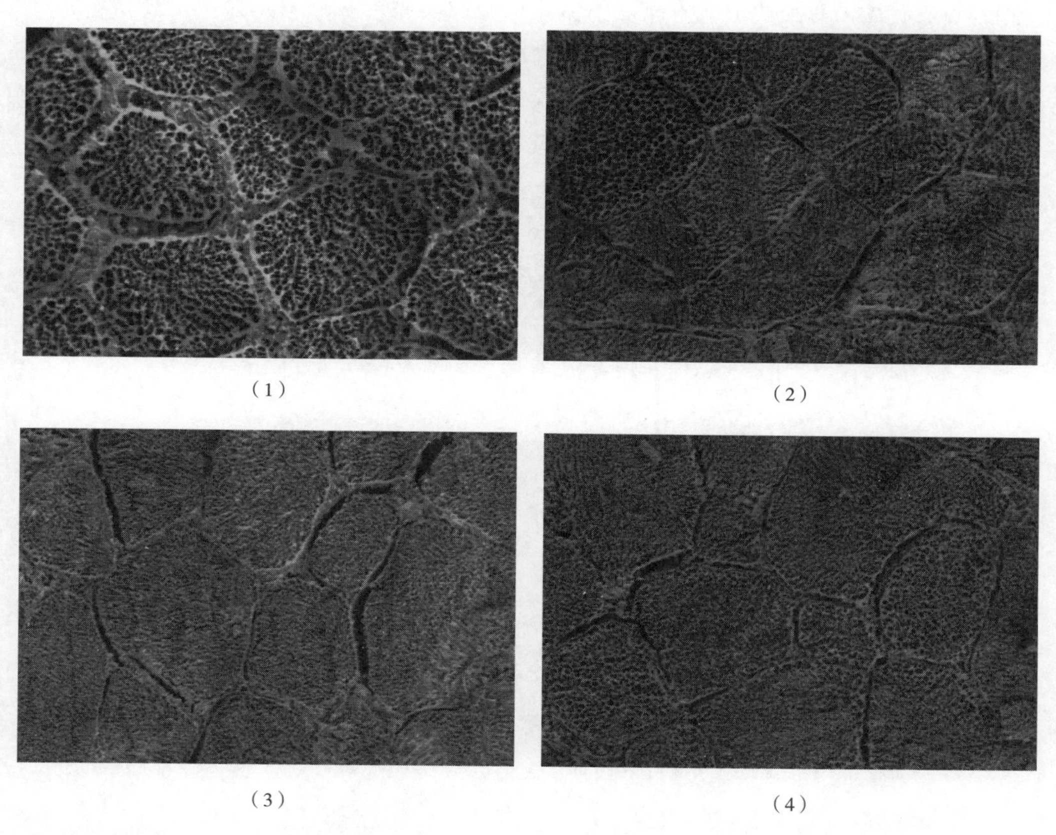

（1）　　（2）

（3）　　（4）

（1）20℃空气自然解冻　（2）-5kV　（3）-10kV　（4）-15kV

图 7-40　高压静电场解冻后猪肉微观结构扫描电镜图片（500×）

课程思政

利用电学性质加工获得的食品，较热加工相比，可保留更多的营养成分，有更高品质。目前我国已经全面建成小康社会，随着人民生活水平的不断提高，对营养健康食品的需求量也越来越高。开发高品质营养健康食品，对于满足人民群众对健康生活的追求，对美好生活的向往，对促进社会经济发展具有重要意义。我国的营养健康产业正是处在发展的好时代，营养健康产业的创新升级发展仍然任重道远，要努力提高科技支撑，加大自主创新，采用新方法、新理论，为人民群众提供高品质、营养、健康的食品。

思考题

1. 简述果蔬的电学性质测定与品质的关系。
2. 什么是食品的电学性质？学习食品的电学性质有何意义？
3. 食品的导电机制是什么？影响食品导电性的因素主要有哪些？
4. 电介质极化的主要形式有哪些？不同的极化类型对应的特征频率是什么？
5. 影响食品介电性质的因素主要有哪些？
6. 什么是介电松弛？研究食品的介电松弛有何意义？
7. 什么是食品的静电特性？主要有哪些应用？
8. 如何检测典型食品的电学特性？

参考文献

[1] 李真，张艳杰，张蓓，等．高校食品类专业加强食品物性学课程开设与建设的重要性［J］．教育现代化，2018，5（14）：126-128.

[2] 吴满刚，段立昆，蒋栋磊，等．“食品物性学”在美食研究中的教学应用［J］．农产品加工，2017（24）：80-82.

[3] 刘海杰，殷丽君，樊秦，等．食品物性中的实验实践教学、虚拟仿真教学方法探索［J］．高教学刊，2016（17）：81-82.

[4] 李里特．食品物性学［M］．北京：中国农业出版社，2010.

[5] 于甜．软质食品流变学特性及测量方法的研究［D］．青岛：中国海洋大学，2012.

[6] 李云飞，殷涌光，徐树来，等．食品物性学［M］．北京：中国轻工业出版社，2009.

[7] 宋洪波，杨晓清，栾广忠．食品物性学［M］．北京：中国农业出版社，2015.

[8] 张志健，秦礼康．食品物性学［M］．北京：科学出版社，2018.

[9] 姜松，赵杰文．食品物性学［M］．北京：化学工业出版社，2015.

[10] 胥慧丽，吴中华，董晓林，等．马铃薯片脆性的力学和声学测量［J］．食品科学，2021，41（21）：22-27.

[11] 周宇英，唐伟强．食品流变特性研究的进展［J］．粮油加工与食品机械，2001（08）：7-9，11.

[12] 屠康，姜松，朱文学．食品物性学［M］．南京：东南大学出版社，2006.

[13] 方媛．苹果的应力松弛和蠕变特性与其品质相关性分析［D］．西安：陕西师范大学，2016.

[14] TRUONG V，HAMANN D，WALTER J. Relationship between instrumental and sensory parameters of cooked sweetpotato texture 1［J］. Journal of texture studies，1997，28（2）：163-185.

[15] ARANA I. Physical properties of foods：novel measurement techniques and applications［M］. Boca Raton：CRC press，2012.

[16] 藤炯华．基于电子舌的饮料识别技术［J］．测控技术，2004，23（11）：4-5.

[17] 金万镐．食品物性学［M］．北京：中国科学技术出版社，1991.

[18] B M McKenna. 食品质构学：半固态食品［M］．北京：化学工业出版

社，2007.

[19] 宫冰．反复/连续湿热处理对不同晶型淀粉结构和理化性质的影响机制 [D]. 咸阳：西北农林科技大学，2018.

[20] 郭洪梅．超微粉碎处理对杂粮（豆）淀粉结构及理化特性的影响 [D]. 咸阳：西北农林科技大学，2016.

[21] 胡新．不同冻结、解冻方式对猪肉品质的影响 [D]. 南京：南京农业大学，2017.

[22] 李晓龙．热诱导日本对虾（*Marsupenaeus japonicus*）虾肉蛋白质变性规律研究 [D]. 湛江：广东海洋大学，2015.

[23] 路宏民，周文超，曹龙．小米淀粉颗粒特性与热特性的相关性研究 [J]. 农产品加工（学刊），2013（8）：1-4.

[24] 吴昊．反复/连续干热处理对不同晶型淀粉结构及理化特性的影响 [D]. 咸阳：西北农林科技大学，2019.

[25] 杨国燕. DSC 和 Rancimat 法测定亚麻籽油氧化稳定性研究 [J]. 粮食与油脂，2014，27（8）：29-32.

[26] 王莹，刘竞阳，于殿宇，等．亚油酸比例对油脂热稳定性的影响 [J]. 中国油脂，2020，45（12）：34-37.

[27] 腾辉，马汉军．鸡肉蛋白质组成与热性质研究 [J]. 食品工业，2014，35（11）：275-277.

[28] 周光宏，徐幸莲，左伟勇．鸭肉在加热和盐渍过程中嫩度和超微结构变化 [J]. 南京农业大学学报，2007，30（4）：130-134

[29] PETERSEN A，SCHNEIDER H，RAU G，et al. A new approach for freezing of aqueous solutions under active control of the nucleation temperature [J]. Cryobiology，2006，53（2）：248-257

[30] CAO Y，XIONG Y. Chlorogenic acid - mediated gel formation of oxidatively stressed myofibrillar protein [J]. Food chemistry，2015，180：235-243

[31] JIA G，NIRASAWA S，JI X，et al. Physicochemical changes in myofibrillar proteins extracted from pork tenderloin thawed by a high-voltage electrostatic field [J]. Food chemistry，2018，240：910-916.

[32] JIA G，SHA K.，MENG J，et al. Effect of high voltage electrostatic field treatment on thawing characteristics and post-thawing quality of lightly salted，frozen pork tenderloin [J]. LWT-Food science and technology，2018（99）：268-275.

[33] 张剑．光谱分析仪器的基本原理及应用 [J]. 现代食品，2021（5）：215-217.

[34] 刘燕德，刘涛，孙旭东，等．拉曼光谱技术在食品质量安全检测中的应用 [J]. 光谱学与光谱分析，2010，30（11）：3007-3012.

[35] 李红蕾，胡云冰，王翊，等．计算机视觉技术 [M]. 北京：电子工业出版

社，2021.

［36］柳琦，涂郑禹，陈超，等．计算机视觉技术在食品品质检测中的应用［J］．食品研究与开发，2020（16）：208-213.

［37］李明珠．计算机视觉技术在食品品质检测中的应用［J］．食品界，2021（2）：109.

［38］陈清敏．反复冻融牛肉品质变化评价技术的适用性研究［D］．无锡：江南大学，2020.

［39］蔚栓．高光谱成像多特征信息在草莓品质分析中的应用［D］．合肥：安徽大学，2020.

［40］孙培元．高压静电场解冻技术在食品中的应用［J］．轻工科技，2018，34（5）：37-38.

［41］ASAKAWA Y. Promotion and retardation of heat transfer by electric fields［J］. Nature，1976，261（5557）：220-221.

［42］BARTHAKUR N. Electrohydrodynamic enhancement of evaporation from NaCl solutions［J］. Desalination，1990，78（3）：455-465.

［43］GEVEKE D，BRUNKHORST C. Radio frequency electric fields inactivation of Escherichia coli in apple cider［J］. Journal of food engineering，2008，85（2）：215-221.

［44］GEVEKE D，GURTLER J，ZHANG H，et al. Inactivation of Lactobacillus plantarum in apple cider，using radio frequency electric fields.［J］. Journal of food protection，2009，72（3）：656-661.

［45］QIN B，CHANG F，BARBOSACANOVA G，et al. Nonthermal inactivation of Saccharomyces cerevisiae in apple juice using pulsed electric fields.［J］. LWT-Food science and technology，1995，28（6）：564-568.

［46］KINOSITA K，TSONG T. Formation and resealing of pores of controlled sizes in human erythrocyte membrane［J］. Nature，1977，268（5619）：438-441.

［47］UEMURA K，ISOBE S. Developing a new apparatus for inactivating Escherichia coli in saline water with high electric field AC［J］. Journal of food engineering，2002，53（3）：203-207.

［48］MURR L. Plant growth response in an electrokinetic field［J］. Nature，1965，207：1177-1178.

［49］张佰清，罗莹，魏宝东．高压静电场杀菌效果研究［J］．保鲜与加工，2005（6）：44-46.

［50］相启森，刘秀妨，刘胜男，等．大气压冷等离子体技术在食品工业中的应用研究进展［J］．食品工业，2018，39（7）：267-271.

［51］张晔，刘志伟，谭兴和，等．冷等离子体食品杀菌应用研究进展［J］．中国酿造，2019，38（1）：20-24.

[52] 李嘉慧，成军虎，韩忠．低温等离子体活性水在食品领域的应用进展 [J]. 保鲜与加工，2020，20 (4)：207-214.

[53] 王俊鹏，贺稚非，李敏涵，等．冷等离子体技术在蛋白质改性中的应用研究进展 [J]. 食品科学，2021 (8)：1-11.

[54] LI F，LI L，SUN J，et al. Effect of electrohydrodynamic (EHD) technique on drying process and appearance of okara cake [J]. Journal of food engineering，2006，77 (2)：275-280.

[55] HE X，JIA G，TATSUMI E，et al. Effect of corona wind，current，electric field and energy consumption on the reduction of the thawing time during the high - voltage electrostatic - field (HVEF) treatment process [J]. Innovative food science & emerging technologies，2016，34：135-140.

彩图 6-1　灰度图像示意图

- 3维矩阵

列 →

行 ↓

红R

0.92	0.93	0.94	0.97	0.67	0.97	0.86	0.97	0.93	0.92	0.99
0.95	0.89	0.82	0.89	0.56	0.91	0.75	0.92	0.81	0.93	0.91
0.89	0.72	0.51	0.55	0.51	0.42	0.57	0.41	0.49	0.91	0.92
0.96	0.90	0.88	0.91	0.58	0.46	0.91	0.87	0.90	0.97	0.95
0.71	0.95	0.81	0.87	0.57	0.97	0.80	0.88	0.89	0.79	0.95
0.49	0.62	0.60	0.58	0.50	0.60	0.58	0.50	0.61	0.43	0.33
0.86	0.64	0.74	0.58	0.51	0.99	0.79	0.92	0.91	0.49	0.74
0.96	0.63	0.50	0.95	0.48	0.97	0.89	0.90	0.94	0.82	0.93
0.69	0.49	0.56	0.66	0.43	0.42	0.77	0.73	0.71	0.90	0.99
0.79	0.73	0.90	0.67	0.33	0.61	0.69	0.79	0.73	0.93	0.97
0.91	0.94	0.89	0.49	0.41	0.78	0.78	0.77	0.89	0.99	0.93

绿G

								0.93	0.92	0.99
								0.81	0.93	0.91
								0.49	0.91	0.92
								0.90	0.97	0.95
								0.89	0.79	0.95
								0.61	0.43	0.33
								0.91	0.49	0.74
								0.94	0.82	0.93
0.69	0.49	0.56	0.66	0.43	0.42	0.77	0.73	0.71	0.90	0.99
0.79	0.73	0.90	0.67	0.33	0.61	0.69	0.79	0.73	0.93	0.97
0.91	0.94	0.89	0.49	0.41	0.78	0.78	0.77	0.89	0.99	0.93

蓝B

								.93	0.92	0.99
								.81	0.93	0.91
								.49	0.91	0.92
								.90	0.97	0.95
								.89	0.79	0.95
								.61	0.43	0.33
								.91	0.49	0.74
								.94	0.82	0.93
0.69	0.49	0.56	0.66	0.43	0.42	0.77	0.73	0.71	0.90	0.99
0.79	0.73	0.90	0.67	0.33	0.61	0.69	0.79	0.73	0.93	0.97
0.91	0.94	0.89	0.49	0.41	0.78	0.78	0.77	0.89	0.99	0.93

彩图 6-2　RGB 彩色图像的通道分解示意图